Bernhard Strowitzki

S-Bahn
BERLIN
Geschichte(n) für unterwegs

Strausberg – S-Bahn in Richtung Berlin.
Foto: Th. Kabisch, 1997

Gesellschaft für Verkehrspolitik und Eisenbahnwesen

Redaktionelle Anmerkungen

Mit diesem Buch zur Berliner S-Bahn von Bernhard Strowitzki erscheint im Verlag GVE ein Buch zur Geschichte der Berliner U-Bahn von Jan Gympel. Beide gemeinsam geben einen Überblick zur Geschichte der Berliner Schnellbahnen. Allerdings folgen die Autoren nicht den Linien, sondern Strecken und Streckenabschnitten, weil Linien und Linienbezeichnungen sich zuweilen ändern.

Bernhard Strowitzkis S-Bahngeschichte ist geographisch gegliedert. Sie erklärt sich mehr als die der U-Bahn aus den Entstehungszusammenhängen und der von Zeit zu Zeit unterschiedlichen Bedeutung der Strecken. Um dabei den Überblick zu gewährleisten, steht die „große" Geschichte vorweg. Danach folgen die Beschreibungen der Berliner Innenstadtstrecken (Ring, Stadtbahn und Nord-Süd-Bahn), die der Strecken im Norden, Osten, Süden und Westen (im Uhrzeigersinn geordnet) und schließlich die der Strecken auf dem äußeren Eisenbahnring um Berlin.

Bei der U-Bahn verlaufen die Strecken zu weiten Teilen im Dunkel der Tunnel. Doch die Architektur der Bahnhöfe zeigt dafür um so mehr an Geschichte, mit Zugängen zur Stadt darüber. Jan Gympel erzählt die U-Bahn-Geschichte chronologisch, in der Abfolge der Entstehung einzelner Streckenabschnitte, wo die Stationen viel von dem deutlich machen, was einst gedacht und gemacht wurde.

Redaktion und Verlag danken Jan Gympel und Bernhard Strowitzki für ihre Arbeit, den Mitgliedern des Berliner Fahrgastverbands IGEB und des Berliner S-Bahn-Museums für die wertvolle Unterstützung, insbesondere den Herren Beyer, Billik, Frenzel, Heller, Kabisch, Lammers, Müller, Rasch, Staeck und Thiessenhusen, die mit Bilddokumenten und Hinweisen zur redaktionellen Bearbeitung beigetragen haben.

Bernhard Strowitzki: S-Bahn Berlin. Geschichte(n) für unterwegs.
Text: Bernhard Strowitzki, Redaktion: Dieter Kaddoura

Abbildungen:
Titelbild: Marc Heller.
Weitere Autoren und Quellen sind bei den Bildern genannt.

Satz und Gestaltung:
Karl-Heinz Gräßer und Dieter Kaddoura

Druck:
Oktoberdruck, Berlin-Friedrichshain

Verlag und Vertrieb:
Gesellschaft für Verkehrspolitik und Eisenbahnwesen (GVE) e.V.
S-Bahnhof Jannowitzbrücke, G9, 10179 Berlin

ISBN 3-89218-073-3.

Inhalt

Stadtbahn entlang des ehemaligen Königsgrabens. Foto: Kabisch/Frenzel

Geschichte(n) für unterwegs

Eisenbahn & S-Bahn in Berlin und Brandenburg

Geschichte

Meilensteine für die Entwicklung der Berliner S-Bahn – und von S-Bahn-Systemen überhaupt – lassen sich auf die Jahre 1838, 1872, 1882, 1903, 1929 oder 1930 datieren: 1838 wurde mit der Verbindung Berlin – Potsdam die erste Eisenbahn im Berliner Raum (und in ganz Preußen) eröffnet, 1872 die erste ausgesprochene Vorortstrecke (Neue Verbindungsbahn), 1882 das Herzstück des Systems, die Stadtbahn; der erste dauerhafte elektrische Vorortverkehr wurde 1903 eingerichtet (Berlin – Lichterfelde Ost), 1929 wurden die Nahverkehrsstrecken in großem Umfange „elektrisiert" und 1930 schließlich wurde die Bezeichnung „S-Bahn" samt weißem „S" auf grünem Grund erfunden.

Dies alles spielte sich überwiegend außerhalb der jeweiligen Berliner Stadtgrenze ab, in dem Land, das mit der Formel „an Spree und Havel" gut beschrieben ist. Die älteren Zentren dieser Gegend waren denn auch Flußfestungen, die diese Wasserstraßen kontrollierten, nämlich Köpenick an der Mündung der Dahme in die Spree und Spandow an der Mündung der Spree in die Havel (das slawische „Spandow", mit stummem „w", wurde erst im 19. Jahrhundert eingedeutscht). Dazu kam das schon in ottonischer Zeit bezeugte Potsdam weiter havelabwärts an der Nuthemündung. Die in der Stauferzeit erfolgte Gründung der Doppelstadt Berlin-Kölln, etwa halbwegs zwischen Köpenick und Spandau, bedeutete demgegenüber eine verstärkte Hinwendung zu den Landwegen, denn diese Siedlung liegt an einer Spreefurt und kontrollierte somit die Landwege.

1830 – 1840

Dampfmaschine und Eisenbahn

Die Dampfmaschine und die mit ihr verbundenen Techniken kamen nur langsam vom Westrand des Kontinents nach Osten. Dennoch versuchte sich der Maschinenbauer Borsig in Berlin schon 1816 und 1819 am Bau einer Dampflokomotive – zunächst allerdings noch ohne Erfolg.

Zu Beginn der 1830er Jahre kamen die ersten ernsthaften Projekte zum Bau einer Eisenbahn im Berliner Raum auf. Die besten Erfolgsaussichten schien eine Verbindung der beiden Residenzstädte Berlin und Potsdam zu bieten. Diese hatte bereits als erste in Preußen eine gepflasterte Chaussee erhalten, die von mehr als 100 000 Menschen jährlich benutzt wurde.

Tatsächlich wurde hier sogar die erste Eisenbahn ganz Preußens verwirklicht; bis die Dampfwagen fuhren, wurde es aber, wie erwähnt, 1838.

Das älteste in Berlin noch vorhandene Relikt der Zeit der Kopfbahnhöfe: Der Hamburger Bahnhof, 1841 erbaut. Foto: Landesarchiv Berlin

1840 – 1850

Erste Eisenbahn-Radialen

Das Eisenbahnfieber der 1840er Jahre brachte dann auch um Berlin vier weitere Bahnlinien, die sich um die Stadt legten und strahlenförmig die Himmelsrichtungen erschlossen sowie, zusammen mit der nach Magdeburg verlängerten Potsdamer Bahn, Verbindung zum entstehenden europäischen Bahnnetz schufen. Damit war aber der Bahnbau zunächst abgeschlossen. Pläne für eine Ringbahn zur Verbindung der Radialstrecken, die zugleich als neue, erweiterte Stadtmauer hätte dienen können, versanken in Börsenkrach und Wirtschaftskrise. Zur Revolution 1848 immerhin konnte der junge Bismarck aus Schönhausen über Genthin mit der Eisenbahn anreisen und rasch zwischen Berlin und Potsdam pendeln.

1850 – 1860

Die erste Verbindungsbahn

Zu der Zeit aber, als in London schon über den Bau einer unterirdischen Verbindungsbahn zwischen den Kopfbahnhöfen diskutiert und auf einem äußeren Ring bereits ein lukrativer Tangentialverkehr betrieben wurde, reichte in Berlin zur Verbindung ein einzelnes in der Straße verlegtes Gleis, das als Halbring seit 1851 westlich die Stadtmauer entlang führte. Genutzt wurde es nur für den Austausch von Güterwagen und gelegentliche Überführungsfahrten, vor allem der Militärs. Nennenswerten Vorortverkehr gab es praktisch nicht im Berliner Raum. Die Eisenbahnen hatten ihren nächsten „richtigen" Halt in der Nachbarstadt (Trebbin, Bernau usw.) oder allenfalls wegen Wassernachfüllens vorher. Zu einigen Zwischenstationen konnte man mit Güterzügen fahren, die Personen beförderten.

1860 – 1870
Der Vorortverkehr entsteht

Noch bis 1865 war die Stadtmauer Zollgrenze. Am Anhalter und Potsdamer Bahnhof wurden eigens Zollhäuschen zur Kontrolle der ein- und ausgehenden Waren errichtet.

Die Kopfbahnhöfe lagen mit Ausnahme des Bahnhofs der Schlesischen Bahn sämtlich an der Außenseite der Stadtmauer und damit praktisch schon auf freiem Feld. Die Stadt hatte gerade erst begonnen, über die Stadtmauer hinauszuwachsen, ja manche Gebiete innerhalb – so die um den Schlesischen Bahnhof – wurden gerade erst aufgefüllt. Bevorzugte Wachstumsrichtung wurde der Südwesten, wo das Nachbardorf Schöneberg zum ersten Vorort wurde und der Tiergartenrand langsam mit Häusern der gehobeneren Preisklasse besiedelt wurde.

Die Richtung gaben die Landesherren vor: Als weitere Residenz war ab 1700 Charlottenburg gegründet worden, dazu kam die Vielzahl der Rokokoschlösser zwischen Berlin und Potsdam.

Daneben entwickelte sich im Nordwesten mit dem Wedding eine neue Vorstadt, vor allem seit dort Mineralquellen (heute längst versiegt) erbohrt wurden, die die Gegend als „Gesundbrunnen" bekannt machten.

Schöpfer des Vorortverkehrs wurde erst der Kaufmann J. A. W. Carstenn aus Hamburg. Seine, aber auch anderer Leute, Idee war, das ganze Gebiet zwischen Berlin und Potsdam mit „Villenkolonien" – etwas später wurde auch der Ausdruck „Gartenstadt" geprägt – zu überziehen.

Siedlungsbau, an dem die Koloniegründer verdienen wollten, und der aufkommende Vorortverkehr, der Einnahmen für die Eisenbahn brachte, bedingten einander, denn mehrstündige Fußmärsche in die Stadt oder die Notwendigkeit zur Benutzung einer Kutsche waren für die zu vermarktenden Grundstücke nicht attraktiv. Dennoch kamen beide Seiten meist nur etwas schwer ins Geschäft. Die Eisenbahnen hatten erst jüngst wegen des enorm anschwellenden überörtlichen Verkehrs ihre Strecken aufwendig auf zwei Gleise ausbauen müssen und waren dabei, die Kopfbahnhöfe zu erweitern. Verständlicherweise scheuten sie weitere Kosten, zumal bei ungewissen Einnahmeaussichten.

1868 schließlich erreichte Carstenn bei der Anhalter Bahngesellschaft, daß er auf eigene Kosten einen Haltepunkt Lichterfelde einrichten konnte (heute Lichterfelde Ost).

Die Potsdamer Bahn, die bereits 1864 ihren Haltepunkt Steglitz wieder eröffnet hatte, folgte 1872 ebenfalls mit einer Station Lichterfelde (heute Lichterfelde West). Damit hatte sie drei Halte auf nur fünf Kilometer Strekke. Ein echter Vorortverkehr setzte ein, dessen Beginn sich tariflich auf 1867/68 datieren läßt. Zu dieser Zeit wurden die Artilleriewerkstätten von Berlin nach Spandau verlegt. Für eigens fahrende Züge, die die Beschäftigten von Berlin nach Spandau brachten, wurde ein staatlich subventionierter Arbeitertarif eingeführt.

Auch die Verbindungsbahn genügte nicht mehr den Anforderungen. Zum einen wuchs der zu überstellende Güterverkehr immer mehr an –

durch die Zentralisierung des Bahnnetzes auf Berlin gab es weit und breit keine andere Verbindung für durchgehenden Verkehr. Zum anderen hatte die Stadt die Kopfbahnhöfe inzwischen umwachsen, vor allem, seit 1868 die überflüssig gewordene Zollmauer abgerissen worden war. Vor den Stadttoren waren innerstädtische Plätze entstanden. Erste Eingemeindungen bestätigten amtlich den Landhunger der Stadt. Das häufige Rangieren der Güterwagen mitten auf dem Askanischen Platz wurde als immer störender empfunden.

Außerdem kamen noch drei weitere Fernbahnen mit neuen, untereinander nicht verbundenen Kopfbahnhöfen hinzu, die in den Jahren 1866 bis 1871 eröffnet wurden.

In dieser Situation wurde 1867 der Bau einer „Neuen Verbindungsbahn" beschlossen, die die Stadt diesmal ostwärts umgehen sollte, und zwar in weitem Bogen. Von ihrer Länge her war sie der Londoner Ring-U-Bahn nicht unähnlich (wenn auch weiter ausholend), doch im Gegensatz zu ihr verlief sie größtenteils auf freiem Feld, wurde aber immerhin zweigleisig (bei der Londoner U-Bahn wurden abschnittsweise bereits dritte und vierte Gleise verlegt) und kreuzungsfrei gebaut.

1870 – 1880

Die Ringbahn entsteht

1871 fuhren die ersten Güterzüge, und zu Neujahr 1872 wurde auf der „Neuen Verbindungsbahn" der Personenverkehr aufgenommen. Die Strecke umschloß den größten Teil des Weddings im Norden, die Kolonie Boxhagen im Osten, das Doppeldorf Böhmisch- und Deutsch-Rixdorf im Süden und mündete südlich des äußersten Stadtausläufers Schöneberg in die Potsdamer Bahn. Einige der weitverstreuten Häuser am Gesundbrunnen, die Dörfer Lichtenberg, Stralow und Tempelhof ließ sie gerade außen vor. Alle diese Orte erhielten einen Bahnhof. Der Personenverkehr von den Kopfbahnhöfen auf den Ring wurde mit der erklärten Absicht eingerichtet, durch diese, wenn auch unvollkommene Verkehrsanbindung die Siedlungstätigkeit zu fördern.

Zur gleichen Zeit wurde weit außerhalb von Berlin („Jottwedee") mit dem Bau der Wannseebahn begonnen, auch als „Wahnsinnsbahn" tituliert, weil sie sich weit außerhalb jeder Siedlung durch Feld, Wald und Sumpf von Zehlendorf nach Potsdam schlängelte. Sie sollte den Verkehr, der sie ernährte, erst erzeugen.

Der Berliner Vorortverkehr entwickelte sich so rasant, daß die Bahnanlagen dafür erneut völlig umgestaltet werden mußten. Den Anfang machte 1877 die westliche Fortführung der Umgehungsbahn. Vom Wedding aus führte diese in großem Bogen um Moabit und Charlottenburg herum, um dann zwischen Deutsch-Wilmersdorf und der neuen Villenkolonie Friedenau zum Anschluß an die Potsdamer Bahn außerhalb von Schöneberg durchzustoßen.

Damit war ein kompletter, 37 Kilometer langer Eisenbahnring um die Stadt gelegt, der berühmte „Hundekopf".

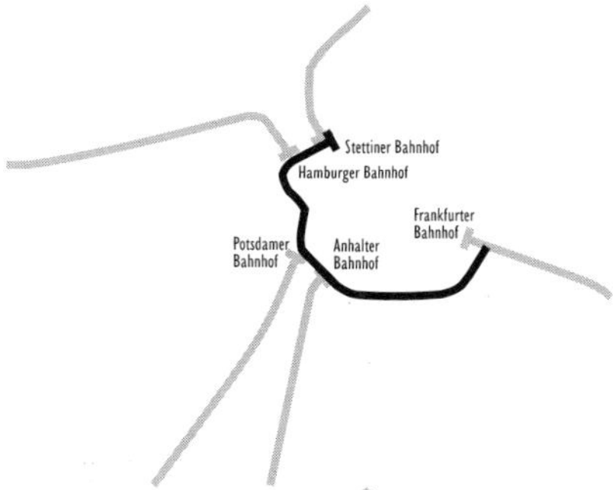

1851

Verbindungsbahn

Eröffnung einer eingleisigen Bahn im Straßenniveau zum Güter- und Militärtransport zwischen den Bahnhöfen. Bereits nach wenigen Jahren erweist sich die Bahn als Hindernis und kann dem steigenden Verkehr nicht mehr gerecht werden.

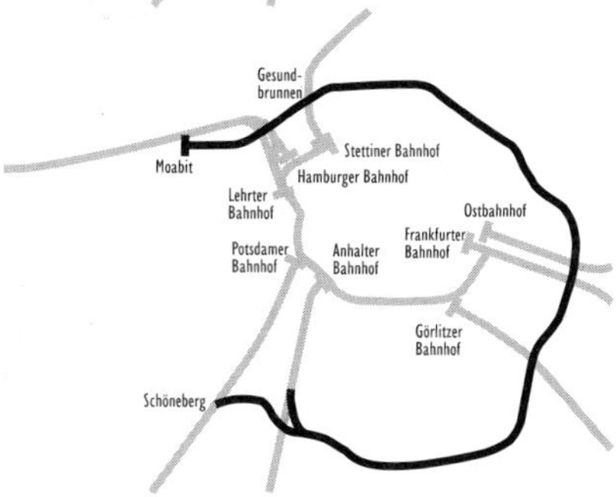

1871/72

Ringbahn

Eröffnung der östlichen Hälfte der „Neuen Verbindungsbahn" zwischen Moabit und Schöneberg. Die weit außerhalb der Stadt geführte Bahn soll dem Güter- und Vorortverkehr dienen. Wegen fehlender Anbindungen an das Stadtzentrum, wenigen Bahnhöfen und unattraktiven Tarifen bleibt die Fahrgastzahl bis zur Eröffnung der Stadtbahn gering.

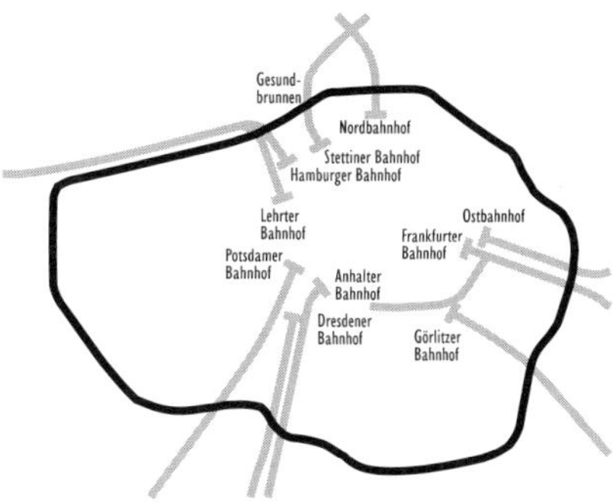

1877

Ringbahn

Vollendung der Ringbahn durch die Inbetriebnahme der Strecke Moabit–Schöneberg über Charlottenburg.

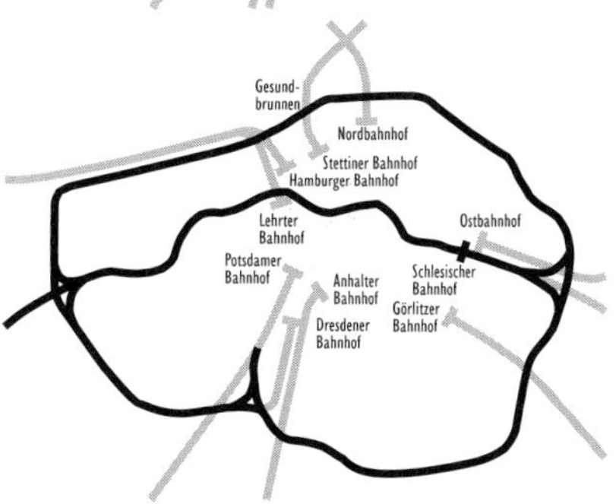

1882

Stadt- und Ringbahn

Nach siebenjähriger Bauzeit wird die Stadtbahn in Betrieb genommen. Über 731 Viadukte verkehren nun die Züge vom Schlesischen Bahnhof nach Charlottenburg.

Berlin
Die Entwicklung zur Millionenstadt

Hauptstadt des Deutschen Reiches

Bereits seit 1866 Hauptstadt des Norddeutschen Bundes, erlebte Berlin einen neuen Bedeutungsschub als Hauptstadt des 1871 aus der Taufe gehobenen Deutschen Reiches unter preußischer Führung. Ein explosionsartiges Wachstum setzte ein. Zwar hatte sich das Stadtwachstum im 19. Jahrhundert schon kräftig beschleunigt – nicht nur in Berlin, auch in anderen Städten –, aber mit der Reichsgründung und dem nochmals kräftig vergrößerten Preußen zog Berlin noch mehr an sich, hatten die kleinen Landstädte der Mark Brandenburg noch weniger Gewicht. Nur kurz durch den Gründerkrach Mitte der 1870er Jahre unterbrochen, setzte eine Bautätigkeit ein, die binnen einer Generation das gesamte Gebiet innerhalb der Neuen Verbindungsbahn und darüber hinaus auffüllte. Die Stadtplanzeichner kamen kaum hinterher beim Plänedrucken, und die Eisenbahnen kamen kaum hinterher, ihre Anlagen auszubauen.

Ballungsraum Berlin

1880 hatte die Einwohnerzahl die Million überschritten, eine Verdopplung in kaum zwanzig Jahren. Doch nur zehn weitere Jahre später lebten bereits zwei Millionen Menschen im gesamten Ballungsraum, zur Jahrhundertwende zweieinhalb Millionen, und 1905 waren die drei Millionen erreicht. Das Bevölkerungswachstum konzentrierte sich auf die Randzonen, während der alte Stadtkern, vor allem aber die Friedrichstadt, mehr und mehr zum Geschäfts- und Bürozentrum wurde.

Zu den richtigen Verhältnissen auch zu Beginn des neuen Jahrhunderts allerdings stellte der „Brockhaus" klar, daß „London in diesem Sinne (Greater London) 6 580 616 Einwohner besitzt und 1795 qkm umfasst, mit dem Mittelpunkt am Bahnhof Charing Cross und einem Radius von 24 Kilometern, während das Weichbild von Berlin nur 63 qkm bedeckt und ein Kreis mit dem Radius von acht Kilometern vom Bahnhof Friedrichstraße schon Britz, Steglitz, Dalldorf, Treptow einschließen würde." (Der entsprechende Acht-Kilometer-Kreis um Charing Cross reicht gerade bis Greenwich und läßt selbst Acton und Tooting außen vor.) Schon der Name „Dalldorf" war für potentielle Grundstückskäufer aus Berlin so abschreckend, daß er wenige Jahre später in „Wittenau" geändert wurde; und Steglitz wurde noch um 1925 als „ländlich" beschrieben.

1880 – 1890
Stadtbahn und Anschlußstrecken

Das Herzstück des Berliner Eisenbahnnetzes, die Innenstadtdurchquerung auf kreuzungsfreier Hochbahn, brauchte, obwohl schon 1875 begonnen, noch Jahre bis zur Fertigstellung. Zwischen Baubeginn und Eröffnung liegt ein epochemachender Umschwung in der Eisenbahnpolitik. Begonnen wurde die „Stadtbahn" genannte Strecke als isoliertes Projekt einer privaten Gesellschaft, vollendet wurde sie als integrierter Teil des Staatsbahnnetzes. Nachdem Bestrebungen, eine Reichseisenbahn zu schaffen, keinen Erfolg hatten, gingen die Länder verstärkt zu eigenen Verstaatlichungen über. Im Berliner Raum war dieser Vorgang 1884 mit der Verstaatlichung der Hamburger Bahn im wesentlichen abgeschlossen. Damit war ein etwas koordinierteres Vorgehen bei der Planung und Abwicklung des Berliner Verkehrs möglich. Etwas koordinierter aber nur, denn die 1880 eingerichtete Königliche Eisenbahndirektion (KED) Berlin umfaßte zunächst nur die Ringbahn und die entstehende Stadtbahn samt Anschlüssen. Die Radialstrecken wurden weiter von Direktionen am „anderen Ende" der Strecke verwaltet, also von Altona, Madgeburg, Bromberg usw.

Zudem wurden in der zweiten Hälfte der siebziger Jahre nochmals vier Fernbahnstrecken eröffnet, die strahlenförmig auf Berlin zuliefen und so das Eisenbahnnetz mit neuen, kürzeren Direktverbindungen weiter verdichteten. Die eigenen Kopfbahnhöfe dieser Bahnen blieben aber schon ohne Bedeutung, da ihre Züge nun in die Kopfbahnhöfe der anderen Bahnen eingeführt werden konnten.

Auch kommunalpolitisch ergaben sich einige Änderungen, 1883 wurde Berlin, das schon acht Jahre zuvor aus dem Kommunalverband der Provinz ausgeschieden war, als „Stadtkreis" aus der Provinz Brandenburg herausgelöst und unmittelbar der Regierung unterstellt. Praktisch, wenn auch nicht formal, hatte es damit den Status einer eigenen Provinz erlangt.

Ansonsten hatte sich eine eigenartige Verkehrung der Fronten ereignet. Hatte die Regierung die Stadt noch geradezu zu den ersten Eingemeindungen genötigt, setzte sie nun mehr auf eine polyzentrische Entwicklung ähnlich der im Ruhrgebiet und umgab Berlin mit einem Kranz eigenständiger Städte. Zuerst wurden 1877 Charlottenburg und 1887 Spandau als Stadtkreise aus den Kreisen Teltow bzw. Osthavelland ausgegliedert (blieben aber Teil der Provinz Brandenburg und des Regierungsbezirks Potsdam). Nach und nach wurden dann die aufstrebenden Orte Schöneberg, Rixdorf und im neuen Jahrhundert schließlich Wilmersdorf und Lichtenberg zuerst zu Städten erhoben und dann ebenfalls als (provinzangehörige) Stadtkreise verselbständigt (Lichtenberg zu Lasten des Kreises Niederbarnim, die anderen drei aus dem Kreis Teltow). Bemühungen von Steglitz, ebenfalls Stadt zu werden, scheiterten, so daß dieser Ort mit schließlich über 80 000 Einwohnern das größte Dorf Preußens wurde. Durchweg erbauten diese Städte und großgewordenen Landgemeinden sich wuchtige neue Rathäuser im wilhelminischen Monumentalstil, die heute als Bezirksrathäuser dienen.

1890 – 1900

Ein einheitlicher Vororttarif

Die Stadtbahn stellte die erste viergleisige Eisenbahnstrecke mit getrennten Gleispaaren für Nah- und Fernverkehr im Berliner Raum dar. In den neunziger Jahren erhielten auch Ringbahn und Wannseebahn abschnittsweise ihre zweiten Gleispaare; im neuen Jahrhundert folgten bis 1915 die meisten wichtigen Vorortstrecken auf ihren stadtnahen Abschnitten. Außerdem wurden auch diese Strecken hochgelegt, so daß Bahnübergänge und ebenerdige Bahnsteigzugänge entfielen. Vor allem aber entstanden an den Strecken zahlreiche neue Bahnhöfe und Haltepunkte, die dann erst richtig die Region erschlossen. Hinzu kamen mit dem gleichen Zweck seit den 90er Jahren auch noch einige Zweigstrecken und Kleinbahnen.

Nach verschiedenen Vorläufern auf einzelnen Strecken gab es ab dem 1. Oktober 1891 einen einheitlichen Vororttarif mit besonders verbilligten Fahrpreisen auf allen Strecken der „Berliner Stadt-, Ring- und Vorortbahnen". Tariflich kann dies als die Geburtsstunde der Berliner S-Bahn angesehen werden. Endpunkte des Vororttarifs waren oft die einen Tagesmarsch (etwa 25 bis 30 Kilometer) von Berlin entfernten Nachbarstädte wie Oranienburg, Bernau oder Strausberg, bisweilen auch ein weiter entfernter Ort wie Werder hinter Potsdam.

Das andere Extrem war das nur neun Kilometer entfernte Lichterfelde Ost. Einige Jahre später wurde auch der Zuständigkeitsbereich der Eisenbahndirektion Berlin erweitert, so daß ihre Grenze mehr oder weniger mit der des Vororttarifs übereinstimmte.

1900 – 1910

Mietskasernen und Villenvororte

In der Stadt Berlin hatten anfangs die tonangebenden Honoratioren sich gegen Eingemeindungen gesträubt, um sich nicht durch zuviel billiges Bauland die Grundstückspreise zu verderben. Inzwischen aber war es gerade die Stadt, die großen Hunger auf Eingemeindungen entwickelte. Die sich in der Innenstadt ausbreitenden Büro- und Geschäftshäuser ebenso wie die Mietskasernen im Stadtrandgürtel brachten zwar den Immobilieneignern hohe Profite, der Stadt aber wenig Steuern. Die flossen dafür reichlich in den Villenvororten. Verstärkt wurde die Spannung, als in der Großstadt die Sozialdemokraten an Einfluß gewannen, die schon aus Gründen sozialer Gerechtigkeit die reichen Steuerquellen und das billige Bauland der Vororte vereinnahmen wollten und zudem für zentrale und koordinierte Planung waren. Verständlich, daß die reichen Umlandgemeinden wenig Interesse an so etwas hatten und allenfalls eine lockere Kooperation der Gebietskörperschaften befürworteten. Im Kleinen wiederholte sich dieses Spiel später im Streit zwischen der Villenkolonie Neubabelsberg und der Industriestadt Nowawes (die dann wiederum von Potsdam geschluckt wurde).

1910 – 1920
Der Zweckverband Groß-Berlin

1911 kam der „Zweckverband Groß-Berlin" als loser Verbund der sieben Stadtkreise und der Kreise Niederbarnim und Teltow zustande, in Kraft seit April 1912. Zur gleichen Zeit nahmen etliche Orte, obwohl noch selbständige Gemeinden, den Namenszusatz „Berlin-" an.

In den wenigen Jahren seines Wirkens sorgte der Zweckverband für die Kommunalisierung der bis dahin überwiegend privaten Straßenbahnen, deren Tarife vereinheitlicht wurden, und für den Erhalt dessen, was vom Grunewald noch übrig war. „Im Grunewald, im Grunewald ist Holzauktion" hieß es, wenn immer mal wieder Baugrundstücke gerodet wurden.

Zäh gestalteten sich auch im Preußischen Landtag die Verhandlungen über eine große Elektrifizierungsvorlage, mit der Stadt- und Ringbahn sowie die daran angeschlossenen Vorortstrecken ausgebaut und auf elektrischen Betrieb umgestellt werden sollten. Bei einer vollen Umsetzung hätte das elektrische Bahnnetz einen Umfang von 427 Kilometer erhalten. Nach anderthalbjähriger Debatte bewilligte der Landtag im Frühjahr 1913 eine erste Ausbaustufe auf Stadt- und Ringbahn nebst einigen anderen Ausbaumaßnahmen. Doch die Arbeiten dafür hatten kaum begonnen, als der Erste Weltkrieg ausbrach und andere Prioritäten erzwang. Einige Arbeiten wurden auf Sparflamme weitergeführt, es überwog aber der Verschleiß des immer stärker beanspruchten Materials. Bekanntestes Ereignis der Eisenbahngeschichte jener Tage ist die Reise Lenins von der Schweiz nach Schweden im Jahre 1917, die ihn auch über Berlin führte.

1920 – 1930
Groß-Berlin und Große Elektrisierung

Größere organisatorische Veränderungen brachte der Zusammenbruch des Kaiserreichs am Ende des Ersten Weltkriegs. Jetzt beschloß die preußische Verfassungsgebende Landesversammlung 1920 mit ihrer Mehrheit aus Sozialdemokraten, Unabhängigen Sozialdemokraten und Liberalen das Groß-Berlin-Gesetz, das am 1. Oktober 1920 in Kraft trat. Alle Orte in einem Umkreis von etwa 20 Kilometer wurden zu der neuen Einheitsgemeinde zusammengefaßt. Fortan gehört es zum Kanon der Berliner Schulbildung, wieviel Gemeinden der verschiedenen Typen nun zu Groß-Berlin zählten: neben den sieben Stadtkreisen und der bisher zum Kreis Teltow gehörenden Stadt Köpenick insgesamt aus den Kreisen Niederbarnim, Osthavelland und Teltow 59 Landgemeinden und 27 Gutsbezirke – letztere eine Einrichtung, die in den östlichen Provinzen Preußens noch bis 1925 existierte, eine Art Gemeinde in Privatbesitz, wo der Eigentümer die Funktion eines Bürgermeisters ausübte. Unter anderem bildete auch das Berliner Stadtschloß einen Gutsbezirk für sich, gehörte bis 1920 also nicht zur Stadt Berlin. 1928 wurde nachträglich noch der Gutsbezirk Düppel eingemeindet, außerdem gab es einige kleinere Grenzkorrekturen.

Groß-Berlin

20 Bezirke

Das ursprüngliche zentralistische Konzept der Einheitsgemeinde war stark verwässert worden, indem die neue Riesenstadt Groß-Berlin in 20 Bezirke mit erheblichen Selbstverwaltungsrechten gegliedert wurde. Dabei wurde auch das bisherige Berlin zerschlagen und in sechs Bezirke aufgeteilt. Die Bezirke wurden nach Wiener Vorbild durchnumeriert, erhielten daneben aber auch Namen, die die Regionalidentität stärkten. Die Nummern konnten sich dagegen im allgemeinen Gebrauch nicht durchsetzen. Insgesamt umfaßte die neue Hauptstadt des Deutschen Reiches rund 880 Quadratkilometer mit fast vier Millionen Einwohnern. Das neue Weichbild reichte weit über das städtisch bebaute Gebiet hinaus und wurde zu über einem Drittel landwirtschaftlich genutzt; Wald und Feld machten zusammen mehr als die Hälfte des Stadtgebietes aus. Der Kreis Teltow hingegen verlor zwar nur 20 Prozent seiner Fläche, aber 80 Prozent seiner Bevölkerung und 90 Prozent seiner Steuereinnahmen.

Stadtrandsiedlungen

In den 20er Jahren überschritt die jetzt deutlich langsamer wachsende Einwohnerzahl Groß-Berlins die Viermillionengrenze. Stärker dagegen wuchs die bebaute Fläche. Ein neuer Kranz von Siedlungen legte sich um die Stadt, angesichts des größeren Umfangs der Stadtperipherie allerdings nicht mehr in einem geschlossenen Ring. Im Wedding (Weiße Stadt) ebenso wie in einstmals so entlegenen Vororten wie Britz (Hufeisensiedlung) entstanden Modellsiedlungen als Zeichen der neuen Zeit, Stadtrandsiedlungen wurden unmittelbar an der neuen Stadtgrenze in die Landschaft gesetzt.

Verkehr

Zeichen beginnender Umorientierung der Verkehrsplanung war, daß die neuen Siedlungen nicht mehr allgemein an das Straßenbahnnetz angeschlossen wurden, das früher sogar der Siedlungsentwicklung vorausgeeilt war. Zu den wenigen Streckenneueröffnungen gehörte die Überlandbahn Spandau–Hennigsdorf (Linie 120), die teils auf Gleisen der Osthavelländischen Eisenbahn fuhr. Ansonsten wurden keine neuen Eisenbahnvorortstrecken angelegt, außer einer in Abschnitten bereits seit Jahrhundertbeginn vorangetriebenen Güterumgehungsbahn weit außerhalb Groß-Berlins. Mit neuen Stationen auf vorhandenen Strecken und einzelnen Ausbaumaßnahmen konnte die Eisenbahn aber noch am städtischen Wachstum teilhaben, das entgegen den Absichten des Groß-Berlin-Gesetzes auch etliche Orte außerhalb der Stadtgrenze erfaßte.

Ab 1928 in Berlin unterwegs: S-Bahnwagen der Bauart Stadtbahn, hier als historischer Zug der S-Bahn Berlin GmbH. Foto: J. Wegner, 1996

Bereits im April 1920 war die nicht mehr königliche preußische Eisenbahnverwaltung in der Deutschen Reichsbahn aufgegangen. Erhalten blieb auch im neuen System der Streit um die Elektrifizierung der Eisenbahn. In einer von mehreren neuen Kehrtwendungen wurde bestimmt, daß nun nicht die Stadt- oder Ringbahn als erster Schritt auf elektrischen Betrieb umgestellt werden sollte, sondern die davon unabhängigen Nordstrecken. Und auch dort dauerte es noch bis 1924, die ersten der neuen Elektrotriebwagen in den Fahrgastbetrieb zu bringen.

In den kurzen Aufschwungjahren in der zweiten Hälfte der Zwanziger, in den Goldenen Zwanziger Jahren, gelang dann der große Wurf: die „Große Elektrisierung" der Stadt-, Ring- und fast aller bedeutenden Vorortbahnen. Noch während an der letzten der drei Nordstrecken gearbeitet wurde, gab im Juli 1926 der Verwaltungsrat der Reichsbahn sein Plazet zur umfassenden Elektrifizierung, für die sogleich die Bauarbeiten begannen. Binnen drei Jahren wurden genau 150 Kilometer Strecke auf elektrischen Betrieb umgestellt (einschl. 2,3 Kilometer neuer Vorortgleise auf der Olympiabahn); dazu kamen 21 Kilometer auf der Kremmener Bahn als letzte der Nordstrecken; neun Kilometer umgestellte Strecke nach Lichterfelde, die neuerrichtete Siemensbahn mit 4½ Kilometer und als Nachzügler 1930 1½ Kilometer neue Vorortgleise nach Mahlsdorf; umfangreiche Umbauten an Bahnhöfen und Stadtbahngleisen, und eine neue Betriebswerkstatt für die elektrischen Triebzüge. Über 1200 der modernsten Wagen wurden beschafft und gaben dem Betrieb eine einheitliche Gestalt. Von einem mehr und mehr technologisch rückständigen System hatten sich die Berliner Stadt-, Ring- und Vorortbahnen international an die Spitze katapultiert und übertrafen die ein Vierteljahrhundert älteren Schnellbahnen anderer Städte deutlich.

1943 bis 1945: Züge wie bei der Berliner S-Bahn auch im Raketenzentrum Peenemünde. Foto: Siemens-Forum München

1930 – 1940
Größenwahn und großer Krieg

Gewissermaßen als i-Tüpfelchen, um das neue Schnellbahn-System perfekt zu machen, wurde 1930 schließlich noch ein zugkräftiger Name samt Signet erfunden: In Anlehnung an den und im Gegensatz zu dem bereits geläufigen Begriff „U-Bahn“ und deren weißem „U“ auf rechteckigem blauen Grund hieß die neue Schnellbahn nun „S-Bahn“ und trug als Markenzeichen auf ihren Bahnhöfen ein weißes „S“ auf rundem grünen Grund.

1931 wurde auch noch beschlossen, die Elektrifizierung der ältesten Berliner Vorortstrecke, der Wannseebahn, nachzuholen. Als diese vollendet war, gab es die Republik schon nicht mehr.

Die Pläne des nationalsozialistischen Regimes waren sowohl modern als auch gigantomanisch. Berlins Einwohnerzahl hatte mit 4,3 Millionen Einwohnern ihren Höchststand erreicht. Wirtschaftskrise und dann Emigration sorgten für eine leicht sinkende Tendenz. Doch nach den neuen Plänen des „Führers“ sollte die Zahl sich glattweg verdoppeln. Zudem wollte man die Innenstadt schienenfrei haben. Die Straßenbahnen sollten ebenso verschwinden wie die Kopfbahnhöfe. Während letztere durch zwei große Personenbahnhöfe Nord und Süd an der Ringbahn ersetzt werden sollten, war für den Nahverkehr ein System von unterirdischen U- und S-Bahnen vorgesehen. Außerdem sollten in großem Umfange neue Vorortgleise an Radialstrecken gebaut und die Endpunkte des elektrischen Betriebes weiter hinausgeschoben werden. Zur schnelleren Anbindung entlegenerer Siedlungen war eine Fern-S-Bahn (FS) vorgesehen, die fernbahnähnlich im engeren Stadtgebiet nur wenige Halte einlegen sollte. Erhebliche Änderungen waren auch im Güterverkehr geplant, für den die Umgehungsbahn in stadtnäherer Lage als Güteraußenring vollendet werden sollte.

Als erste Maßnahme wurde mit dem Bau der bereits länger angedachten Nord-Süd-Bahn begonnen, einer Tunnelstrecke zur Verbindung der nicht zur Stadtbahn führenden Strecken im Norden und Süden. Rechtzeitig zu den Olympischen Spielen 1936 konnte der nördliche Teil dieser Strecke in Betrieb gehen. Der kompliziertere Südteil brauchte bis 1939.

Zum großangelegten Umbau des Schienennetzes in der Reichshauptstadt folgten bis 1943 noch einige Anschlußstrecken im Süden, doch das war alles, was im Personenverkehr fertiggestellt wurde.

1940 – 1950
Krieg, Blockade und Streik

Die Politik des „Führers" hatte einen Strich durch die Rechnung gemacht: der ganz große Krieg. Zuletzt wurde daher nur noch an dem militärisch wichtigen Güteraußenring gebaut. Es war auch nicht ein Bevölkerungswachstum, sondern hauptsächlich die Kriegswirtschaft, die die Fahrgastzahlen der S-Bahn schließlich bis auf das Doppelte des Standes vor der Elektrifizierung hochtrieb, auf über 700 Millionen im Jahr.

Teils war dies echter Mehrverkehr zu den zahlreichen Rüstungsbetrieben, wobei die in Extrazügen und -abteilen beförderten Zwangsarbeiter noch nicht einmal mitgezählt sind. Zum Teil handelte es sich aber auch um Verlagerungen von anderen Verkehrsmitteln. Allerdings waren dafür weniger die gerne genannten Einschränkungen des Privatauto- und Omnibusverkehrs verantwortlich. Die Stillegung bzw. Beschlagnahmung der gerade mal 100 000 Autos fällt bei zwei Millionen täglichen S-Bahn-Fahrgästen nicht sonderlich ins Gewicht, und der Omnibus konnte bei allerdings stark reduziertem Fahrzeugeinsatz seine Fahrgastzahlen weitgehend halten (die allerdings auch kaum 500 000 am Tag betrugen). Gewichtiger dürfte die Reduzierung des Fahrradverkehrs durch Ersatzteilmangel (Gummi!) gewirkt haben.

War es zunächst nur die Umlenkung der Wirtschaftsressourcen, die den weiteren Ausbau der S-Bahn stoppte, so schlug der Krieg auch bald auf seinen Ausgangspunkt zurück. Fast zur gleichen Zeit, als die neuen S-Bahnanlagen nach Lichterfelde Süd in Betrieb gingen, sank der neben den Gleisen gelegene Stadtteil Lankwitz in Trümmer. Danach ging es überhaupt nur noch darum, zerbombte Anlagen wieder betriebsfähig zu machen.

März 1944 am S-Bahnhof Wedding nach einem Bombenangriff: Zwangsarbeiter bei Aufräumungsarbeiten. Foto: Archiv S-Bahn-Museum

Das Jahr 1945

„Endkampf“ und Kapitulation

Zum Jahresanfang 1945 war die Ostfront noch weit weg in Polen, im April stand die Rote Armee an der Oder und begann ihren Zangenangriff auf Berlin. Hitler und Goebbels entschlossen sich, in der Stadt zu bleiben für ihre Schlußinszenierung des totalen Krieges. Ende April war die Stadt eingekesselt. Der Betrieb der S-Bahn und aller anderen Verkehrsmittel, bis dahin noch mehr oder weniger aufrechterhalten, kam durch Ausfall der Stromversorgung und einsetzenden Artilleriebeschuß zum Erliegen. Die meisten Brücken wurden noch von der Wehrmacht oder der SS selber gesprengt, zum einen, um den Feind am Vormarsch zu hindern, zum anderen, um ihm ein zerstörtes Land zu hinterlassen.

Noch während der Kämpfe aber richteten sowjetische Eisenbahnpioniere die Ostbahn wieder her, so daß Nachschub- und Versorgungszüge zum Bahnhof Lichtenberg rollen konnten. Von den Kommunikationsmitteln funktionierte erstaunlicherweise noch das Telefon, und es gibt beglaubigte Berichte, daß hohe Militärs sich einen Überblick über die Lage verschafften, indem sie aus dem Telefonbuch eine Nummer anwählten („Guten Tag, Gnä' Frau, waren die Russen schon bei Ihnen?“ „Sind vor einer Stunde mit zwei Panzern vorbeigefahren.“).

Am Morgen des 1. Mai erschien General Krebs als Unterhändler beim Sowjetgeneral Tschuikow in Kreuzberg und berichtete vom Tode Hitlers. Als die Sowjets weiterhin auf bedingungsloser Kapitulation bestanden, nahmen auch Goebbels und Krebs sich das Leben. Die meisten anderen Insassen des Führerbunkers unternahmen einen nächtlichen Ausbruchsversuch, während der Stadtkommandant mit den Sowjets die Kapitulation vereinbarte.

Zerstörung

In der Nacht vom 1. zum 2. Mai, kurz nach Mitternacht, tappten die Ausbrecher durch die U-Bahntunnel von der Station Kaiserhof zum Bahnhof Friedrichstraße. Einigen, darunter Reichsjugendführer Axmann, gelang der Durchbruch. Andere wurden gefangengenommen oder, wie „Parteiminister“ Bormann, getötet. Wenige Stunden später, noch am Morgen des 2. Mai, wurde die Dekke des S-Bahntunnels unter dem Landwehrkanal gesprengt, wodurch der gesamte Nord-Süd-Tunnel und große Teile des U-Bahnnetzes voll Wasser liefen. Eine nicht mehr genau ermittelbare Zahl von Menschen ertrank dabei. Im Laufe des nächsten Tages schwiegen endgültig die Waffen. Berlin war vom Hitlerfaschismus befreit.

Die Zerstörungen im Verkehrswesen waren enorm, wenn auch nicht so total, wie bisweilen dargestellt. Sofort begannen Aufräumarbeiten und Sichtung des noch Vorhandenen. Schon am 28. April hatte der neue Stadtkommandant Bersarin im „Aufbaubefehl Nr. 1“ angeordnet: „Alle kommunalen

Betriebe, städtischen Verkehrsmittel (Untergrund- und Hochbahn, Straßenbahn und Trolleybus) ... haben ihre Arbeit zur Versorgung der Bevölkerung wieder aufzunehmen." Zwei Wochen nach Ende der Kampfhandlungen gehen nach und nach die ersten Bus-, U-Bahn- und Straßenbahnstrecken wieder in Betrieb, auch einige Dampfzüge verkehren schon. Im Juni fahren auch wieder elektrische S-Bahnen. Ein Drittel des Wagenbestandes immerhin ist noch mehr oder weniger betriebsfähig. Schlechter dran sind die meisten Strecken, so daß zuerst nur einzelne Pendelverkehre möglich sind.

Die Vier-Sektoren-Stadt

Ähnlich wie Deutschland insgesamt sollte auch die Hauptstadt des gewesenen Reiches nach dem Willen der Alliierten in zunächst drei, dann vier Besatzungsgebiete eingeteilt werden. Acht Stadtbezirke im östlichen Berlin einschließlich des Bezirks Mitte bildeten den sowjetischen Sektor, sechs Bezirke im Südwesten den amerikanischen Sektor, sechs Bezirke im Nordwesten, von denen die beiden nördlichen Bezirke an den zusätzlichen französischen Sektor abgegeben wurden, bildeten den britischen Sektor. Im Juli rückten die Westmächte in Berlin ein (die Franzosen einen Monat später). Bereits im Mai hatten die Sowjets einen provisorischen Magistrat eingesetzt. Die Eisenbahn unterstand zunächst auch nach Bildung der Sektoren weiter der Sowjetischen Militäradministration (SMAD), bis diese mit „Befehl Nr. 8" bestimmte: „Ab 1. September 1945 ist der Eisenbahnbetrieb in der sowjetischen Besatzungszone den deutschen Eisenbahnern zu übergeben." Konkret hieß das, daß die RBD Berlin ihre Arbeit wieder aufnahm, die mit Zustimmung der Westmächte ganz Berlin in ihrem Bezirk hatte und der auch die Reste der nicht wiedererrichteten RBD Osten (Frankfurt/Oder) eingegliedert wurden.

Wiederaufbau

Zum Jahresende fuhren auf fast allen Strecken des S-Bahnnetzes wieder Züge, wenn auch meist recht holprig und mit etlichen Unterbrechungen. Ein wenige Jahre später erschienener Fachartikel stellte fest: „Zusammenfassend läßt sich über den Verkehr sagen, daß am Ende des Jahres 1945 auf 85% des Streckennetzes mit 20% des Wagenparks bei 20% der benötigten Energiemengen rd. 50% der Fahrgäste von Anfang des Jahres befördert wurden." (Und auch am Jahresanfang waren die Züge keineswegs leer gewesen!)

Zum größten Problem neben den gesprengten Brücken entwickelten sich der Strommangel und die einsetzenden Demontagen für Reparationsleistungen an die Sowjetunion.

Von der Bevölkerung waren „nur" 2,8 Millionen Menschen übriggeblieben, dafür strömten bis Jahresende weit über eine Million Flüchtlinge durch die Stadt. Trotz der ungewissen Aussichten machte sich die provisorische Stadtregierung mit Stadtbaurat Hans Scharoun an den Wiederaufbau oder eher Neuaufbau einer ganz neu gestalteten Metropole, für die die ganze Stadtfläche zum Baugebiet erklärt wurde. Angesichts der Verhältnisse kam sie damit nicht weit.

1946 wurden Potsdam und Velten wieder angebunden und Teile des Nord-Süd-Tunnels befahren; 1947 konnten die gesamte Nord-Süd-Bahn und die Havelbrücke bei Spandau wieder befahren werden. Bis auf einige Verbindungskurven und kurze Abschnitte fehlte nur noch die völlig demontierte Erknerstrecke. Ja, so unglaublich es klingt, 1946 begann die Reichsbahn sogar, unvollendet gebliebene Nazi-Projekte fertigzustellen. Das hatte freilich nichts mit einem Wiederaufleben des Nazi-Größenwahns zu tun (diesmal ausnahmsweise nicht). Es befand sich vielmehr im Einklang mit den Plänen der Stadtregierung, die wie seinerzeit allgemein in der Städteplanung üblich, eine weiträumigere Verteilung der Bevölkerung wünschte. Es war auch rein praktisch sinnvoll, da die fast fertiggestellte Vorortstrecke entlang der Ostbahn anderweitig nicht zu nutzen war und zudem elektrische Ausrüstungen von demontierten Strecken vergleichsweise reichlich zur Verfügung standen (was immer noch Knappheit bedeutete). Es bestand ein merkwürdiger Antagonismus von Aufbau und Abbau. Einerseits ermöglichte die fortschreitende Instandsetzung einen flüssigeren Betriebsablauf mit verkürzten Zugabständen, andererseits mußte auf fast allen Vorortstrecken das zweite Gleis abgebaut werden (im gesamten RBD-Bezirk über ein Viertel aller Gleise) und Schienen ebenso wie S-Bahnwagen sollten als Reparation an die Sowjetunion gehen. So gerechtfertigt Reparationen an die kriegszerstörte Sowjetunion waren, es ging oft ohne Konzept vor sich. Soeben demontierte Strecken mußten auf Befehl der SMAD eilig wiederaufgebaut werden; Maschinen verrotteten, weil sie auf dem Transport wochenlang unter freiem Himmel standen.

Der 13. August wurde zu einem wichtigen Tag in der Geschichte des „Trümmerhaufens bei Potsdam". An diesem Tage des Jahres 1946 trat die „vorläufige Verfassung von Groß-Berlin" in Kraft. Berlin hatte damit den vollgültigen Status eines Landes erhalten. In den westlich der Oder gelegenen Teilen der Provinz Brandenburg war die Verwaltung neu organisiert und eine Regierung mit Sitz in Potsdam eingesetzt worden, die die Aufgaben einer Landesverwaltung übernahm. Dieses Gebilde erhielt im Januar 1947 eine (bereits nach den Vorstellungen der SED gestaltete) Verfassung. Aber erst nach der formellen Auflösung Preußens nahm die Provinz im Sommer 1947 den Namen „Land Brandenburg" an.

Im April 1946 hatte zwar in Berlin der Vereinigungsparteitag der Sozialdemokratischen und Kommunistischen Partei zur Sozialistischen Einheitspartei Deutschlands stattgefunden, aber ausgerechnet in Berlin bestand daneben weiterhin die SPD fort. Peinlicher noch, bei den Wahlen zur Stadtverordnetenversammlung im Oktober wurde die SPD in allen zwanzig Bezirken stärkste Partei, die SED landete nur auf dem dritten Platz.

1948 – Währungsreform und Blockade. Die immer weiter auseinanderdriftenden Interessen der ehemals verbündeten Siegermächte führten im Juni 1948 zum Auszug des sowjetischen Vertreters aus der Alliierten Kommandantur. Da in diesem Gremium Einstimmigkeit vorgesehen war, wurde die Kommandantur somit beschlußunfähig und war lahmgelegt. Auch die vertraglich vorgesehenen bis zu 16 Güterzüge aus Helmstedt zur Versorgung der Westsektoren und ihrer Besatzungstruppen konnten nur noch eingeschränkt fahren. Die USA nahmen Lufttransporte als Ersatz auf. Auch für den Luftverkehr hatten die Alliierten Regelungen vereinbart. Danach wurde der gesamte Luftverkehr in, um und nach Berlin von einer gemeinsamen, in Schöneberg angesiedelten Luftsicherheitszentrale geleitet und überwacht.

Die latente Krise eskalierte, als die Westmächte in ihren westdeutschen Besatzungszonen eine separate Währungsreform durchführten. Um nicht mit wertlos gewordener Reichsmark überschwemmt zu werden, mußte die Sowjetische Militäradministration in ihrer Zone in aller Eile ebenfalls eine Währungsreform durchführen. Der Stadtkommandant ordnete die Einführung dieser DM-Ost auch in Berlin an, was die Westmächte aber in ihren Sektoren untersagten. Damit begann, was als Berliner Blockade in die Geschichte einging. Dabei handelte es sich nicht, wie gerne darge-

S-Bahn-Verkehr am 20. August 1945

Elektrischer Betrieb, Dampfbetrieb, Abfahrtzeiten und Zugfolgen

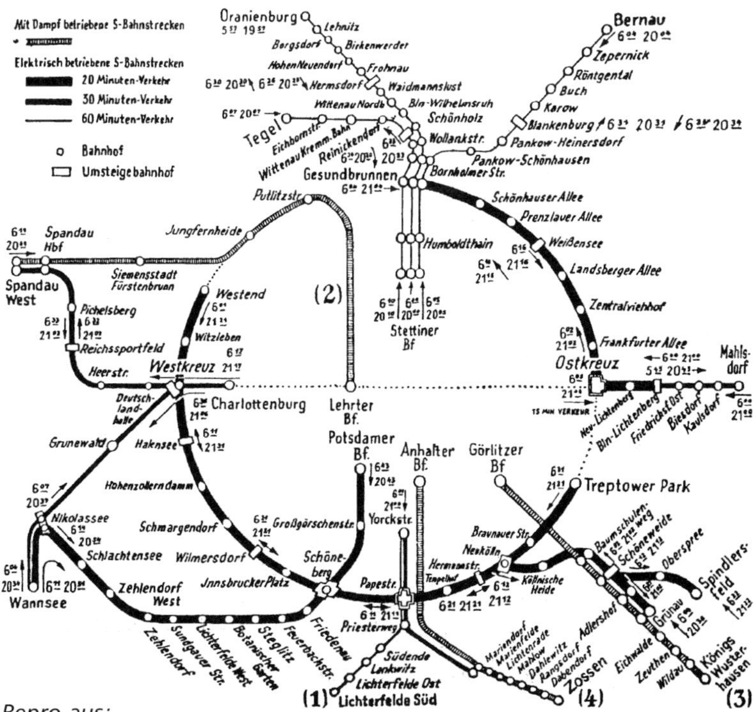

Repro aus:
Berliner Zeitung vom 22. August 1945 in Bahnknoten Berlin, GVE 2000

stellt, um eine Art militärischer Belagerung, sondern um einen Wirtschaftskrieg nach dem Motto „Wes Brot ich eß', des Lied ich sing." Der Osten bot ausdrücklich eine Versorgung auf seine Lebensmittelkarten (und natürlich in DM-Ost) an, worauf aber kaum 100 000 Westberliner eingingen.

Es war auch keineswegs sämtlicher Verkehr unterbrochen, im Gegenteil: Gerade in dieser Zeit nahm die Reichsbahn auf drei grenzüberschreitenden Strecken zwischen amerikanischem Sektor und sowjetischer Zone einen erheblich verbesserten Verkehr auf (Friedhofsbahn, Potsdamer Bahn und südlicher Außenring, dazu kam als vierte noch die wiederaufgebaute Erknerstrecke, aber der Verkehr zwischen sowjetischem Sektor und sowjetischer Zone war ja unproblematisch, wenn auch nicht unkontrolliert). Unterbunden wurde lediglich der Verkehr zwischen den Währungsgebieten West. Die S-Bahn profitierte sogar von der Blockade durch erhöhte Fahrgastzahlen, weil die städtischen Verkehrsmittel aus Strommangel nur eingeschränkt fahren konnten, die S-Bahn ihren Strom aber zur Hälfte aus dem Osten bezog.

1948 – Teilung der Stadtverwaltung. Zur Versorgung West-Berlins erweiterte der Westen die Versorgungsflüge zu einer bis dahin beispiellosen Luftbrücke. Im Abstand weniger Minuten starteten und landeten die Flugzeuge auf den beiden Flughäfen im amerikanischen und britischen Sektor und dem eilig gebauten Flughafen Tegel im französischen Sektor. Geleitet wurden die Flieger von der Alliierten Luftsicherheitszentrale, in der nach wie vor auch die sowjetischen Lotsen ihren Dienst taten.

Die gefährlichen Anflugmanöver inmitten der Häuserschluchten kosteten Dutzenden von Menschen das Leben. Dennoch jubelten die Westberliner fast ausnahmslos den „Rosinenbombern" (die allerdings hauptsächlich Kohlen, und wenn Nahrungsmittel, dann im wesentlichen Kartoffeln transportierten) zu. Auch die nichtkommunistische Mehrheit der Stadtverordnetenversammlung begrüßte die Maßnahmen der Westalliierten. Die SED organisierte spontane Demonstrationen vor dem und auch im Stadthaus, wobei Stadtverordnete tätlich angegriffen wurden. Der Präsident verlegte daraufhin die Sitzungen in das Rathaus Schöneberg, wo die Abgeordneten von CDU, SPD und LDP unter Schutz der US-Militärverwaltung zusammentraten, wie überhaupt Briten, Franzosen und Amerikaner nun von „Besatzungsmächten" zu „Schutzmächten" mutierten. Die Westalliierten wollten den Fall vor der UNO verhandeln lassen, hatten es damit aber nicht mehr eilig, nachdem eine Untersuchung hochrangiger UNO-Beamter ergeben hatte, daß alle vier Mächte für die Krise verantwortlich seien.

Am 30. November riefen SED und Massenorganisationen in Ost-Berlin auf einer „außerordentlichen Stadtverordnetenversammlung" einen „provisorischen Magistrat von Groß-Berlin" mit Friedrich Ebert (dem Sohn des einstigen Reichspräsidenten) als OB aus. Wenige Tage später verlegte der „alte" Magistrat seinen Sitz nach West-Berlin. Die turnusmäßig fällige Wahl zu der in Schöneberg tagenden Stadtverordnetenversammlung wurde von den Sowjets in ihrem Sektor unterbunden. Ein Aufruf zum Boykott in den Westsektoren blieb dort ohne großen Widerhall. Die neue Stadtverordnetenversammlung wählte Ernst Reuter zum Oberbürgermeister.

Nach und nach spaltete sich in den nächsten Monaten die gesamte Stadtverwaltung einschließlich der Verkehrsbetriebe und sogar die Universität. Unterdessen waren die Westalliierten zu einer separaten Westberliner Kommandantur zusammengetreten und verabschiedeten ein Besatzungsstatut für West-Berlin. Im Frühjahr 1949 erst – die Westmark war inzwischen zur alleinigen Währung in West-Berlin erklärt worden – gaben die Sowjets die Blockade auf. Stadt und Land wie auch die Siegermächte waren tief gespalten. Als einzige gemeinsame Einrichtung blieb neben dem Kriegsverbrechergefängnis in Spandau ausgerechnet die Alliierte Luftsicherheitszentrale erhalten, die die Versorgung West-Berlins erst ermöglicht hatte.

1949 – Reichsbahnerstreik. Ungeteilt blieben auch Eisenbahn und S-Bahn. Die RBD Berlin blieb, wie auch das Wasserstraßenhauptamt, für ganz Berlin zuständig. Die Verwaltung der Reichsbahndirektion hatte ihren Sitz ebenfalls im amerikanisch besetzten Schöneberg, lag politisch aber auf SED-Linie. Die schwere Erschütterung erreichte die Reichsbahn erst, als die Blockade gerade beendet war. Anlaß war, daß Eisenbahner ihren Lohn in Ostmark erhielten. Auch die Berliner Gewerkschaften waren inzwischen gespalten, nachdem die Hälfte der Funktionäre aus dem FDGB ausgezogen war und eine „Unabhängige Gewerkschaftsopposition" (UGO) ins Leben gerufen hatte. Diese rief nun im Mai 1949 die West-Berliner Reichsbahner zum Streik auf, um die Lohnzahlung in Westgeld zu erzwingen. Nach einem Monat wurde der mit blutigen Auseinandersetzungen geführte Streik von den Westalliierten beendet, denen die Versorgung ihrer Stadt wichtiger war als der Lohn der Eisenbahner. Der „UGO-Putsch" (so die östliche Diktion) war gescheitert. Während die anderen Westberliner UGO-Gewerkschaften sich dem westdeutschen DGB bzw. der DAG anschlossen, blieb die Eisenbahngewerkschaft im FDGB. Die Reichsbahn andererseits zahlte nun 60 Prozent des Lohnes in Westgeld aus. Den Rest tauschten die Westberliner Behörden um (sofern der Betreffende nicht politisch unliebsam aufgefallen war).

Besonders dauerhaft war das Einvernehmen zwischen Reichsbahn und „Schutzmächten" allerdings nicht, so daß die Reichsbahndirektion im Juli ihren Sitz in den Bezirk Mitte verlegte, in ein Gebäude am S-Bf Stettiner Bahnhof. Das Dienstgebäude im Bezirk Schöneberg wurde später von Westberliner Polizei gestürmt und zeitweise besetzt, ab 1959 zu einer Poliklinik umgewandelt. Die Westalliierten ihrerseits beschlagnahmten alles nicht direkt dem Bahnverkehr dienende Vermögen der Reichsbahn in West-Berlin. Zunächst wurde es einer Sonderverwaltung des West-Magistrats unterstellt, später wurde daraus die „VdeR" („Verwaltung des ehemaligen Reichsbahnvermögens in Berlin [West]"). Es handelte sich dabei um umfangreiche Liegenschaften mit Eisenbahnwohnungen, Kleingartenkolonien, Kneipen und Geschäften sowie verschiedene Verwaltungsgebäude. Nicht zuletzt auch um Empfangsgebäude von Bahnhöfen. Hier gab es eine komplizierte Abgrenzung der Zuständigkeiten für Bahnsteige, Bahnsteighallen, Treppenzugänge, Fahrkartenschalter, Eingangshallen, Kioske, Bahnhofswirtschaften und sonstige Nebenräume mit imaginären Grenzlinien zwischen VdeR und DR.

Nach Gründung der „Bonner Republik“, des „westdeutschen Separatstaates“, wurde im Oktober 1949 in Ost-Berlin vom „Deutschen Volkskongress“ die Deutsche Demokratische Republik ausgerufen. Diese erklärte in ihrer Verfassung „Berlin“ zu ihrer Hauptstadt. Während in Ost-Berlin die Stadtverordnetenversammlung von nun an mit Einheitslisten „gewählt“ wurde und ihrerseits Delegierte in die Volks- und Länderkammer der DDR entsandte, gab sich West-Berlin 1950 eine neue Verfassung, angelehnt an die Verfassungen der westdeutschen Stadtstaaten Hamburg und Bremen mit einem Senat als Stadtregierung. Diese Verfassung ging ebenfalls von einer Gültigkeit für alle 20 Stadtbezirke aus und erklärte: „Berlin ist ein Land der Bundesrepublik Deutschland“. Ersteres verhinderten die Sowjets, letzteres wurde von den Westmächten nicht genehmigt.

1950 – 1960

DDR und West-Berlin

Während zwei deutsche Staaten gegründet worden waren, verblieb Berlin in einer merkwürdigen Zwitterstellung. Scheinbar unberührt davon ging der Wiederauf- und Ausbau der S-Bahn weiter, von der östlichen Propaganda gebührend ausgeschlachtet. „Über alle Sektorengrenzen hinweg rollt deine S-Bahn“, hieß es da. Tatsächlich lag der tiefere Sinn des eifrig betriebenen Baues von neuen S-Bahn-Strecken, etwas paradox, in der zunehmenden Abgrenzung.

Die Berliner Kopfbahnhöfe lagen allesamt hart an der Sektoren- bzw. Staatsgrenze, Stettiner und Potsdamer Bahnhof auf der östlichen, Lehrter, Anhalter und Görlitzer Bahnhof auf der westlichen Seite. Sie waren alle nur über West-Berliner Gebiet zu erreichen. Die stark kriegsgeschädigten Anlagen waren nur notdürftig wiederhergestellt worden. Durch die Elektrifizierung der Vorortstrecken entlang der Hamburger und Lehrter Bahn, der Anhalter Bahn und der Görlitzer Bahn sowie den Bau des Außenringes konnten 1951 zunächst der Lehrter und Görlitzer Bahnhof, 1952 auch der Anhalter und Stettiner Bahnhof für den Reiseverkehr geschlossen werden. Der Fernverkehr wird seither zu Ost-Berliner Bahnhöfen, zum kleineren Teil über die westliche Stadtbahn geleitet, die Vorortzüge endeten außerhalb der Stadtgrenze an den Endpunkten der elektrischen S-Bahn. Ähnlich wurde im Güterverkehr verfahren, wo für Ost-Berlin bestimmte Züge den Außenring benutzten und in West-Berlin nur noch der dortige Ortsgüterverkehr abgewickelt wurde, was zur Folge hatte, daß insbesondere die großen Anlagen des Verschiebebahnhofs Tempelhof brachfielen, während die Ostberliner Anlagen permanent überlastet waren.

In jenen Tagen starben Eisenbahner nicht nur bei Betriebsunfällen, und es waren beide Seiten, die ihnen zusetzten. So wurde bei tätlichen Auseinandersetzungen auf dem Bahngelände der Leiter des Betriebswagenwerks Potsdamer Güterbahnhof von West-Berliner Polizei erschlagen, und Reichsbahnchef Kreikemeyer verschwand spurlos bei einer Säuberungsaktion der SED. Einigkeit herrschte pikanterweise bei der Zukunft der Kopfbahnhöfe. Auch die Westberliner Senatsstellen wollten nichts mehr von solch unmodernem Zeug in der Stadt wissen, und so wurden die Ruinen der einstmals stolzen Bahnhöfe abgetragen. Vom Anhalter Bahnhof blieb nur das Portal stehen, die anderen wurden restlos beseitigt. Erhalten blieb (außer dem längst nicht mehr als Kopfbahnhof erkennbaren Frankfurter Bahnhof) als einziger ausgerechnet der längst stillgelegte Hamburger Bahnhof, in dem sich ein Bau- und Verkehrsmuseum befand, das weiter unter Verwaltung der Reichsbahn stand.

Keine direkte Auswirkung auf die S-Bahn hatte 1952 die Auflösung der Länder in der DDR. Dem zentralistischen Verständnis der Einheitssozialisten entsprechend, hatte der Landtag in Potsdam, ohnehin längst von der SED beherrscht, ausgedient. Berlin war nun von den Bezirken Potsdam und Frankfurt/Oder umgeben, letzterer nur grenzte an Ost-Berliner Gebiet. Zugleich wurden die bisherigen großen Landkreise durch deutlich kleinere ersetzt, so daß Strausberg, Oranienburg etc. zu Kreisstädten wurden.

In Ost-Berlin war bereits 1950 mit der neuen Hauptsatzung die Gesetzgebungskompetenz der Stadtverordnetenversammlung abgeschafft worden. Fortan verkündete der Magistrat im „Gesetz- und Verordnungsblatt für Groß-Berlin" Gesetze, die wortgleich mit den zuvor von der DDR-Volkskammer beschlossenen waren.

Weiter vertieft wurde die Spaltung, als im Januar 1953 auch der sektorenüberschreitende Straßenbahnverkehr eingestellt wurde. Die Schaffner mußten wegen der unterschiedlichen Währungsgebiete an der Sektorengrenze wechseln, aber das Fahrpersonal steuerte noch grenzenlos. Nun war auch damit Schluß, als die BVG-Ost darauf bestand, auch weibliche Fahrer einzusetzen, was im Westen als verkehrsgefährdend verboten war. Bei der S-Bahn saßen erstmals im Dezember 1950 Frauen am Fahrschalter. Demonstrativ nach West-Berlin einfahrende Straßenbahnen mit Frauen am Schalthebel aber wurden von West-Polizei zurückgeschickt. Seither endeten die Linien auf jeweils ihrer Seite der Grenze. Über die „System"-grenze hinweg bzw. darunter hindurch fuhren nun nur noch vier U-Bahnlinien und die S-Bahn, über die Stadtgrenze hinaus nur die S-Bahn sowie einzelne Fernzüge auf der Stadtbahn und Güterzüge. Doch auch damit konnte man nicht unbedingt rechnen. Immer wieder wurde vor allem auf der Nord-Süd-Bahn der Verkehr unterbrochen, auch in den Tagen des 17. Juni.

Es gab aber auch ganz andere Gründe zur Verkehrseinstellung. So erklärte die Reichsbahn sich 1958 mit einem Streik bei der städtischen West-

Hansaviertel, Berlin-Tiergarten 1945. Foto: Landesarchiv Berlin

Berliner BVG solidarisch und dekretierte auch eine Betriebseinstellung auf der S-Bahn. Andererseits wurde im gleichen Jahr ein durchgehender Nachtbetrieb an Wochenenden eingerichtet.

Daneben wurden die letzten noch fehlenden Verbindungen wiederhergestellt. Auch die weitere Verlängerung der aus West-Berlin herausführenden S-Bahnstrecken war vorgesehen. Tatsächlich realisiert wurde aber nur eine Strecke, wo es schon eine elektrische Straßenbahnanbindung gab, nämlich von Strausberg nach Strausberg Nord für das Verteidigungsministerium der DDR, das vorsichtshalber nicht im entmilitarisierten Berlin, sondern in Strausberg angesiedelt worden war.

Zugleich begann die Reichsbahn nach Möglichkeiten zu suchen, West-Berlin zu umfahren. Erstes Ergebnis war die sogenannte „Stalinkurve" in Bornholmer Straße. Außerdem wurden die berühmten „Durchläufer"-Züge eingerichtet, der zweite Fall nach den Bankierzügen der Wannseebahn, daß S-Bahnen in Berlin nicht auf allen Bahnhöfen hielten. Auf mehreren Strecken fuhren im Berufsverkehr Züge ohne Halt auf West-Berliner Bahnhöfen. Auf der Stadtbahn hieß das: Kein Halt zwischen Friedrichstraße und dem ersten Bahnhof in der DDR. Ein besonders verwirrendes Bild ergab sich auf der Nordbahn, die mehrmals zwischen West- und Ost-Berliner Gebiet wechselt. Natürlich behinderten diese Züge den übrigen Verkehr, Reisezeitgewinne waren gering bis theoretisch. Die Ost-Berliner Behörden mußten ausdrücklich jeden, den sie irgendwie als Geheimnisträger definieren konnten, zur Benutzung der Durchläufer verpflichten. Andererseits gab es auch nicht vorgesehene Fahrgäste aus West-Berlin. Oft genug kam es vor, daß ein Durchläufer auf eingleisigen Strecken regelmäßig vor einem Halt-Signal zum Stehen kam, um einen Gegenzug abzuwarten. Versierte Fahrgäste nutzten dies zum fahrplanmäßig nicht vorgesehenen Ausstieg. Abgesehen davon, daß dies natürlich illegal war (auch nach westlichen Bestimmungen), war es nicht ungefährlich, nicht nur wegen des Ausstiegs auf freier Strecke. Wenn wider Erwarten doch einmal das Signal Fahrt zeigte, konnte es passieren, daß man auf einem der neu eingerichteten Kontrollbahnhöfe der DDR landete, was einigen Ärger brachte. Abgelöst wurden diese Züge 1958 durch neu eingerichtete Vorortzüge über den Außenring mit noch längeren Fahrzeiten und schlechteren Anschlüssen an Umsteigebahnhöfen, die irgendwo im Nirgendwo lagen wie Genshagener Heide oder Hennigsdorf Nord. Zeitgemäß erhielten diese Züge die Bezeichnung „Sputnik"-Züge, da sie wie die sowjetischen Erdsatelliten West-Berlin umkreisten. Die anderthalb Stunden, die der Sputnik um die Erde brauchte, reichten allerdings kaum für eine Fahrt von Ost-Berlin nach Hennigsdorf oder Falkensee.

Hauptbeweggrund für all dies war weniger die Sorge, Geheimnisträger könnten abgefangen oder verschleppt werden – darin war der Osten viel besser –, als die Tatsache, daß weit mehr Menschen ihren Wohnsitz von Ost nach West verlegten als umgekehrt. Besonders die Abwanderung frisch ausgebildeter Fachkräfte – die vom Westen mit kräftigen Prämien honoriert wurde – war ein schwerer Aderlaß für die DDR-Wirtschaft. Während der Osten die „Abwerbung" beklagte, sprach der Westen von einer „Abstimmung mit den Füßen".

Bahnhof Friedrichstraße 1961 bis 1990: Sperranlagen zwischen S-Bahn Ost (links) und S-Bahn West. Foto: M. Lange, S-Bahn-Museum

1960 – 1970

Teilung und Boykott

Bis zum Sommer 1961 konnte man mit der S-Bahn etwa von Bernau aus umsteigefrei – „über alle Sektorengrenzen hinweg" – in einer Stunde nach West-Berlin fahren, was von etlichen auch für die tägliche Fahrt zur Arbeit genutzt wurde. Der Rat der Stadt Bernau und der Bürgermeister erließen einen Aufruf an die Bevölkerung, in dem es hieß: „Mit der größten Selbstverständlichkeit nehmen die Grenzgänger, die bei uns wohnen und leben, alle durch den Fleiß unserer Werktätigen geschaffenen Möglichkeiten und Vorteile in Anspruch. Ihre Arbeitskraft jedoch stellen sie denen zur Verfügung, die alle Errungenschaften unserer Werktätigen beseitigen wollen. (...) Wir haben festgelegt, daß ab Montag, dem 24. Juli 1961, Aussprachen mit den Grenzgängern durchgeführt werden, mit dem Ziel, ihnen die Verwerflichkeit ihres Handelns darzulegen und sie zu veranlassen, Brandt und seinen Kriegshetzern den Rücken zu kehren."

Wenig erstaunlich, daß damit nicht „die Rückgewinnung der Grenzgänger für unsere Friedensproduktion" erreicht wurde, sondern viele der Angesprochenen dann lieber auch auf die Vorteile des östlichen Wohnsitzes verzichteten und die nächste Fahrt ohne Rückfahrkarte antraten.

Der 13. August 1961. Um ein Ausbluten der DDR zu verhindern, beschloß der Ministerrat schließlich am 12. August 1961: „Zur Unterbindung der feindlichen Tätigkeit der revanchistischen und militaristischen Kräfte Westdeutschlands und Westberlins wird eine solche Kontrolle an den Grenzen der Deutschen Demokratischen Republik einschließlich der Grenze zu den Westsektoren von Groß-Berlin eingeführt, wie sie an den Grenzen jedes souveränen Staates üblich ist. (...) Diese Grenzen dürfen von Bürgern der Deutschen Demokratischen Republik nur noch mit besonderer Genehmigung passiert werden. Solange Westberlin nicht in eine entmilitarisierte neutrale Freie Stadt verwandelt ist, bedürfen Bürger der Hauptstadt der Deutschen Demokratischen Republik für das Überschreiten der Grenzen nach Westberlin einer besonderen Bescheinigung. Der Besuch von friedlichen Bürgern Westberlins in der Hauptstadt der Deutschen Demokratischen Republik (das demokratische Berlin) ist unter Vorlage des Westberliner Personalausweises möglich."

Doch dem, was „an den Grenzen jedes souveränen Staates üblich ist", entsprachen die in der nächsten Nacht umgesetzten Maßnahmen nicht gerade, aber sie erreichten ihr Ziel, „eine verläßliche Bewachung und eine wirksame Kontrolle".

Während der siegessichere Westen kalt überrascht wurde und vor Wut schäumte, sangen die DDR-Grenzer „Klappe zu, Affe tot, endlich lacht das Morgenrot." Auch die Dreharbeiten zu Billy Wilders Berlin-Film „Eins, zwei, drei" wurden jäh gestört. Sein Diktum, daß das die ganze US-Nation an jenem Sonntag, 13. August, bewegende Ereignis ein heimisches Baseballspiel war, wollte in Berlin keiner hören. Seine beißende Komödie geriet zum Flop. Sie wurde erst zwei Jahrzehnte später wiederentdeckt.

Die geteilte S-Bahn. Einschneidend war die Grenzsperrung natürlich vor allem für die S-Bahn. An acht Stellen zwischen West-Berlin und der DDR wurden die Gleise unterbrochen, an fünfen zwischen West- und Ost-Berlin. Auf 35 Streckenkilometern, einem Zehntel des Netzes, wurde der S-Bahnbetrieb eingestellt. Der Rest zerfiel in ein West- und ein Ostnetz, das Westberliner mit gut 140 Kilometer etwas größer als das östliche, und beide nur noch durch eine Überführungsmöglichkeit am Bahnhof Friedrichstraße verbunden, sowie fünf Inselbetriebe in der DDR mit zusammen gut 30 Kilometer Länge.

Unmittelbar vor dem Mauerbau gehörten zum Netz der Gleichstrom-S-Bahn 160 Stationen. Davon lagen 75 in West-Berlin, 48 in Ost-Berlin, 26 im Bezirk Potsdam und 11 im Bezirk Frankfurt (Oder). Nach dem Mauerbau zählte das Westnetz (einschließlich Staaken) 77 Stationen, 2 davon in Ost-Berlin. Das Ostnetz brachte es auf insgesamt 57 Stationen, davon 42 in Ost-Berlin, 11 im Bezirk Frankfurt (Oder) und 4 im Bezirk Potsdam. Die Inselbetriebe, alle im Bezirk Potsdam gelegen, umfaßten 18 Stationen; fünf Stationen in Ost-Berlin und 4 Stationen im Bezirk Potsdam wurden stillgelegt (Griebnitzsee folgte zwei Monate später). Der Bahnhof Friedrichstraße wurde geteilt. Einheitlich blieb dagegen die Stromversorgung.

Für den Personenfernverkehr blieben zunächst die zwei Übergänge nach Westen (Albrechtshof und Griebnitzsee, dazu Staaken nur für Güter- und Militärzüge) und der am Bahnhof Friedrichstraße bestehen; ungeteilt, wenn auch mit erheblichen Beschwernissen, blieb auch der Güterverkehr. Zu den DDR-Bürgern mit besonderer Genehmigung und den DDR-Hauptstädtern mit besonderer Bescheinigung, die weiter die Grenze überschreiten durften, gehörten auch Eisenbahner. Bis auf einige S-Bahntriebzüge, die im Niemandsland zwischen Ost und West vergessen wurden – die aufgeschnittenen Gleise mußten zu ihrem Abtransport eigens nochmal angeschlos-

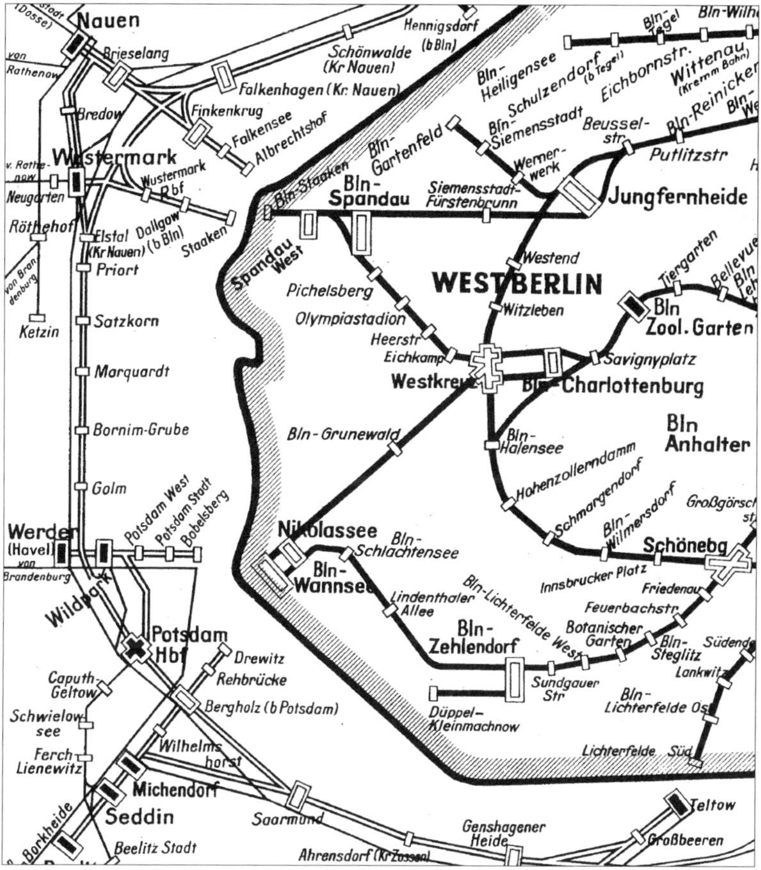

S-Bahn-Netz, 1966: Auch Umlandverbindungen sind gekappt, unter anderem nach Teltow, Potsdam und Falkensee.

sen werden –, ging die Netztrennung wie der gesamte Mauerbau glatt über die Bühne. Die Reichsbahn bemühte sich immerhin, trotz all der Umstände das Westnetz funktionsfähig zu erhalten. In Wannsee und Papestraße standen eigene Bahnbetriebswerke zur Verfügung, außerdem wurde auch das S-Bahnbetriebswerk Nordbahnhof, obwohl im Osten gelegen, wie auch die gesamte Nord-Süd-Bahn und der im Osten gelegene Haltepunkt Wollankstraße dem Westnetz zugeordnet. Ebenso wie bei zwei U-Bahnstrecken wurden die unter Ost-Berlin gelegenen Tunnelstationen geschlossen mit Ausnahme von Bahnhof Friedrichstraße, der als Umsteigestation und Grenzübergang geöffnet blieb. Den DDR-Grenzern gelang es tatsächlich, in dem vielfach verwinkelten Bau die Fahrgastströme Ost (Stadtbahn) und West (Stadtbahn, U-Bahn und Nord-Süd-Bahn) völlig getrennt zu leiten.

Um den „Besuch von friedlichen Bürgern Westberlins" zu regeln, wurden auf verschiedenen West-Berliner Bahnhöfen Passierscheinstellen eingerichtet. Das aber rief sogleich die Westmächte auf den Plan, die darin eine Anmaßung von Hoheitsrechten sahen. Militärpolizei wurde ausgeschickt, die Passierscheinstellen zu schließen. Daraufhin verbot die DDR am 23. August auch West-Berlinern die Einreise nach Ost-Berlin – keine Passierscheine, keine Einreise. Im Oktober wurde dann auch der Übergang Albrechtshof nach der spektakulären Flucht mit einem ganzen Eisenbahnzug geschlossen.

In West-Berlin verfiel man auf wüsten Aktionismus und schnitt erneut in das eigene Fleisch: Gewerkschaft und Parteien riefen zum Boykott der S-Bahn auf, als ob der Nahverkehr, der mit Mühe seine Kosten erwirtschaftete, „Ulbrichts Stacheldraht" finanzierte. Die Transitgebühren für die Durchfahrt durch Ost-Berlin und die DDR, die jährlich Millionen harter Westmark betrugen, wurden stets ohne mit der Wimper zu zucken überwiesen. Als Ersatzhandlung wurden vor West-Berliner S-Bahnhöfen Fahrgäste tätlich angegriffen. Die städtischen Verkehrsbetriebe richteten neben jeder S-Bahnlinie eine parallele Buslinie ein, für die sogar Fahrer aus Westdeutschland importiert werden mußten, und begannen einen für beide Seiten mörderischen Konkurrenzkampf.

Das östliche Teilnetz stand vor Problemen ganz anderer Art: veränderte Verkehrsströme, beengte Verhältnisse auf der Stadtbahn mit einem zweigleisigen Endbahnhof Friedrichstraße und mangelnde Anbindung einzelner Strecken. Von den Inselbetrieben verfügten nur Velten und Oranienburg über Wartungseinrichtungen für Züge. Daher wurden die in Mahlow, Potsdam und Falkensee nach wenigen Wochen eingestellt und durch Dampf- und Dieselzüge ersetzt. Der Oranienburger wurde wegen seiner großen Bedeutung noch im Herbst über den rasch elektrifizierten Außenring und die zweigleisig ausgebaute „Stalinkurve" mit dem Ostnetz verbunden. Nur der Inselbetrieb Velten–Hennigsdorf blieb bestehen. Im Frühjahr 1962 wurde in West-Berlin der Betrieb auf dem Abschnitt Spandau–Staaken, der unmittelbar an die Stadtgrenze reichte, wiederaufgenommen (Zeichen vorsichtiger Entspannung), während im Osten die Neubaustrecke nach Schönefeld als neue Etappe auf dem Weg zum Sozialismus entstand.

Konflikte und pragmatische Lösungen. Ost-Berlins Einwohnerzahl stabilisierte sich nun bei gut einer Million, das eingemauerte West-Berlin hingegen litt unter dem Ruf einer „sterbenden Stadt", die Einwohnerzahl sank unter zwei Millionen.

Nachdem der erste Zorn verraucht war, wurden auch wieder pragmatische Lösungen möglich. Manche Lösung war auch nur bizarr. Noch Ende 1961 kam es im Bahnbetriebswerk Gesundbrunnen zu einer Konfrontation, weil auf einem Wasserturm die Aufschrift „DDR" angebracht wurde. Französische Militärpolizei griff ein und ließ das erste „D" entfernen, so daß nur das unverfängliche „DR" wie „Deutsche Reichsbahn" übrigblieb. Die DDR änderte bald ohnehin ihre politische Linie. Hatte sie bereits den Alleinvertretungsanspruch für ganz Deutschland aufgegeben, betrachtete sie nun auch das, was Ulbricht gelegentlich als „die westlichen Vororte der Hauptstadt der DDR" tituliert hatte, als „selbständige politische Einheit Westberlin", kurz „SPE WB". Die West-Berliner SED, deren Büros nach dam Mauerbau vom Senat geschlossen worden und erst auf einen Gerichtsbeschluss hin 1962 wieder geöffnet worden waren, benannte sich dementsprechend in SEW um – und blieb so bedeutungslos wie zuvor.

Ende 1963 kamen erstmals offizielle Delegationen aus Ost und West zusammen. Das Protokoll vermerkt: „Beide Seiten stellten fest, daß eine Einigung über gemeinsame Orts-, Behörden- und Amtsbezeichnungen nicht erzielt werden konnte." Mit dieser „salvatorischen Klausel" konnten erste Passierscheinregelungen vereinbart werden. Sogar CDU-Chef Amrehn ließ sich für den Besuch seiner Tante einen Passierschein der Ost-Behörden ausstellen. 1964 konnte auch die Frage der Bewachung von Bahngelände, die schon zu mehreren Schießereien geführt hatte, weil Ost-Berliner Transportpolizei und West-Berliner Polizei die Hoheit beanspruchten, geregelt werden: Die Reichsbahn richtete eine besondere Bahnpolizei für West-Berlin ein, die nur mit Knüppeln bewaffnet war und Straftäter an die West-Berliner Polizei übergab sowie Amtshilfe von ihr anfordern konnte.

Die Westalliierten ihrerseits verboten 1965 die provokativ in West-Berlin abgehaltenen Plenarsitzungen des Deutschen Bundestages und der Bundesversammlung. Verkehrspolitisch bemühte sich allerdings der West-Berliner Senat, die S-Bahn mehr und mehr zu untergraben. Zum einen wurde kaum verhüllt der Bau paralleler U-Bahnlinien betrieben, zum anderen der Bau von Stadtautobahnen unmittelbar neben S-Bahnstrecken. Verlief bereits die Avus neben der Wetzlarer Bahn, wurden nun auch ein Autobahnring neben der Ringbahn und die Westtangente neben der Wannseebahn gebaut, denen ganze Häuserzeilen zum Opfer fielen – und auch Empfangsgebäude von Bahnhöfen. Dafür war der Senat sogar zu Verhandlungen mit der und finanziellen Leistungen an die DDR bzw. die Reichsbahn bereit, ebenso, wenn Bahngelände untertunnelt werden sollte. Ganz nebenbei verschwand die Straßenbahn 1967 aus dem Verkehr von West-Berlin.

1970 – 1980

S-Bahn und Politik auf neuen Wegen

Eine allgemeine Entspannung gab es erst im Rahmen der gleichnamigen Politik auf internationaler Ebene. Im September 1971 schlossen die drei westlichen und die östliche Siegermacht das Viermächteabkommen über „das betreffende Gebiet", ein Meisterstück der Formulierungskunst. Darin wurde, für den Osten wichtig, festgestellt, daß die Westsektoren von Berlin „wie bisher kein Bestandteil der Bundesrepublik Deutschland sind und auch weiterhin nicht von ihr regiert werden". Anerkannt wurden jedoch, für den Westen wichtig, die, je nach Lesart „Bindungen" oder „Verbindungen" („Sojedinenija") zwischen diesen. Beschlossen wurde auch, daß „die Kommunikationen zwischen den Westsektoren von Berlin und den Gebieten, die an diese Sektoren grenzen sowie denjenigen Gebieten der Deutschen Demokratischen Republik, die nicht an diese Sektoren grenzen, verbessert werden".

Abkommen und Verträge. Eine Etage tiefer schlossen daraufhin die beiden deutschen Staaten das Transitabkommen, das einen einigermaßen ungestörten Verkehr zwischen Westdeutschland und West-Berlin ermöglichte. Noch eine Ebene tiefer gab es das Problem, daß der West-Berliner Senat nach wie vor den Ost-Berliner Magistrat nicht als Gesprächspartner anerkannte und daher direkt mit der Regierung der DDR verhandeln mußte, ohne eine Hoheit dieser über Ost-Berlin anzuerkennen. Doch auch hier kam rasch ein Abkommen über „Erleichterungen und Verbesserungen des Reise- und Besucherverkehrs und über die Regelung der Frage von Enklaven durch Gebietsaustausch" zustande. Weitere Abkommen folgten. Für die nach 20 Jahren nun wieder mögliche Einreise von West-Berlinern in die DDR wurden besondere Buslinien mit der Linienbezeichnung E eingerichtet.

Die S-Bahn war davon nicht unmittelbar betroffen; sie profitierte aber nicht nur durch den deutlich anschwellenden Besucherverkehr am Bahnhof Friedrichstraße. 1972 wurde erstmals in West-Berlin ein neuer S-Bahn-Haltepunkt eingerichtet (Zehlendorf Süd).

1974 konnte die S-Bahn einen Hauch ihrer Leistungsfähigkeit demonstrieren, als sie mit Sonderzügen zu Spielen der Fußball-Weltmeisterschaft im Olympiastadion fuhr. Sogar grenzüberschreitender Verkehr für ostdeutsche Zuschauer mit Extrazügen ab Friedrichstraße war möglich, zu den legendären Gruppenspielen der Auswahlmannschaft des Deutschen Fußball-Verbandes der DDR, u. a. gegen die chilenische Nationalmannschaft.

Neue Tarife im Westen. Genau in diese Zeit fiel allerdings auch eine weitere Spaltung der S-Bahn. Bisher hatte im Prinzip – wenn auch nur für wenige nutzbar – immer noch ein Fahrschein für beide Teilnetze gegolten, in der untersten Preisstufe 20 Pfennig in der jeweiligen Währung. Zum 1. September 1972 gab die S-Bahn diesen Kampfpreis auf und führte für das Westnetz eine eigene Preisstufe ein, die nach und nach den Preiserhöhungen der städtischen Verkehrsbetriebe folgte. Neue Verbindungen über die Grenze dagegen gab es im Fernverkehr. 1976 wurden die Fernbahnhöfe Wannsee und Spandau für Transitzüge nach Westdeutschland wiedereröffnet. Selbst die Verkehrsplaner des Senats nahmen nun die S-Bahn wahr. Umsteigestationen von S- und U-Bahn tauchten in den Plänen auf. Diese vorsichtigen Anzeichen einer Renaissance waren jedoch nichts gegen den Ausbau der S-Bahn des östlichen Netzes.

Netzausbau im Osten. Der bloße notdürftige Wiederaufbau von Mietskasernenvierteln war auch in Ost-Berlin längst nicht mehr gefragt. Die neue Stadt sollte auf Weltniveau auch im Schaufenster des Ostens Gestalt annehmen. Maurer waren nun weder an der Staatsgrenze West noch im Wohnungsbau gefragt, Betonfertigteile sollten auch diese Bereiche industrialisieren. Umfangreiche Neubaugebiete entstanden, über die Stadtgrenze hinausgreifend, auf bislang landwirtschaftlich genutzten Gebieten, hauptsächlich auf durch moderne Kläranlagen entbehrlich gewordenen Rieselfeldern. Der gestiegenen Bedeutung entsprechend, wurden aus den weiten Bezirken Lichtenberg und Weißensee die drei neuen Bezirke Hohen-

Suchen Sie bitte die S-Bahnhöfe Yorckstraße, Großgörschenstraße und Anhalter Bahnhof. Verkehrslinienkarte, BVG West 1983 (Ausschnitt)

schönhausen, Marzahn und Hellersdorf herausgeschnitten. Die ersten beiden wurden mit neuen S-Bahnstrecken entlang der Wriezener Bahn und dem Außenring erschlossen. Auch in den dritten Bezirk fuhren schließlich S-Bahnwagen, und auf einem kurzen Teilstück nutzten sie eine alte Eisenbahnstrecke, aber umgebaut zur U-Bahn – zumindest waren die umgebauten U-Bahnen als ehemalige S-Bahn-Wagen deklariert. Grund war, daß die Stadtbahn mit ihren beengten Verhältnissen keine weiteren Züge mehr aufnehmen konnte. Etliche Zuggruppen mußten bereits am Innenstadtrand enden. Die U-Bahnlinie E hingegen hatte freie Kapazität, so daß die Neubaustrecke in Hellersdorf an die U-Bahn angeschlossen wurde.

Die jenseits der Groß-Berliner Grenze gelegenen kleineren Teile der Neubaugebiete wurden technisch und postalisch einbezogen, eine formelle Eingemeindung aber sorgsam vermieden. Der Unterschied war aber kaum noch wahrnehmbar, denn zu dieser Zeit wurden mit Ausnahme der Sonderrechte für die Alliierten die letzten Unterschiede zwischen Ost-Berlin und der DDR eingeebnet: Das eigene Gesetz- und Verordnungsblatt wurde eingestellt. Die Zuzugsgenehmigung für DDR-Bürger, die in Ost-Berlin wohnen wollten, war entfallen, und seit 1979 konnten die Bewohner der DDR-Hauptstadt ihre jetzt mit unbeschränktem Stimmrecht ausgestatteten Volkskammerabgeordneten direkt wählen – natürlich mit Einheitslisten der Nationalen Front (die hieß wirklich so). Im Westen der Stadt mußten die Bürger weiterhin mit „behelfsmäßigen Personalausweisen" leben, während die West-Berliner Bundestagsabgeordneten weiter mit beschränktem Stimmrecht vom Abgeordnetenhaus nach Bonn entsandt wurden.

Gemeinsames Phänomen im Ost- und im Westnetz war ein Verfall durch Überalterung der Anlagen und Fahrzeuge. Seit Kriegsende waren, abgesehen von einem gescheiterten Prototyp und vereinzelten Neuzugängen in den fünfziger Jahren, keine neuen Fahrzeuge beschafft worden. Dazu kam, daß in West-Berlin der Boykott nicht wirklich beendet wurde. Im Gegenteil wurde noch dreister der Bau paralleler U-Bahnen betrieben. Allein eine Milliarde DM war es dem Senat wert, neben den bestehenden S-Bahnen eine U-Bahn nach Siemensstadt und Spandau zu bauen. Vorsichtige Sondierungen bei der DDR über die Zukunft der S-Bahn waren von den Alliierten unterbunden worden, die dem Senat verboten, über Statusfragen zu verhandeln. In solchen Dingen reagierten die Alliierten sehr empfindlich: Sowohl beim Bau der Station Zehlendorf Süd durch die Reichsbahn als auch später beim von der Forstverwaltung unternommenen Abriß der stillgelegten Friedhofsbahn mußten die Arbeiten etliche Zeit unterbrochen werden, weil man versäumt hatte, die Genehmigung der alliierten Stadtkommandanten einzuholen.

»Status Quo«
Die schwierige Verhandlungslage

Lag das Interesse der Alliierten vor allem bei der Sicherung ihres Militärverkehrs, für die ein einheitlicher Eisenbahnbetrieb nur von Vorteil sein konnte, war die Reichsbahn durchaus bereit, den verlustbringenden S-Bahnbetrieb abzugeben oder dem Senat zu verpachten. Und die westliche Seite war auch zu Verhandlungen bereit, wenn dies ihrer Interessenlage entsprach. So wurde nach langwierigen Geheimverhandlungen der Öffentlichkeit 1980 ein Vertrag zwischen Senat und Reichsbahn präsentiert, der die völlige Umgestaltung des Eisenbahnsüdgeländes in Tempelhof/Schöneberg vorsah, um Platz für den Autobahnbau zu gewinnen. Einsprüche der Alliierten gab es nicht. Bei der S-Bahn hingegen verschanzte sich der Senat hinter dem Diktum der Schutzmächte und verweigerte auch Verhandlungen unterhalb der Statusebene, etwa über einen Tarifverbund mit den städtischen Verkehrsbetrieben BVG – die Fahrpreise waren eh schon weitgehend angeglichen worden.

Mit dem Mauerbau war die Zahl der S-Bahn-Fahrgäste schlagartig unter den Stand der Dampflokzeit in den zwanziger Jahren gesunken; in den siebziger Jahren unterschritten sie 200 Millionen jährlich. Danach stabilisierten sich die Zahlen im Osten, im Westen hingegen sanken sie ins Bodenlose. Der fortschreitende Verfall vergraulte nun auch die wohlgesonnenen Kunden, obwohl einzelne Bahnhofsgebäude in Zusammenarbeit von Reichsbahn und VdeR sorgsam restauriert wurden.

1980 – 1990

Stillstand und Neubeginn

Trotz aller Querelen war der S-Bahn-Fahrplan über lange Zeit weitgehend konstant geblieben, lediglich einige Verstärkungszuggruppen waren 1976 reduziert worden. 21 Stunden am Tag zogen die rot-gelben S-Bahnzüge treu ihre Runden. Im Sommer 1980 aber legte die Reichsbahn einen neuen Fahrplan vor, der auf weiten Teilen des Westnetzes nur noch einen Rumpfbetrieb bis 21 Uhr vorsah. Dies löste eine Kette von völlig unerwarteten und umwälzenden Ereignissen aus. Die Fahrplankürzungen waren der Zündfunke für lange angestauten Mißmut der Eisenbahner, die zwar nur zu einem kleinen Prozentsatz Kommunisten, aber in West-Berlin gesellschaftlich isoliert waren. Auch am im Westen üblichen Sozialsystem hatten sie keinen Anteil, konnten allenfalls von FDGB-Ferienreisen an die Ostsee profitieren. Für ihre medizinische Versorgung war eigens im alten Gebäude der Reichsbahndirektion am Schöneberger Ufer eine Poliklinik eingerichtet worden – deren Ruf allerdings nicht der beste war. Kein Vergleich etwa zur Ost-Berliner Charité, die den West-Eisenbahnern nicht zur Verfügung stand.

Die offizielle DDR-Geschichtsschreibung vermerkt unter dem Datum 18. September 1980: „Provokatorische Störungen auf Reichsbahngelände in Berlin (West), durch die der Eisenbahnverkehr von und nach der BRD sowie der S-Bahnverkehr erheblich beeinträchtigt werden. Sie halten bis zum 24. 9. 1980 an."

Mit anderen Worten: Es gab den zweiten Eisenbahner-Streik nach Kriegsende – den „verordneten" Streik von 1958 nicht gerechnet.

Es war eine spontane und also etwas chaotische Bewegung, die denn auch rasch zusammenbrach. Richtig wirksam wurde der Streik mit der Besetzung von Stellwerken, so daß auch der Güterverkehr weitgehend zum Erliegen kam – was auch diesmal die Interessen der Alliierten beeinträchtigte. Sie standen dem Streik folglich ablehnend gegenüber. Bahnpolizei räumte die besetzten Stellwerke, zwar ohne Blutvergießen, aber ziemlich rüde. Die von den Streikenden zu Hilfe gerufene West-Berliner Polizei lehnte es ausdrücklich ab einzugreifen: Die Bahnpolizei versehe nur ihr Hausrecht. Und die Reichsbahndirektion reagierte genauso, wie sie es den Kapitalisten so gerne vorwarf: Mit Rausschmiß, fristloser Entlassung der Streikaktivisten.

Nach einer Woche weitgehenden Stillstands wurde der West-Berliner S-Bahnverkehr wiederaufgenommen, jetzt aber nur noch auf der Hälfte des Streckennetzes – 72 von 145 Kilometer – und mit dem frühen Betriebsschluß auf den meisten Strecken. Die BVG verzeichnete daraufhin einen Zuwachs von immerhin 85 000 täglichen Fahrgästen.

Nach welchen Kriterien S-Bahnstrecken, die weiter in Betrieb blieben, ausgewählt wurden, konnte bis heute nicht geklärt werden. Zwei der noch relativ verkehrsträchtigsten Strecken – Olympiabahn und Wannseebahn – wurden stillgelegt. Davon mußte die Wannseebahn sogar für Überführungsfahrten betriebsbereit gehalten werden.

Am ehesten läßt sich die Auswahl noch erklären, wenn man annimmt, die Reichsbahn habe gerade jene Strecken in Betrieb gehalten, die keine U-Bahn-Konkurrenz hatten, oder andersherum formuliert, die Stadtteile und Vororte bedienten, die ansonsten ganz ohne Schnellbahnanschluß geblieben wären. (Die U-Bahn nach Spandau war bereits absehbar.) Wannsee, Lichtenrade und Frohnau waren die entlegensten Ecken des Stadtgebietes und ohne die S-Bahn nur mit endlos langer Busfahrt zu erreichen. Ähnlich entlegen war Heiligensee, wenn auch eine U-Bahn nach Tegel fuhr. Zur gleichen Zeit arbeitete die Reichsbahn im Osten eifrig an der Ausdehnung des Streckennetzes. Noch im Dezember 1980 ging ein weiterer Abschnitt in Betrieb, der der Erschließung der Neubaugebiete in den nordöstlichen Randgebieten diente. Während im Westnetz nur noch 38 Stationen angefahren wurden (darunter beide Ost-Berliner im Bahnhof Friedrichstraße), wurde das Ostnetz bis Ende der 80er Jahre um insgesamt 12 auf 79 Stationen erweitert (davon 54 in Ostberlin, 12 im Bezirk Frankfurt und 13 im Bezirk Potsdam). Bis 1983 gab es zusätzlich vier Stationen im letzten Inselbetrieb. Außerdem wurden etliche Streckenabschnitte auf zwei Gleise ausgebaut. Die Länge des Ostnetzes wurde jetzt mit 186 Kilometer angegeben, die Zahl der täglichen Fahrgäste mit 700 000. Im Westen dagegen sank die Zahl der täglichen Benutzer auf zuletzt 15 000.

BVG bringt West-S-Bahn in Fahrt. Schien der Streik von 1980 zunächst eine völlige Niederlage zu sein, so brachte er doch einen erstaunlichen Umschwung im öffentlichen Bewußtsein. Die S-Bahn wurde wieder als Teil der Stadt wahrgenommen. Initiativen zur Wiederinbetriebnahme der S-Bahn, wie der Fahrgastverband IGEB, nahmen sich des Problems an. Künstler, Architekten, Stadt- und Verkehrsplaner entbrannten in heißer Liebe zur S-Bahn. Öffentlicher Druck entstand, so daß der Senat Konzepte zur Integration der S-Bahn erarbeiten und Verhandlungen mit der Reichsbahn aufnehmen mußte. Als es dann soweit war, ging alles recht schnell. Binnen weniger Wochen wurde im Herbst 1983 eine Vereinbarung ausgearbeitet und unterzeichnet. Mit Wirkung vom 9. Januar 1984, 3 Uhr, stellte die Reichsbahn den S-Bahnbetrieb im Westnetz ein und übergab ihn an eine „vom Senat zu bestimmende Stelle aus Berlin (West)" – dies waren die städtischen Verkehrsbetriebe BVG. Etliche Details wurden akribisch festgehalten. Die Nutzung der Stellwerke, die gemeinsam für S-Bahn und Fernbahn zuständig waren, der Mischbetrieb mit dem Güterverkehr, bis hin zu Feinheiten der Tarifgestaltung: Die Reichsbahn verkaufte in Ostberlin (offiziell war nur vom Bahnhof Friedrichstraße die Rede) weiter gegen Ost-Mark Fahrkarten für das Westnetz. Diese wurden in West-Berlin auch auf der U-Bahn anerkannt. Fernfahrkarten nach „Berlin Stadtbahn" galten unverändert auch für die An- und Abfahrt mit der S-Bahn im Westen. Auf dem Westteil des Bahnhofs Friedrichstraße wurden Entwerter für BVG-Fahrausweise aufgestellt.

Der lapidare und salvatorische Satz „Statusfragen bleiben durch diese Vereinbarung unberührt" stellte auch die Alliierten zufrieden, deren Zustimmung zunächst für die Aufnahme von Verhandlungen und dann zum Inkrafttreten der Vereinbarung nötig war.

West-Berliner Personal der S-Bahn wurde durch die BVG übernommen. Züge wurden von der Reichsbahn „zur Verfügung gestellt“ (was immer das statusrechtlich heißen mochte, in West-Berlin wurden sie dem Reichseisenbahnvermögen, das es nur dort gab, zugerechnet). Lediglich die Abfertigung auf den Bahnhöfen Friedrichstraße und Wollankstraße sowie den Betrieb auf dem Abschnitt zwischen Lehrter Stadtbahnhof und Friedrichstraße behielt die Reichsbahn sich vor. BVG-Personal mußte auf dem Lehrter Stadtbahnhof die Züge verlassen.

Entgegen anfänglichen Befürchtungen nahm die BVG ihr Stiefkind gut an, warb für die S-Bahn und integrierte sie voll als ihren dritten Betriebsteil. Auch der anfangs sehr steife, hoheitliche Personalwechsel am Lehrter Bahnhof wich rasch einem kollegialen Verhältnis. Ganz anders die Position des Senats, der geradezu wider Willen damit zurechtkommen mußte. Dementsprechend wurde das bis zum 8. Januar 1984 von der Reichsbahn betriebene Netz nochmals drastisch reduziert. Die „Schrumpfbahn“ des Senats nahm den Betrieb nur auf zwei kurzen, nicht zusammenhängenden Teilstücken von gerade 21 Kilometer Länge auf: vom Anhalter Bahnhof nach Lichtenrade und von Friedrichstraße (oben) nach Charlottenburg. Doch der öffentliche Druck war jetzt so stark, daß schon wenige Monate darauf der Nord-Süd-Tunnel, die Nordbahn bis Frohnau und die Wetzlarer Bahn nach Wannsee wieder befahren wurden. Entsprechend kletterten auch von Monat zu Monat die Fahrgastzahlen. Nach Eröffnung der Nordbahn waren es im Oktober 50 000 täglich.

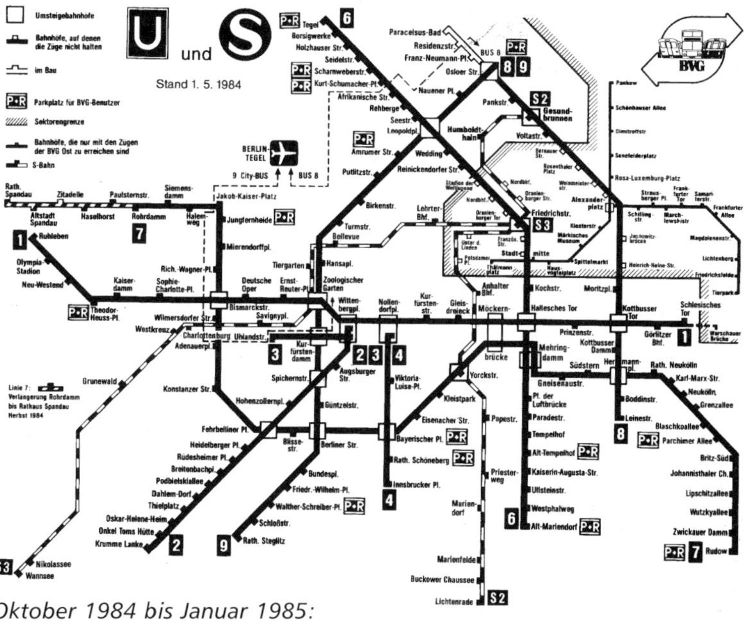

Oktober 1984 bis Januar 1985:
Nur zwei S-Bahn-Linien im Schnellbahnnetz der BVG-West

Reaktivierung von Wannseebahn und Südring. Da im März 1985 Wahlen zum Abgeordnetenhaus vor der Tür standen und die Wählerwirksamkeit des Themas erkannt war, ließ der Senat sich nicht lumpen und bewerkstelligte zum Februar 1985 die Wiederinbetriebnahme der Wannseebahn. Dafür wurde sogar während des frostigen Winters gebaut, einige Baustellen mußten eigens eingehaust und beheizt werden.

Der Erfolg blieb nicht aus – in zweierlei Hinsicht: Im Oktober 1985 überstiegen die Fahrgastzahlen die Marke von 100 000 täglich, und die Wahl wurde von der amtierenden CDU/FDP-Mehrheit gewonnen. Prompt sank das Interesse an rascher Inbetriebnahme weiterer Strecken im Rathaus auf den Nullpunkt. Es blieb beim berüchtigten 71-Kilometer-Netz – etwas weniger noch, als man betriebsbereit von der Reichsbahn übernommen hatte. Stattdessen war nun sogar erneute Stillegung angesagt. Für gut ein halbes Jahr wurde der Betrieb auf dem Endstück der Nordbahn eingestellt zwecks Wiederaufbau des zweiten Gleises. Nach der jetzt durchgesetzten Linie hieß das Totalabriß der bestehenden Gleisanlagen und Neubau. Streckenneueröffnungen waren dagegen bei der U-Bahn vorgesehen. Der U-Bahnbau sollte nach einer Grundsatzentscheidung des Senats weitergehen, trotz mahnenden Zeigefingers aus Bonn, von wo die Betonergüsse in der Berliner Unterwelt bezahlt werden mußten. Begründet wurde der U-Bahnbau ausdrücklich nicht mit verkehrspolitischen Notwendigkeiten, sondern damit, die Auftragslage der mit dem U-Bahnbau befaßten Firmen zu sichern. Mehrfach ging sogar für den Ausbau des öffentlichen Verkehrs bereitgestelltes Geld zurück, weil der Senat keine kurzfristig umsetzbaren Pläne für die S-Bahn (oder auch Straßenbahnen) in der Schublade hatte. Obwohl ein umfangreiches Investitionsprogramm – mit etlichen Betriebsunterbrechungen und Pendelverkehren verbunden – für die betriebenen Strecken Aktivität beweisen sollte, blieben zahlreiche Zugänge zu den Stationen, die die Reichsbahn wegen des Verkehrsrückgangs geschlossen hatte, weiter versperrt (der westliche Zugang zum Bahnhof Grunewald zum Beispiel). Auch die in mehreren Bürgerbegehren zu Tausenden und Zehntausenden abgegebenen Unterschriften für rasche S-Bahn-Inbetriebnahme wogen nun nicht mehr als zu beachtende Wählerstimmen.

Erst im Herbst 1989, inzwischen mit neuer (rot-grüner) Senatsmehrheit, begannen Arbeiten für die Wiederinbetriebnahme einer weiteren Strecke (Südring), und im Jahre 1990 wurde mit Schichauweg erstmals seit fünf Jahren das Netz um eine Station erweitert. Doch da hatten sich die politischen Rahmenbedingungen schon dramatisch verändert.

West-S-Bahn in vollen Zügen. Im Laufe des Jahres 1989 eskalierte die schwelende Krise der DDR, vor allem nach den manipulierten Kommunalwahlen vom Mai. Am 7. Oktober wurde noch mit großem Pomp der vierzigste Jahrestag der Republikgründung gefeiert, doch keine zwei Wochen später stürzte Honecker und legte alle Ämter nieder.

Größte Auswirkungen auf das Verkehrswesen hatte es, als Politbüromitglied Günther Schabowski am 9. November in einer Fernsehdiskussion eher beiläufig verkündete, daß ab sofort die volle Reisefreiheit eingeführt werde, und noch am selben Abend Tausende sich aufmachten, dies dann auszuprobieren. Die völlig überraschten Grenzposten hauptsächlich an der Übergangsstelle Bornholmer Straße griffen nicht etwa zur Waffe, sondern ließen den Ansturm passieren. In den nächsten Tagen verkehrten auch auf der westlichen Stadtbahn erstmals seit langem wieder Vollzüge – im doppelten Sinne: Züge aus vier Viertelzügen, die dennoch zum Bersten voll waren. Bis Jahresende wurden zahlreiche neue Übergänge zwischen West- und Ost-Berlin sowie zwischen West-Berlin und der DDR eröffnet. Noch hatten die Verkehrsmittel des Umweltverbundes die Nase vorn. Viele der Übergänge waren nur für Fußgänger und Radfahrer, erste grenzüberschreitende Buslinien zu den bestehenden wurden provisorisch eingerichtet. Zu den ersten neuen Übergängen schon nach zwei Tagen zählte Jannowitzbrücke. Auf Anregung des Fahrgastverbands IGEB hielten in der U-Bahnstation wieder die Züge, die seit dem Mauerbau dort durchgefahren waren. Im Januar fuhren erstmals zwischen Potsdam und Wannsee wieder Vorortzüge über die Grenze. Kommissionen von Ost und West entwarfen Pläne für die Verlängerung der West-Berliner S-Bahnstrecken in die DDR, noch mit besonders abgetrennten Bahnsteigen für Grenzkontrollen, wie sie an den Grenzen jedes souveränen Staates üblich sind. Doch das erledigte sich bald. Welche Seite den letztlichen Vorteil der Entwicklung hatte, deutete sich zum Jahreswechsel an. Mit dem neuen Jahr wurden West-Berliner Fahrscheine auf allen Ostberliner Verkehrsmitteln und im gesamten S-Bahn-Tarifbereich anerkannt. Die bisherige Freifahrt für Ost-Berliner und DDR-Bürger in West-Berlin dagegen entfiel.

Bei den Volkskammerwahlen im März 1990, den ersten und einzigen, die ohne Einheitsliste durchgeführt wurden, erhielten die für einen „Beitritt" plädierenden Parteien die Mehrheit. Die Abwicklung der Konkursmasse DDR ging dann sehr schnell vor sich.

Seit 1990

Schließung der Lücken im S-Bahn-Netz

Infolge des durch die Unterhändler Schäuble –BRD– und Krause –DDR– ausgehandelten Einigungsvertrages, des Zwei-plus-Vier-Vertrages mit den Alliierten und des von der Volkskammer beschlossenen Ländereinführungsgesetzes wurden mit Wirkung ab 3. Oktober 1990 das Land Brandenburg (in leicht veränderter Abgrenzung) wiedererrichtet sowie West-Berlin, Ost-Berlin und West-Staaken zum Land Berlin zusammengeschlossen.

Die Alliierten verzichteten auf alle ihre Vorrechte. Zum gleichen Zeitpunkt traten beide Länder, wie auch die übrigen ostdeutschen Länder, dem Geltungsbereich des Bonner Grundgesetzes bei. Noch vor dem formellen Beitrittsbeschluß war am 1. Juli eine Wirtschafts- und Währungsunion der deutschen Staaten in Kraft getreten, die die Westmark auch in der DDR zum alleinigen Zahlungsmittel machte. In und um Berlin war damit völlig freier Verkehr möglich.

Die weitere Wiederherstellung des S-Bahnnetzes aber geriet nun (mit wieder geänderter Regierungsmehrheit) ins Stocken, während mit Eifer an der Herstellung möglichst breiter und leistungsfähiger Autostraßen über die ehemalige Staatsgrenze West gebaut wurde. Auch die an verschiedenen Stellen auftauchenden Straßenbahnschienen (so in der Lichterfelder Straße in Teltow-Seehof oder vor dem Reichstag) verschwanden schnell, und der Aufbau des Eisenbahnfern- und -regionalverkehrs orientierte allein auf die Stadtbahn. Grundlegend war die Entscheidung, nicht über die übrigen vorhandene Bahntrassen – auch mit provisorischen End- oder Kopfbahnhöfen – raschestmöglich einen Betrieb aufzubauen, um den neuen Verkehr in alle Richtungen gleich an die Schiene zu binden.

Stattdessen sollten erst mit Milliardenaufwand die gesamten Berliner Bahnanlagen umgekrempelt werden. Mußte schon das vollmundig beschlossene „Achsenkreuzmodell" zu einem „Pilzkonzept" abgemagert werden, so wechselten auch verschiedentlich die Pläne, ob eine neue S-Bahnlinie (genannt S 21) durch die Tiergartentunnel die Nord-Süd-Durchbindung der Fernbahn begleiten solle. Erst wurde sie eingeplant, dann als zu teuer herausgenommen, dann als Option vorgesehen, dann halb hereingenommen ...

Außer der Durchbindung der Stadtbahn und der Öffnung von vier der fünf seit dem Mauerbau geschlossenen „Transit"-Bahnhöfe in Ost-Berlin gab es das ganze Jahr 1990 keine Wiederinbetriebnahmen, im Jahr 1991 sogar eine vorübergehende Stillegung des Nord-Süd-Tunnels zwecks Grundsanierung, die allerdings dringend nötig war.

Erst im Laufe des Jahres 1992, zweieinhalb Jahre nach der Grenzöffnung, wurden drei Umlandverbindungen nach Norden, Süden und Südwesten wiederhergestellt. Das Netz der elektrischen S-Bahn wuchs damit um knapp 19 eingleisige Kilometer und fünf Stationen, alle im Land Brandenburg. Eine weitere neue Station nahm die Reichsbahn im Rahmen des zweigleisigen Ausbaus auf der Ostbahn in Betrieb. Mit der Streckenverlängerung nach Potsdam gab die BVG den Betrieb auf der Stadtbahn wieder an die Reichsbahn ab und behielt nur das Nord-Süd-System.

Der erste Lückenschluß im innerstädtischen Netz nach der Stadtbahn geschah sogar erst 1993 mit der Verbindung über Köllnische Heide. Kurz danach, zum Jahreswechsel 1993/94, endete die Episode des BVG-Betriebs auf der S-Bahn. Deutsche Reichsbahn, Deutsche Bundesbahn, BVG-S-Bahn, die VdeR-Liegenschaften und das gesamte Reichseisenbahnvermögen wurden in der Deutschen Bahn AG zusammengefaßt. Selbst die von der BVG beschafften neuen Fahrzeuge mußten ohne Gegenleistung abgegeben werden. Aber schon genau ein Jahr später wurde von der Bahn AG die S-Bahn Berlin GmbH als Tochter ausgegründet. Das in ihren Betrieb übergehende Netz der elektrischen S-Bahn wurde mit 282 Streckenkilometern und 144 Stationen angegeben.

Weniger erfolgreich verlief eine andere Vereinigungsoperation. Ein von den Regierungen in Berlin und Potsdam ausgehandelter Staatsvertrag zur Vereinigung der beiden Länder scheiterte Januar 1995 in einer Volksabstimmung. Eine Mehrheit fand er nur im westlichen Berlin, in Ost-Berlin und Brandenburg überwog die Ablehnung deutlich. Das Thema Länderfusion war vorerst gestorben. Das Land Brandenburg vollzog eine große Kreisreform, mit der die Landkreise nach dem „Tortenstückprinzip" um Berlin gelegt wurden. Indessen warteten dutzende Kilometer S-Bahn noch auf die Wiederinbetriebnahme; bis zum erklärten politischen Ziel, alle 1961 bestehenden Verbindungen (ggf. in modifizierter Form) wiederherzustellen, fehlten noch rund 60 Streckenkilometer. Erneute erfolgreiche Bürgerbegehren konnten die Dinge ebenso wenig entscheidend voranbringen wie eher hilflose Resolutionen des brandenburgischen Landtags.

Während eifrig Wolkenkuckucksheim-Verbindungen wie Olympia-Express und Magnetschwebebahn propagiert und geplant wurden, deren Grundlagen dann wie Seifenblasen zerplatzten, während die Baustellen des Tiergartentunnels immer wieder im märkischen Sand und im Spreewasser versanken, spielte die Politik mit der S-Bahn Verschiebebahnhof oder Zahlenlotto. Immer neue Wiederinbetriebnahmetermine wurden der Öffentlichkeit präsentiert – jedes Mal gegenüber den vorigen etwas nach hinten verschoben.

Aber allen Widrigkeiten zum Trotz gingen nach und nach einzelne S-Bahnstrecken innerhalb West-Berlins wieder in Betrieb. Endlich 1997 (und wieder ganz am Jahresende!) war der südliche Ringbahn-Abschnitt zwischen Treptow und Neukölln als zweite Ost-West-S-Bahnverbindung geschlossen. Nochmals ein Jahr später war eine weitere Umlandverbindung (nach Hennigsdorf) wiederhergestellt und mit Spandau auch der letzte Berliner Bezirk an das S-Bahnnetz angeschlossen. Bis zur Schließung der Ringbahn-Lücke am 16. Juni 2002 konnte die S-Bahn leicht auf über 250 Millionen Fahrgäste pro Jahr zulegen, anders als der städtische Verkehrsbetrieb BVG, dessen Fahrgastzahlen sich rückläufig entwickelten.

Zug und Bahnhof aus der Vergangenheit:
S-Bahn Bauart Stadtbahn im Lehrter Stadtbahnhof. Foto (1997): Th. Kabisch

Ringbahnhof Beusselstraße um 1985: Blick über die Kehranlage zum Westhafen und zur Putlitzbrücke. Foto: Archiv Fahrgastverband IGEB

1. Berliner Innenstadt

Berliner Innenstadt

1.1 Ringbahn

Von Gesundbrunnen nach Gesundbrunnen
über Ostkreuz, Papestraße, Schöneberg und Westkreuz

Erste Pläne für eine ringförmige Verbindung der (seinerzeit vier bestehenden plus einer projektierten) Radiallinien um Berlin herum wurden schon im Herbst 1844 aktenkundig. Das seinerzeit der Regierung zur Genehmigung eingereichte Projekt sah eine Streckenlänge von 22,5 Kilometer entsprechend einem Radius von 3½ Kilometer vor und hielt sich damit relativ dicht an der insgesamt 15 Kilometer langen Stadtmauer. Die Autoren vergaßen auch nicht hinzuzufügen, daß die Strecke bei entsprechender Bauweise als erweiterte Stadtmauer fungieren könne.

Doch das Projekt blieb auf dem Papier. Die privaten Bahngesellschaften sahen einander im Zweifel als Konkurrenz, und der eventuell zu erzielende Gewinn an durchgehendem Verkehr war gegenüber dem in die Stadt strömenden eher gering. Wirtschaftskrise und Zusammenbruch der Börsenspekulation auf Eisenbahnen taten ein übriges. Die einzige Verbindung zwischen zwei Bahnstrecken bestand mehr zufällig zwischen Potsdamer und Anhalter Bahn, die jeweils ein Anschlußgleis zum Schöneberger Hafen hatten.

Erst 1851 konnte eine etwa zehn Kilometer lange Verbindungsbahn als erstes Stück preußischer Staatsbahn eröffnet werden. Nicht zuletzt das Militär hatte auf eine Verbindung der Eisenbahnstrecken gedrängt. Die eingleisige Strecke lag zu ebener Erde ohne Rücksicht auf andere Wege und zog sich in vielen Windungen hauptsächlich an der Stadtmauer entlang. Als Halbring (oder Zweidrittelring) verlief sie westlich um die Stadt vom Stettiner zum Frankfurter Bahnhof. Die inzwischen fünf, später sechs Kopfbahnhöfe waren von der Kopfseite her angebunden, wo seinerzeit durchweg Drehscheiben zum Umsetzen der Loks eingebaut waren. Mit einigem Rangieraufwand konnten Wagen über diese auf die Verbindungsbahn gebracht werden. Neben etwas Güterverkehr war der Militärverkehr Hauptnutzer. Die Anlage hatte etwas Behelfsmäßiges und wurde mit dem einsetzenden Wachstum der Stadt als störend empfunden.

Daher wurde 1867 beschlossen, die alte durch eine Neue Verbindungsbahn weiter außerhalb zu ersetzen. Sie war ebenfalls eine reine Staatsbahn, aber ansonsten machte man bei ihr fast alles genau andersherum wie bei der alten Verbindungsbahn. Die Strecke verlief nicht mehr dicht an der Stadt, sondern bewußt so weit außerhalb, daß sie schon bei den Nachbardörfern lag. Sie wurde von vornherein auf zwei Gleise ausgelegt und zu einem großen Teil auf einem Damm oder im Einschnitt gebaut, so daß sie insbesondere das runde Dutzend größerer, mittlerweile zu gepflasterten Chausseen ausgebauter Ausfallstraßen niveaufrei kreuzte. Außerdem wurde sie nicht westlich, sondern östlich um die Stadt herum gelegt, und die Radialstrecken wurden so angeschlossen, daß die Züge vom Ring her direkt in die Kopfbahnhöfe und in die Rangieranlagen einfahren konnten. Nur der Anschluß der Potsdamer Bahn zeigte nach stadtauswärts, damit hier Militär- und Hofzüge von Potsdam bequem das Tempelhofer Feld erreichen konnten.

Die 24 Kilometer lange Strecke konnte im Krieg 1870/71 provisorisch befahren werden, der erste öffentliche Personenverkehr und der normale Güterverkehr wurden im Januar 1872 aufgenommen. Obwohl teils mehrere Kilometer außerhalb des bebauten Gebietes, lag die Strecke doch fast zur Hälfte juristisch auf Berliner Stadtgebiet. Die Reise konnte im 1861 eingemeindeten Moabit gleich neben der älteren Hamburger und der gleichzeitig gebauten Lehrter Bahn beginnen – bis heute beginnt hier die Kilometrierung der Ringbahn.

Von dort ging es zunächst ostwärts parallel zu den beiden anderen Bahnen, so daß hier drei Gleispaare nebeneinander lagen. Wo die anderen jedoch nach Süden zu ihren Kopfbahnhöfen schwenkten, führt die Ringbahn, die beiden anderen überbrückend, mit einer leichten entgegengesetzten Kurve weiter zum Wedding. Hier hatte sich entlang der Chaussee die Bebauung bereits weit vorgeschoben, so daß nahe der Brücke über die Chausseestraße ein Bahnhof eingerichtet wurde. Anderthalb Kilometer weiter lag die Verbindungsbahn am Fuße der Humboldthöhe unter Geländeniveau. Dort wurden die Gleisverbindungen zur Stettiner Bahn und bald darauf zur Nordbahn angelegt und machten den Anfang des Bahnhofs Gesundbrunnen.

Weiter östlich kam die Bahn dann auf bereits 1841 eingemeindetes Gebiet, wo sie, nur bei Weißensee wieder über Geländeniveau gelangend, sich mit leichtem Bogen etwa anderthalb Kilometer von der Stadtmauer entfernt entlangzog. Die Besiedlung wurde immer spärlicher, bis die Strecke ganz auf freiem Feld lag. Aber erst südlich der Landsberger Allee verließ sie das Stadtgebiet. Gerade dort hatte die Bahn nahe der Brücke über die Frankfurter Chaussee eine Station mit Namen Friedrichsberg. Die gleichnamige Kolonie bildete mit anderen ein fast durchgängiges, wenn auch schmales Siedlungsband von Berlin entlang der Chaussee bis nach Lichtenberg. Letzteres auch damals schon ein relativ großes Dorf (über 3000 Einwohner) lag ein wenig außerhalb der Ringbahn.

Nun schon nach Südwesten zielend, überquert die Ringbahn dann haarscharf außerhalb der damaligen Stadtgrenze Ostbahn und Frankfurter Bahn. An den Dörfern Rummelsburg und Stralau vorbei, die einen Bahnhof wert waren, wechselt sie dann mit einer großen Brücke auf die linke Spreeseite und damit aus dem seinerzeitigen Kreis Niederbarnim in den Kreis Teltow. Gleich hinter der Spreebrücke wurde einige Jahre später ein Bahnhof Treptow eingerichtet, obwohl der Ort ein Stück weiter außerhalb lag.

Nach Überbrückung der Görlitzer Bahn durchquerte die Ringbahn auf fast südlichem Kurs die Köllnischen Wiesen. Damals war dies tatsächlich noch eine recht sumpfige Graslandschaft, die erst in den Jahren nach 1905 (Fertigstellung des Neuköllner Schiffahrtskanals) trockengelegt und bebaut wurde. Mit einem Schwenk nach Westen umfaßt die Bahn den am Rande einer Hochfläche gelegenen Doppelort Deutsch- und Böhmisch-Rixdorf, der erst 1874 zu einer Gemeinde vereinigt wurde. Das ältere und der Bahn nähere Deutsch-Rixdorf wurde 1360 als Richardsdorp vom Johanniterorden gegründet. Etwas ungewöhnlich in der Anlage war die Sackgassensituation, die noch heute andeutungsweise am alten Dorfplatz, dem Richardplatz, erkennbar ist.

Nördlich, um die heutige Donaustraße, waren Immigranten aus Böhmen angesiedelt worden. Beide Gemeinden zählten zur Zeit der Ringbahneröffnung etwa 8000 Einwohner. Innerhalb von drei Jahrzehnten sollte sich nun die Einwohnerzahl auf über 100 000 entwickeln.

Nach einer kurzen Einschnittstrecke kommt die Bahn wieder über Geländeniveau. Auf besonderen Wunsch des Militärs umfaßte die Ringbahn auch das Exerzierfeld der Berliner Garnison (an den späteren Flugplatz war noch gar nicht zu denken). So kam auch das eher unbedeutende Tempelhof (1400 Einwohner), das etwas außerhalb der Ringbahn lag, zu einem Bahnhof.

Bahnhof Rixdorf, 1895 dort, wo sich heute der S-Bf Neukölln befindet. Foto: Landesarchiv Berlin

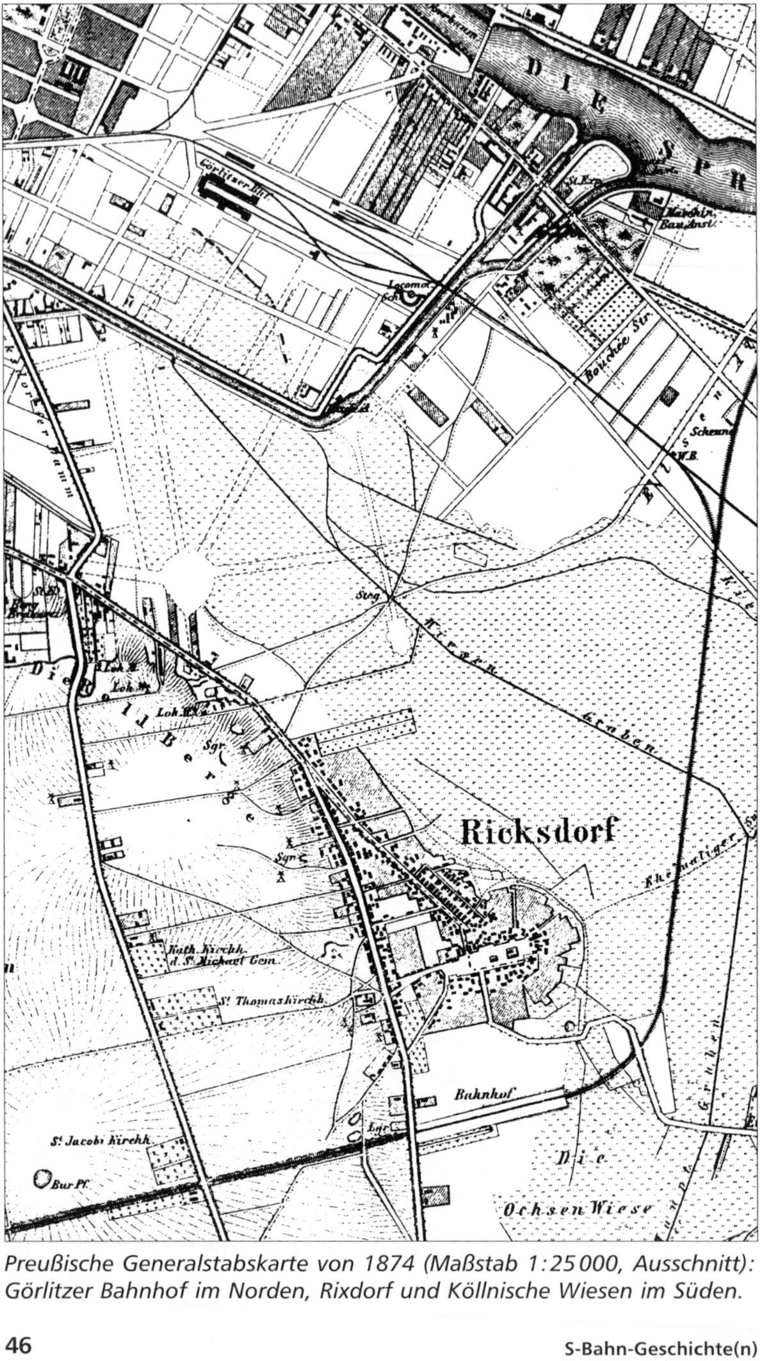

Preußische Generalstabskarte von 1874 (Maßstab 1:25 000, Ausschnitt): Görlitzer Bahnhof im Norden, Rixdorf und Köllnische Wiesen im Süden.

Ab hier schwenkte die Verbindungsbahn zum Anschluß der Anhalter Bahn und, vorläufig mit einem Gleis, diese überbrückend zur Potsdamer Bahn. Dort mündete und endete die Strecke südlich von Schöneberg in Richtung Steglitz zeigend. Eine an der Einmündung errichtete Station Schöneberg ging, da zu ortsfern, wieder ein, sobald sie betrieblich entbehrlich wurde, denn in dieser Gestalt sollte die Bahn nicht lange bleiben.

Obwohl alle Radialstrecken nun gut verbunden waren und auch die noch hinzukommenden problemlos eingebunden werden konnten, beschloß der Landtag noch im Sommer 1873 die Fortführung der Verbindungsbahn zu einer Ringbahn mittels 13 Kilometer zusätzlicher Strecke. Zugleich wurde der Ausbau auf vier Gleise ins Auge gefaßt. Nur für die Verbindung von Hamburg/Lehrter und Potsdamer/Anhalter Bahn hätte sich dadurch eine gewisse Verkürzung des Weges ergeben. Ansonsten war mit dem Beschluß ein anderer Gedanke in den Vordergrund gerückt. Der Lokalverkehr sollte die Erschließung der Vororte ermöglichen. Daher wurden auch zehn Ortsgüterbahnhöfe entlang der Ringbahn angelegt.

Im November 1877 konnte die Ringbahn westlich um die Stadt herum von Schöneberg nach Moabit in Betrieb gehen. Statt nun aber auf kurzem Wege nach Moabit den Ring zu schließen, holte die Strecke weiter westlich aus und entfernte sich von der Stadt. Noch immer in Hochlage, zog sie zwischen Deutsch-Wilmersdorf und der frisch gegründeten Kolonie Friedenau hindurch und erhielt einen Bahnhof mit dem entsprechenden Doppelnamen Wilmersdorf-Friedenau.

Wieder unter Geländeniveau, führte sie mit einem Bogen zwischen Wilmersdorf und Schmargendorf durch Äcker und Wiesen nach Norden. Dabei streifte sie noch die äußersten Ausläufer des Grunewalds und erhielt dort eine Station dieses Namens (heute Halensee).

Die Ringbahn umfaßte auch die Stadt Charlottenburg, die damit ihren ersten Bahnhof erhielt. Hart westlich der Stadt und des Schloßparks, die im Entstehen befindliche Kolonie Westend auf der Außenseite lassend, traf die Strecke wieder auf die Hamburg/Lehrter Bahn, auf deren Ostkurs

Ringbahnhof Westend: Das Gebäude von 1884 steht noch. Es war bis 1980 S-Bahn-Zugang. Foto: Archiv Fahrgastverband IGEB

sie einschwenkte. Gemeinsam mit dieser überbrückte sie ein zweites Mal die Spree und mündete, wieder Berliner Gebiet erreichend, in den Bahnhof Moabit.

Der Verkehrswert freilich hielt sich noch immer in Grenzen, ebenso die Zahl der Züge im Personenverkehr. Dementsprechend begann auch der viergleisige Ausbau 1880 zögerlich. Daran änderten auch zusätzliche Stationen noch wenig, da diese (Schmargendorf, Treptow, Weißensee) auf freiem Felde lagen. Eine Sonderstellung nahm nur der 1881 eröffnete Bahnhof Zentralviehhof zwischen Landsberger und Frankfurter Allee ein. Wie der Name sagt, diente er speziell der Anbindung des vier Jahre zuvor eröffneten städtischen Zentral-Vieh- und Schlachthofes. Dieser ersetzte die über 700 Privatschlachthäuser der Stadt und konzentrierte hier die Schlachtung von über einer Million Tieren jährlich.

Der Bahnhof Weißensee lag zwar an der nach Weißensee führenden Greifswalder Straße (diesen Namen erhielt die Station erst Jahrzehnte später), aber noch tief im Berliner Gebiet. Bis zur Grenze des alten Dorfes Weißensee sind es zwei Kilometer, und der namengebende Weiße See ist drei Kilometer entfernt. Eine Fahrt von hier etwa zum Frankfurter Bahnhof mit dem Bogen bis nach Rummelsburg war für den Weg in das Stadtzentrum kaum von Nutzen. Dies änderte sich mit Eröffnung der Stadtbahn 1882, die den nächsten Entwicklungsschub auch für die Ringbahn bedeutete. An beiden Enden wurde die Stadtbahn mit je einer Verbindungskurve an den nördlichen und südlichen Ring angebunden (der Anfang von West- und Ostkreuz). Stadtringzüge konnten so beide Strecken befahren und direkte Verbindungen zwischen der Innenstadt und den Vororten herstellen. Außerdem nahm mit dem rapiden Wachstum der Stadt auch der Tangentialverkehr zwischen den Vororten deutlich zu.

Ring mit Spitze am Potsdamer Platz

Von den verschiedenen Fahrmöglichkeiten auf der Ringbahn wurden im Laufe der Jahre etliche realisiert: Halbring, Stadtring, Teilring, Vollring, auch ein Doppelring war einmal geplant. Besonderes Merkmal aber war, daß für über ein halbes Jahrhundert der Ring eine Spitze hatte: Die Südring-Spitzkehre zum Potsdamer Bahnhof.

Die ursprüngliche Praxis, in die Kopfbahnhöfe einzufahren, entfiel jetzt – abgesehen vom seines Kopfes verlustig gegangenen Schlesischen Bahnhof – nach Eröffnung der Stadtbahn; außer beim Potsdamer Bahnhof, der von Anfang an wegen seiner günstigen Lage eine besondere Bedeutung hatte. Auch nach dem Bau der Stadtbahn bot er eine unerreichte Nähe zum nach Südwesten wandernden Stadtzentrum. Schon in den 70er Jahren war schrittweise ein separates Gleis für die Ringbahn neben der Potsdamer Bahn nach Norden vorgetrieben worden, zunächst mit Kopfmachen im Bahnhof Schöneberg. 1881 ging dann die eigentliche Spitzkehre in Betrieb. Zwischen Potsdamer und Anhalter Bahn wurden zwei Abzweigstellen, Vp und Vdp genannt, eingerichtet, die eine direkte Fahrt über das Extragleis zum Potsdamer Bahnhof ermöglichten. Als Zwischenstation wurde ein neuer Bahnhof Schöneberg, nunmehr günstig zum rasch wachsenden Ort gelegen, eröffnet. Er lag an der Überführung einer Straße, die

Bahnhof Gesundbrunnen um 1900: Ein Personenzug mit sogenannten „Pärchen-Wagen" hält am Ringbahnsteig. Im Hintergrund vor dem Empfangsgebäude sind die Laubengänge zum Fernbahn- und zum Vorortbahnsteig zu sehen. Foto: Archiv Fahrgastverband IGEB

noch heute Kolonnenstraße heißt, weil seinerzeit hier Soldaten auf ihren Wegen zum Tempelhofer Feld den Bahngraben überquerten.

Wurde hier der Mangel des nach außen gerichteten Ringanschlusses behoben, so wurden an anderen Radialstrecken auch nach außen gerichtete Ringanschlüsse hergestellt, die aber nur im Güterverkehr Bedeutung erlangten.

Ein neuer Ausbauschub begann Ende der 1880er Jahre. Mit dem fortschreitenden Bau separater Vorortgleise wurden etliche neue Stationen eingerichtet und alte Stationen neugebaut, so daß von der ersten Bahnhofsgeneration fast nichts mehr übrig blieb.

Der Bahnhof Moabit wurde aufgegeben zugunsten einer etwas weiter westlich gelegenen Station Beusselstraße. Anders als die auf der Südseite der Bahnanlagen gelegene alte Station liegt die neue auf der Nordseite, da das Vorortgleispaar hier auf der Außenseite des Ringes (und nördlich von Hamburger und Lehrter Bahn) verlegt wurde.

An den nordöstlichen Ausfallstraßen Schönhauser Allee, Prenzlauer Allee und Landsberger Allee wurden neue Stationen eingerichtet. Diese Bahnhöfe lagen also inmitten eines Streifens unbebauten Geländes. Etliche Jahre eilte die Ringbahn an dieser Stelle (paradoxerweise) dem Baugeschehen voraus. Von innen her brauchte die städtische Bebauung (der Mietskasernengürtel) einige Zeit, bis zur Ringbahn vorzudringen. Außerhalb aber entstand die Gemeinde Neu-Weißensee, die sich auf breiter Front an die Stadtgrenze (an die heutige Bezirksgrenze zwischen Prenzlauer Berg und Weißensee an Lehder- und Gürtelstraße) schmiegte. Neu-Weißensee erreichte in raschem Wachstum bis zur Jahrhundertwende über 30 000 Einwohner.

Papestraße, Umsteigestation seit 1901. Foto (1989): R. Daughtrey

Zwischen Landsberger Allee und Zentralviehhof wechselt das Vorortgleispaar mit einer Überführung auf die Innenseite des Rings, den Gütergleisen von hier an die Außenseite überlassend. Aus der alten Station Friedrichsberg wurde der Bahnhof Frankfurter Allee, und westlich von Moabit wurde gleich neben der Spreebrücke ein Bahnhof Jungfernheide eröffnet. Neben zwei zusätzlichen Überbauten der nunmehr achtgleisigen Spreebrücke waren westlich davon weitere große Überführungsbauwerke zu errichten. Die südwärts schwenkenden Ringvorortgleise mußten nicht nur die weiter geradeaus nach Westen verlaufenden Gleise der Hamburg und Lehrter Bahn überspannen, sondern auch die Ringgütergleise samt deren äußerem Anschluß nach Spandau, um auf die innere Ringseite zu wechseln. Im Ringbahnhof Charlottenburg (die Personenstation war in Westend umbenannt, während der zugehörige Güterbahnhof weiterhin und bis heute die Bezeichnung Charlottenburg trug) schlossen die Gleise so an die Stadtringgleise an.

Die Südringspitzkehre wurde 1891 zweigleisig ausgebaut und vom Güterverkehr getrennt. Dabei erhielt die Ringbahn nun sogar einen eigenen Kopfbahnhof! Das neue Gleispaar wurde ganz auf der Ostseite der Anlagen mit einem eigenen Stück Viaduktstrecke in einen neuerrichteten Flügelbahnhof des Potsdamer Bahnhofs geleitet. Diese Kopfstation, gegenüber dem „Potsdamer Hauptbahnhof" etwas zurückversetzt, erhielt die Bezeichnung Potsdamer Ringbahnhof (obwohl er mit Potsdam oder einem Verkehr dorthin nun überhaupt nichts zu tun hatte). Wenige Jahre später wurde das Ringgleispaar westlich daran anschließend neugebaut, damit die Lichterfelder Vorortstrecke die ursprüngliche Kopfstation übernehmen konnte. Ansonsten war auf dem südlichen und westlichen Ringabschnitt

Empfangsgebäude Ebersstraße, 1896 erbaut. Foto (1989): M. Heller

der Ausbau zögerlicher. Während Mitte der 90er Jahre der Nordring komplett viergleisig war, gab es zu dieser Zeit erst auf einigen Abschnitten des Südrings ein Vorortgleispaar, das hier durchweg auf der Innenseite des Ringes liegt.

1896 wurde etwas westlich der Potsdamer Bahn eine neue Station mit Namen Ebersstraße eröffnet. Mit ihr wurden auch die südlichen Teile Schönebergs angebunden.

Auf dem Nordring kam 1898 die Station Putlitzstraße hinzu, die die östlichen Bereiche von Moabit erschloß und eine bequeme Umsteigemöglichkeit zur Hamburg/Lehrter Bahn schuf.

Im Jahr 1899 erhielt Rixdorf zuerst Stadtrechte und wurde dann gar als eigener Stadtkreis mit 90 000 Einwohnern aus dem Kreis Teltow herausgelöst, ebenso wurde Schöneberg mit seinen 95 000 Einwohnern Stadtkreis.

Im gleichen Jahr erhielt Rixdorf, das bereits über eine Direktverbindung nach Schöneweide verfügte (s. Görlitzer Bahn), einen zweiten Bahnhof. Dieser hätte Rixdorf West heißen können, erhielt aber den Namen Hermannstraße. Zugleich wurde auch mit dem Bau der Rixdorf-Mittenwalder Eisenbahn begonnen, die von Hermannstraße aus südwärts führte und so das Gebiet zwischen Dresdener und Görlitzer Bahn erschloß. 1900 wurde hier auf einem eigenen Bahnsteig, auch „Mittenwalder Bahnhof" genannt, der Betrieb zur 27 Kilometer entfernten Stadt Mittenwalde aufgenommen. Dieser „Rasende Rixdorfer" wurde später, im Jahre 1933, mit der Kleinbahn Königs Wusterhausen–Mittenwalde–Töpchin verbunden.

Gegenüber den ursprünglich (einschließlich Schöneberg) 13 Stationen auf 37 Streckenkilometern umfaßte die Ringbahn somit zur Jahrhundertwende (Spitzkehre einfach gezählt und ohne Stadtringkurven) 41 Streckenkilometer mit 24 Stationen. 1901 konnte nach längeren Bauarbeiten an der Kreuzung mit der Anhalter und Dresdener Bahn eine Umsteigestation Papestraße eröffnet werden. Damit gab es auch zu der letzten Radialstrecke eine einigermaßen bequeme Umsteigemöglichkeit, auch wenn die Anlage mit ihren langen und verwinkelten Wegen noch nicht das Nonplusultra war. Nachdem 1901/02 auch die Vorortgleise zwischen Rixdorf und Schöneberg in Betrieb gingen, gab es bis 1910 nur noch auf dem knapp drei Kilometer kurzen Stück zwischen Westend und Halensee (frühere Namen: Charlottenburg und Grunewald!) Mischbetrieb mit Güterzügen. Fast alle Stationen hatten außerdem eine Straßenbahn mehr oder weniger dicht vor der Tür, meist radial den Ring querend.

Zwischen den Großstädten Rixdorf, Schöneberg und Charlottenburg ging es zu dieser Zeit noch eher ländlich zu. Tempelhof erreichte gerade die Marke von 10 000 Einwohnern, Schmargendorf hatte seit Eröffnung der Ringbahn seine Einwohnerzahl zwar verzehnfacht, kam damit aber (per 1905) nur auf 5000. Deutsch-Wilmersdorf war von jeher etwas bedeutender, erlebte aber seit Mitte der 1890er Jahre ein dramatisches Wachstum, das den Ort bis 1905 auf über 63 000 Einwohner brachte. Darum wurde 1907 auch diese Gemeinde zur Stadt erhoben und als Stadtkreis verselbständigt. Damit fuhr die Ringbahn durch insgesamt fünf Stadt- und zwei Landkreise, nachdem 1908 auch Lichtenberg Stadtkreis wurde, durch sechs Stadtkreise und den Landkreis Teltow.

Das städtische Wachstum brachte eine weitere Generation von Bahnhöfen. 1908/10 wurde zwischen Schmargendorf und Halensee die neue Station Hohenzollerndamm erbaut. Wie schon zuvor der Kurfürstendamm bis an den Bahnhof Halensee geführt worden war, lag die neue Station an der Straße Hohenzollerndamm, die zur Erschließung von Neubaugebieten angelegt worden war.

Anschließend (1911/12) erhielt Rixdorf seine dritte Station, als nun die Köllnischen Wiesen massiv bebaut wurden. Nach der querenden Straße erhielt die Station den Namen Kaiser-Friedrich-Straße, später Braunauer Straße, heute Sonnenallee. Die Zahl der Stationen auf dem Ring hatte sich damit bereits verdoppelt, die Station Witzleben brachte ihre Zahl wenig später auf 27.

Außerdem gab es einen großen Namenswechsel in diesem Jahre 1912. Das auf inzwischen über 250 000 Einwohner angewachsene Rixdorf wollte einen klangvolleren Namen und benannte sich um in Neukölln – historisch etwas schräg, da eigentlich Neukölln die Bezeichnung für die barokke Stadterweiterung an der Wallstraße zwischen Spittelmarkt und Märkischem Museum war. Der Umbenennung entsprechend gab es von nun an einen Bahnhof Neukölln und eine Neukölln-Mittenwalder Eisenbahn.

Fast zur gleichen Zeit wurde amtlich aus Deutsch-Wilmersdorf Berlin-Wilmersdorf und aus Schöneberg Berlin-Schöneberg, doch hatte dies keine Auswirkungen auf Bahnhofsnamen (einen Bahnhof Berlin-Schöneberg hat es interessanterweise nie gegeben!).

Die kommunale Eigenständigkeit endete 1920, nachdem Wilmersdorf seine Bevölkerungszahl nochmals auf 140 000 Einwohner verdoppelt hatte (wogegen die 34 000 von Tempelhof und die 11 000 von Schmargendorf kaum ins Gewicht fielen). Die Ringbahn durchfuhr jetzt zehn Stadtbezirke und bildete auf einem Stück die Grenze zu einem weiteren (Lichtenberg). Die Spitzkehre erreichte zudem noch Kreuzberg (ohne Halt) und Mitte.

Die nächste größere Veränderung kam erst mit der Elektrifizierung, die die Ringbahn in mehreren Schritten erreichte. Am 6. November 1928 wurde der elektrische Betrieb auf dem Südring aufgenommen, einschließlich der beiden südlichen Stadtringkurven, aber ohne die Spitzkehre, nur mit der Direktverbindung Ebersstraße–Vp–Vdp–Papestraße. Östlich dieser Station befand sich ein neuerrichtetes Bahnbetriebswerk Papestraße. Ein weiteres Bahnbetriebswerk wurde in Westend von den Dampfzügen übernommen, außerdem gab es Aufstellanlagen an einigen Stationen.

Am 1. Februar 1929 konnten die elektrischen Züge dann auch auf dem Nordring und den beiden nördlichen Stadtringkurven sowie auf der Ringverbindung am Ostkreuz zwischen Frankfurter Allee und Treptower Park (damals noch Treptow genannt) fahren. Als letztes folgten im April 1929 die Spitzkehre zum Potsdamer Ringbahnhof sowie die Ringbahnebene am zum Westkreuz umgestalteten Bahnhof Ausstellung, zwischen Westend und Halensee. Im Mai 1929 verschwanden die letzten Dampfpersonenzüge von der Ringbahn.

Elektrifiziert wurden auch die beiden äußeren Ringbahnanschlüsse zur Görlitzer Bahn und die neue Siemensbahn, die am „Nordwestkreuz" Jungfernheide eingefügt wurde. Damit ergaben sich wie zuvor schon im Dampfbetrieb eine Vielzahl von Fahrmöglichkeiten.

U-Bahn und S-Bahn

Weitere verbesserte Verkehrsmöglichkeiten gab es mit der städtischen U-Bahn. 1913 hatten S-Bahn und Kleinprofil-U-Bahn mit den Nicht-Umsteigestationen Witzleben/Kaiserdamm und Schmargendorf/Heidelberger Platz noch kräftig aneinander vorbeigebaut. Lediglich mit Schönhauser Allee/Nordring war eine gute Verknüpfung erzielt worden. Eine ähnlich gelungene Umsteigestation wurde am Bahnhof Wedding 1923 eröffnet; 1929/30 folgten dann weitere Umsteigestationen in Gesundbrunnen, Frankfurter Allee, Neukölln und Tempelhof, letztere beiden mit gemeinsamen Empfangsgebäuden für beide Verkehrsmittel.

Fiel der direkte Verbindungsgang zwischen beiden Systemen am Bahnhof Gesundbrunnen recht umständlich und verwinkelt aus, wurde er am Bahnhof Frankfurter Allee erst gar nicht eröffnet. Zunächst überhaupt nur zu einem Drittel fertiggestellt wurde ein U-Bahnhof an der Hermannstraße.

Es blieb noch die etwas unbefriedigende Umsteigemöglichkeit zur Wannseebahn mit dem langen Fußweg zwischen Kolonnenstraße und Großgörschenstraße. Dem wurde erst 1932/33 mit der Wannseebahn-Elektrifizierung abgeholfen. Nach dem Vorbild des Westkreuzes wurde ein neuer Turmbahnhof Schöneberg genau an der Kreuzung der beiden Bahnstrekken erbaut, wobei das rotgeklinkerte Empfangsgebäude der alten Station Ebersstraße als Zugang zum Ringbahnsteig weitergenutzt werden konnte. In den Abstand zum Bahnhof Wilmersdorf wurde ein zusätzlicher Haltepunkt gesetzt, der nun auch eine gute Umsteigemöglichkeit zur Station Innsbrucker Platz (Hauptstraße) der Schöneberger U-Bahn schuf.

Empfangsgebäude Neukölln, gemeinsam für S-Bahn und U-Bahn. Foto (1989): R. Daughtrey

Damit war die Gesamtzahl der Ring-Stationen auf 29 gestiegen, seither sind – von Verlegungen abgesehen – keine neuen Stationen mehr hinzugekommen. Der mittlere Stationsabstand betrug nur noch etwa 1400 Meter, wobei allerdings die Tücken der Spitzkehre zu beachten sind. Die tatsächliche Fahrtstrecke der Ganzringzüge (Zuggruppe A) vom Potsdamer Bahnhof zum Potsdamer Bahnhof betrug etwa 44 Kilometer, und der 30. Halt war wieder der Ausgangspunkt der Fahrt. Für eine solche Runde brauchten die Züge knapp 80 Minuten gegenüber fast zwei Stunden im Dampfbetrieb. Die tatsächlichen Stationsabstände schwankten zwischen gut 500 Metern (Schöneberg–Innsbrucker Platz) und über 3,4 Kilometer (Hermannstraße–Tempelhof).

Der direkte Weg Schöneberg–Papestraße wurde hauptsächlich von den Zügen benutzt, die anschließend von Neukölln nach Baumschulenweg weiterfuhren (entsprechend in der Gegenrichtung). Neben Zügen, die eine oder mehrere der insgesamt sieben Abzweigstellen befuhren (vier nach innen zur Stadtbahn, zwei nach außen zur Görlitzer Bahn und eine zur Siemensbahn), gab es auch solche, die in Hermannstraße, Papestraße oder Wilmersdorf endeten und einsetzten, außerdem gab es noch weitere Bahnhöfe mit Kehrmöglichkeit. So war auch die Belegung der verschiedenen Streckenabschnitte recht unterschiedlich. Am Westkreuz fuhr nur alle zehn Minuten der Ringverkehr in jede Richtung, in Halensee ein paar hundert Meter weiter fuhren doppelt, im Berufsverkehr dreimal so viele Züge, ganz zu schweigen von dem Gewimmel an den oberen Bahnsteigen im Ostkreuz. Im Berufsverkehr fuhren auf Nord- und Südring einheitlich 18 Züge pro Stunde, außerhalb dieser Zeit wurde auf dem Nordring aber stärker reduziert. Auch die etwas bizarren Zugläufe von Pichelsberg und Grunewald, vereinzelt auch von Westend, nach Halensee–Südring mit Kopfmachen in Charlottenburg gab es.

„Turmbahnhof" mit Ringbahnhalle: S-Bahnhof Schöneberg, 1933.
Foto: Archiv Fahrgastverband IGEB

Unterirdische Stationen und Fern-S-Bahnen

„Große" Planungen der 30er Jahre sahen eine völlige Umgestaltung der Ringbahn für den Personenfernverkehr vor, die S-Bahn war davon nur in vergleichsweise geringem Umfange betroffen. Anpassungen mit neuen unterirdischen Stationen im Bereich des geplanten Personenbahnhofs Süd an der Papestraße, eine Fern-S-Bahn auf dem westlichen Nordring, das war es im großen und ganzen. All dies blieb ohnehin weitgehend auf dem

Papier. Lediglich ein neues Bahnbetriebswerk Oderstraße westlich des Bahnhofs Hermannstraße als Ersatz für das zu beseitigende in Papestraße wurde halb fertiggestellt.

Real wurden die Zerstörungen nicht durch Abriß, sondern durch die seit 1943 auch Berlin erreichenden immer heftigeren Bombenangriffe. Zu nicht mehr genau bestimmbaren Zeitpunkten im letzten Kriegsjahr wurden die beiden westlichen Stadtringkurven und die Südring-Spitzkehre aufgegeben und damit auch die Station Kolonnenstraße. Von nun an fuhren als Zuggruppe A, amtlich so genannt, „Vollring"-Züge auf dem 37 Kilometer langen Hundekopf mit 27 Stationen in knapp 70 Minuten, sofern keine Störungen auftraten.

Die Spitzkehre hatte ursprünglich ein größeres Verkehrsaufkommen als Wannseebahn und Anhalter Bahn neben ihr gehabt, mit Inbetriebnahme des Kreuzungsbahnhofs Schöneberg und der Nord-Süd-S-Bahn aber an Bedeutung verloren. Ihre Fortführung in eine Tunnelstrecke unter Berlin-Mitte war geplant gewesen, zuerst mit einer Einführung in die Station Potsdamer Platz, dann mit einem weit südlicher liegenden Tunnelmund und einer großen unterirdischen Verzweigungsstation Hornstraße. Insofern war man gar nicht besonders am Erhalt der Spitzkehre interessiert. Aber auch nach Kriegsende wurde die Anlage mit ihren niveaugleichen Kreuzungen (bei Vp und Vdp) nicht wieder in Betrieb genommen.

Der Kopfbahnhof samt Einfahrt bis zur Yorckstraße (Großgörschenstraße) wurde lediglich 1945/46 noch einmal provisorisch angefahren, aber von Zügen der Wannseebahn, bis diese wieder in den Tunnel einfahren konnten. Danach verschwanden die Anlagen in der allgemeinen Bahnbrache. Die Viaduktstrecke war an der Hochbahnstation Gleisdreieck noch jahrzehntelang gut zu sehen, ebenso lag der Bahnsteig Kolonnenstraße wie ein Findling in der Landschaft. Der Südteil der Trasse, wo die Gleise sich von der Potsdamer Bahn entfernten, wurde später zu einer Grünanlage umgestaltet, die noch heute die Lage der auseinanderlaufenden Gleise erahnen läßt. Die anschließenden Brücken über die Torgauer Straße verschwanden völlig. Auf dem eigentlichen Ring kam der Verkehr im April 1945 zum Erliegen.

Mitte 1945: Wieder S-Bahnen auf dem Südring

Die ersten Züge nach der Kapitulation wurden Mitte Mai im Bahnhof Hermannstraße gesichtet, allerdings nur auf dem Kleinbahnhof, von dem aus im Juni auch wieder Personenzüge über Mittenwalde nach Königs Wusterhausen fuhren. In der zweiten Junihälfte wurden dann auf Abschnitten des Südrings die ersten Züge verzeichnet. Bis Anfang August gelang es, einen regelmäßigen, zunächst noch mehr oder weniger eingleisigen Betrieb im 20-Minuten-Takt auf dem ganzen Südring und getrennt davon auf dem nordöstlichen Ring aufzunehmen, der nordwestliche Ring folgte im September. Von Demontagen blieb die Ringbahn als Hauptverkehrsader weitgehend verschont, und so konnte im Oktober das zweite Gleis betriebsfähig gemacht werden. Das zerstörte Betriebswerk Westend wurde aufgegeben, ebenso die unfertigen Anlagen an der Oderstraße. Ausgerechnet das Betriebswerk Papestraße nahm seinen Betrieb wieder auf.

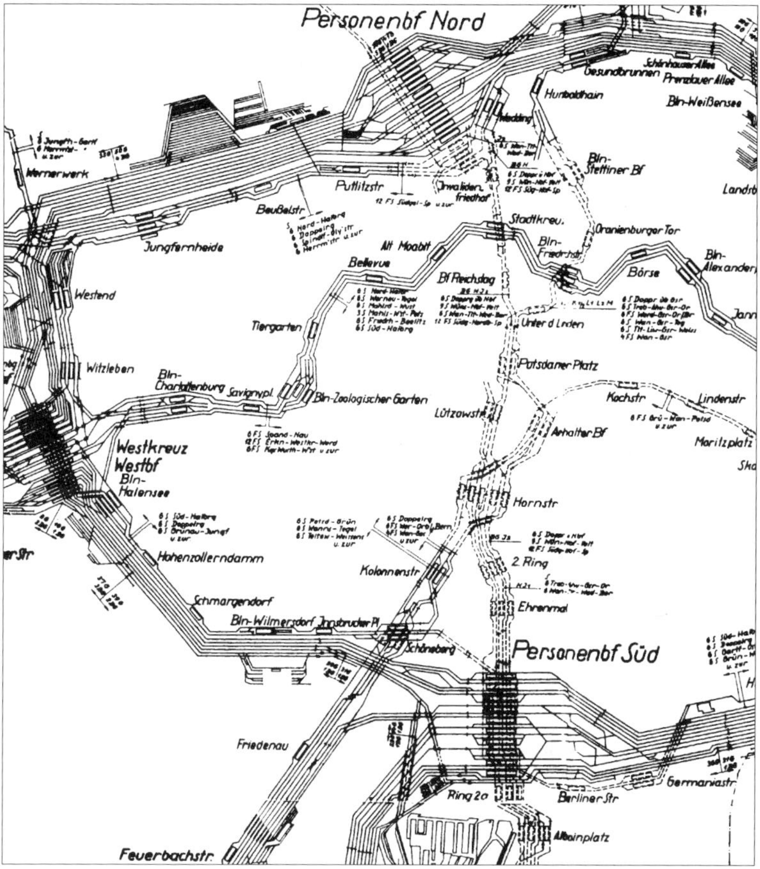

Planung zur Umgestaltung der Bahnanlagen in der Innenstadt, 1941: Die Ring-S-Bahn sollte von Schöneberg unter dem Personenbahnhof Süd hindurch zur Germaniastraße in Tempelhof verlaufen.

Es blieben als besondere Schadstellen, die den Betrieb vorläufig in zwei Teile spalteten, bis November die beschädigte Spreebrücke in Treptow und bis Dezember der Bereich im Wedding samt der westlich anschließenden Brücke über den Spandauer Schiffahrtskanal. Nach Beseitigung der letzten Pendelabschnitte fuhren ab Februar 1946 wieder Vollringzüge, die bald im Berufsverkehr auf einen Fünf-Minuten-Takt verdichtet wurden.

Sie rollten nun tatsächlich „über alle Sektorengrenzen hinweg", denn der Ring durchfuhr alle vier Sektoren auf unterschiedlich langen Stücken.

Auch fast alle Ringanschlüsse wurden wiederhergestellt, im Jahre 1952 kam mit der „Stalinkurve" sogar ein äußerer Ringanschluß von Schönhauser Allee zur Stettiner Bahn (Pankow) hinzu – eben um das Durchfah-

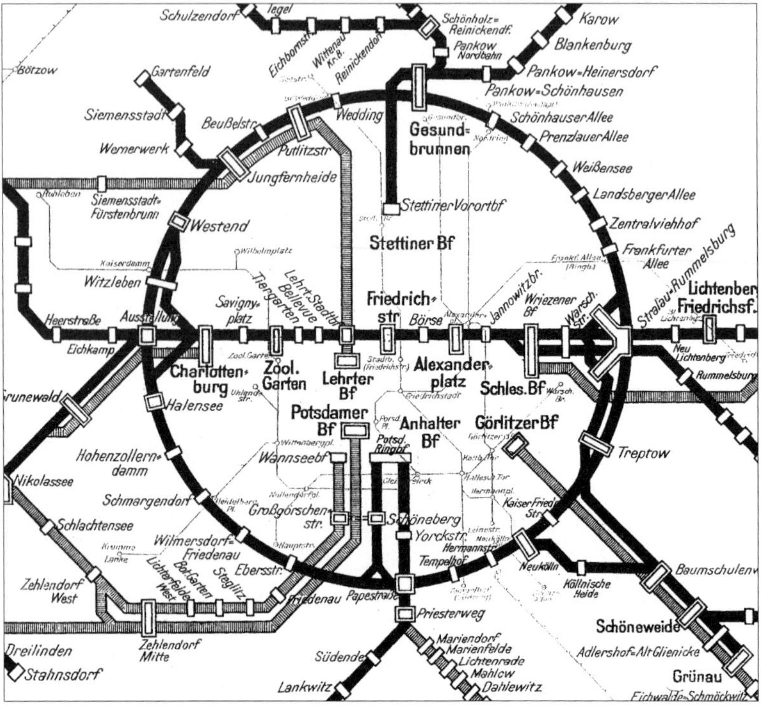

S-Bahn-Ring 1931, vor Eröffnung der Nord-Süd-S-Bahn, mit Südring-Spitzkehre zwischen Papestraße und Ebersstraße. Die elektrischen Strecken sind als Vollinien, die dampfbetriebenen Strecken schraffiert dargestellt.

ren des französischen Sektors zu vermeiden. Tatsächlich wurde dies der Anfang der Entwicklung eines Nordkreuzes im Bereich Bornholmer Straße.

An Abgängen war in jener Zeit die Umsteigemöglichkeit in Hermannstraße zu verzeichnen. Die Neukölln-Mittenwalder Eisenbahn stellte im Mai 1955 ihren – seit Oktober 1948 ohnehin nur noch bis zur Stadtgrenze in Rudow fahrenden – Personenverkehr ein.

Der Mauerbau traf die Ringbahn ganz besonders. Die Strecke wurde unterbrochen östlich von Gesundbrunnen und westlich von Treptower Park. Dabei soll ein wohl über Nacht abgestellter Vollringzug nach Augenzeugenberichten im Grenzgebiet unerreichbar liegengeblieben sein, weil die Gleise sowohl an der Sektorengrenze als auch an der Ausfahrt aus Treptower Park durchgesägt waren. Drei Monate lang soll der leere S-Bahnzug mit der höhnenden Beschilderung „Vollring" dort gestanden haben, bis er nach Treptower Park zurückgeschleppt werden konnte.

Auf dem westlichen Teil, bei dem auch das Betriebswerk Papestraße verblieb, ging einfach der Betrieb der bisherigen Zuggruppen A, C, G und N auf verkürztem Laufweg weiter. Für West-Berlin war die Strecke ein Halb-

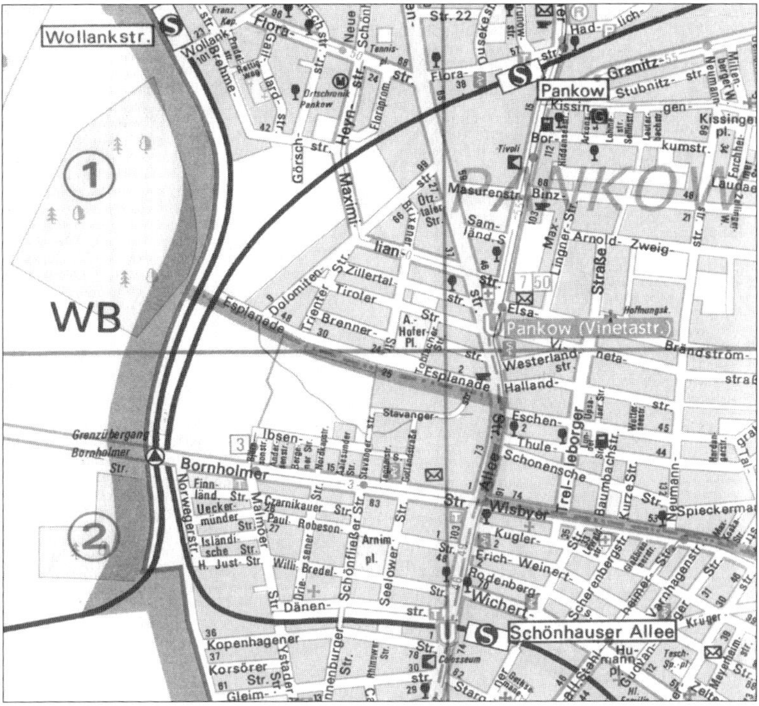

Ost-Berlin, 1952: Um das Umsteigen in Gesundbrunnen (WB, Westberlin) zu vermeiden, entstand die „Stalinkurve" für direkte S-Bahnzüge zwischen Schönhauser Allee und Pankow. Karte aus: Berlin-Atlas, DDR 1979

ring mit der nördlichen Endstation Gesundbrunnen (wo die Anlagen weiterhin streng von den Gleisen der Nordsüdbahn getrennt blieben). Nur östlich von Neukölln (23½ Streckenkilometer von Gesundbrunnen) spaltete die Strecke sich faktisch in zwei Äste mit den Streckenstummeln nach Sonnenallee (1 Kilometer) und Köllnische Heide (1,8 Kilometer), denen nicht mehr anzusehen war, welches der eigentliche Ringbahnhof war.

Der Ostring hingegen wurde durch die neue Konstellation zur Nord-Süd-Achse Ostberlins mit dem Bahnhof Ostkreuz als Dreh- und Angelpunkt des gesamten Netzes. Mit der Verbindung zur Stettiner Bahn im Norden und zur Görlitzer Bahn im Süden war der 8½ Kilometer langen Strecke von Schönhauser Allee bis Treptower Park der Ringcharakter kaum noch anzumerken. Der Verkehr wurde hier völlig neu organisiert und übertraf den Vorkriegsstand bald deutlich.

Anders auf dem westlichen Teilring, der dem S-Bahn-Boykott auf besonders groteske Weise verfiel. Unmittelbar neben der Ringbahn wurde Stück um Stück die Stadtautobahn durch die Stadt geschlagen. Nicht nur Häuserzeilen verschwanden so, auch Empfangsgebäude der S-Bahnhöfe. Der

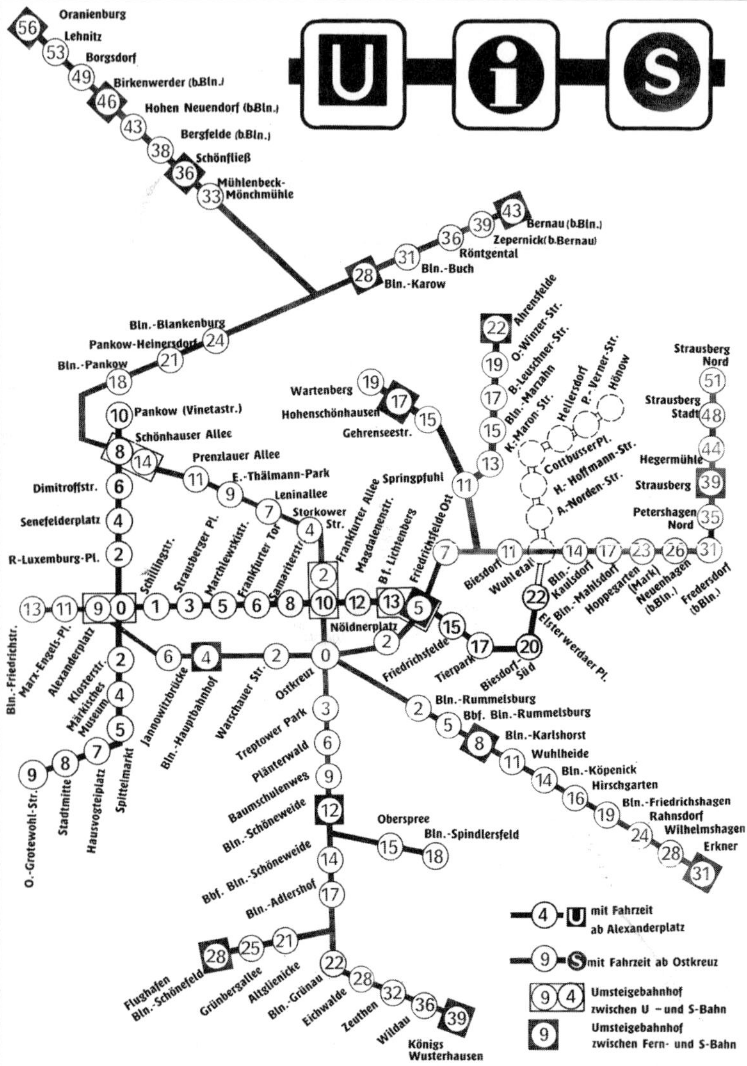

Reisezeiten im Ost-Berliner Schnellbahnnetz

Die Ringbahn zwischen Schönhauser Allee und Treptower Park ist nicht als Ostring zu erkennen.

Weil alle S-Bahn-Linien in Ost-Berlin über Ostkreuz führten, sind die S-Bahn-Fahrzeiten ab Ostkreuz angegeben.

(Aus einer Fahrgastinformation der Berliner Verkehrsbetriebe, 1987)

Bahnhof Innsbrucker Platz war deshalb sogar mehrere Jahre außer Betrieb. Auf dieser Autobahn wurden sogar Bushaltestellen eingerichtet. ÖPNV-Fahrgäste durften dort auf die Buslinie 65 warten, die vom Wedding bis Neukölln eine besonders krasse Boykott-Linie war. Später wurde sie dann Stück um Stück von der Autobahn heruntergenommen auf gewöhnliche Stadtstraßen. Eine weitere Nicht-Umsteigestation wurde 1971 die U-Bahnstation Bundesplatz knapp östlich das Bahnhofs Wilmersdorf. Die bereits 1961 eröffnete U-Bahnstation Putlitzstraße (heute Westhafen) bot dagegen leidlich gute Umsteigemöglichkeit zum S-Bahnhof. Ähnliches war am Bahnhof Jungfernheide vorgesehen, doch dies erlebte die S-Bahn zunächst nicht mehr.

Der September 1980 brachte das Ende des Betriebs auf dem westlichen Ring und die Stillegung des Betriebswerks Papestraße. Auch nach der Übernahme durch die BVG sah die Strecke auf ihren S-Bahngleisen nur gelegentliche von Diesellokomotiven gezogene Überführungsfahrten und Materialtransporte. Im September 1989 begann dann der Abriß der Anlagen – zwecks Wiederinbetriebnahme. Die Zerstörung historischer Substanz erreichte hier einen Höhepunkt. Geplant war, nach weitgehendem Abriß und Wiederaufbau unter Verwendung einiger Altsubstanz abschnittsweise den Betrieb von Westend nach Sonnenallee zu eröffnen. Der Mauerfall führte zu einem anderen Ablauf. Am 17. Dezember 1993, zwei Wochen vor Ende der BVG-Betriebsführung, wurden 20 Kilometer Strecke von Westend nach Baumschulenweg wiedereröffnet, davon knapp 15 Kilometer auf dem eigentlichen Ring. Die Stationen Westend und Hohenzollerndamm, die bisher etwas versetzt zu der jeweils querenden Straße lagen, waren bis unter die Straßenbrücke verschoben worden. Entsprechend wurden die Station Bundesplatz (Wilmersdorf) etwas weiter östlich und die Station Heidelberger Platz (Schmargendorf) etwas weiter südwestlich wiedereröffnet und so die Umsteigebeziehungen zur U-Bahn deutlich verbessert. Dennoch entwickelten sich die Fahrgastzahlen zu Anfang etwas zögerlich. Zögerlich ging nun aber auch die weitere Inbetriebnahme voran. 1996 wurde die schon seit 1913 geplante U-Bahnstation Hermannstraße fertiggestellt. Damit erhöhte sich die Zahl der Ringbahnstationen mit U-Bahn-

Bürgerproteste gegen stillgelegte S-Bahn-Strecken im Westen führten zur Gründung des ersten Fahrgastzentrums in Deutschland im S-Bahnhof Beusselstraße. Foto (1985): Fahrgastverband IGEB

anschluß auf 13, einschließlich Kaiserdamm/Witzleben [Messe Nord/ICC (Witzleben)] und der damals noch vier stillgelegten Stationen im Norden. Dabei sind längstens vier Stationen hintereinander ohne und vier hintereinander mit Umsteigeverbindung.

Acht der neun Berliner U-Bahnlinien haben Anschlüsse zur Ringbahn, lediglich die Kurfürstendammlinie reicht nicht bis zur Ringbahn, da eine geplante Verlängerung nach Halensee nie realisiert wurde.

Am 15. April 1997 schließlich wurde das nordwestliche Ende der Strekke um eine Station von Westend nach Jungfernheide vorgeschoben, und damit auch die Umsteigestation zur U-Bahn erstmals als solche funktionsfähig. Allerdings gibt es dort die S-Bahn-Abzweige nach Gartenfeld und Spandau nicht mehr. Sie bleiben zwar baulich berücksichtigt, sollen aber vorerst nicht wiederhergestellt werden.

Am 18. Dezember des gleichen Jahres war dann auch die Ringverbindung von Neukölln über Sonnenallee nach Treptower Park wiederhergestellt. Ein Grund für den späten Termin war die gegenüber Baumschulenweg kompliziertere Einfädelung der Gleise. Wichtiger für die Verzögerung des Baubeginns dieser Verbindung waren aber Pläne des Senats, auch die Stadtautobahn von Neukölln nach Treptow zu verlängern, deren Trasse lange Zeit nicht genau feststand. Die S-Bahn sollte auf keinen Fall eine mögliche Autobahntrasse verbauen.

Häppchenweise ging es dann weiter, 1999 von Jungfernheide über Beusselstraße nach Westhafen (vormals Putlitzstraße) und im Jahr 2000 von Schönhauser Allee bis nach Gesundbrunnen. Endlich wird mit der Verbindung Gesundbrunnen–Wedding–Westhafen der Berliner S-Bahnring am 16. Juni 2002 wieder geschlossen.

Bahnhof Beusselstraße, Blick zum Westhafen. Foto: Th. Staeck, 1987

Ausfädelung der Halenseekurve zur Stadtbahn. Foto: Th. Staeck, 1986

S-Bahnzug der Bauart Stadtbahn auf der Stadtbahn, Spree bei Bellevue. Foto: Archiv Fahrgastverband IGEB, um 1980

1.2 Stadtbahn
Berliner Innenstadt

Von Ostbahnhof nach Charlottenburg
über Alexanderplatz, Friedrichstraße
und Zoologischer Garten

Ein Viadukt mitten durch Berlin

Seit Anfang der 70er Jahre des 19. Jahrhunderts hatte es Ideen für eine Eisenbahn quer durch Berlin und weiter Richtung Charlottenburg und Potsdam gegeben. Die einzigen handfesten Folgen allerdings waren auf Jahre hinaus schwunghafte Immobiliengeschäfte in Millionenhöhe entlang den in Aussicht genommenen Trassenvarianten, und das in einer Zeit spekulativ explodierender Grundstückspreise. Von Anfang an mischte auch der preußische Staat mit, zunächst im Hintergrund über seine Hausbank, die „Seehandlung".

Konkreter wurde das Projekt 1874 mit Gründung der „Berliner Stadteisenbahn-Gesellschaft", womit das Kind auch seinen Namen weg hatte. Beteiligt waren neben den privaten Initiatoren der „Deutschen Eisenbahnbaugesellschaft" mit einer Minderheitsbeteiligung der preußische Staat und verschiedene Bahngesellschaften, die einen Anschluß an die neue Strecke wünschten, allerdings zu ihrem finanziellen Engagement staatlicherseits geradezu genötigt werden mußten. Dies waren die Potsdam-Magdeburger Eisenbahn, die Magdeburg-Halberstädter Eisenbahn und die Berlin-Hamburger Eisenbahn. Für die Anschlüsse am Ostende bestanden bereits die staatliche Ostbahn und Frankfurter Bahn. Die am Rande des Bankrotts jonglierende Berlin-Görlitzer Eisenbahn war zu einer finanziellen Beteiligung nicht in der Lage.

1875 wurde tatsächlich mit dem Bau begonnen, hauptsächlich dort, wo er am einfachsten war: auf der Charlottenburger Feldmark, und noch dominierten die Grundstücksgeschäfte, zumal Unklarheit über den genauen Trassenverlauf bestand. Verschiedene Varianten wurden erwogen und verworfen. Darüber ging der private Investor bankrott, der preußische Staat konnte 1878 die gesamte Gesellschaft übernehmen.

Nun kam auch der Bau energischer voran. Die schließlich ausgewählte Trasse holte weit nach Norden aus. Dadurch waren drei zusätzliche Gewässerüberquerungen (davon zweimal die Spree) nötig, andererseits wurde eine optimale Umsteigemöglichkeit zur Lehrter Bahn geschaffen (was allerdings weniger wichtig war als die weiter südlich unbezahlbaren Grundstückspreise).

Die etwas mehr als zwölf Kilometer lange Strecke beginnt am westlichen Ende im Bahnhof Charlottenburg, der fast zwei Kilometer südlich des Schlosses und damit des alten Stadtkerns liegt, aber seinerzeit nur noch knapp außerhalb der rasch anwachsenden Stadt. Von vornherein kam für den Streckenbau nur die Hochlage in Frage – man zählte 56 Wegkreuzungen, die überbrückt werden mußten. In Charlottenburg konnte noch breit und billig ein Damm geschüttet werden, im inneren Stadtgebiet wurde die Strecke auf rund 750 gemauerten Viaduktbögen verlegt.

Dadurch entstanden unter den Gleisen zahlreiche Räume, von denen einige für Nebeneinrichtungen der Bahn benutzt, rund 400 aber gewinnbringend vermietet werden konnten. Im Bereich der Parkanlagen waren ästhetische Überlegungen für diese aufwendige Bauweise entscheidend. Das Bauprinzip des Viadukts war zwar altbekannt, in dieser konsequenten Durchführung jedoch wurde die Berliner Stadtbahn zur ersten Viaduktbahn Europas.

Die Statistik verzeichnete 7964 Meter Strecke als gewölbte Viadukte, 1823 Meter Viadukte mit eisernem Überbau (vulgo Brücken), 675 Meter Damm zwischen Futtermauern und 1683 Meter gewöhnliche Dammschüttung. Insgesamt somit 12145 Meter Stadtbahn. Freilich änderten sich diese Werte mit der Zeit und fortschreitenden Umbauten. Insbesondere wurden immer wieder die querenden Straßen verbreitert.

Die gesamte Anlage steht heute unter Denkmalschutz, allerdings ist von der ursprünglichen Ausführung nur noch wenig zu sehen. Fast alle Stationen und fast die gesamte Strecke sind in zahlreichen Umbauten mehr oder weniger stark verändert worden, auch das ganze Konzept der Strekke änderte sich.

Je ein Gleispaar für Vorort- und Fernverkehr

Von Anfang an war die Stadtbahn auf vier Gleise angelegt, zuerst war an je ein Gleispaar für Personen- und Güterverkehr gedacht. Noch in der Konzeptionsphase aber wurde letzterer ausgeschlossen und stattdessen das nördliche Gleispaar für den Nahverkehr (Stadtgleise) und das südliche für den Fernverkehr (Ferngleise) reserviert. Im mit vier Bahnsteigen angelegten Bahnhof Charlottenburg die Anschlüsse von Nordring, Südring, Wetzlarer Bahn und den „Hamburger Anschluß“ von Westen her aufnehmend, führt die Stadtbahn zunächst zwei Kilometer fast genau nach Osten und schwenkt danach scharf nach Norden. Hier, nahe der neuen Kommunalgrenze, befand sich die erste Station. Noch während der Bauarbeiten war Charlottenburg eigener Stadtkreis geworden und das östlich anschließende Gelände von Zoologischem Garten, Tiergarten und Bellevue nach Berlin eingemeindet worden, das seither direkt an Charlottenburg angrenzte. Der seit 1841 bestehende Zoologische Garten lag direkt östlich der Bahnstation, die diesen Namen erhielt. Sie hatte einen Bahnsteig nur zwischen den Stadtgleisen, nur als lokale Haltestelle gedacht.

Weiter in nordnordöstlicher Richtung haltend, überquert die Stadtbahn sodann Landwehrkanal und Charlottenburger Chaussee (heute Straße des 17. Juni). Auf letzterer fuhr seit 1865 die erste deutsche Pferdeeisenbahn, die Berlin und Charlottenburg verband.

Kurz vor der ersten Spreebrücke befand sich die nächste Station, wieder nur mit einem Bahnsteig für die Stadtgleise und mit dem Namen Bellevue. Gleich südlich der Station begann der Park des gleichnamigen 1785 errichteten Schlosses.

Parallel zur Spree durch Moabiter Gebiet führend, erreicht die Strecke den Lehrter Bahnhof. Sie windet sich hier in zahlreichen, oft engen Kurven mehr oder weniger ostwärts und wurde hinter dem Empfangsgebäude des Lehrter Bahnhofs genau über dessen Bahnsteige geführt. Auch hier erhielt die Stadtbahn einen Bahnsteig an ihren Stadtgleisen. Ein Fernbahnsteig wurde zwar durch Auseinanderziehen der Gleise vorbereitet, aber nie errichtet.

Die Konstruktion hatte zur Folge, daß hinter dem Lehrter Bahnhof der Humboldthafen mit einer 150 Meter langen Stahlbrücke (seinerzeit eine technische Großtat) überbrückt werden mußte.

Die Stadtbahn führt über die Spree und entlang des ehemaligen Königsgrabens

Wieder auf die linke Spreeseite wechselnd, kreuzt die Bahn die Friedrichstraße, wo sie einen Bahnhof für Nah- und Fernverkehr erhielt. Danach überquert die Strecke, den ältesten Stadtkern Berlins erreichend, beide Spreearme.

In diesem Bereich, dem nördlichsten der Spreeinsel, entstand seit einiger Zeit eine Museumslandschaft, die als Museumsinsel bekannt wurde. Bis heute gehört die vor der Kulisse des Bodemuseums vorbeifahrende S-Bahn zu den beliebtesten Fotomotiven in Berlin.

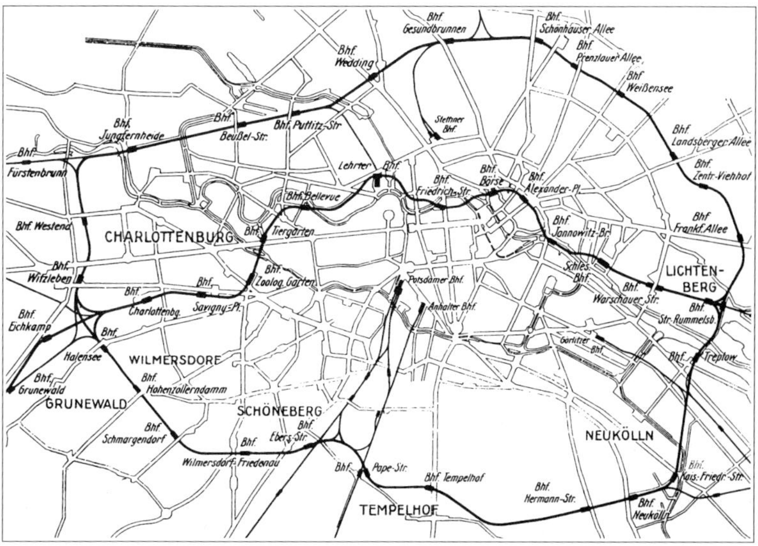

Ring- und Stadtbahn um 1916. Aus: Die Bautechnik

Eine weitere Zwischenstation weiter westlich erhielt nur einen Stadtbahnsteig und die Bezeichnung Börse. Die namengebende Einrichtung befand sich damals am Spreeufer südlich des heute Karl-Liebknecht-Straße genannten Straßenzuges.

Ab hier folgte die Strecke in einem Bogen südwärts der alten barocken Stadtbefestigung. Schon lange außer Funktion und Mitte des 18. Jahrhunderts weitgehend abgerissen, existierte bis dato noch der ehemalige Stadtgraben unter der Bezeichnung Königsgraben. Nach langen Diskussionen war er nun bis 1879 zugeschüttet worden, um auf dem Gelände die Stadtbahn zu errichten. Außerdem mußten aber auch etliche Häuser abgerissen werden.

Etwa in der Mitte dieses Abschnitts wurde der Bahnhof Alexanderplatz eingerichtet, ebenfalls mit einem Bahnsteig an beiden Gleispaaren. Der 1805 nach dem russischen Zaren benannte Platz lag vor einem einstigen Stadttor und war der Ausgangspunkt fast aller in östlicher Richtung führender Chausseen, somit bedeutender Verkehrsknoten.

Die Stadtbahn erreicht die Spree wieder dort, wo diese von der Jannowitzbrücke überquert wurde, und erhielt hier eine danach benannte Stadtbahn-Station unmittelbar am Wasser.

Wieder von der Spree abschwenkend erreicht die Strecke den Niederschlesisch-Märkischen Bahnhof an dessen ehemaliger Frontseite. Im engeren Sinne war hier das Ende der Stadtbahn (oder, nach der Kilometrierung der Anfang). Anders als in Charlottenburg, wo die Anschlüsse zur Ringbahn klar waren, war diese hier noch zwei Kilometer entfernt. Auf dem bereits breit von Frankfurter Bahn und Ostbahn eingenommenen Gelände wurde daher als „verlängerte Stadtgleise“ ein separates Gleispaar eingerichtet, das bis zur Ringbahn führte, dort auf deren Niveau anstieg und mit Verbindungskurven nach Nord und Süd einmündete.

Am 7. Februar 1882 wurde feierlich der Betrieb auf den Stadtgleisen eröffnet, die Ferngleise folgten im Mai. Ein dänischer Beobachter stellte fest: „Würde die Regierung durch diese Gleisanlagen im Falle einer Truppenmobilisierung nicht volle sechs Stunden einsparen, könnten die guten Berliner noch so manches Jahrzehnt auf ihre Stadtbahn warten. Wegen ihrer schönen Augen haben sie sie jedenfalls nicht bekommen, um ihrer Bequemlichkeit zu frönen oder Droschkengeld sparen zu können ebenso wenig.“ Eine weitere Besonderheit, die von den Zeitgenossen vermerkt wurde: „Ein Ausrufen der Stationen findet nicht statt.“

Nichtsdestotrotz war die Stadtbahn ein voller Erfolg, und schon zwei Jahre nach Eröffnung kamen weitere Bahnsteige hinzu. Etwa in der Mitte der verlängerten Stadtgleise, dort, wo die Warschauer Straße die Gleise überbrückte, wurde eine Haltestelle gleichen Namens eröffnet, und der Bahnhof Zoologischer Garten erhielt einen Fernbahnsteig. Zum Teil entsprach das der rasanten Entwicklung Charlottenburgs, die aus dem einst verschlafenen Residenzstädtchen eine Großstadt mit Industrie, Hochschulen, Theatern usw. machte. Zum Teil war es auch betrieblich begründet, weil doch mehr Vorortverkehr als erwartet über die Ferngleise fuhr – ein Konstruktionsfehler bei den Anschlüssen der Außenstrecken. Im Jahr darauf wurde an der Charlottenburger Chaussee eine Stadthaltestelle Tier-

Alexanderplatz. Aus: Die Bauwerke der Berliner Stadt-Eisenbahn, 1882

garten eröffnet, sowohl für den östlich der Bahn gelegenen Park (ehemals kurfürstliches Jagdrevier, daher der Name) als auch für die rasch expandierende Bebauung westlich davon. Zu dieser Zeit überschritt die Zahl der Fahrgäste auf der Stadtbahn die Zahl von zehn Millionen jährlich.

1886 wurde anläßlich der Eröffnung der Zentralmarkthalle am Alexanderplatz das Betriebskonzept nochmals geändert und nun doch ein beschränkter Güterverkehr zur Anbindung der Markthalle eingeführt. Auch dieser Verkehr stieg immer weiter an und erreichte zum Ende des Jahrhunderts über 90 000 Tonnen empfangene und sogar über 5000 Tonnen versandte Güter.

1896 wurde der noch recht lange Stationsabstand zwischen Zoologischer Garten und Charlottenburg mit der neuen Haltestelle Savignyplatz in etwa halbiert. Architektonisch war diese die erste einer neuen Generation von Stationen in vereinfachter Form.

Stadtbahn-Modernisierung

Die Zahl der Fahrgäste überstieg zu dieser Zeit 50 Millionen jährlich. Wesentlich Anteil daran hatte die Stadt Charlottenburg. Bei ihrer Erhebung zum Stadtkreis 1877 hatte sie noch keine 30 000 Einwohner gehabt, am Ende des Jahrhunderts zählte sie fast 190 000 und wuchs jedes Jahr um weitere 10 000.

Im innerstädtischen Bereich waren zu dieser Zeit bereits erhebliche Instandsetzungsarbeiten nötig, da die Eisenkonstruktionen der Bahnhöfe tagsüber fast ununterbrochen den schwefligen Abgasen der Lokomotiven ausgesetzt waren. Zu den größeren Umbauten gehörten 1903 die Erhöhung der Bahnsteige auf 76 Zentimeter und die Verbreiterung des Bahnsteigs in Jannowitzbrücke. Dafür mußten die Ferngleise über die Spree verschoben werden, wofür wiederum ein eisernes Kragwerk auf den Viadukt gesetzt wurde. In das gleiche Jahr fällt die Verlängerung der verlängerten Stadtgleise in Richtung Osten unter der Ringbahn hindurch nach Lichtenberg (s. Kapitel Ostbahn). Weitere Anschlüsse gewann die Stadtbahn durch die elektrische Hoch- und Untergrundbahn, die seit 1902 wie eine Querspange zwischen Zoo und Warschauer Straße verkehrte. Sie erschloß damit die südlicheren Teile der Innenstadt, die der Stadtbahn ferner waren (eine der verworfenen Stadtbahn-Trassenvarianten hatte einen ähnlichen Verlauf), und vermittelte auch Anschluß zum Potsdamer Bahnhof. 1913 erreichte sie mit ihrem dritten Ast auch den Alexanderplatz.

In den zwanziger Jahren konnten dann die Arbeiten am Bahnhof Friedrichstraße durchgeführt werden. Auch hier hatte das ursprüngliche Konzept nicht gegriffen. In Erwartung starken Verkehrs war der Bahnhof Alexanderplatz großzügig ausgebaut worden. Durch die nicht vorhergesehene Westwanderung der City hielt sich der Fahrgastandrang aber in Grenzen. Umso mehr Betrieb war am Bahnhof Friedrichstraße, wo die Anlagen viel knapper ausgelegt worden waren. Verstärkt wurde er noch durch die seit 1923 unter der Friedrichstraße fahrende U-Bahn mit einer Umsteigestation zur Stadtbahn. Im Zuge der kompletten Umgestaltung des Bahnhofs wurde ein dritter Bahnsteig auf der Nordseite hinzugefügt, so daß die alten Gleise nun komplett vom Fernverkehr übernommen werden konnten. Außerdem wurden in dieser Zeit auch überall an der Strecke Viadukte, Brücken und Bahnhöfe erneuert. Insbesondere die schon arg mitgenommenen Viadukte wurden verstärkt, um die Last der Züge besser aufzufangen. Abermals wurden die Bahnsteige erhöht, diesmal auf 96 Zentimeter. Dies geschah bereits im Vorlauf der „Großen Elektrisierung".

Das Kreuz mit den Kreuzen

Zu den Umgestaltungen im Zusammenhang mit der Elektrifizierung gehörte die Neuordnung der Bahnanlagen westlich von Charlottenburg, bei der das Westkreuz entstand. Trotz etlicher Über- und Unterführungen auf drei Ebenen mit einem Dutzend Brückenbauwerken bestand bisher im Bahnhof Charlottenburg eine Vielzahl von Gleiskreuzungen. Die Hauptrichtung der Stadtgleise führte dabei neben die Nordringgleise nach Westend. Anders als bei der (südlichen) Halenseekurve wurde hier das von der Stadtbahn kommende Gleispaar separat in den Bahnhof geführt und erhielt gleich zwei eigene Bahnsteige. Westlich davon lag der eigentliche Ringbahnsteig. Auch die Zwischenstation Witzleben erhielt zwei Mittelbahnsteige für die beiden Gleispaare. Diese Einrichtung wurde bei der Neuordnung beibehalten, verlor aber an Bedeutung und wurde 1944/45 aufgegeben. Ansonsten wurden die Gleisanlagen so umgestaltet, daß fast alle niveaugleichen Gleiskreuzungen verschwanden. Nur bei der Einmündung der Halenseekurve mußte noch das innere Ringgleis gequert werden.

Im Dezember 1928 konnte der neue Turmbahnhof unter dem Namen Ausstellung in Betrieb gehen, nachdem auf der Stadtbahnebene bereits ein halbes Jahr lang die elektrischen Züge vorbeigefahren waren. Im Obergeschoß bestand noch Dampfbetrieb, erst im April 1929 kamen hier die ersten elektrischen Züge an (vgl. Abb. S. 247).

S-Bahnhof Jannowitzbrücke. Die stählerne Bahnsteighalle entstand 1927. Das Fernbahngleis in Richtung Osten liegt über einer auskragenden Stahlträgerkonstruktion. Foto: S-Bahn-Museum, 1993

Wie der Name „Ausstellung" besagt, diente die neue Station nicht nur dem Umsteigen, sondern auch der Anbindung des neuen Messegeländes, zu dem hin der Bahnhof seinen Ausgang hat. 1932 aber änderte sich mit der Umbenennung in Westkreuz die Sichtweise. Im Jahr darauf wurde aus Stralau-Rummelsburg das komplementäre Ostkreuz.

Im Gegensatz zu den engen Verbindungskurven des Ostkreuzes sind die am Westkreuz recht ausladend, so daß in ihren Zwickeln ganze Kleingartenkolonien Platz fanden (etwas, was man Autobahnkreuzen vergeblich suchen wird).

Während die Umsteigesituation am Ostkreuz immer etwas unbefriedigend blieb, war Westkreuz ein voller Erfolg, auch wenn die Konstruktion auf Sand gebaut war und immer wieder absackte. Mit Charlottenburg, Westkreuz und Grunewald waren drei Stationen hintereinander mit vier Gleisen und umfangreichen Kehr- und Aufstellmöglichkeiten ausgestattet. Dies war Zeichen des hier – anders als auf der Ostseite – recht abrupt ausdünnenden Verkehrs, machte aber in den späteren Jahren des Niedergangs den besonders bizarren Eindruck eines viel zu großen Kleides.

Elektrische S-Bahn-Züge

Seit dem Frühjahr 1928 waren die elektrischen Triebwagen der Berliner S-Bahn auf den Stadtbahngleisen zu sehen, und am 11. Juni nahmen sie den fahrplanmäßigen Betrieb zwischen Potsdam und Erkner auf. Im Juli kamen sie auch nach Stahnsdorf. Im gleichen Monat konnten auch Züge aus Spandau über die neuen Vorortgleise auf die Stadtgleise der Stadtbahn fahren. Im November kamen elektrische Züge von der Ostbahn und dem Südring einschließlich Görlitzer Bahn hinzu, im Februar 1929 auch die Züge vom Nordring. Im März 1929 schließlich verkehrten letztmals Dampfzüge auf den Stadtgleisen der Stadtbahn.

Mit den danach eingeführten neuen Fahrplänen konnten die Elektrozüge auf der kurvigen Stadtbahn 55 Kilometer pro Stunde fahren. Auf der Vorortstrecke nach Wannsee dagegen konnten sie ihre Höchstgeschwindigkeit von 70 bis 80 Kilometer pro Stunde voll ausfahren.

Weitere Umsteigemöglichkeiten entstanden 1930 mit der Inbetriebnahme der beiden innerstädtischen U-Bahnlinien D und E (heute U8 und U5) am Alexanderplatz. Die neue U-Bahnlinie D fuhr zwischen Alexanderplatz und Jannowitzbrücke parallel zur Stadtbahn, so daß auch letztere Station Umsteigestation zur U-Bahn wurde. Der S-Bahnsteig Jannowitzbrücke wurde ein weiteres Mal verbreitert und mit einer neuen Halle versehen.

Große Pläne für die Reichshauptstadt

Gravierende Umgestaltungen sahen ab 1938 die „Germania"-Pläne vor. Nach Verlegung des Fernverkehrs auf die Ringbahn und die neuen Personenbahnhöfe Nord und Süd sollten von den vier Stadtbahngleisen die beiden inneren von der S-Bahn übernommen und die beiden äußeren von einer Fern-S-Bahn genutzt werden. Diese hätte lediglich an den äußeren Bahnsteigkanten von Zoologischer Garten (nicht aber Charlottenburg), Friedrichstraße, Alexanderplatz und Schlesischer Bahnhof gehalten sowie am neuen Bahnhof Stadtkreuz, der den Lehrter Stadtbahnhof ablösen sollte. Eine neue Zwischenstation Alt-Moabit sollte dieses bisher schlecht angebundene Stadtviertel bedienen. Tatsächlich umgebaut wurde außer dem Bahnhof Friedrichstraße mit der neuen Umsteigemöglichkeit zur Nord-Süd-S-Bahn nur der Bahnhof Zoo. Rechtzeitig zu den Olympischen Spielen 1936 wurde ein erneuerter und verschobener S-Bahnsteig in Betrieb genommen. Gegenüber dem alten lag er etwas südlicher in eigener Halle über der Hardenbergstraße, so daß er – westlich neben der bisherigen Trasse –, Zugänge von beiden Straßenseiten erhielt. Die ganze S-Bahn wurde in diesem Bereich seitlich verschwenkt (und dazu mit einer Kehranlage versehen), damit die alte Anlage ganz dem Fernverkehr zur Verfügung ge-

Bis 1995 war auch der S-Bahnhof Tiergarten Zeugnis der NS-Architektur entlang der „Ost-West-Achse", der heutigen Straße des 17. Juni. Foto (1988): M. Müller

Der heutige Ostbahnhof hieß von 1950 bis 1987 schon einmal so. Foto (1951): Archiv Deutscher Bahnkunden-Verband

stellt werden konnte. Anschließend wurde die gesamte Fernbahnseite erneuert und auf vier Gleise vergrößert. Die restlichen Arbeiten nach Inbetriebnahme der neuen Bahnsteige wurden 1940 ausgesetzt.

Komplett erneuert wurde auch die Station Tiergarten mitsamt einer neuen Brücke über die auf 60 Meter verbreiterte Ost-West-Achse. Für eine eventuelle spätere Umorganisation der vier Gleise sind anscheinend keine Vorbereitungen getroffen worden (außer einer besonders kargen Ausstattung des Bahnhofs).

Nadelöhr im Ost-West-Verkehr

Nach dem Zusammenbruch 1945 konnten im August wieder S-Bahnen von Charlottenburg bis Zoo fahren, in den folgenden Monaten wurde Station um Station ein Gleis für Pendelverkehr wiederhergestellt, so daß im November mit fünf Pendelabschnitten die ganze Stadtbahn von Zoo bis Schlesischer Bahnhof wieder befahrbar war. 1946 konnte der normale zweigleisige Betrieb wiederaufgenommen werden, auch der Fernverkehr kam wieder in Gang. Von Gleisdemontagen blieb die gesamte S-Bahnstrecke bis Wannsee verschont.

Im Bahnhof Friedrichstraße wurden zunächst auch die Ferngleise mit Stromschienen versehen und dann der alte Stadtbahnsteig wieder der S-Bahn zugeordnet, so daß der Fernbahn nur der südlichste Bahnsteig blieb. Viel Fernverkehr fand hier aber nicht mehr statt.

Der Schlesische Bahnhof war ab 1946 mit einem neuen Empfangsgebäude versehen worden und seit 1950 unter dem neuen Namen Ostbahnhof Endpunkt der meisten Fernzüge aus östlichen Richtungen.

Mit der Abriegelung West-Berlins am 13. August 1961 war für die S-Bahnen in Wannsee und Friedrichstraße Endstation. Allerdings wurde die Stadtbahn im Gegensatz zu anderen Strecken nicht vollkommen unterbrochen; obwohl der durchgehende S-Bahnverkehr eingestellt wurde, begegneten einander am Bahnhof Friedrichstraße weiter West und Ost. Auf jedem der drei Bahnsteige gab es nun „getrennte Welten".

Der nördliche Bahnsteig C wurde Endstation der aus Osten kommenden Züge. Zwar gab es eine westlich anschließende Kehranlage, aber obwohl die eigentliche Grenze noch einen Kilometer entfernt war, erlaubten die Grenzer die Benutzung der Kehrgleise nur in Notfällen. Die Züge kehrten stets am Bahnsteig. Die Stadtbahn wurde für Ost-Berlin zum Engpaß.

Am mittleren Bahnsteig B kehrten die aus Westen kommenden S-Bahnen. Hier saßen Prellböcke direkt am östlichen Bahnsteigende. Wegen der geringeren Belastung der westlichen Stadtbahn bereitete das Kehren am Bahnsteig aber keine allzu großen Probleme. Von der Straße her war ohne Grenzkontrollen nur der Bahnsteig C zugänglich. Auch ein Übergang zwischen beiden Bahnsteigen war nur noch nach Durchschreiten der Grenzkontrollen möglich. Unkontrolliert dagegen konnten Westler zwischen dem Bahnsteig B und dem Tunnelbahnsteig und zur U-Bahn wechseln sowie zum Fernbahnsteig A. Hier fuhren die wenigen verbliebenen internationalen Fernzüge und setzten die Reisezüge nach Westdeutschland ein, die von Transitreisenden bestiegen werden konnten, nachdem diese kontrolliert worden waren (die Züge!). Außerdem bestand hier weiter die Stromschienenverbindung der S-Bahn. Im Normalfall war die Stromschiene abgeschaltet. Wenn sie unter Strom gesetzt wurde, bestand hier die einzige Möglichkeit, Züge zwischen West- und Ostnetz mit eigener Kraft zu überführen. Dies geschah regelmäßig nach besonderem Fahrplan für Fahrten von und zum Ausbesserungswerk Schöneweide.

Auf der Stadtbahn hatte von jeher ein Ungleichgewicht bestanden der Art, daß der Verkehr auf dem östlichen Teil deutlich stärker war als im Westen. Dieser Unterschied wurde nun noch krasser und brachte erhebliche Betriebsprobleme für die blind endende Stichstrecke in das Ost-Berliner Stadtzentrum. Um die Situation zu entschärfen, schuf die Reichsbahn 1964 eine zusätzliche Aufstellmöglichkeit in Alexanderplatz, verbunden mit einer Grunderneuerung des Bahnhofs. Der (sehr geringe) Fernverkehr wurde auf ein Durchfahrgleis an der südlichsten Bahnsteigkante eingeschränkt und die ehemals nach Westen führende Fernbahnsteigkante von den ostwärts fahrenden S-Bahnen übernommen. An deren ursprünglicher Bahnsteigkante konnten nun Züge von Osten her aussetzen.

„Tränenpalast", Bahnhof Friedrichstraße – Halle zur Ausreise aus der DDR. Foto (1963): Zentrale Bildstelle Deutsche Reichsbahn, Archiv S-Bahn-Museum

Stadtbahn im Westen und Stadtbahn im Osten

In West-Berlin bildete sich am Bahnhof Zoo mehr und mehr ein neues Stadtzentrum heraus. Die einstmals nur für den Lokalverkehr gedachte Station wurde zum Hauptbahnhof der Halbstadt, dessen Bedeutung durch die 1961 eröffnete zweite U-Bahnlinie (die heutige U9) noch gesteigert wurde. Welche Richtung die Verkehrspolitik nahm, zeigte der heruntergekommene Zustand des Bahnhofs Zoo freilich ebenso wie ein breiter Straßendurchbruch am Bahnhof Charlottenburg.

Während auf dem Westnetz selbst im Berufsverkehr Ende der siebziger Jahre nur noch vier Züge in 20 Minuten in Charlottenburg und Zoologischer Garten einfuhren (zwei aus Spandau, je einer von Wannsee und Halensee), überschritt die östliche Stadtbahn weit den Vorkriegsstand, vor allem mit den Neubaugebieten des Nordostens. Im Berufsverkehr drängten schließlich von Ostkreuz 16 Zuggruppen auf die Stadtbahn. Um diese besser einzufädeln, nahm die Deutsche Reichsbahn 1986 einen dritten Bahnsteig in Warschauer Straße in Betrieb, so daß an den verlängerten Stadtgleisen drei Gleise an zwei Bahnsteigen lagen und das mittlere von beiden Seiten zugänglich war. Diese so einfach klingende Maßnahme erforderte insgesamt die Verlegung von 7,8 Kilometer Gleis und 29 Weicheneinheiten. Damit konnten einige Zuggruppen zumindest bis Warschauer Straße geführt werden und dort kehren. Weitere Züge wurden in Alexanderplatz und Ostbahnhof abgefangen.

In West-Berlin hatte die S-Bahn-Übernahme durch die städtischen Berliner Verkehrsbetriebe (BVG) bzw. durch den West-Berliner Senat zunächst die Einstellung des Zugverkehrs westlich von Charlottenburg zur Folge. Die Züge fuhren nun als Linie S3 nur noch zwischen Friedrichstraße und Charlottenburg (7½ Kilometer) mit der Besonderheit, dass im Abschnitt Lehrter Bahnhof – Friedrichstraße weiterhin die Triebfahrzeugführer der Reichsbahn die Züge steuerten. Die Strecke nach Wannsee aber mußte als Zufahrt zum Bahnbetriebswerk ohnehin betrieben werden. Absurder noch wurden die Verhältnisse, als ab April 1984 die Züge leer von Charlottenburg nach Westkreuz fuhren, weil nur dort Sanitäreinrichtungen für das Zugpersonal vorhanden waren. Im Mai schließlich wurde der fahrplanmäßige Betrieb bis Wannsee wiederaufgenommen (gut 21 Kilometer von Friedrichstraße).

Mitte der achtziger Jahre wurden in Ost und West erneut umfangreiche Sanierungen und Erneuerungen an Strecke und Stationen vorgenommen. Ein gänzlich neues Gewand erhielt der Ostbahnhof, der mit neuem Empfangsgebäude und wieder einmal neuem Namen als Berlin Hauptbahnhof reüssierte. Sein westliches Gegenstück, der Bahnhof Zoo, wurde ebenfalls modernisiert und grunderneuert.

Zum Stadtjubiläum 1987 wurden beide Nachbarstationen von Friedrichstraße in ihrer historischen Gestalt wiederhergestellt und erstrahlten in neuem alten Glanz: im Westen der Lehrter Stadtbahnhof, im Osten die Station Marx-Engels-Platz. Letzterer Name war 1951 an die Stelle der untergegangenen Börse getreten, allerdings reichlich deplaziert, da der Platz dieses Namens von der Station etwa ebenso weit entfernt ist wie der Alexanderplatz.

Die Stadtbahn wird wieder durchgängig

Die Direktverbindung von Ost-Berlin in die West-Berliner City war nach dem Mauerfall einem enormen Fahrgastansturm ausgesetzt, den Halbzüge im Zehn-Minuten-Takt nicht bewältigten. S-Bahnzüge der Reichsbahn (Ost) verstärkten schnell die Züge der BVG-West, die noch im November 1989 gemischt aneinandergekoppelt statt mit vier nunmehr mit acht Wagen unterwegs waren. Den durchgehenden Verkehr in Friedrichstraße wiederherzustellen, war technisch einfach, dennoch mußte die Maßnahme warten, bis mit der Wirtschafts- und Währungsunion auch die letzten Reste von Grenzkontrollen verschwanden. Nach zweitägiger Betriebsunterbrechung zwecks Gleisumbau fuhren am 2. Juli 1990 wieder S-Bahnen über die Stadtbahn mit Endstationen in Charlottenburg, Westkreuz und Wannsee. 1992 fuhren die Züge dann auch nach Potsdam. Zur gleichen Zeit übernahm die Reichsbahn wieder den S-Bahn-Verkehr im westlichen Abschnitt der Stadtbahn von der BVG. Die Station Marx-Engels-Platz wurde in Hackescher Markt umbenannt. Sie erhielt damit eine angemessene Bezeichnung. Der Hackesche Markt liegt direkt vor dem Bahnhof und ist wichtiger Umsteigeknoten der Straßenbahn, deren Haltestellen schon seit langem diese Bezeichnung tragen.

Den Wiederinbetriebnahmen folgte im Oktober 1994 eine erneute, vorübergehende, Stillegung zwecks Grundsanierung der Stadtbahn. Die S-Bahn wurde auf die Ferngleise verlegt (und der Fernverkehr ganz eingestellt). Während der sich über zwei Jahre bis November 1996 hinziehenden Arbeiten konnten die über keine Fernbahnsteige verfügenden Stationen Tiergarten, Bellevue und Jannowitzbrücke nicht angefahren werden. Nur an der Station Hackescher Markt wurde erst nach IGEB-Protesten ein Behelfsbahnsteig an der Außenseite errichtet, an dem wenigstens die Züge in Richtung Osten halten konnten. Damit war hier die genau umgekehrte Situation zur Sanierung von 1987 entstanden, als der Bahnsteig nur halbseitig von Zügen nach Friedrichstraße befahren wurde.

Verzichtet wurde auch diesmal auf eine Begradigung der Strecke, die immer wieder, auch zu DDR-Zeiten, im Gespräch war. Die ehemals dichte Bebauung war längst verschwunden, vor allem östlich des Alexanderplatzes säumten breite Asphaltwüsten links und rechts die sich etwas unmotiviert dahinschlängelnde Viaduktstrecke. Letztlich wurde aber dem historischen Bauwerk der Vorzug gegeben vor einem Totalneubau.

Von der Gleisverschwenkung und Sanierung ausgenommen blieb der Bereich um den Lehrter Stadtbahnhof. Zum einen war der Bahnhof ja gerade erst saniert worden, zum anderen wird er komplett abgerissen. Die Strecke wird hier auf etwa einem Kilometer Länge nach Süden versetzt werden, um nach Fertigstellung des Tiergartentunnels eine Umsteigestation zu der neuen Nord-Süd-Strecke zu erhalten. Diese soll nun nicht etwa Stadtkreuz heißen, vielmehr soll auch die neue Station den nun völlig sinnlos gewordenen Namen Lehrter Bahnhof erhalten.

Der bislang verwinkelte und durch viele Unterteilungen unübersichtliche Bahnhof Friedrichstraße wurde bei der Sanierung völlig entkernt und erhielt eine weiträumige Bahnhofshalle unter den Stadtbahnsteigen. Der S-Bahnbetrieb wurde auf den eigentlichen S-Bahnsteig C zurückgezogen.

Lehrter Stadtbahnhof. Foto: Th. Kabisch, 1997

Letzte Fahrt der klassischen Stadtbahnzüge. Foto: M. Heller, 1997

August 1935: Einsturz der Baugrube der Nord-Süd-Bahn. Der NS-Staat arrangierte die Totenfeier. Fotos: Landesarchiv Berlin

1.3 Nord-Süd-Bahn

Von Nordbahnhof nach Yorckstraße
über Friedrichstraße, Potsdamer Platz
und Anhalter Bahnhof

Die Idee, als Ergänzung zur Stadtbahn eine Nordsüdquerung durch die Innenstadt zu bauen, war nicht neu, ein Blick auf die Landkarte genügte, um zu sehen, daß dafür eine Verbindung von Potsdamer und Anhalter Bahnhof im Süden und Stettiner Bahnhof im Norden am sinnvollsten erschien. Bereits 1907 hatte Siemens ein Projekt für eine Tunnelbahn ausgearbeitet, die ein Stück der ehemaligen Stadtmauer (die heutige Ebertstraße) entlangfahren sollte, 1911 war im Rahmen des Wettbewerbs Groß-Berlin eine Hochbahn vorgeschlagen worden, doch niemand hatte ernsthaft eine Verwirklichung solch aufwendiger und problematischer Bauten gewagt.

Erst das neue Regime von 1933 griff die Idee auf, und nun sollte es plötzlich ganz schnell gehen, damit die Nord-Süd-Verbindung noch zu den Olympischen Spielen 1936 fertig würde, und so noch 1934 mit den Bauarbeiten begonnen. Nicht zuletzt diese Hast war wohl mitschuldig an dem Einsturz der Baugrube im August 1935 gleich südlich des Brandenburger Tores. 23 Arbeiter wurden unter den Erd- und Holzmassen begraben, nur vier von ihnen konnten lebend geborgen werden.

Das Unglück, vor allem aber andauernde Planungsänderungen im südlichen Teil führten dazu, daß der Tunnel nicht rechtzeitig fertig werden konnte. Nur der nördliche Teil konnte gerade noch fünf Tage vor Beginn der Olympischen Spiele eröffnet werden.

Der Tunnel übernahm den Verkehr des Stettiner Vorortbahnhofs. Die Gleise der Nordstrecken wurden in dessen Vorfeld über eine Rampe in den neuen viergleisigen unterirdischen Bahnhof Stettiner Bahnhof geleitet. Die Station erhielt an beiden Seiten Kehranlagen und, an die nördliche anschließend, eine weitere Verbindung zur Oberwelt. Dafür befand sich ein dritter Tunnelmund zwischen den Streckengleisen. Dessen Gleis endete stumpf in einer weiteren zweigleisigen Aufstellanlage. Von dort konnten die Züge dann zurücksetzen über das in den Tunnel einfahrende Gleis hinweg zu den Anlagen des Stettiner Vorortbahnhofs, der als Bahnbetriebswerk der S-Bahn weitergenutzt wurde.

Was sich dann unterirdisch anschloß, hatte allerdings mit einer Schnellbahn nur wenig Ähnlichkeit. Zahlreiche Zwangspunkte, u. a. Kreuzungen mit existierenden und geplanten U-Bahnlinien, engten die Trasse ein. Zudem mußte sie sich an die ganz anders verlaufenden Straßen halten. Trotzdem waren einige aufwendige Hausunterfahrungen notwendig. Radien bis herab zu 150 Metern, verbunden mit Steigungen bis zu 1:30 (in einem Falle sogar 1:25), die direkt in ein ebenso starkes Gefälle übergingen, sorgten für geringe Fahrgeschwindigkeiten und reichlich Quietschorgien. Auch in dieser Hinsicht war der Nord-Süd-Tunnel ein Gegenstück zur Stadtbahn.

Gleich neben der damals noch unversehrten Synagoge an der Kreuzung der Oranienburger Straße wurde eine gleichnamige Station eingerichtet, wie die folgenden Stationen mit einem einfachen Mittelbahnsteig.

Im folgenden Abschnitt gelang das Kunststück, zuerst unter der Spree hindurchzufahren, gleich darauf über der Nord-Süd-U-Bahn und wieder gleich darauf zwischen den Fundamenten des Stadtbahnhofs Friedrichstraße hindurch. Dazu kam ein neuer Bahnsteig, mit dem Friedrichstraße, nunmehr unbestrittener Stadtmittelpunkt, als Umsteigeknoten erheblich an Bedeutung gewann.

Mit einer scharfen Kurve schwenkt die Strecke dann in die Straße Unter den Linden, genauer gesagt unter die südliche Fahrbahn des breiten Boulevards; die nördliche Fahrbahnseite war für eine städtische U-Bahn reserviert (um deren Bau bis heute gestritten wird). Mit einem Bahnsteig direkt vor dem Brandenburger Tor endete vorläufig der befahrbare Streckenteil. Eine Gleisverbindung sorgte für eine provisorische Kehrmöglichkeit.

Inzwischen aber waren die Planungen zur „Umgestaltung der Reichshauptstadt" angelaufen, die unter dem Aspekt einer „schienenfreien Innenstadt" zahlreiche neue Tunnelstrecken vorsahen. Dabei konkurrierten S- und U-Bahn bzw. die hinter ihnen stehende Reichsbahn einerseits und die Stadt Berlin andererseits miteinander. Auf dem Papier gewann schließlich die S-Bahn die Oberhand als das leistungsfähigste Profil. Tatsächlich bedeuteten die verschiedenen zusätzlichen Anschlüsse und Tunnelstutzen, die auf engstem Raum niveaufrei auszufädeln waren, noch mehr engste Kurven mit steilen Rampen (wo ein kleineres Profil mehr „Luft" gelassen hätte). Zu allem Überfluß mußten wegen der dauernden Planungsänderungen sogar schon fertige Tunnelteile wieder abgerissen werden.

So wurde der südliche Tunnelteil erst fertig, nachdem die Synagoge niedergebrannt war und kurz nachdem mit dem Überfall auf Polen der Krieg begonnen hatte. Mit nochmals einer scharfen 90°-Kurve an den Fundamenten des Brandenburger Tores kratzend, biegt die Strecke in die Straße, die vor der ehemaligen Stadtmauer entlanglief.

Zu Kaisers Zeiten war der Straßenzug als Königgrätzer Straße bekannt, nach dem Versailler Vertrag wurde daraus Saarlandstraße, während des Baus der Tunnelstrecke trug der nördliche Teil vom Brandenburger Tor bis zum Potsdamer Platz die Bezeichnung Hermann-Göring-Straße, nach 1945 wurde daraus im nördlichen Teil die Ebertstraße und im Südteil vom Potsdamer zum Askanischen Platz die Stresemannstraße (etwas, was zu Zeiten der Weimarer Republik unmöglich war).

Von hier bis zum Askanischen Platz folgte die Strecke dieser Route, auf der 80 Jahre zuvor die Alte Verbindungsbahn gefahren war. Südlich des Brandenburger Tores wurden Tunnelstutzen für eine spätere Einfädelung einer Strecke vom „Stadtkreuz" angelegt. Die später auch als „Heuboden"

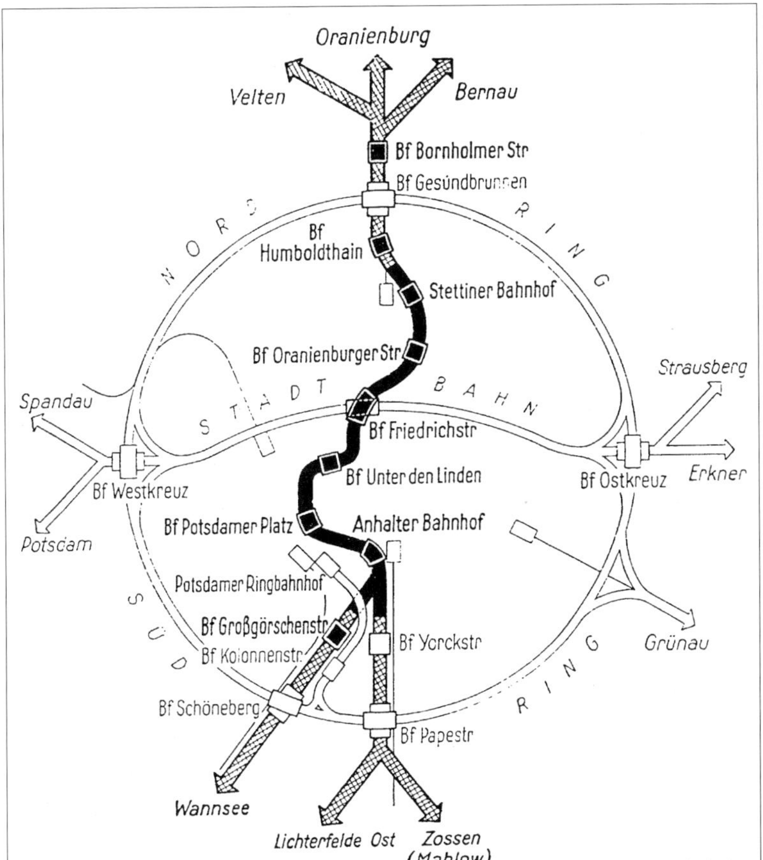

Aus: Die Reichsbahn

Lage der Nord-Süd-S-Bahn im Berliner S-Bahnnetz.
Die Strecke beginnt im Norden an der Liesenstraße (Wedding)
und endet im Süden an der Yorckstraße.

bekannt gewordene Anlage wurde dann aber nur für Kehr- und Aufstellgleise benutzt. Sie münden in den viergleisigen Bahnhof Potsdamer Platz, bei dessen Lage wiederum nicht nur die seit 1902 bestehende Kleinprofil-U-Bahn berücksichtigt, sondern auch Platz für eine geplante U-Bahnlinie (die berüchtigte Linie U10) freizuhalten war. Die Strecke war damit am Platz vor dem ehemaligen Potsdamer Tor, dem Ausgangspunkt der Chaussee und der Eisenbahn nach Potsdam, angelangt.

Zu den deutschen Unorten gehört zweifellos der Potsdamer Platz. Das alte Berlin kannte ihn noch nicht. Bekannt war überhaupt nur das östlich anschließende Oktogon, der Leipziger Platz, der seit den 1720er Jahren die äußerste westliche Stelle der erweiterten Friedrichstadt bildete, und das Potsdamer Thor in der zur gleichen Zeit angelegten Akzisemauer um die Stadt. Erst Ende des 18. Jahrhunderts erlangte der Platz vor dem Potsdamer Tor Bedeutung als Ausgangspunkt der Potsdamer Chaussee. Daß hier der angeblich „verkehrsreichste Platz Europas" (darunter macht man es nicht in Berlin) entstand, zeigt vor allem, daß die Stelle verkehrlich äußerst ungünstig konstruiert war. Mehrere stark belastete Verkehrswege kreuzten hier auf engem Raum, eingezwängt zwischen Stadtmauer und Bahnanlagen. Daß die Stadtmauer ab 1867 abgerissen und durch die Königgrätzer Straße ersetzt wurde, machte alles nur noch schlimmer; die hier fahrende Alte Verbindungsbahn war bereits so ein Ärgernis, daß statt ihrer die Ringbahn angelegt wurde.

Bis hierhin konnte der Tunnel im April 1939 dem Verkehr übergeben werden. Viel verzögerndes Hin und Her gab es um die Frage, ob die Tunnelstrecke hier an die oberirdischen Bahnstrecken angebunden werden oder erst noch einen Schwenk zum Anhalter Bahnhof machen sollte. Entschieden wurde schließlich, beide Anschlüsse vorzusehen, aber nur den über Anhalter Bahnhof zunächst zu bauen und am Potsdamer Platz später die Ringbahnspitzkehre einzuführen. Damit waren auch südlich der Station Potsdamer Platz Überwerfungen auf engstem Raum nötig. Streckengleise,

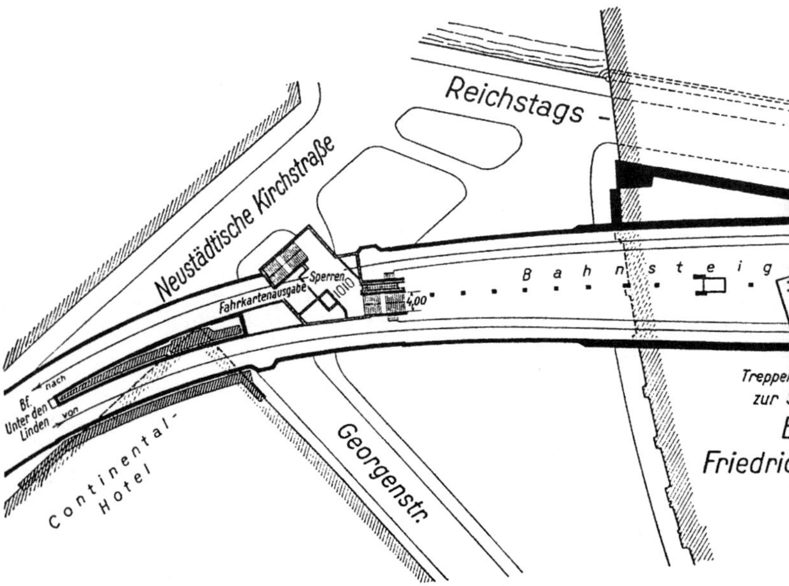

Lageplan des Nord-Süd-Bahnhofs Friedrichstraße
Aus: Verkehrstechnik, Heft 19 vom 5. Oktober 1936

die am gleichen Bahnsteig lagen, mußten direkt dahinter übereinander geführt werden. Im Einlauf auf den Askanischen Platz wurde noch nach Baubeginn eine weitere solche Einfädelung einbezogen für eine Tunnelstrecke vom Görlitzer Bahnhof. Die Station Anhalter Bahnhof wurde ebenfalls auf vier Gleise ausgelegt, wobei der westlichste Gleistrog (Gleis 1) aber leer blieb. Er sollte später das Gleis vom Görlitzer Bahnhof aufnehmen. Ein halbes Jahrhundert lang war der blinde und leere Gleistrog zu bewundern, bis ein Aufstellgleis für Arbeitsfahrzeuge dort angelegt wurde. Eine Kehranlage schloß sich südlich an, allerdings nur von den beiden mittleren Bahnsteiggleisen erreichbar.

Diese sechste und letzte Tunnelstation, 4½ Kilometer vom nördlichen Tunnelbeginn, ging am 9. Oktober 1939 in Betrieb, zusammen mit einer südlichen Rampe, die im Vorfeld des Potsdamer Bahnhofs auftauchte und dort an die neue Station Großgörschenstraße der Wannseebahn anschloß. Dafür mußten nicht nur der Landwehrkanal und die ausgedehnten Bahnanlagen von Potsdamer und Anhalter Bahnhof (einschließlich des Postbahnhofs) unterfahren werden. Da diese im Rahmen der „Umgestaltung" verschwinden und neuüberbaut werden sollten, wurde auch gleich ein unterirdischer Zwischenbahnhof („Hornstraße") vorbereitet. Er hätte im Endzustand gar zehn (!) Bahnsteiggleise erhalten sollen. Die Strecke vom

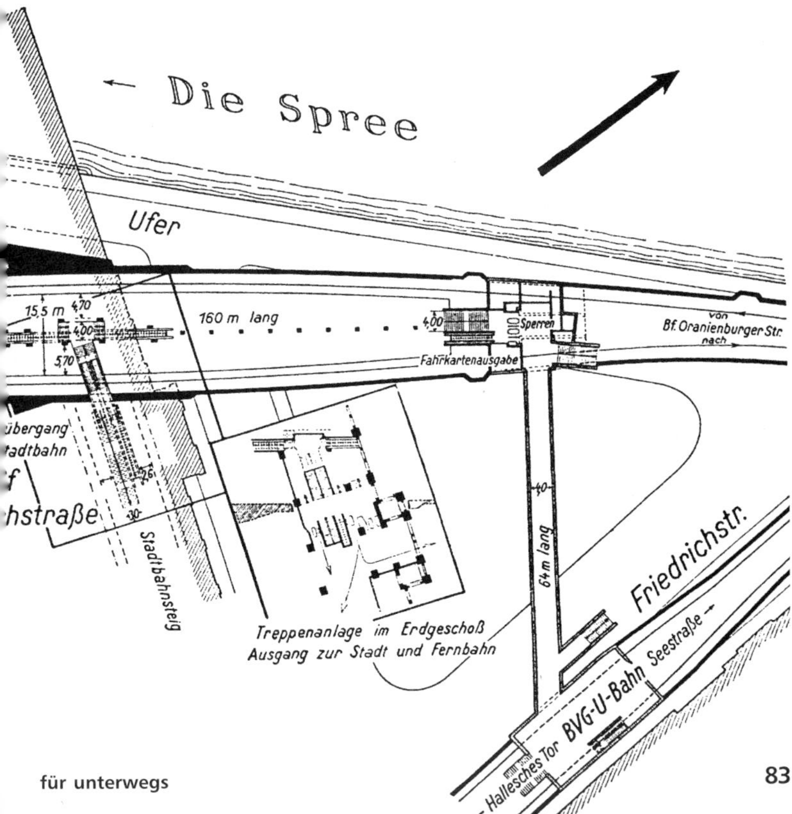

Anhalter Bahnhof (unten) wurde dafür gleich mit vier Gleisen fortgeführt, die noch unterirdisch in Richtung Potsdamer Bahn und Anhalter/Dresdener Bahn ausfädelten.

Mit der Stillegung des Potsdamer Wannseebahnhofs am 7. Oktober 1939 (der folgende Sonntag, 8. Oktober wurde zum Neuanschluß der Gleise benötigt) begann für den Potsdamer Bahnhof ein durchaus geplantes Ende auf Raten, auch wenn es dann anders stattfand als gedacht.

Nach den Speerschen Planungen sollte die Anhalter Bahn ebenfalls innerhalb der Ringbahn verschwinden und anstelle der alten Vorortstrecke eine neue unterirdische S-Bahn die Nord-Süd-Achse begleiten, doch der Krieg zwang zu einem Baustop. So wurde nur noch im November 1939 eine provisorische Rampe in Betrieb genommen, die direkt vor den Yorckbrücken in die Anhalter/Dresdener Vorortstrecke mündete. Keiner hätte sich wohl damals träumen lassen, daß sie auch über sechzig Jahre später noch in Betrieb sein würde.

Auch das Gleispaar „Potsdamer Vorortbahnhof" wurde mit Anbindung der Vorortstrecke an die Rampe der Nord-Süd-Bahn stillgelegt. Alle drei Südstrecken und alle drei Nordstrecken, die nicht mit der Stadtbahn verbunden waren, führten nun in den Nord-Süd-Tunnel.

Die Flutung des S-Bahn-Tunnels

Außer einigen Bombenanschlägen polnischer Untergrundgruppen verlief der Betrieb im Tunnel während des Krieges weitgehend störungsfrei, bis die Front Berlin erreichte. Nachdem Ende April der S-Bahn-Verkehr eingestellt wurde, stationierte man mehrere Lazarettzüge im Tunnel. Am 30. April oder 1. Mai wurde der Hochbunker am Anhalter Bahnhof, der eine direkte Verbindung zum Tunnel hatte, von Zivilisten geräumt, um für den Endkampf bereit zu sein. Mehrere tausend Menschen wurden durch den Tunnel in Richtung Stettiner Bahnhof geschickt. Möglicherweise wurde im Nachgang dieser Aktion die Flutung des Tunnels angeordnet. Als die Rote Armee am 2. Mai den Bunker erreichte, bestand die Besatzung allerdings zu einem großen Teil aus Volkssturmmännern und Hitlerjungen, die der sowjetische Kommandant mit kräftigem „Dawai" nach Hause schickte.

Welches Sprengkommando auf wessen Befehl zur Tat schritt, wurde nie bekannt. Fest steht, daß in der Nacht vom 1. auf den 2. Mai, wahrscheinlich in den frühen Morgenstunden, nach mehrstündiger Vorbereitung eine große Menge Sprengstoff an der oder in der Decke des Tunnels unter dem Landwehrkanal explodierte. Die Stelle war berühmt geworden als Kreuzung von fünf Verkehrswegen auf verschiedenen Ebenen. Außer der S-Bahn unter dem Kanal führten die Gleise der Anhalter Bahn darüber und nochmals darüber die Stahlkonstruktionen der Hochbahn. Neben dem Kanal führte schließlich noch eine Uferstraße.

Einer der Hochbahnpfeiler stützte sich genau auf einen Ballastkörper des S-Bahn-Tunnels. Wäre er weggerissen worden, hätte dies sämtliche Verkehrswege blockiert, da dann die Hochbahn auf die Eisenbahnbrücke gestürtzt wäre. Die Hochbahnbrücke schwankte zwar, doch sie hielt stand. Die gesamte Tunneldecke wurde zerstört, so daß das Wasser des Kanals den Tunnel flutete.

ACHTUNG! Erstmalig erschöpfende Darstellung für die deutsche Öffentlichkeit:

Berliner S-Bahn-Tunnel gesprengt

Eines der erschütterndsten Ereignisse aus dem Inferno kurz vor dem Fall Berlins

Katastrophe im Kampf um Berlin, wie sie wirklich war

Die Todesfalle in der Tiefe

Sensationsbericht, Wochenzeitschrift „Heim und Welt", 24. Februar 1952

Wie viele Menschen dabei tatsächlich ums Leben kamen, wird nie bekannt werden. Insgesamt wurden etwa hundert Leichen aus dem Tunnel geborgen, doch dürften die meisten davon zum Zeitpunkt der Sprengung bereits tot gewesen sein. Insbesondere Zivilisten und Verwundete waren den Märschen durch die Tunnel, die sich der Bunkerräumung anschlossen, nicht gewachsen. Lebensbedrohlich war im übrigen eher die Druckwelle, von der eigenartigerweise aber kein Zeuge etwas Sicheres weiß. Waren bei der Sprengung wirklich Experten am Werke, die die aus ihrer Sicht nutzlose und die Explosionswirkung störende Druckwelle vermeiden konnten? Es gab auch keine katastrophale hollywood-taugliche Flutwelle, sondern einen über Stunden hinweg ansteigenden Wasserpegel. Zuerst lief nicht der Tunnel voll, sondern der Kanal leer. Im Laufe des Tages ergossen sich fast eine Million Kubikmeter Wasser in den S-Bahn-Tunnel – und noch einmal soviel über den Fußgänger-Verbindungstunnel am Bahnhof Friedrichstraße in weite Teile des Berliner U-Bahnnetzes.

Schild am S-Bahnhof Humboldthain. Foto (1986): F. Lammers

Die U-Bahn konnte noch im Verlaufe des Juni leergepumpt werden, nachdem der Verbindungsgang abgedichtet war. Bei der S-Bahn hingegen mußte zunächst die Schadstelle am Landwehrkanal abgedichtet werden, wofür die Arbeiten bereits Ende Mai begannen. Doch erst im August konnte mit dem Auspumpen begonnen werden, und im Herbst war der Tunnel erstmals wieder befahrbar, allerdings nur für eine Prahm, die durch den Hohlraum zwischen Tunneldecke und Wasserspiegel gestakt wurde. Das Auspumpen zog sich schließlich bis zum Jahresende hin, weil durch eine zusätzliche Schadstelle an der Spreeunterfahrung immer wieder Wasser nachfloß.

Als erstes wieder benutzbar war die nördliche Tunneleinfahrt mit dem Stettiner Bahnhof, der etwa zwei Meter höher als die übrigen Stationen liegt. Hier konnten schon im Januar 1946 wieder Züge einfahren. Erst die Abtrennung der Spreeunterfahrung ermöglichte eine Wiederherstellung des südlichen Tunnelteils. Im Sommer 1946 konnte hier etappenweise der Betrieb aufgenommen werden, zuerst als Inselbetrieb, wenige Wochen später auch wieder mit notdürftig hergestellten Südanschlüssen, wobei die Wannseebahn der Anhalter Bahn etwa sechs Wochen vorausging. Die volle viergleisige Ausfädelung erfolgte erst 1948. Im Sommer 1947 war der Landwehrkanal als Wasserstraße und im November die Spreeunterfahrung wieder benutzbar. Damit konnte auch Oranienburger Straße als letzte Tunnelstation wieder ihren Betrieb aufnehmen.

Tunnel zwischen Ost und West

Aber ein „normales" Dasein war dem Tunnel auch jetzt nicht beschieden. Die Einteilung der Stadt in Sektoren brachte ihn erneut zwischen alle Stühle. Nur die Station Anhalter Bahnhof lag in West-Berlin (sie ist zugleich die einzige Station der gesamten S-Bahn im Bezirk Kreuzberg), der ganze übrige Tunnel gehörte zum Bezirk Mitte und damit zum sowjetischen Sektor – aber wie!

Zug „Nordpol" fährt in den S-Bahn-Tunnel. Foto (1980): F. Böhnke

Das oberirdische Gelände des Potsdamer Bahnhofs bis zum Landwehrkanal gehörte als ein lang vorgestreckter Finger zum Bezirk Mitte, während seine Seiten bereits an West-Gebiet angrenzten. Ebenso bildete der Potsdamer Platz, selbst zum sowjetischen Sektor gehörig, ein Dreisektoreneck mit dem amerikanischen Sektor (Schöneberg, Kreuzberg) und dem britischen Sektor (Tiergarten). Nur wenig östlich an der Leipziger Straße befand sich die Hauptverwaltung der Deutschen Reichsbahn.

Der Tunnel unter der Ebertstraße verläuft genau an der Grenze, bis er vor dem Brandenburger Tor abknickt und tiefer in den sowjetischen Sektor kommt. Der Stettiner Bahnhof lag dann wieder genau auf der Grenze zum französischen Wedding mit Ausgängen zu beiden Seiten. So begann nun eine Transitfunktion des Tunnels für den Verkehr zwischen amerikanischem und französischem Sektor.

Dementsprechend war der Tunnel besonderer Zeuge der Ost-West-Konfrontation. Im Januar 1953 wurde die nordsüdlich über den Potsdamer Platz verlaufende Straßenbahn eingestellt, die ostwestlich verlaufende an der Grenze unterbrochen. Der Straßenbahnbetrieb auf den getrennten Teilstücken endete im Westen 1963, im Osten 1970.

Am 17. und 18. Juni 1953 brannten die SED-Büros im Columbiahaus am Potsdamer Platz aus. Der Schreck saß der DDR-Führung so tief in den Gliedern, daß die Stationen der Nord-Süd-Bahn noch Wochen geschlossen blieben aus Angst vor westlicher Infiltration.

Mit dem Bau der Mauer wurde dies zum Dauerzustand. Potsdamer Platz, Unter den Linden, Oranienburger Straße und Nordbahnhof (wie der Stettiner Bahnhof inzwischen hieß) wurden am 13. August 1961 geschlossen. Die Eingänge verschwanden im Laufe der Jahre aus dem Straßenbild. Zwar war der Tunnelverlauf noch auf östlichen Stadtplänen verzeichnet, doch fehlte bald jeglicher Hinweis auf die Stationen.

Im Tunnel selber entstand eine Szenerie, wie sie sich kein Filmregisseur bizarrer hätte ausdenken können. Ohne Halt fuhren die S-Bahnen durch die „Geisterbahnhöfe". Eine ähnliche Situation gab es auch auf den Transitstrecken der U-Bahn, die schnellere, quietschende S-Bahn mit ihren Uraltwagen, ihrer kurvenreichen Strecke und den teils viergleisigen Bahnhöfen wirkte aber noch gespenstischer, zumal die S-Bahnen infolge des Boykotts nahezu leer fuhren. Nur in ganz vereinzelten Ausnahmefällen durften die Fahrgäste bei Betriebsstörungen aussteigen und auf den Gegenzug warten, der sie mitnahm. Am Bahnhof Friedrichstraße tauchte man in eine völlig andere Welt, mit DDR-Fahne und DDR-Grenzern, alles immer noch Transit ohne Grenzkontrolle. Die fand in den verwinkelten Räumen des Bahnhofs und dem nebenan erbauten „Tränenpalast" für die statt, die zwischen Ostwelt und Westwelt wechseln konnten und wollten. Auf der Stadtbahnebene wurden sogar einmal von der Bundesrepublik freigekaufte Häftlinge per Sonderzug abgeschoben.

Seit den siebziger Jahren gab es direkt auf den zum Westnetz gehörenden Bahnsteigen des Bahnhofs Friedrichstraße als weitere Besonderheit den Intershop. Was den Fluggästen auf allen Flughäfen recht war, sollte auch hier billig sein: Alkoholika und Zigaretten hauptsächlich, die die Devisenbilanz der DDR aufbesserten und vom West-Publikum gerne gekauft und wieder in den Westen zurückgeschmuggelt wurden.

Berühmt wurde der Bahnhof auch bei illegal Einwandernden aus Drittweltländern, die im Gegensatz zu DDR-Deutschen im Westen nicht so gerne gesehen waren, aber vom Flughafen Schönefeld mit einem leicht zu bekommenden Transitvisum der DDR die S-Bahn nach Friedrichstraße benutzen und dort auf fünf verschiedenen Wegen nach West-Berlin einreisen konnten – unkontrolliert, bis die Westpolitik Mitte der achtziger Jahre erfolgreich bei der DDR gegen diese ungehörige Freizügigkeit intervenierte und durchsetzte, daß die Mauer auch ordentlich dicht hielt.

Über dem Geisterbahnhof Potsdamer Platz hingegen breiteten sich teils Wüste und teils wild wucherndes Grün aus, da beide Stadthälften sich hier von der Grenze zurückzogen und einander den Rücken zuwandten. Verkehr aber gab es auch weiterhin eine ganze Menge. Busweise wurden Touristen und Pflichtbesucher der Stadt auf die westliche Seite des Platzes gekarrt. Als Kontrast zu der Ödnis machte sich der einstige Verkehrsreichtum, der auf Schautafeln dargestellt wurde und an den die Älteren sich noch erinnern konnten, besonders gut. Aussichtsplattformen wurden errichtet, von denen man den bösen Osten und sein menschenfeindliches Regime beobachten konnte. Der meistgehörte Satz auf den Plattformen aber lautete wohl: „Da vorne war der Führerbunker." Wenig beachtet dagegen wurde der noch lange Jahre sichtbare Ausgang des S-Bahnhofs Potsdamer Platz im unzugänglichen Grenzstreifen.

Die Ruine des Potsdamer Bahnhofs und seiner beiden Flügelbahnhöfe wurde in ostwestlichem Einvernehmen abgetragen. Das brachgefallene Gelände kam beim zweiten Gebietsaustausch 1972 an West-Berlin (Bezirk Tiergarten). Sämtliche Überreste der Bahnanlagen wurden beseitigt und quer über das Gelände durch Verlängerung der Bernburger Straße eine Verbindung über den bisherigen Sperr-Riegel geschaffen. Die neue Straße durchschnitt auch die Rampe der stillgelegten U-Bahn. In den 80er Jahren entwickelte sich auf der Brachfläche der „Polenmarkt", eine Mischung aus „wildem" Trödelmarkt und orientalischem Basar. Hier wurden an jedem Wochenende eine Vielzahl von Waren aus West- und Osteuropa, bisweilen von fragwürdiger Herkunft, gehandelt.

In die Übernahmeverhandlungen im September 1983 ging der West-Berliner Senat mit der erklärten Absicht, das Exotikon Nord-Süd-Tunnel stillzulegen. In die Vereinbarung wurde eigens ein Paragraph aufgenommen, der die „Konservierung" der Anlage vorsah. So rumpelten am Abend des 8. Januar 1984 zum vorerst letzten Male die Züge durch den Tunnel, ausgenommen den südlichsten Teil bis Anhalter Bahnhof, der zur Endstation der Lichtenrader Züge wurde. Das S-Bahnbetriebswerk Nordbahnhof wurde nicht in die Übernahmevereinbarung einbezogen und stillgelegt.

Anhalter Bahnhof, Januar 1984. Foto: Archiv Fahrgastverband IGEB

Foto: Berliner Fahrgastverband IGEB (Archiv)

Aber es kam wieder einmal alles anders. Schon ab Mai 1984 wurde der Tunnel wieder befahren, ab Februar 1985 auch die Verbindung zur Wannseebahn, deren Züge nun im Anhalter Bahnhof endeten.

Auch dem dritten Gebietsaustausch 1988 lag als Begehrlichkeit der Straßenbau zugrunde. Es ging um eines der Lieblingsprojekte des Senats: die Westtangente. Dabei störte der nach Westen vorspringende Zipfel Ost-Berliner Gebiets zwischen Ebertstraße, Lennéstraße und Bellevuestraße, der nun als Lennédreieck bekannt wurde. Von der einstigen Bebauung waren nur noch die Fundamente erkennbar, die mehr und mehr unter wildem Grün verschwanden. Das Dreieck war nur mit Maschenzaun umgeben, die Mauer verlief geradeaus an der Ebertstraße. Durch eine Klappe in der Mauer war das Gelände aber jederzeit für die Grenzer zugänglich.

Wochen vor dem vorgesehenen Übergabetermin, als das Abkommen noch gar nicht unterschrieben war, entfernten die DDR-Grenzer den Zaun, der ohnehin schon etliche Löcher aufwies. Umgehend wurde das Gelände von Straßenbaugegnern, Umweltschützern und Autonomen besetzt, die auf der nun „Kubat-Dreieck" genannten Fläche ein Hüttendorf errichteten, von den DDR-Grenzern nach einigen halbherzigen und vergeblichen Räumungsversuchen geduldet. Hauptattraktion auf den Aussichtsplattformen wurde nun diese vier Hektar große Anarcho-Republik eines dritten

Deutschland zwischen Ost und West. Vergeblich rückte Westberliner Polizei zur Belagerung an und zäunte ihrerseits das Gelände ein. Doch ganz ließ sich der Ring nicht schließen, da vor der Mauer noch ein bis mehrere Meter zu Ostberlin gehörten, der sogenannte Unterbau. Ein Wink eines DDR-Grenzers reichte, um martialisch ausgepolsterte West-Polizisten in Kampfanzügen zu vertreiben. Die Alliierten ihrerseits sahen keinen Grund zum Eingreifen und erklärten sich für nicht zuständig.

Staunende Touristen und mehr und mehr Kamerateams aus aller Welt konnten nun am Potsdamer Platz beobachten, wie West-Berliner Polizei das Besetzerdorf zuerst mit ruhestörender nächtlicher Musik und dann bald jeden Abend mit Hochdruckstrahlen aus Wasserwerfern und einem Hagel von Tränengasgranaten eindeckte, die mit einem Steinhagel und Leuchtspurmunition beantwortet wurden. Erst im Morgengrauen des Übergabetages 1. Juli konnte die mit einem Großaufgebot von 1000 Mann angetretene Polizei das Gelände stürmen. Doch der Feind kam abhanden. Fast 200 Besetzer kletterten über die Mauer. „A Bizarre Flight East" betitelte die „International Herald Tribune" die erste und einzige Massenflucht in den Osten. Die Ostbehörden schickten die Langhaarigen, Punker und Gestalten in abgewetzten Lederklamotten über die Diplomatenschleuse im Bahnhof Friedrichstraße in kleinen Gruppen zurück, so daß sie unentdeckt mit S- und U-Bahn nach Westberlin zurückfahren konnten.

Doch kaum war das so mühsam erstrittene Gelände gerodet, machte der Fall der Mauer alle Pläne obsolet. Auch für die Magnetbahn, die in den 80er Jahren auf der alten U-Bahntrasse vom Gleisdreieck und dann auf Stelzen quer über den ehemaligen Potsdamer Bahnhof zum Kemperplatz (an der Spitze des Lennédreiecks) gebaut wurde, kam das (rettende) Aus, das das teure Technikspielzeug vor einer Blamage bewahrte. Ein schwerer

Am Humboldthain. Foto (1995): Th. Kabisch

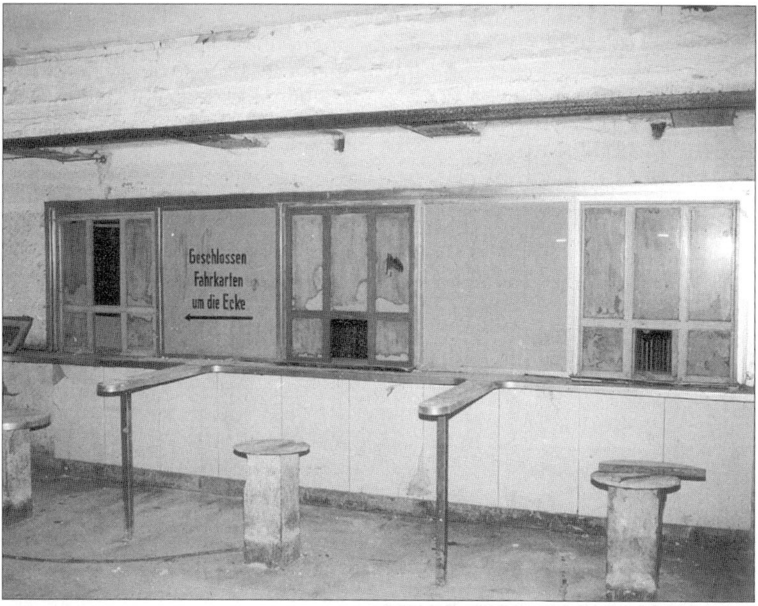

Die Bahnsteig- und die Schalterhalle des S-Bahnhofs Potsdamer Platz. Fotos (1991, vor der Sanierung): Archiv S-Bahn-Museum

Schlag war der Fall der Mauer für das bis dahin florierende Geschäft der Souvenirläden und Imbißbuden. Andere dagegen machten ein gutes Geschäft: Das Gelände am Potsdamer Platz wurde zwei internationalen Großkonzernen verkauft, die dort ein neues Geschäfts- und Bürozentrum errichteten, unter kräftiger Spekulation auf den Mythos Potsdamer Platz.

Der Mauerfall bedeutete noch nicht das Ende der Geisterbahnhöfe, zu gut waren die Zugänge vermauert und abgedeckelt worden. Belebt wurde zuerst der Bahnsteig Oranienburger Straße als „Skulpturenbahnsteig" im März/April 1990 von der Kunsthochschule Weißensee, erklärtermaßen ein letztes kulturelles Happening, ehe Reklametafeln Einzug hielten und die Station rechtzeitig zur Währungsunion am 2. Juli dem Publikumsverkehr übergeben wurde. Die Wiedereröffnung der Stationen Unter den Linden und Nordbahnhof folgte am 1. September.

Doch dann war eine Grundsanierung unausweichlich. Fast ein halbes Jahrhundert lagen die Gleise schon in der Schlammkruste, die die Flutung hinterlassen hatte, und waren immer nur oberflächlich geflickt worden. Um nun das Gleisbett richtig ausräumen zu können, wurde zuerst im April 1991 der Verkehr zwischen Gesundbrunnen und Friedrichstraße, im August dann auch zwischen Friedrichstraße und Anhalter Bahnhof stillgelegt. Seit 1. März 1992 ist endlich komplett und uneingeschränkt der Nord-Süd-Tunnel im Fahrgastbetrieb, da zugleich auch der besonders mitgenommene Bahnhof Potsdamer Platz nach über 30 Jahren wieder haltende Züge sah und so das letzte Stück der einstigen Gruselstrecke verschwand.

Noch offen ist dagegen, ob die viergleisige Anlage am Potsdamer Platz tatsächlich einmal als Umsteigeeinrichtung fungieren wird, ob aus der S 21 mehr wird als eine Zukunftsvision, an denen die Berliner Verkehrsgeschichte so reich ist. Bereits in Beton gegossen ist aber eine Regionalstation Seite an Seite mit der S-Bahn im Verlaufe des neuen Fernbahntunnels.

Der Potsdamer Platz heute:

Der S-Bahnhof (im Bild links) liegt neben einem Regionalbahnhof.
Foto: M.Heller, Ausstellungstafel Infobox Berlin, 1998

West-Berlin, Blick Richtung Hennigsdorf. Foto: Archiv Fahrgastverband IGEB

2. Richtung Norden

Richtung Norden

2.1 Kremmener Bahn

Von Schönholz nach Hennigsdorf

über Tegel und Heiligensee

Die erste Nebenbahn

Die Kremmener Bahn markiert eine neue Epoche im Bahnbau um Berlin: Sie war die erste Nebenbahn, die gebaut wurde. Längst war die Zeit der Dampfwagen, die gemütlich durch die Gegend zogen, vorbei. Nun eilten Schnellzüge mit 90 Kilometer pro Stunde und mehr durch die Lande, Köln war von Berlin in wenigen Stunden zu erreichen. Die gängigen Achslasten im Güterverkehr waren auf zehn Tonnen angewachsen. Für die weitere Erschließung der weniger dicht besiedelten Landstriche war dieses aber viel zu aufwendig, und so wurde die Nebenbahn erfunden. In manchem, wie der geringeren Fahrgeschwindigkeit, kehrte sie zu den Anfängen der Eisenbahn zurück, in anderem, wie den engen Kurvenradien, machte sie sich die jahrzehntelangen Erfahrungen im Bau und Betrieb von Eisenbahnen zunutze, so auch im vereinfachten Betriebsreglement, ein Schritt, der wenige Jahre später mit der Kleinbahn noch einmal vollzogen wurde.

Die Kremmener Bahn ist auch eine Besonderheit, weil sie als einzige Berliner S-Bahnstrecke keine eigenen Vorortgleise erhielt, sondern stets im Mischbetrieb mit Fern- und Güterzügen betrieben wurde. Eigentlich müßte sie „Veltener Bahn" heißen, denn die Strecke war hauptsächlich ein Veltener Projekt. Der Ort im Kreis Osthavelland, drei Kilometer rechts der Havel gelegen, hatte im 19. Jahrhundert durch seine Tongruben einen großen Aufschwung genommen. Im Jahr 1890 wurden in der „Ofenstadt" 5679 Einwohner gezählt, Tendenz kräftig zunehmend. Die Tonwerke beschäftigten rund 1500 Arbeiter. Die Absatzmöglichkeiten wurden durch den Ausbau des Havel-Schiffahrtsweges zwar verbessert, aber Berlin, Großkunde gerade für Tonwaren, war mit der Kutsche auf der Chaussee Berlin–Ruppin immer noch schneller zu erreichen.

In dieser Situation war es, wie so oft, die örtliche Wirtschaft, die auf den Bau einer Eisenbahnverbindung in die Reichshauptstadt drängte. Die Honoratioren waren auch bereit, einige Gelder dafür zu zahlen, kamen mit dem Projekt einer Privatbahn allerdings nicht mehr durch. Der Staat zog das Projekt an sich. Dafür bezog er auch das noch zwölf Kilometer weiter gelegene Städtchen Kremmen (2700 Einwohner) mit ein, das von den Veltenern ausdrücklich als nicht eisenbahnwürdig erachtet worden war, obwohl man dort andererseits auch von einer Weiterführung bis zum Ostseehafen Kiel schwärmte. Die Initiatoren der Bahn wollten eine Verbindung in eine Richtung (nach Berlin); hätten sie sich träumen lassen, daß ihre Stadt zeitweise aus vier Richtungen mit der Eisenbahn erreichbar sein würde? Zunächst hatte aber auch der preußische Staat es nicht allzu eilig mit dem Bau, erst nach zehnjährigen Diskussionen begannen die Arbeiten und zogen sich zwei Jahre hin.

Von Schönholz nach Hennigsdorf

Das erste Teilstück konnte am 26. August 1893 eröffnet werden. Es begann am Bahnhof Schönholz (damals noch Schönholz-Reinickendorf) der Berliner Nordbahn. Daß es keinen eigenen Kopfbahnhof in Berlin geben sollte, sondern eine Verbindung über die Nordbahn, war allen vorgebrachten Plänen gemeinsam gewesen, lediglich die genaue Lage des Verbindungsbahnhofs variierte etwas.

Vom Bahnhof aus schwenkte das zunächst einzige Gleis nach Westen und führte dicht hinter dem Dorfanger von Reinickendorf vorbei, wo auch ein Bahnhof eingerichtet wurde. Trotz des nun viel besseren Anschlusses gab die Nordbahn erst 45 Jahre später den zweiten Teil ihres Bahnhofsnamens „Schönholz-Reinickendorf" auf.

Die nächste Station befand sich weit südlich von Dalldorf, aber direkt an der – wie man damals noch sagte – „Städtischen Irren- und Idiotenanstalt". Diese für ihre Zeit moderne und noch neue Einrichtung hatte rund 1400 Insassen, über ein Drittel der bei Streckeneröffnung in der Gemeinde Dalldorf gezählten Einwohner. Der Bahnhof erhielt dennoch die schlichte Bezeichnung „Dalldorf (Kremmener Bahn)" bzw. ab 1906 „Wittenau (Kremmener Bahn)". Erst 1995 wurde daraus der Bahnhofsname Karl-Bonhoeffer-Nervenklinik.

Noch immer weiter westlich haltend, durchquerte die Bahn dann die „Wolfsgartenberge", einige baumbestandene Dünen. An deren westlichem Ende wurde ein Jahr nach Betriebseröffnung ein Haltepunkt „Eichbornstraße" eingerichtet, um die entlang dieser Straße, vor allem nach Süden, entstehende Siedlung anzubinden.

Dahinter schwenkt die Bahn nach Nordwesten und erreicht dicht neben der Chaussee Berlin–Ruppin das Dorf Tegel, sieben Kilometer von Schönholz. Dies war der entscheidende Bahnanschluß für die Verlagerung der Borsigwerke vom Oranienburger Tor hierher.

Bis dahin hatte die städtische Expansion das Gebiet kaum erreicht, alle drei Orte (Reinickendorf, Dalldorf und Tegel) waren aber bereits über eine Pferdebahn mit Berlin verbunden. Tegels Einwohnerzahl hatte 1890 erst 2800 erreicht, zehn Jahre später aber schon 7000 überschritten. Am stärksten in den städtischen Sog geraten war Reinickendorf, dessen Gemarkung im Süden bis an die Weichbildgrenze Berlins reichte und von dort her aufgesiedelt wurde. Waren 1867 erst 869 Einwohner auf Gemeindegebiet ansässig gewesen, zählte man 1890 schon 10 000. Dennoch trug der Bahnhof der Kremmener Bahn zur Unterscheidung vom Bahnhof „Schönholz-Reinickendorf" noch bis 1911 die Bezeichnung „Reinickendorf (Dorf)".

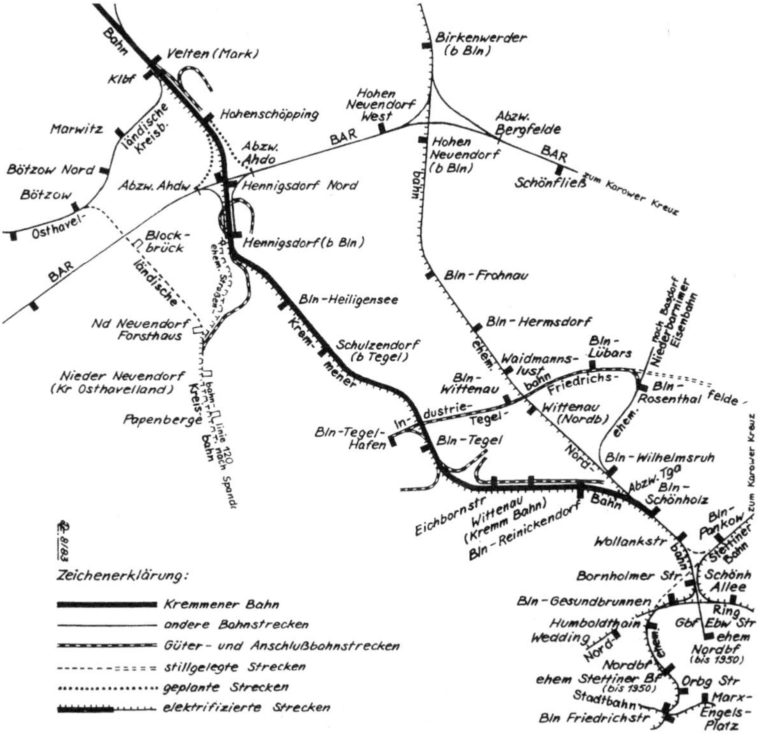

Die Kremmener Bahn um 1958

Zeichnung: R. Ebert, aus: Verkehrsgeschichtliche Blätter, Jahrgang 1983

Jenseits von Tegel folgt die Strecke der Chaussee, überquerte zunächst in einem Bogen das Tegeler Fließ, auch Mühlenfließ genannt, und durchfährt sodann den Tegeler Forst. Hier ist mit 4,4 Kilometer bis heute einer der größten Stationsabstände im S-Bahnnetz. Die Bahn fährt zwar direkt an dem damals nur aus wenigen Häusern bestehenden Ort Schulzendorf vorbei, ein Haltepunkt wurde aber erst anderthalb Kilometer weiter eingerichtet, wo die Straße nach Heiligensee von der Chaussee abzweigte. Der neue Bahnhof erhielt den Namen „Schulzendorf-Heiligensee" und lag für beide Orte ungünstig. Der Verkehrsbedarf war aber so groß, daß schon bald eine Pferdeomnibuslinie von der Dorfaue Heiligensee zum Bahnhof eingerichtet wurde.

Die Bahnlinie kreuzte die Chaussee bereits im Tegeler Forst und verlief gemeinsam mit dieser zwischen Waldrand und Feldmark Heiligensee zur Havel hinab. Kurz vor dem Fluß wurde ein Güterbahnhof „Heiligensee" eingerichtet, für am Havelufer siedelnde Fabriken. Erst ab 1897 hielten hier auch Personenzüge. Für den eigentlichen Ort lag der Bahnhof ebenso ungünstig wie der vorherige, der von da an nur noch „Schulzendorf" hieß. Zur Unterscheidung von den vielen anderen Schulzendörfern trägt er seit 1911 und bis heute den Zusatz „(bei Tegel)".

Für die Havelüberquerung wurde eine Eisenbahnbrücke neben der Straßenbrücke gebaut. Kurz danach endete der erste Abschnitt der Bahn beim damals mit nicht einmal 1000 Einwohnern noch unbedeutenden Hennigsdorf, 15½ Kilometer von Schönholz.

Der reguläre Fahrbetrieb wurde am 1. Oktober 1893 aufgenommen, als auch das Reststück bis Velten (fast sechs Kilometer ohne Zwischenstation) betriebsbereit war. Die Kremmener mußten noch warten, bis das letzte Stück der Strecke am 20. Dezember fertig war. Für die zwischen Velten und Kremmen spärlichen Siedlungen wurden die Zwischenstationen Vehlefanz und Schwante eingerichtet. Die Kremmener Bahn hatte ihre Gesamtlänge von 33 ½ Kilometer erreicht. 1899 wurde sie durch die private Ruppiner Eisenbahn über Neuruppin bis Wittstock und 1912 weiter bis Meyenburg fortgesetzt.

Die Vorortbahn wird zur Industriebahn

Besondere Vorortzüge fuhren zwischen Berlin und Tegel. Bis hierhin galt auch der Vororttarif. Die Eisenbahn konkurrierte hier mit langsameren, aber auf kürzerer Strecke fahrenden Pferdebahnen, die wenige Jahre später elektrifiziert wurden. Anfangs gab es manche Beschwerde, weil nur wenige Züge den Stettiner Bahnhof anfahren konnten und die meisten bis 1898 im weit ungünstiger gelegenen Nordbahnhof endeten.

Der Vorortverkehr entwickelte sich so gut, daß bald Ausbaumaßnahmen nötig wurden. Bis kurz vor den Bahnhof Tegel wurde die Strecke kreuzungsfrei auf einen Damm gelegt und ein zweites Gleis hinzugefügt. Für die sich zahlreich ansiedelnde Industrie wurde ein ausgedehntes Netz von Gleisanschlüssen geschaffen. Der krasse Unterschied zum Gebiet jenseits des Vorortverkehrs zeigte sich auch im mittleren Stationsabstand von nur 1,8 Kilometern zwischen Schönholz und Tegel gegenüber noch 2,8 Kilometern zwischen Tegel und Hennigsdorf sowie 4,4 Kilometern zwischen Hennigsdorf und Kremmen. Velten und die zwischen Tegel und Velten gelegenen Orte kamen erst ab 1908 in den Genuß des Vororttarifs. 1910 schließlich wurde die ganze Strecke bis Velten zur Hauptbahn erklärt.

Neben dem weiter prosperierenden Velten sorgte vor allem Hennigsdorf für viel Verkehr, seit 1910 die Allgemeine Elektrizitätsgesellschaft (AEG) begann, dort ein großes Produktionswerk zu errichten, zunächst ein Stahl- und Walzwerk, bald danach kamen weitere Sparten hinzu. Neben dem Wasseranschluß war vor allem der Bahnanschluß wichtig – sollten doch nicht zuletzt elektrische Eisenbahnlokomotiven gebaut werden. Die Kremmener Bahn hat eine erstaunliche Reihe von Schienenbaufirmen an ihrer Trasse anschließen können: von Dampflokomotiven in Tegel (Borsig) über Elektrolokomotiven und S- und U-Bahnwagen in Hennigsdorf bis zu Straßenbahnen in Wittenau (DWM) waren hier alle Sparten der Fahrzeugproduktion vertreten, neben den verschiedensten Bauteil- und Zulieferbereichen. Die ursprüngliche Bedeutung der Bahnstrecke, die ihr auch

Bezeichungen wie „Lehmbahn“, „Ofenbahn“ u. ä. eingetragen hatten, rückte völlig in den Hintergrund gegenüber den industriellen Anliegern. Dementsprechende Bedeutung gewann auch der Berufsverkehr mit der Kremmener Bahn.

Neue Bahnknoten in der Region

Derweil wurden Velten und Kremmen zu Bahnknoten. 1904 eröffnete die Osthavelländische Kreisbahn eine Verbindung von Velten nach Nauen, die in einem Kleinbahnhof neben dem Staatsbahnhof begann und einige Jahre später mit einem Abzweig auch Verbindung nach Spandau bot. Die Querverbindungen Oranienburg–Kremmen und Kremmen–Nauen wurden 1914/15 als Teil der Umgehungsbahn eröffnet. Im Gegensatz zu den zahlreichen Zwischenstationen der Kreisbahn, die so die Dörfer des Havellandes erschloß, hatte die Umgehungsbahn nur wenige Unterwegshalte.

Weniger Bedeutung hatten dagegen die Stationen in Heiligensee und Schulzendorf. Zwar nahm auch Heiligensee langsam an Einwohnerzahl zu, und mit Sandhausen, Konradshöhe und Tegelort kamen neue Siedlungen entlang dem Havelufer hinzu, doch die Eisenbahn verlief genau auf der anderen Seite des Ortes. 1913 eröffnete die Gemeinde Heiligensee eine eigene elektrische Straßenbahn nach Tegel. Als nach dem Ersten Weltkrieg auch auf den Heiligenseer Feldern mehr Häuser statt Getreide wuchsen, blieb das Gebiet direkt um die Bahnhöfe zunächst ausgespart.

Obwohl zu dieser Zeit bereits bis Velten stündlich und öfter Vorortzüge, dazu fünf Fernzüge und mehrere Güterzüge täglich fuhren, blieb die Bahnstrecke jenseits von Tegel eingleisig. Nach den Engpässen des Krieges und dem vorübergehenden Schock des Novembers 1918 schossen bald wieder die Wachstumsphantasien ins Kraut. Die Havel zwischen Heiligensee und Hennigsdorf, zuvor Kreisgrenze zwischen Niederbarnim und Oberhavel, wurde mit dem Groß-Berlin-Gesetz zur Berliner Stadtgrenze; bis hierhin lag die Kremmener Bahn nun im Verwaltungsbezirk Reinickendorf.

Bahnhofsgebäude Berlin-Reinickendorf. Foto (um 1990): Archiv GVE

Die Elektrifizierung ließ etwas auf sich warten

Besonders Velten, auch nach 1920 weiter selbständige Gemeinde, ab 1935 Stadt, träumte davon, Großstadt zu werden. Die Wirklichkeit war bescheidener. Anfang der zwanziger Jahre wurde die Bahn zwischen Tegeler Fließ und Hennigsdorf kreuzungsfrei auf einen Damm verlegt – auf einer weitgehend im Walde verlaufenden Strecke. Nutzen hatte davon hauptsächlich der Straßenverkehr auf der Ruppiner Chaussee, die nun kreuzungsfrei unter der Bahn hindurchführte. Aber der Bau war billig, weil jede Menge anderwärts ausgehobener Sand zur Verfügung stand. Platz für das zweite Gleis wurde zwar geschaffen, Sand gab es genug, aber zunächst ohne Nutzen: die Kremmener Bahn mit ihrem starken Vorortverkehr kam als mit Abstand letzte Nordstrecke zum elektrischen Betrieb. Nur eine kleine Ironie der Geschichte ist es, daß der Bahnübergang Gorkistraße gleich am Bahnhof Tegel einer der letzten ebenerdigen Bahnübergänge im S-Bahnnetz blieb – bis heute. Der in Hochlage neugebaute Bahnhof Hennigsdorf dagegen wurde großzügig ausgestattet und war nun der bedeutendste an der Strecke.

Fast drei Jahre lang liefen noch die Dampfzüge von der Kremmener Bahn neben den neuen elektrischen S-Bahntriebwagen aus Bernau und Oranienburg in den Stettiner Bahnhof ein, bis endlich die gesamte Strecke bis Velten (21½ Kilometer) zweigleisig ausgebaut und mit Stromschienen versehen war. Am 1. Februar 1927 konnte die erste elektrische Probefahrt nach Velten unternommen werden – aber nicht zurück. Berichten zufolge erlitt der Zug am Endbahnhof durch einen Kurzschluß einen Brandschaden und mußte zur Gaudi des Publikums von einer Dampflok abgeschleppt werden.

Versuchszug D (Bauart 1922) für die elektrifizierten Nordstrecken. Aus: 100 Jahre deutsche Eisenbahn, 1938

Am 16. März konnte dann aber doch der elektrische Verkehr aufgenommen werden. Weitere zwei Monate später wurden die letzten Dampfzüge aus dem Fahrplan genommen, der gesamte Vorortverkehr elektrisch gefahren. Anders als bei den beiden anderen Nordstrecken mußten die Elektrotriebwagen sich hier aber auf ganzer Länge die Gleise mit dampfgezogenen Fern- und Güterzügen teilen. Lediglich die Einfädelung in die Nordbahn bei Schönholz hatte seit derem viergleisigem Ausbau 1905 ein auf 1,3 Kilometer Länge (bis zum Abzweig Tga) ausgezogenes drittes Gleis für Fern- und Güterzüge. Am Ende des elektrischen Abschnitts in Velten wurde ein Bahnbetriebswerk eingerichtet. Doch dort konnte man keines aus der Dampflokzeit umbauen, sondern man mußte für die Elektrozüge eine völlig neue Anlage errichten – daher u. a. der viele Sand für die Dammschüttung im Tegeler Forst.

Jenseits von Velten waren keinerlei Ausbaumaßnahmen vorgesehen. „Großstädtisch" war hier nichts mehr. Eine Verbesserung im Verkehr gab es aber dadurch, daß durchgehende Züge von Berlin nach Kremmen und weiter über die immer noch private Ruppiner Eisenbahn bis Meyenburg fuhren. Ab Sommer 1927 gab es auch einen Theaterzug, der spätabends von und nach Neuruppin fuhr.

Hennigsdorf überschritt Anfang der 30er Jahre die Marke von 10 000 Einwohnern. Ab 1931 fuhr die Straßenbahnlinie 120, die bislang in der Rathausstraße geendet hatte, am Bahnhof Hennigsdorf vor. Weiteren Verkehrsaufschwung bedeuteten die seit 1935 von der Reichsbahn auf der Kremmener Bahn eingesetzten Dieseltriebwagen. Zwischen Velten und dem Stettiner Bahnhof hielten die Fernzüge nur in Gesundbrunnen. So konnten sie nicht nur mit den elektrischen Triebwagen mithalten, sondern deren Fahrzeit von 42 Minuten sogar noch um einige Minuten unterbieten. Aber da war bereits eine neue politische Epoche angebrochen, und daß es blühende jüdische Gemeinden in Kremmen, Velten und anderen Orten gab, sollte bald der Vergangenheit angehören.

Rüstungsbetriebe, Krieg und Enteignung

Zunächst einmal präsentierte sich das braune System von einer freundlichen Seite: rechtzeitig für die Olympischen Spiele 1936 konnten die S-Bahn-Züge in den Nord-Süd-Tunnel einfahren. Auch die Veltener hatten nun die Direktanbindung bis Unter den Linden. Ansonsten blieb die Kremmener Bahn von den Ausbauplänen der Nazis relativ unberührt. Lediglich ein drittes Gleis bis Velten war vorgesehen. Eine Betriebserleichterung hätte sich damit aber nur für die S-Bahn ergeben, die Streckenkapazität wäre eher noch geringer geworden, da Fernverkehr und Güterzüge auf mehr als einer halben Stunde Fahrt nur noch eine eingleisige Strecke gehabt hätten. Es kam aber nicht einmal zu einem Baubeginn. Die wirklichen Veränderungen vollzogen sich eher im Stillen, so der Aufbau weiterer Rüstungsfabriken entlang der Kremmener Bahn. Vor allem zu deren Anbindung wurde 1938 südlich von Velten der neue Haltepunkt Hohenschöpping eingerichtet. Bald nach Kriegsbeginn transportierten die Züge auch verschleppte Zwangsarbeiter dorthin. Ein weiterer neuer Haltepunkt war Bärenklau jenseits von Velten.

Im April 1945 kam auch auf der Kremmener Bahn der Zugverkehr zum Erliegen, doch trotz aller Bombenangriffe und Artilleriebeschüsse blieben die Bahnanlagen benutzbar. Schon im Mai, kaum drei Wochen nach Ende der Kämpfe um Berlin, konnte die Heiligenseer Straßenbahn als erste in Berlin den Betrieb aufnehmen. Und auf der Kremmener Bahn verkehrte schon im Juni der erste Dampf-Pendelzug zwischen Tegel und Schönholz. Im August konnte der elektrische Betrieb bis zum Stettiner Fernbahnhof aufgenommen werden, bis Heiligensee im November. Auch jenseits der Havel war der Verkehr längst wieder im Gange. Allein der Havelübergang fehlte, bis die Brücke im Juli 1946 wiederhergestellt war. Auf der nach Demontage nur noch eingleisigen Strecke konnte allerdings nur noch ein 30-Minuten-Takt gefahren werden (mit Zugkreuzung in Schönholz, Tegel und Hennigsdorf). Der Personenfernverkehr wurde erst gar nicht wieder aufgenommen. Neu war der Militärverkehr der französischen Besatzungsmacht, die sich ihren Bahnhof in Tegel einrichtete. Dreimal pro Woche fuhren Militärreisezüge von hier über Gesundbrunnen nach Strasbourg.

Geschlossen wurde nach den Demontagen der Rüstungsbetriebe 1946 der Haltepunkt Hohenschöpping. Erst 1950 hielten hier wieder Züge. Die anderen Industriebetriebe erlitten Umstrukturierungen. Aus der „Deutschen Waffen- und Munitionsfabrik (DWM)" wurde die „Deutsche Waggon- und Maschinenfabrik (DWM)". Die AEG-Werke in Hennigsdorf hingegen wurden enteignet und firmierten als VEB Lokomotivbau und Elektrotechnische Werke (LEW) Hans Beimler. Der Standort wurde von der DDR weiter ausgebaut und erreichte schließlich 18 000 Arbeitsplätze, zum großen Teil Einpendler. Hennigsdorf wurde 1962 zur Stadt erhoben und hatte am Ende der DDR-Zeit über 27 000 Einwohner. Mehr noch als zu Zeiten der Schlotbarone beherrschte allerdings die Monostruktur eines industriellen Großbetriebes die gesamte Stadt und ihr gesellschaftliches Leben.

In Hennigsdorf Nord wird umgestiegen!

Die Schienenverbindung Hennigsdorf–Spandau wurde nicht wiederaufgenommen und Velten–Spandau bald unterbrochen. Neu hinzu kam dagegen 1951 eine im Hauruckverfahren erbaute Strecke von Velten nach Oranienburg. Sie führte über Leegebruch nach Eden, westlich von Oranienburg, wo sie auf die Umgehungsbahn Kremmen–Oranienburg stieß. Besondere Bedeutung hatte sie für den Berufsverkehr nach Hennigsdorf, für den es einzelne durchgehende Züge Oranienburg–Hennigsdorf gab.

Kaum war die Leegebrucher Strecke eröffnet, begann der Bau einer weiteren Strecke von Oranienburg nach Hennigsdorf: Der 1953 eröffnete Außenring vom Abzweig der Nordbahn bei Birkenwerder kreuzte die Kremmener Bahn zwischen Hohenschöpping und Hennigsdorf. Verbindungskurven nach Hennigsdorf wurden angelegt, solche Richtung Velten nur vorbereitet, aber mangels Verkehrsaufkommens nie fertiggestellt. Erst 1958 erhielt die Kreuzung einen Bahnsteig für die Kremmener Bahn, der als Hennigsdorf Nord eine Umsteigemöglichkeit zum Außenring bot. In diesem Zusammenhang erhielt der Bahnhof Hennigsdorf einen zweiten Bahnsteig und ein neues Empfangsgebäude. Alle vier Bahnsteiggleise wurden mit Stromschienen ausgerüstet.

Diesseits und jenseits der Staatsgrenze

Im eher dünn besiedelten Havelland war ein erstaunlich dichtes Eisenbahnnetz entstanden. Die Städte Hennigsdorf, Velten und Kremmen hatten alle Querverbindung nach Oranienburg einerseits und nach Nauen andererseits. Dazu waren etliche kleinere Siedlungen erschlossen. Spärlicher dagegen wurde der Verkehr in die andere Richtung. Seit Anfang der fünfziger Jahre fuhren über die Grenze von Groß-Berlin nur noch die S-Bahnen; auch der Güterverkehr, der bislang von Pankow aus die Kremmener Bahn bedient hatte, wurde eingestellt und die äußere Strecke auf dem etwas umständlichen Weg von Wustermark bedient.

In Berlin erhielt die S-Bahn 1958 Konkurrenz durch die U-Bahn, die dabei hier auf einem Teilstück überirdisch als Hochbahn auf einem Damm geführt wurde. Ihre (unterirdische) Endstation Tegel lag jedoch weitab des Bahnhofs. Zugleich wurde die Straßenbahnverbindung nach Tegel, Tegelort, Heiligensee und Wittenau eingestellt. Die letzte Straßenbahn, am Bahnhof Reinickendorf, verschwand 1960. Eine neue Bahnstation mit Kreuzungsmöglichkeit wurde 1954 östlich der Havel, nur gut 700 Meter hinter Heiligensee, aber gerade außerhalb der Stadtgrenze, eröffnet. Die neue Station Hennigsdorf Süd diente allerdings nicht der Erleichterung des Verkehrs. Sie war zunächst reine Kontrollstation für die Grenzorgane der DDR. Erst 1958 wurde sie für den öffentlichen Verkehr freigegeben. Im Jahr darauf erhielt sie einen passenderen Namen: Stolpe Süd, denn sie war nur für diese nördlich der Berliner Stadtgrenze gelegene Siedlung interessant, nicht für das weit entfernte Hennigsdorf jenseits der Havel.

Stolpe Süd war, wie der Name sagt, ein Ableger des Dorfes Stolpe, das aber vier Kilometer weiter nördlich liegt. Daher wurde die Siedlung als eigene Gemeinde verselbständigt. (Erst nach der Wende wurden in den neunziger Jahren die Orte Stolpe und Stolpe Süd wiedervereinigt, mit Anwesenheit des gleichnamigen Ministerpräsidenten auf dem Festakt).

Die neue Bahnstation sollte aber nur kurze Zeit existieren, da am 13. August 1961 auch hier die Strecke unterbrochen wurde. Einige Tage fuhren die S-Bahnzüge noch von Velten bis hierher, dann wurden sie nach Hennigsdorf zurückgezogen. Die Havelbrücke und der Bahndamm zwischen Stolpe Süd und der Berliner Stadtgrenze wurden abgetragen. Dank des Bahnbetriebswerks Velten und des Hennigsdorfer Berufsverkehrs blieb der Inselbetrieb zwischen Velten und Hennigsdorf erhalten.

In Berlin reichte die S-Bahn nur bis Heiligensee. Hier ergab sich sogar ein Vorteil: Mit der verkürzten Strecke konnte die Zugfolge auf 20 Minuten verdichtet werden, der Aufenthalt in Tegel zum Abwarten des Gegenzuges entfiel. Für den Güterverkehr bestanden zusätzliche Ausweichmöglichkeiten in Reinickendorf Güterbahnhof, Tegel und Heiligensee, so daß für Güterzugfahrten der S-Bahn-Takt nicht unterbrochen werden mußte.

Waren die Veltener Züge bis 1945 nach Lichterfelde Süd gefahren und nach dem Kriege bis Rangsdorf (knapp zwei Stunden Fahrtzeit für 54 Kilometer) koppelte die Reichsbahn nun mehrere Zuggruppen miteinander. Lange Zeit fuhren die Züge von Heiligensee nun nach Lichtenrade, aber in Richtung Heiligensee von Lichterfelde Süd. Der genaue Zugumlauf war Heiligensee–Lichtenrade–Schönholz–Lichterfelde Süd–Heiligensee.

S-Bahn in Hennigsdorf Nord, 1983:
Die Treppe führt zum Bahnsteig der Sputnik-Züge auf dem Außenring.
Foto: R. Ebert, aus: Verkehrsgeschichtliche Blätter, Jahrgang 1983

In den sechziger Jahren fand in der Region das große Nebenbahnsterben statt. Schrittweise wurden alle Querverbindungen mit Ausnahme des Außenringes stillgelegt oder auf bloßen spärlichen Güterverkehr reduziert. Die Leegebrucher Strecke erreichte nicht einmal ihren 20. Geburtstag, bevor sie wieder abgetragen wurde. Erhalten blieben nur die Außenringverbindungen Oranienburg–Hennigsdorf über Birkenwerder und von Hennigsdorf in Richtung Falkensee. Auf der Radiale aber blieb der vielen Berlinern gar nicht bekannte S-Bahnbetrieb (knapp sechs Kilometer mit zwei Zwischenstationen) bestehen, der in Velten nur noch Anschluß an die „Ferkeltaxen" und einzelne lokbespannte Züge nach Kremmen und weiter nach Neuruppin hatte.

In Velten wurden sechs, zeitweise acht Viertelzüge der S-Bahn stationiert, die im Bedarfsfalle zur Überführung bis Birkenwerder geschleppt wurden. Auf dem Inselbetrieb war nur ein einziger Umlauf unterwegs, ausgenommen die Jahre 1966 bis 1969, als zu Hauptverkehrszeiten ein zusätzlicher Viertelzug Hennigsdorf–Hennigsdorf Nord fuhr. Der starre Taktfahrplan wurde aufgegeben und den Außenringanschlüssen angepaßt.

Diese Ära endete am 21. September 1983 im Rahmen der Fernbahn-Elektrifizierung. Der separate Inselbetrieb mit Gleichstrom schien nun nicht mehr vertretbar, und so wurde auch über der Veltener Strecke ein Fahrdraht gespannt. Nach einer mehrwöchigen Umbauphase, in der dieselgezogene Züge den Verkehr übernahmen, kamen hier ab Oktober gewöhnliche elektrische Vorortzüge zum Einsatz. Standard-Zuglokomotive wurde die in Hennigsdorf entwickelte und gebaute Baureihe (BR) 243, die nach der Wende als BR 143 auch zahlreich nach Westdeutschland kam.

*S-Bahn in Heiligensee,
seit 1980 die Endstation für Züge von und nach Lichterfelde Süd.
Foto (1983): Archiv Fahrgastverband IGEB*

Bau einer „autobahnähnlichen" Schnellstraße

Ein dreiviertel Jahr später war auch mit dem innerstädtischen S-Bahnbetrieb der Kremmener Bahn Schluß. Den Streik von 1980 hatte die Verbindung unbeschadet überstanden, nur daß die Züge seither einheitlich von Heiligensee nach Lichterfelde Süd und umgekehrt fuhren. Anläßlich von Bauarbeiten 1983 hatte sogar die BVG einen Schienenersatzverkehr eingerichtet. Erst mit Übernahme in Regie des West-Berliner Senats wurde der Betrieb eingestellt. Mehr noch: umgehend wurde die Trasse zwischen Tegel und Schulzendorf unterbrochen, um darauf ein Anschlußstück zur neuen Autobahn Berlin–Hamburg zu bauen. Diese löste die bisherige Transitstrecke auf der Fernstraße 5 über Staaken ab (womit ganz nebenbei die einzige Möglichkeit entfiel, mit dem Fahrrad im Transit durch die DDR nach Westdeutschland zu fahren). Der Autobahnbau durch den Tegeler Forst war heiß umstritten, der Senat pries den Straßenbau auf Eisenbahngelände als Umweltschutz, weil so angeblich weniger Fläche am Naturschutzgebiet Tegeler Fließ in Anspruch genommen wurde.

Unterbrochen war damit auch der Güterverkehr von Tegel nach Heiligensee, und das, obwohl sich in Heiligensee gleich neben dem Bahnhof ein großer Verpackungshersteller ansiedelte.

Zwar hatte mit der Bebauung fast aller Heiligenseer und Schulzendorfer Felder das Häusermeer auf breiter Front die Bahnlinie erreicht (und wucherte jetzt sogar auf diese hinaus), dennoch war das Verkehrspotential für die S-Bahn unter Mauerbedingungen unbestritten gering, mehr noch für die bis Tegel amputierte Strecke. Und der Senat gab sich redliche Mühe, es weiter zu untergraben durch das Projekt einer in Schlangenlinien durch

Reinickendorf fahrenden U-Bahn. Wie schon in den fünfziger Jahren die Linie Friedrichstraße–Alt-Tegel bot auch diese U-Bahn Gesundbrunnen–Alt-Reinickendorf ganz ähnliche Relationen wie schon die S-Bahn mit Stationen, die immer ein Stückchen neben den S-Bahnhöfen lagen, weit genug, um keine Umsteigemöglichkeit darzustellen, aber nahe genug, um dem Einzugsbereich das Wasser abzugraben. Dementsprechend mühten sich die S-Bahninitiativen, die sich bald gründeten, hier vor allem, die Strecke überhaupt in die Zielkonzepte des Senats zu bringen.

S-Bahnzüge waren ironischerweise gerade auf dieser Strecke reichlich unterwegs, wenn auch von Diesellokomotiven gezogen. Die Waggon-Union, die aus der DWM hervorgegangen war, übernahm zunächst die Hauptuntersuchung der BVG-S-Bahnen und danach den Neubau von Zügen. Schließlich wurde, ganz ähnlich wie in Hennigsdorf, gar für Probefahrten ein Stück Stromschiene an der Strecke wiederhergestellt. Damit waren auch einzelne Sonderfahrten von Fahrgastinitiativen möglich.

Die Wiederherstellung der Kremmener Bahn

Mit der Maueröffnung war nunmehr das Argument der geringen Verkehrsträchtigkeit der Kremmener Bahn in Berlin entfallen. Neben dem selbstgeschaffenen Sachzwang, daß die Trasse nicht nur an der Havel, sondern auch am Tegeler Fließ komplett abgetragen war, stand sogleich aber ein neues Hindernis einer raschen Wiederinbetriebnahme der Strecke im Wege: die mit Eifer zelebrierte Systemfrage einer Regionalbahn mit Oberleitung oder auch ohne und einer Gleichstrom-S-Bahn. Hirngespinste eines mit 160 Kilometer pro Stunde nach Neuruppin fahrenden Expreßzuges wurden verbreitet, während real die Schienen vor allem jenseits von Velten nach jahrzehntelanger Vernachlässigung beinahe auseinanderbrachen und zum Schritt-Tempo zwangen. Selbst die U-Bahn durch Reinickendorf wurde noch vor der S-Bahn in Betrieb genommen (und verzeichnete kümmerliche Fahrgastzahlen).

1990 endete der Militärverkehr nach Tegel, so daß nur noch ein allerdings recht intensiver Güterverkehr blieb. Der nun wieder privatisierte Industriestandort Hennigsdorf blieb erhalten, aber nur noch mit einem Bruchteil der bisherigen Arbeitsplätze.

Nach jahrelanger Verzögerung wurden 1995 und 1998 die entscheidenden Jahre zur Wiederherstellung der Kremmener Bahn. Am 28. Mai 1995 fuhren wieder S-Bahnzüge im Fahrgastbetrieb von Schönholz nach Tegel, im August wurde mit den Arbeiten zur Wiederherstellung der Strecke nach Hennigsdorf begonnen, im Dezember der Betrieb zwischen Velten und Neuruppin zwecks Grundsanierung der Strecke eingestellt. Der Fahrdraht zwischen Hennigsdorf und Velten wurde aufgegeben, ebenso der Halt der Außenringzüge in Hennigsdorf Nord. Ein positives Ergebnis brachte die zähe Auseinandersetzung, als die Waage sich zugunsten der S-Bahn neigte. Wegen der noch anhaltenden Unsicherheit wurde die Strecke Schönholz–Tegel entgegen der üblichen Berliner Linie nicht komplett neugebaut, sondern tatsächlich behutsam (und daher mit geringen Kosten und unter Bewahrung der historischen Bausubstanz) instandgesetzt. Die Strecke blieb eingleisig. Sie erhielt aber erweiterte Ausweichmöglichkeiten im Güter-

S-Bahn im Tegeler Forst zwischen Schulzendorf und Tegel. Foto (1983): T. Staeck

Restaurierte Bahnsteig-Überdachung der Kremmener Bahn. Schulzendorf 1997, Foto: M. Heller

bahnhof Reinickendorf. Sämtliche Zwischenbahnhöfe wechselten ihren Namen, teils sinnvoll (Eichborndamm, wie die querende Straße schon seit den fünfziger Jahren hieß), teils gelungen (Alt-Reinickendorf als genaue Ortsbezeichnung) und teils fragwürdig (Karl-Bonhoeffer-Nervenklinik, die Reichsbahn wollte sich zuerst wenigstens die „Nerven" ersparen).

Die Züge fahren seither als Linie S25 nach Lichterfelde Ost und konnten gleich einen überraschend guten Zuspruch verzeichnen. Der Werbespruch „Vater, Mutter, Kind und Kegel/fahren S-Bahn jetzt nach Tegel" traf ins Schwarze. Im September 1998 wurde wieder das traditionelle Lichterfelde Süd südlicher Endpunkt der Linie, und am 15. Dezember 1998 konnte der Betrieb auf den 8½ Kilometern von Tegel nach Hennigsdorf aufgenommen werden. Eine neue Trasse am Tegeler Fließ, ein neuer Damm zwischen Stadtgrenze und Havel und eine neue Havelbrücke schlossen die Lücken zum reaktivierten Teil Schulzendorf–Heiligensee. Der Bahnhof Hennigsdorf erhielt dabei sein drittes Empfangsgebäude, die angekündigten zweiten Ausgänge der Bahnhöfe Schulzendorf und Heiligensee, die die inzwischen gewachsenen Orte besser erschlössen, wurden dagegen auf später verschoben, auf einen perspektivisch vorgesehenen zweigleisigen Ausbau.

Die mit modernen Triebwagen und dem Verzicht auf eine Zwischenstation bei Stolpe Süd auf knapp zehn Minuten gedrückte Fahrzeit ermöglichte auch mit einem Gleis einen 20-Minuten-Takt. Regionalverkehr ist dabei freilich ausgeschlossen und soll nach dem Willen des Landes Berlin auch nach einem zweigleisigen Ausbau nicht mehr stattfinden.

Bereits im Frühjahr 1998 waren die Stationen Hohenschöpping und Hennigsdorf Nord geschlossen worden, so daß die Strecke von Hennigsdorf nach Velten heute wieder wie im Eröffnungszustand ohne Zwischenstationen ist.

Die Kremmener Bahn war erst im Mai 2000 bis Neuruppin wieder be-

Foto: Th. Kabisch, 1995

Zwischen Hennigsdorf und Oranienburg gab es ab Mai 1994 eine besondere S-Bahnverbindung: Für ein Jahr fuhr eine Duo-S-Bahn mit Gleichstrom- und Dieselantrieb.

fahrbar – eingleisig und ohne Fahrdraht, mit zurückgebauten Bahnhöfen, wenn auch mit dem Status einer Hauptbahn. Eine neue Regionalexpress-Linie mit Dieseltriebwagen fährt seither von Charlottenburg über Spandau und den Außenring nach Hennigsdorf, macht dort neben der S-Bahn Kopf und fährt weiter über Velten und Kremmen Richtung Neuruppin. Weitere stündliche Züge zwischen Kremmen und Hennigsdorf sowie zwischen Velten und Hennigsdorf schaffen zwischen letzteren beiden Städten einen angenäherten 20-Minuten-Takt.

Der Bahnhof Hennigsdorf heute: Bahnhofsgebäude mit freigelegtem Zugang zum Bahnsteigtunnel, der durch Licht-Design in allen Spektralfarben ausgeleuchtet ist. Fotos: F. Müller

Bahnhof Bornholmer Straße. Foto: Frenzel/Kabisch, 1999

2.2 Nordbahn
Richtung Norden

Von Nordbahnhof nach Oranienburg
über Gesundbrunnen, Bornholmer Straße, Schönholz, Frohnau und Birkenwerder

Im Juni 1870 erhielt ein Projekt die Genehmigung, das noch keiner gewagt hatte: Eine Eisenbahn in den Berliner Norden. Die vorpommersche Küste bis Stralsund war seit 1863 mit dem kleinen Umweg über Angermünde und Pasewalk zu erreichen, das dazwischenliegende Gebiet aber bis auf Neubrandenburg von der Eisenbahn noch völlig unerschlossen (ein Zustand, dem man sich heute wieder nähert). Die neue Bahn sollte von Berlin aus geradewegs nach Norden 222 Kilometer lang über Neustrelitz und Neubrandenburg nach Stralsund führen.

Der Staat springt in die Bresche
Erst nach dem im selben Sommer begonnenen deutsch-französischen Krieg und den folgenden französischen Goldmilliarden konnte 1872 der Bau der Berliner Nordbahn beginnen. Doch selbst im Gründerfieber mochte das Börsenpublikum nicht die rechte Begeisterung für das Unternehmen aufbringen, zu ungewiß waren die Ertragsaussichten. 1874 kamen die Bauarbeiten zum Erliegen und die Gesellschaft mußte Konkurs anmelden. Ein Jahr später griff der preußische Staat zu und kaufte die Überreste des Unternehmens zu einem Schleuderpreis. Auf seine Rechnung wurde nun der Bau wiederaufgenommen, und zum 1. Januar 1878 konnte der Betrieb beginnen.

Als erstes Teilstück war bereits am 10. Juli 1877 der Abschnitt Berlin–Neubrandenburg in Betrieb gegangen, was somit das für unseren Bereich entscheidende Eröffnungsdatum ist. Die Endstation der Nordbahn ist der Nordbahnhof, sollte man meinen. Das stimmt – und auch nicht, und ist doch wieder richtig. Die Endstation lag am Nordrand des damaligen Berlin; zwischen ehemaligem Galgenberg und Exerzierplatz, wo gerade der Straßenzug Bernauer Straße–Eberswalder Straße angelegt worden war. Dieser Bahnhof diente aber ausschließlich dem Güterverkehr. Für Personenzüge war von vorneherein vereinbart, sie in den wesentlich günstiger gelegenen Stettiner Bahnhof zu führen. Die jährliche Benutzungsgebühr von 50 000 Mark war außerdem billiger als der Bau eines eigenen Personenbahnhofs – zumal die Summe nur zwei Jahre bezahlt zu werden brauchte, bis auch der Stettiner Bahnhof in Staatseigentum kam.

Für die Überleitung wurde aber nicht die Kreuzung mit der Stettiner Bahn gut zwei Kilometer außerhalb des Bahnhofs genutzt. Genau dazwischen, einen Kilometer außerhalb der Bernauer Straße, noch am Ende der ausgedehnten Anlagen des Nordbahnhofs, kreuzte die Nordbahn auch noch die Ringbahn, die ebenfalls ein Gleis in den Stettiner Bahnhof hatte. Über dieses wurden die Züge der Nordbahn geführt, wobei auch die Station Gesundbrunnen bedient werden konnte. Zu den Ehren eines Personenbahnhofs kam der Nordbahnhof lediglich in den Jahren 1891 bis 1898 als provisorischer Ausweichbahnhof für alle Vorortzüge der nördlichen Berliner Bahnstrecken. In dieser Zeit wurden die Bahnanlagen grundlegend neu geordnet (siehe folgendes Unterkapitel Stettiner Bahn).

Vom Bahnhof aus führte die Nordbahn zwischen den Ausläufern der Berliner Bebauung hindurch, die bereits auf die Dörfer Reinickendorf westlich und Pankow östlich der Bahn übergriff. Im weiteren Verlauf führte die Strecke in mäßigem Abstand an den Orten Dalldorf und Hermsdorf vorbei und dann durch ein ausgedehntes Waldgebiet, das bis kurz vor die Nachbarstadt Oranienburg reichte, die damals gerade 5000 Einwohner zählte. Ihren heutigen Namen erhielt die Stadt 27 Kilometer vom Berliner Endbahnhof erst 1663 nach der damaligen Kurfürstengemahlin, die aus dem Hause Oranien stammte und hier ein Schloß erhielt. Vorher war der 1216 erstmals erwähnte Ort als Bötzow bekannt (heute trägt ein Dorf südwestlich von Velten diesen Namen).

So gering anfangs die Ertragsaussichten waren, so rasant entwickelte sich der Vorort- und in geringerem Maße auch der Fernverkehr. Querelen wie bei der ersten Generation von Bahnstrecken um die Einrichtung von Vorortstationen gab es hier nicht mehr. Wo immer Aussicht auf Fahrgäste bestand, richtete die Bahnverwaltung Haltepunkte ein, und sei es zunächst nur als Bedarfshalt mit einfachster Ausstattung.

Die erste Bahnstation befand sich an der Kreuzung mit der Straße vom Wedding nach Pankow. Nach einigem Hin und Her erhielt sie den Namen „Pankow (Nordbahn)" und 1937 schließlich „Wollankstraße". Der nächste Halt war nur 900 Meter weiter, an einer entstehenden Siedlung gleich neben einem kleinen Waldstück namens Schönholz, das östlich an die Bahn anschloß. Um den gewünschten Einzugsbereich zu verdeutlichen, hieß die Station bis 1938 Schönholz-Reinickendorf. Eine weitere Station befand sich an einem (bald ausgebauten) Feldweg zwischen den Orten Reinickendorf und Rosenthal und erhielt den entsprechenden Doppelnamen. Beide Bahnhöfe, die das „Reinickendorf" in ihrem Namen trugen, lagen aber weit außerhalb des usprünglichen Dorfes am Rande der Gemarkung. Etwas günstiger lagen die Stationen Dalldorf und Hermsdorf. Zwischen ihnen, kurz vor der Überquerung des Tegeler Fließes, wurde 1884 eine Station „Waidmannslust" eröffnet, hauptsächlich für den Ausflugsverkehr, aber auch für die entstehende gleichnamige Siedlung.

Direkt bei Ort und Bahnhof Hermsdorf trat die Bahnstrecke in den ausgedehnten Wald ein, der die Barnimhochfläche bedeckte und zu einem beträchtlichen Teil noch heute bedeckt. Die Nordbahn hat von Pankow bis hierher nordwestlichen Kurs gehalten, um die größten Höhen westlich zu umgehen, und schwenkt nun auf genauen Nordkurs.

Nördlich von Hermsdorf war die Nordbahn um 1895 noch zweigleisig. Foto: Archiv S-Bahn-Museum

Noch auf der Hochfläche lagen, einen Kilometer voneinander entfernt, die Stationen Stolpe und Hohen Neuendorf (im Gegensatz zu Niederneuendorf, das an der Havel südlich von Hennigsdorf liegt); Birkenwerder und Borgsdorf bedienten dann Siedlungen an der Mittelterrasse, bevor die Bahnstrecke in die Havelniederung absteigt, wo noch die Station Lehnitz am gleichnamigen See liegt, bevor Oranienburg erreicht wird. Von dort führt die Strecke über Sachsenhausen, die Havel überschreitend, weiter nordwärts nach Löwenberg, Gransee und ins mecklenburgische Neustrelitz.

Bereits 1891, noch vor Umgestaltung der Berliner Bahnanlagen, war die gesamte Strecke bis Oranienburg, dem Endpunkt des Vororttarifs, zweigleisig ausgebaut. Auch danach wurde fast ständig weiter an der Bahn gebaut – einhergehend mit immer weiter steigenden Fahrgast- und Zugzahlen. Diese wurden seit 1893 auf dem Abschnitt südlich von Schönholz noch durch die einmündende Kremmener Bahn vermehrt. Eine Station weiter, in Reinickendorf-Rosenthal, eröffnete 1901 eine Gesellschaft mit dem umständlichen Namen „Reinickendorf-Liebenwalde-Groß Schönebecker Eisenbahn" ihren Endbahnhof, der später Wilhelmsruh hieß. Im Gegensatz zur Kremmener Bahn mußten Fahrgäste hier immer umsteigen, lediglich für Güterzüge gab es eine Gleisverbindung.

Viergleisig und kreuzungsfrei

Die Vorortstationen an der Nordbahn erhielten nach und nach Empfangsgebäude und teils Zugangstunnel unter den Gleisen. Doch der große Geschwindigkeitsunterschied zwischen Vorortzügen und Fernzügen, die zwischen Gesundbrunnen und Oranienburg allenfalls noch in Hermsdorf und Birkenwerder hielten, bereitete zunehmend Schwierigkeiten. Deshalb wurde 1901 bis 1905 wie zuvor schon auf der Gemeinschaftsstrecke mit der Stettiner Bahn auch bis nördlich von Schönholz ein eigenes Gleispaar für den Vorortverkehr westlich der Ferngleise verlegt. Die Kremmener Bahn erhielt eine kreuzungsfreie Einbindung, so daß deren Fern- und Güterzüge ohne Berührung der Vorortgleise bis zum Stettiner Bahnhof bzw. Nordbahnhof fahren konnten. Zugleich wurde die Strecke auf einen Damm gelegt, im Pankower Bereich auf einem kurzen Stück ein Viadukt errichtet. Die erst zehn Jahre vorher in Schönholz eingerichteten Zugangstunnel konnten zugeschüttet werden. Auch die Kreuzung mit der Straßenbahn in der Wollankstraße (die 1895 als erste in Berlin elektrifiziert worden war) entfiel dadurch.

Weiter nördlich blieb zunächst alles beim alten, außer, daß Ort und Bahnstation Dalldorf zum Jahresbeginn 1906 den neuen Namen Wittenau erhielten. Der Zusatz „(Nordbahn)" galt auch weiterhin. Dieser erfreute sich so großer Beliebtheit, daß sogar der ein gutes Stück abseits (östlich) der Bahn gelegene Ort Glienicke, der überhaupt keinen Bahnhof hatte, sich gerne als „Glienicke (Nordbahn)" bezeichnete.

Da die meisten Vorortzüge bis Hermsdorf fuhren, wurde 1908 beschlossen, den gleichen Ausbaustandard – viergleisig und kreuzungsfrei – bis dorthin fortzuführen, elf Kilometer vom Stettiner Bahnhof entfernt. Die Bauarbeiten zogen sich bis 1912 hin; der völlig neugestaltete Bahnhof Hermsdorf konnte, nach provisorischer Weiterbenutzung des alten, sogar erst ein Jahr später, im April 1913, in Betrieb genommen werden. Auf Betreiben der örtlichen Terraingesellschaft war die Anlage nach Norden umgeklappt worden, weiter weg vom alten Dorfkern, näher zu den neuen Siedlungsgebieten, die sich in den Wald hineinfraßen. Als Teil-Endstation wurde der Bahnhof großzügig mit zwei Bahnsteigen und einer dreigleisigen Kehranlage sowie umfangreicheren Güteranlagen ausgestattet.

Auch südwärts hatte der Bau Auswirkungen: der gerade erst eingerichtete Anschluß der (in Geländeniveau verbleibenden) Liebenwalder Bahn mußte aufgegeben und nach Schönholz verlegt werden. Dadurch entstand ein fünftes Gleis an der Strecke, das sich bis zum Nordbahnhof hinzog, denn Schönholz und der Nordbahnhof entwickelten sich zu wichtigen Umschlagzentren für den Güterverkehr. Der „Tunnel" der Gleimstraße zeugt bis heute von den immer breiter werdenden Bahnanlagen.

Inzwischen war aber noch weiter draußen – „J. w. d." – neuer Verkehrsbedarf erzeugt worden. Bislang verlief die Strecke von Hermsdorf bis Stolpe sechs Kilometer ohne Station durch den Wald. 1907 waren die links und rechts der Bahn liegenden Gebiete von einer Terraingesellschaft aufgekauft worden, die hier ein neues Villenviertel schaffen wollte. Zur Gestaltung der auf 6000 Einwohner geplanten Siedlung wurde ein großer Architektenwettbewerb durchgeführt. Als Name wurde die Bezeichnung „Frohnau" erfunden.

Um die Gebiete beiderseits der Bahn zu verbinden, wurden die Gleise diesmal nicht auf einen Damm, sondern in einen Einschnitt verlegt. Bis zum neuen Bahnhof Frohnau, zwei Kilometer von Hermsdorf, wurde der

Frohnau, Blick vom Kasinoturm um 1925:
Die Vorortgleise sind bereits elektrifiziert. Foto: Archiv S-Bahn-Museum

Einschnitt gleich auf vier Gleise ausgelegt, die 1913 voll in Betrieb gingen. Der Bahnhof wurde Ortsmittelpunkt, die rasch gebauten Straßen liefen alle auf ihn zu. Mit Zuschuß der Terraingesellschaft wurde ein stattliches Empfangsgebäude errichtet, dazu als Wahrzeichen des Ortes der 30 Meter hohe Kasinoturm. Die neue Vorortstation konnte mit dem neuen Ort im Mai 1910 eingeweiht werden. Trotz der guten Voraussetzungen lief das Geschäft mit den Grundstücken zunächst schleppend an, 1914 konnten dann aber bereits 2000 Einwohner gezählt werden. Allerhöchstes Wohlwollen Seiner Kaiserlichen Majestät erlangte man durch Anlage eines Polofelds nördlich des Bahnhofs.

Noch weiter nördlich dagegen gab es nur zwei Erweiterungen der Bahnanlagen im Oranienburger Bereich. Zum einen wurde im Sommer 1914 der Hohenzollernkanal, heute Oder-Havel-Kanal genannt, eröffnet, der bei Lehnitz in die Havel mündet, nachdem er nördlich von Eberswalde die Stettiner Bahn überbrückt (!) hat und von beiden Ästen der Niederbarnimer Eisenbahn überquert wird. Auch nördlich von Lehnitz wurde damit eine Eisenbahnbrücke nötig, die gleich vier Widerlagerpaare, aber nur zwei Überbauten erhielt. Zum anderen wurde 1915 als Teil der Umgehungsbahn

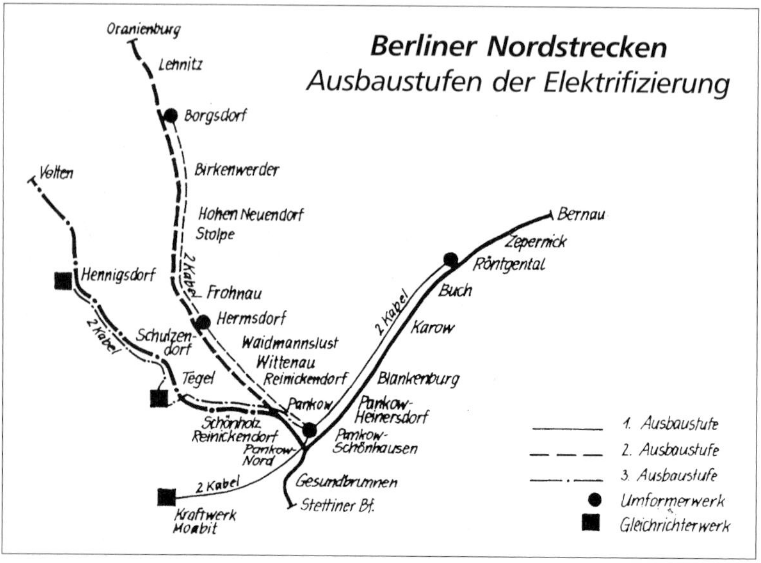

Aus: 50 Jahre Berliner S-Bahn, Reichsbahn-Direktion Berlin, 1974

eine Eisenbahnstrecke von Oranienburg nach Kremmen eröffnet. Der Bahnhof Oranienburg selber wurde auf drei Bahnsteige ausgebaut und erhielt ein Bahnbetriebswerk für die hier endenden Vorortzüge.

Die neue preußische Regierung beschloß 1918 die Elektrifizierung der Nordbahn bis Hermsdorf. Darin war die Strecke zunächst nur Anhängsel der Stettiner Bahn. Längst war der Vorortverkehr über Hermsdorf hinaus gewachsen. Dementsprechend dehnte das Groß-Berlin-Gesetz die Stadtgrenze bis hinter Frohnau aus, bis unmittelbar vor den inzwischen aufgegebenen Bahnhof Stolpe. Auch das städtische Straßenbahnnetz wurde weiter ausgebaut, so daß schließlich alle Stationen der Nordbahn bis einschließlich Waidmannslust Straßenbahn-Anschluß hatten.

Elektrisch nach Oranienburg

Im Vorlauf der S-Bahn-Elektrifizierung wurde das separate Vorortgleispaar um weitere 9½ Kilometer bis Borgsdorf vorgetrieben, samt Hochlegung nördlich von Frohnau. Noch bevor diese Arbeiten fertig waren, fuhren im Juni 1925 die ersten elektrischen Züge vom Stettiner Bahnhof nach Birkenwerder, vier Monate später auch bis Oranienburg. Erst im Juli 1926 waren alle vier Gleise bis Borgsdorf betriebsbereit, zu diesem Zeitpunkt konnte der 10-Minuten-Takt aufgenommen werden. Nur auf den letzten fünf Kilometern von Borgsdorf bis Oranienburg fuhren die Elektrotriebwagen im Mischbetrieb mit dampfgezogenen Fernzügen. Da nun im Normalfall alle Vorortzüge mindestens bis nach Birkenwerder fuhren (die Kehre blieb bestehen), wurde in Hermsdorf der östliche Bahnsteig nicht mehr benötigt, 1933 geschlossen, später abgetragen. Die Kehranlage bestand weiter.

Lagereingang Sachsenhausen, Blick vom „Appellplatz". Foto: Archiv GVE

Die nächsten Veränderungen brachte der Bau der Nord-Süd-S-Bahn, durch den die Züge aus Oranienburg zunächst bis Unter den Linden, 1939 dann bis Wannsee fahren konnten. Diese Verbindung sollte besonders traditionsreich werden. Zu dieser Zeit wurde ein großer Teil der S-Bahnhöfe auf der Nordbahn durchaus sinnvoll umbenannt (1937/38): Aus „Pankow (Nordbahn)" wurde „Wollankstraße" zur besseren Unterscheidung von den Pankower Bahnhöfen an der Stettiner Bahn; „Schönholz-Reinickendorf" verlor seinen Zusatz, da Reinickendorf ohnehin vom Bahnhof an der Kremmener Bahn besser bedient wurde, und auch der umständliche Name „Reinickendorf-Rosenthal" verschwand. Längst hatte sich dem Bahnhof benachbart eine neue Siedlung mit dem Namen Wilhelmsruh gebildet, jetzt nahm auch die Bahn dies zur Kenntnis, indem sie den Bahnhof so benannte. Zugleich wurde beiden Stationen, die Eingemeindung dokumentierend, der Vorsatz „Berlin-" verpaßt, den auch Hermsdorf und Frohnau anstelle des bisher geführten Zusatzes „(Mark)" erhielten.

Ansonsten blieb die Nordbahn von den Welthauptstadtplänen der Nazis weitgehend unberührt, nicht aber von dem von ihnen entfachten Krieg. Rüstungsbetriebe siedelten sich auch hier im weiteren Berliner Umland an. Konzentrationslager lieferten dafür Arbeitskräfte. Sachsenhausen, knapp zwei Kilometer nordöstlich des S-Bahnhofs Oranienburg gelegen, erhielt besonders traurige Berühmtheit. Es kann heute als Gedenkstätte besichtigt werden.

Nach dem Zusammenbruch Ende April 1945 verkehrten erst Mitte August wieder elektrische Züge auf der Nordbahn, zunächst im Stundentakt, ab Ende November dann halbstündlich.

Wilhelmsruh: Ortsteil im Osten, Zugang im Westen. Foto: Th. Billik

Im beginnenden Wiederaufbau unterschied sich die Nordbahn zunächst wenig von anderen Strecken. Von den vier Gleisen waren nördlich von Wilhelmsruh noch eines der Fernbahn und eines der S-Bahn übrig geblieben. Südlich Wilhelmsruh durfte wegen der Bedeutung der Strecke das zweite S-Bahn-Gleis bestehen bleiben. Zweigleisig blieb auch die Mischbetriebsstrecke Borgsdorf–Oranienburg.

Fahrt entlang der Berliner Sektorengrenze

Anfang 1946 konnten die Züge wieder zum unterirdischen Stettiner Bahnhof fahren, Ende 1947 die ganze Tunnelstrecke. Die Strecke zwischen Oranienburg und Birkenwerder wurde allerdings noch bis 1950 im wesentlichen als Pendelverkehr betrieben. 1948 konnte durch zusätzliche Ausweichstellen in Waidmannslust und Hohen Neuendorf (zusätzlich Frohnau) der 20-Minuten-Takt eingeführt werden. Ein Zehn-Minuten-Takt war bis Schönholz möglich (wozu dort noch die Züge der Kremmener Bahn kamen). Die Reichsbahn versuchte, unter Nutzung der Kehranlage den Takt bis Hermsdorf auszudehnen. Der Betrieb erwies sich aber als zu störanfällig und wurde auf wenige Verstärkungszüge beschränkt.

Ankündigungen Anfang der fünfziger Jahre, das gesamte zweite S-Bahngleis wiederherstellen zu wollen, hatten keine sichtbaren Folgen. Immerhin erhielt 1956 der Abschnitt von Hohen Neuendorf nach Birkenwerder das zweite Gleis, was eine flexible Begegnung der Züge ermöglichte.

Ab Ende 1950 fuhren die Züge der Nordbahn sogar wieder zu einem Nordbahnhof, nachdem der Stettiner Bahnhof entsprechend umbenannt

Wollankstraße: Bahnhof im Osten, Zugang im Westen. Foto: Archiv GVE

wurde. Das galt auch für die Fernzüge, die dessen verbliebene oberirdischen Teile anfuhren. Selbst die Züge der verstaatlichten Niederbarnimer Eisenbahn wurden nun bis hierhin durchgeführt.

Der Unterschied, der die zart aufkeimenden Pflänzchen bald erstickte, war, daß die Nordbahn etliche Kilometer hart an der Grenze zwischen dem französischen und dem sowjetischem Sektor verlief und abschnittsweise die Sektorengrenze bildete.

Zunächst wurde ziemlich überraschend im Mai 1952 der Fernbahnhof geschlossen. Die Liebenwalder Züge wurden wieder bis Wilhelmsruh zurückgezogen, die aus Oranienburg kommenden Fernzüge zunächst auf dem etwas abenteuerlichen Weg über Wensickendorf–Basdorf und dann auf den frisch eröffneten Nördlichen Außenring umgeleitet. Im Dezember des gleichen Jahres wurden die S-Bahnzüge der Stettiner Bahn (Richtung Bernau) an der Bornholmer Straße von der Nordbahn getrennt.

Das Ende des durchgehenden S-Bahn-Verkehrs nach Oranienburg brachte der Mauerbau. Streng nach Grenzverlauf betrachtet, zerfiel die Nordbahn in sechs getrennte Abschnitte. Daß die Reichsbahn sich trotz aller Schwierigkeiten bemühte, mit pragmatischen Lösungen betriebsfähige Teilnetze zu erhalten, zeigte sich nirgends deutlicher als hier, was zugleich zu etlichen skurrilen Situationen führte.

Die Probleme begannen am Güterbahnhof der Nordbahn, zur Unterscheidung vom neuen Nordbahnhof mittlerweile in „Eberswalder Straße" umbenannt. Die Ostseite des Bahnhofs war die Grenze, der Bahnhof somit ganz im Westen, jedoch zunächst nur über durch den Osten führende

Gleise zu erreichen. Diese Zufahrt, ab 1965 ohne Grenzüberschreitung von Gesundbrunnen, blieb stets gewährleistet, der Bahnhof Ortsgüterbahnhof für den West-Berliner Bezirk Wedding. Für Wirbel sorgte das Gelände dann noch einmal beim dritten Gebietsaustausch 1988. Der West-Berliner Senat wollte einen 50 Meter breiten Streifen des inzwischen weitgehend brachgefallenen Geländes als Ausgleich an den Osten übergeben. Das Problem war, „Osten" in Vertragsdeutsch zu übersetzen. Bei einigen West-Berliner Exklaven, die zweifelsfrei an die DDR übergeben wurden, war der Fall unstrittig, aber dieses Gelände sollte als einziges an Ost-Berlin übergeben werden, und dies, so die eiserne Position des Westens, war nicht Teil der „sogenannten" DDR.

Es war unmöglich, genau zu benennen, wer hier etwas übergab. Man verständigte sich, etwas kryptisch von „dem Senat" zu sprechen und nicht den akademischen Senat der Universität zu meinen. „Der Magistrat" als Gegenstück gefiel jedoch nicht, weil vom Westen nicht anerkannt; „Ost-Berlin" gab es amtlich nicht, „Berlin (Ost)" war nur für den internen Amtsgebrauch des Westens geeignet, „Berlin, Hauptstadt der DDR" für den Westen nicht akzeptabel. Man hätte den Gebietsstreifen an den „Bezirk Prenzlauer Berg von Berlin" übergeben können, damit wollte sich jedoch der Osten nicht zufrieden geben, zumal nicht sicher war, daß der Streifen auch aus dem französischen Sektor entlassen würde. Nach etlichem Hin und Her, das beinahe sogar den Übergabetermin gekippt hätte, einigte man sich, den Kasus ganz offen zu lassen. Im Vertrag hieß es: „Der Senat übergibt einen Gebietsstreifen", ohne einen Empfänger zu benennen.

Der „neue" Nordbahnhof, ehemals Stettiner Bahnhof, hingegen, obwohl weiter westlich gelegen, gehörte gerade noch zum Osten, hier war die Ostseite der Bahnanlagen die Grenze zum Westen. Nachdem die vom ober- oder unterirdischen Stettiner Bahnhof kommenden Züge bereits im Bereich Humboldthain/Gesundbrunnen den Westen erreicht hatten, fuhren sie beim Einschwenken auf die alte Nordbahntrasse wieder in den Osten, wo die Station Bornholmer Straße war. Die Züge fuhren, wie bereits die der Stettiner Bahn, ohne Halt durch. An der Station Wollankstraße bildete die westliche Mauer des Bahnviadukts die Sektorengrenze. Hier wurden die Zugänge von der Ostseite geschlossen, die Station, obwohl im Osten gelegen, dem westlichen Teilnetz zugeordnet. Eine fast spiegelbildliche Situation bestand 1953 bis 1958 mit den Durchläuferzügen nach Oranienburg und Velten, die zwischen Nordbahnhof und Hohen Neuendorf bzw. Stolpe Süd nicht hielten, ausgenommen eben die Stationen Bornholmer Straße und Wollankstraße.

Die Station Schönholz wiederum lag auf der Westseite der Grenze. Auch hier wurden die östlichen Zugänge geschlossen. Der Bahnhof blieb nur von der Reinickendorfer Seite zugänglich. Erst mit besagtem dritten Gebietsaustausch wurde eine Straßenzufahrt vom Westen zum Güterbahnhof möglich, da hierfür wenige Meter Ostgebiet nötig waren.

In Wilhelmsruh wurde ebenfalls der namengebende Ortsteil von seinem Bahnhof abgeschnitten, während man vom Westen zum Bahnhof, aber nicht mehr zum Ort Wilhelmsruh gelangen konnte. Die zwar im Osten, aber im unmittelbaren Mauerbereich liegenden Anlagen der Nieder-

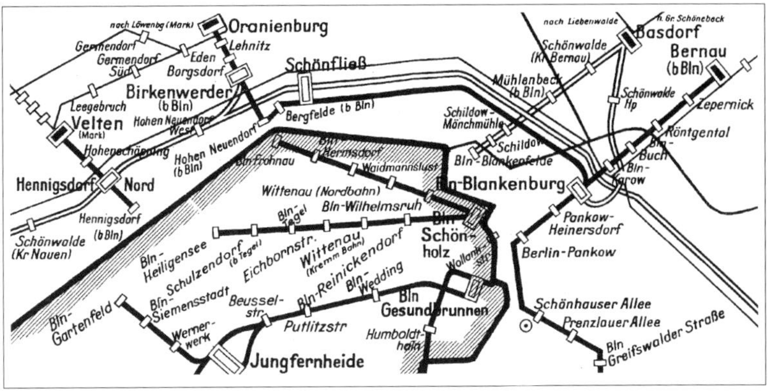

Die Nordstrecken im (geteilten) S-Bahn-Netz von 1966.

barnimer Eisenbahn wurden stillgelegt. Wie wichtig derartige Feinheiten waren, zeigte sich besonders an östlichen Stadtplänen, die zwar Westberlin weitgehend als weißen Fleck behandeln, den Grenzverlauf hier jedoch akribisch nachzeichnen. Im weiteren Verlauf kommt die Nordbahn dann tiefer in West-Berliner Gebiet bis hinter Frohnau, wo die Züge nun kehrt machen mußten. Die außerhalb der Berliner Stadtgrenze verbliebenen zehn Streckenkilometer von Hohen Neuendorf nach Oranienburg wurden zunächst zum Inselbetrieb.

Nordbahn und Außenring

Die Triebwagenhalle in Oranienburg ermöglichte die Wartung der Züge, das Unterwerk in Borgsdorf die Stromversorgung. Binnen drei Monaten aber verlegte die Reichsbahn Stromschienen auf dem nordöstlichen Außenring, so daß die Nordbahn jetzt wieder mit dem S-Bahn-Netz in Ost-Berlin verbunden war, wenn auch mit dem großen Umweg über Blankenburg, den die Fernzüge vorher schon nehmen mußten. Die S-Bahnen fuhren zunächst bis Pankow, bald auch weiter über den Ostring. Da der Verkehr auf dem verbliebenen Nordbahnstück sowohl nach Ost-Berlin als auch im Binnenverkehr recht erheblich war – Oranienburg war bis 1939 auf 29 000 Einwohner angewachsen, hatte 1970 allerdings nur noch 20 000 davon gehalten –, blieb die Strecke wichtig. Bis etwa 1981 fuhren auch Verstärkerzüge zwischen Oranienburg und Hohen Neuendorf.

1964 wurde nicht nur das nördlich von Birkenwerder noch fehlende zweite S-Bahn-Gleis wiederaufgebaut, sondern separat von der Fernbahn bis vor den Bahnhof Lehnitz verlängert. Von dort wurden sowohl die Fernbahn als auch die S-Bahn als zwei eingleisige Strecken nach Oranienburg geführt. Die weiteren Arbeiten waren aufwendig. 1979/80 wurde zunächst die in Lehnitz noch auf Straßenniveau verlaufende Strecke auf einen Damm gelegt und dabei in etwas veränderter Lage der S-Bahnhof neugebaut.

Bahnsteig Birkenwerder: Hier halten sowohl Gleichstrom-Züge der S-Bahn als auch die Wechselstrom-Züge der Regionalbahn. Foto: F. Müller

Nach Instandsetzung und Ergänzung der Kanalbrücken konnten schließlich 1989 (75 Jahre nach der ersten Vorbereitung) nördlich von Hohen Neuendorf alle vier Gleise bis Oranienburg in Betrieb gehen.

Zwischenzeitlich hatte im Herbst 1983 auch der Fahrdraht die Nordbahn erreicht. Die Regionalzüge von Oranienburg nach Hennigsdorf konnten somit nicht mehr die S-Bahn-Gleise benutzen, sollten aber zwecks Anschluß zumindest in Birkenwerder halten. Da dort nur ein Bahnsteig zur Verfügung stand, wurden die Bahnsteiggleise zwischen Gleich- und Wechselstrom umschaltbar ausgelegt.

Am Märkischen Viertel vorbei

Auf ihrem West-Berliner Teilstück hatte die Nordbahn zwar durch die Grenzlage einen guten Teil ihres Einzugsbereichs verloren, dafür wuchs das Verkehrspotential am Nordende. Zwar lief die weitere Aufsiedlung des Frohnauer Waldes langsam aus. Zu den letzten großen Schnitten gehörte die 1936/39 errichtete Invalidensiedlung, schon an die Bebauung von Hohen Neuendorf anschließend im äußersten Winkel zwischen Bahntrasse (an der Ostseite) und der Stadtgrenze (an den anderen drei Seiten) und daher nach dem Mauerbau nur durch eine einzige Zufahrt unter der stillgelegten Bahnlinie erreichbar. Östlich davon läßt sich noch sehr schön die abgebrochene Bebauung sehen. Ein Netz von gepflasterten Straßen war bereits in der Frühzeit angelegt worden, vereinzelte Häuser mitten im Wald zeugen von nicht ausgeführten Bebauungsplänen. Die Einwohnerzahl Frohnaus stieg auf 17 000. „Hammergrundstücke" und mehrgeschossige Bebauung zerstörten mehr und mehr den Charakter des Villenviertels.

Östlich des Bahnhofs Wittenau (Nordbahn) entstand seit Mitte der sechziger Jahre das Märkische Viertel, eine Großsiedlung für 40 000 Menschen. Eine Anbindung per S-Bahn wäre eigentlich günstig gewesen, aber sie unterlag dem S-Bahn-Boykott. Stattdessen versprach der Senat den Bau einer Untergrundbahn bis hierher. Zwar lag die zu verlängernde U-Bahn von Leinestraße in Neukölln nach Gesundbrunnen im Wedding zum neuen Zentrum West-Berlins am Bahnhof Zoo noch ungünstiger als die auf Friedrichstraße ausgerichtete S-Bahn, aber das kümmerte die Senatsplaner wenig. Die Bewohner des Märkischen Viertels blieben weiter ohne Schnellbahn-Anschluß.

Mit dem Verfall der S-Bahn-Anlagen in West-Berlin geriet dort auch die Nordbahn allmählich ins Abseits. Die seit dem Mauerbau nicht mehr benötigte Kehranlage in Hermsdorf wurde 1978 abgebaut, nachdem sich Mitte der siebziger Jahre Entspannung andeutete, als am Bahnhof Wittenau (Nordbahn) die Brücke über den Wilhelmsruher Damm erneuert wurde. In Zusammenarbeit von Senat und Reichsbahn wurde ein südlicher Zugang des Bahnhofs zum Wilhelmsruher Damm, dem Eingangstor zum Märkischen Viertel, vorbereitet. Intelligenterweise blieb es bei dem Rohbau, der zudem genau in der Achse des zweiten Gleises lag und daher bei dessen Wiederherstellung abgerissen werden mußte.

VW, Borgward und Opel Kapitän am Bahnhof Wittenau (Nordbahn). Foto (um 1960): Archiv Fahrgastverband IGEB

Bürgerproteste gegen S-Bahn-Stillegung

Den Streik von 1980 überstand die Strecke ohne direkte Folgen, doch entfiel der vierzig Jahre alte Zuglauf nach Wannsee, so daß die neue Zuggruppe NI von Frohnau nach Lichtenrade und zurück fuhr. Erstmals war damit eine 32 Kilometer lange Verbindung vom äußersten nördlichen in den äußersten südlichen Zipfel West-Berlins geschaffen, die in etwa 53 Minuten durchfahren wurde (zzgl. verblieben 4½ Kilometer stillgelegter Strecke bis zu den Stadtgrenzen). Das Ende drohte erst mit der Übergabe der S-Bahn an den West-Berliner Senat. Am 9. Januar 1984 wurde der S-Bahn-Verkehr auf dem Berliner Teil der Nordbahn eingestellt. Doch Massendemonstrationen des Fahrgastverbands IGEB mit bis zu 20000 Menschen erzwangen die schnelle Wiederaufnahme des Zugverkehrs zwischen Gesundbrunnen und Frohnau bereits zum 1. Oktober 1984. In aller Eile waren die Bahnanlagen instandgesetzt worden. Sogar ein provisorischer Südzugang zum Bahnhof Wittenau (Nordbahn) wurde eröffnet. Erneutes Kuriosum war die Station Wollankstraße. Im Osten gelegen, blieb diese unter Regie der Reichsbahn, die das Gebäude mit Senatsgeldern instand setzte (und als einzige pünktlich zur Betriebsaufnahme fertig war, auch wenn der Nordzugang noch auf Jahre hinaus geschlossen blieb). Die Reichsbahn übernahm hier die Abfertigung der Züge mit ihrem Personal, und sie betrieb auch den auf der Nordbahn spärlich verbliebenen Güterverkehr weiter. Zur Berührung mit der S-Bahn kam es, weil die Reichsbahn 1980 wegen Brückenschadens das verbliebene Gütergleis nördlich Schönholz aufgegeben hatte. Für die tägliche Übergabe nach Hermsdorf mußten nachmittags eigens zwei S-Bahnen ausfallen. Außerdem gab es einen sogar erst in den sechziger Jahren eingerichteten Gleisanschluß der Volta-Werke an der Station Waidmannslust.

Mit alldem war im Mai 1986 Schluß. Wieder einmal wurde ein Teilstück der Nordbahn stillgelegt, und zwar diesmal total: Um das nötige zweite Gleis für einen Zehn-Minuten-Takt wiederherzustellen, wurde die fünf Kilometer lange Strecke von Wittenau bis Frohnau abermals stillgelegt. Zunächst wollten die Senatsplaner bis zu einem Jahr lang bauen, wobei der Finanzrahmen erheblich überschritten worden wäre. Tatsächlich wurde nicht einfach ein zweites Gleis verlegt, sondern fast die gesamte Strecke abgerissen und neugebaut, ehe rechtzeitig zu Weihnachten 1986 der Zugverkehr nach Frohnau wieder aufgenommen wurde. Nicht wiedereröffnet wurde der Güterbahnhof Hermsdorf, dessen Gelände teils von einer Gleisbaumeisterei der S-Bahn, teils von einem Autoparkplatz sowie von Kleingärten eingenommen wurde. Der Gleisanschluß der Volta-Werke war, zusammen mit einer Aufstellanlage für S-Bahnen in Waidmannslust, aufwendig wiederhergestellt. Nie benutzt lag er dann aber ein Jahr lang brach, bis Ende 1987 die Volta-Werke die Produktion einstellten.

Nordbahn grenzenlos

Die dramatischen Ereignisse an der Grenzübergangsstelle Bornholmer Straße, wo sich am 9. November 1989 abends die Grenzen als erstes öffneten, blieben für die darunter her ratternde S-Bahn zunächst ohne Folgen. Der S-Bahnhof wurde erst 13 Monate später wiedereröffnet, obwohl die Züge

Titelseite einer BVG-Fahrgastinformation von 1986

an einem vorhandenen Bahnsteig vorbeifuhren. In Wilhelmsruh war die Straßenverbindung von Reinickendorf nach Rosenthal längst wiederhergestellt, als immer noch die ostseitigen Türen des Bahnhofs geschlossen waren und von Osten kommende Fahrgäste das Gebäude bis zum Jahr 2000 nur von der Westseite betreten konnten.

Ausfahrt aus dem Bahnhof Frohnau. Foto (1986): S-Bahn-Museum

Auch die Wiederverknüpfung der beiden durch die Grenze getrennten Netzteile ließ auf sich warten. Immerhin waren 4½ Kilometer Strecke – zunächst eingleisig! – wiederherzustellen. Schließlich konnte am letzten Maitag 1992 der erste durchgehende Zug nach Oranienburg in Frohnau abfahren. Auch der Zuglauf nach Wannsee wurde wiederhergestellt (von Oranienburg 50 Kilometer, die zunächst in 87 Minuten durchfahren wurden, gegenüber 37 Kilometer auf der direkten Strecke, die die Havel fließt). War diese Zuggruppe schon vor dem Krieg mit der Nummer 1 belegt und später als Zuggruppe A bezeichnet, erhielt sie jetzt offiziell die Linienbezeichnung S 1.

Die über den Außenring fahrenden S-Bahnen wurden ebenfalls beibehalten, kommen aber nur noch in Birkenwerder mit der Nordbahn in Berührung. Der Zuglauf nach Lichtenrade wurde zunächst in verkürzter Form von Waidmannslust fortgeführt, nach Eröffnung der Kremmener und Anhalter Bahn 1994 vorübergehend umgelegt (als S 26 von Waidmannslust nach Lichterfelde Ost), so daß von Oranienburg nach Frohnau in jeweils 20 Minuten ein Zug, von Frohnau bis Waidmannslust zwei Züge, von Waidmannslust bis Schönholz drei Züge, und südlich davon vier Züge auf der Nordbahn unterwegs sind.

1994 kam schließlich auch die U-Bahn in Wittenau an, und der Bahnhof wurde zum Umsteigebahnhof mit dem Namen „Wittenau (Wilhelmsruher Damm)". Zur gleichen Zeit kamen mit dem Einsatz einer Duo-S-Bahn (sie verfügt sowohl über einen elektrischen als auch über einen Dieselantrieb) vorübergehend auch die Stationen zwischen Birkenwerder und Oranienburg zu einer S-Bahn-Direktverbindung nach Hennigsdorf.

Bahnhof Oranienburg, Endstation des S-Bahn-Verkehrs. Foto: F. Böhnke

Preußische Generalstabskarte von 1874 (Maßstab 1:25 000, Ausschnitt): Eisenbahn vom Stettiner Bahnhof zur Grüntaler Straße am Gesundbrunnen

2.3 Stettiner Bahn Richtung Norden

Von Nordbahnhof nach Bernau
über Gesundbrunnen, Bornholmer Straße, Pankow, Blankenburg, Karow und Buch

Initiative nach bayerischem Vorbild
Seit den 30er Jahren des 19. Jahrhunderts betrieben Stettiner Kaufleute das Projekt einer Eisenbahn nach Berlin. Konkreter wurde es 1836, als der Erfolg des bayerischen Vorbildes auch in Pommern Schule machte und im März ein „Berlin-Stettiner Eisenbahn-Comité" gegründet wurde. Aber erst 1840 erfolgten Genehmigung und Baubeginn. Es dauerte dann noch bis zum August 1842, ehe das erste 45 Kilometer lange Teilstück von Berlin bis Eberswalde in Betrieb gehen konnte. Noch im gleichen Jahr konnte die Strecke bis Angermünde verlängert werden, die Fertigstellung der damals 133½ Kilometer bis Stettin zog sich noch bis zum nächsten Sommer hin.

Die Strecke wurde später an beiden Enden verändert. Das Berliner Endstück (4 Kilometer) ist nach etlichen Umbauten völlig verschwunden. Die Bahngesellschaft konnte in Berlin nicht einmal, wie ihre Gegenstücke auf der anderen Seite der Stadt, bis an die Stadtmauer, sondern mußte ihren Endbahnhof bereits ein gutes Stück vor dem Oranienburger Tor errichten. Auf dem dazwischenliegenden Gelände hatte August Borsig gerade seine Lokomotivfabrik errichtet. Rasch folgten weitere Eisenwerke und Fabriken, so daß dieser Bereich, der auch als „Feuerland" bekannt wurde, für einige Jahrzehnte eine einzigartige Konzentration von Industrie aufwies, die von der Stettiner Bahn per Gleisanschluß beliefert wurde und ihrerseits die Bahnen belieferte. Der Wanderungsprozeß auf neue Werksgelände weiter außerhalb machte dem ein Ende. Heute erinnert nur noch die Bezeichnung „Borsigstraße" daran. Ab 1888 wurde durch zusätzliche Straßen diese „Oranienburger Vorstadt" neu gestaltet; ein frühes Beispiel einer Stadterneuerung. Die stürmische Entwicklung führte dazu, daß der Bahnhof rasch von der Stadt umwachsen wurde. 1869 wurde der Humboldthain als letzte größere Freifläche der Gegend gesichert. Die Achse des Bahnhofs zeigte dabei gar nicht zum nordöstlich gelegenen Stettin, sondern nach Nordwesten. Vom Kopfbahnhof aus schwenkte die Strecke in zwei langen Kurven zuerst nach Norden und dann nach Nordosten. Sie umgeht damit die 60 bis 70 Meter aufragenden Höhenzüge nordöstlich von Berlin und hält sich an die Niederung der Panke, einem Nebenfluß der Spree, der am Bahnhof Friedrichstraße mündet.

An Pankow vorbei

Noch während der Bauarbeiten wurde das Gelände des Bahnhofs 1841 nach Berlin eingemeindet. Die neue Stadtgrenze schnitt die Bahntrasse an einem Straßenzug, der bis heute den Namen Grenzstraße führt, obwohl schon 1861 mit einer weiteren Eingemeindung die Grenze weiter hinausgeschoben wurde. Nunmehr lagen die ersten vier Streckenkilometer innerhalb Berlins. Gleich dahinter passiert die Bahnstrecke das Dorf Pankow, den „Ort an der Panke" (nicht das Adenauersche „Pankoff", sondern wie so viele Ortsnamen der Gegend mit stummem „w"). Es hatte enge Beziehungen zu Berlin; seit dem 18. Jahrhundert hatten wohlhabende Stadtflüchtige sich dort Landhäuser errichtet. Pankow wurde früher Vorläufer des „Villenvororts", zumal König Friedrich II. unmittelbar nördlich das Schloß Niederschönhausen mit einem von der Panke durchflossenen Park anlegen ließ, um seine Gemahlin dorthin abzuschieben. Eben jenes Schloß wurde später Sitz des DDR-Staatspräsidenten und Regierungsgästehaus.

Obwohl der Doppelort Pankow/Niederschönhausen schon um Mitte des 19. Jahrhunderts eine beträchtliche und zahlungskräftige Einwohnerschaft hatte, und die Bahn direkt südlich des Dorfangers die Chaussee von Berlin nach Schönhausen kreuzte, war hier kein Halt vorgesehen.

Die Bahntrasse klettert dann immer weiter nordöstlich aufwärts, stets in der Nähe der Panke bleibend und diese sowie ihre Zuflüsse mehrfach kreuzend. Dabei kommt sie in mehr oder weniger großer Nähe nördlich an den Dörfern Heinersdorf, Blankenburg, Karow, Buch und Zepernick vorbei, bevor sie 23 Kilometer von Berlin die Stadt Bernau erreicht, in deren Umgebung die Pankequellen liegen. Mit einem leichten Bogen umgeht die Bahn die Stadt östlich und zieht dann über die Barnimhochfläche nach Eberswalde ins Finowtal hinab.

Bernau, spätestens seit 1296 Stadt, war eine typisch märkische Kleinstadt mit wenigen tausend Einwohnern, zeichnet sich aber dadurch aus, daß sein Maurerring vollständig erhalten ist. Bedeutend war Bernau durch seine zahlreichen Bierbrauereien, die bis 1909, als sie von den Großbrauereien verdrängt wurden, Berlin und viele andere Städte mit Bier versorgten. Für den Fremdenverkehr besonderer Anziehungspunkt war das jeden Sommer mit Festspielen auf einer 3000 Zuschauer fassenden Freilichtbühne begangene Hussitenfest zur Erinnerung an eine Schlacht bei Bernau im Jahre 1432, bei der die Hussiten aus der Mark Brandenburg zurückgeworfen wurden.

Der Verkehr auf der bald zweigleisig ausgebauten Eisenbahn wuchs rasch an und brachte jährliche Dividenden um neun Prozent. Ab 1846 nahm die Gesellschaft weitere Strecken in Betrieb. Bei der Verstaatlichung 1880 umfaßte sie ein Streckennetz von 962 Kilometern Länge. Züge der Berlin-Stettiner Eisenbahngesellschaft fuhren nicht nur nach Stettin, sondern auch nach Stralsund, Swinemünde, Kolberg, Belgard, Strasburg, Danzig usw., aber noch immer nicht nach Pankow.

35 Jahre lang fuhren die Züge von Berlin bis Bernau ohne Zwischenhalt, dann wurden in rascher Folge Stationen eröffnet. Den Anfang machte, noch zur Privatbahnzeit, 1877 Blankenburg, es folgten fast im Jahresrhythmus Buch, Pankow, Zepernick und schließlich 1882 Karow.

Bernau: Steintor mit Hungerturm aus dem 13. Jahrhundert.
Foto (1990): Archiv Fahrgastverband IGEB

Das rasch anwachsende Pankow zählte bereits über 3700 Einwohner, Niederschönhausen weitere 2000. Seit 1874 fuhr, nachdem es vorher schon Pferdebusbetriebe gegeben hatte, eine Pferdebahn auf der Chaussee nach Berlin (der Schönhauser Allee), seit Jahresende auch über die Gleise der Eisenbahn hinweg nach Pankow hinein. Im Sommer 1880 hatte man gar einen wenig erfolgreichen Versuch mit Dampfstraßenbahnen unternommen. Aber erst jetzt nach der Verstaatlichung wurde im November 1880 ein Bahnhof Pankow (später Pankow-Schönhausen, seit 1954 Berlin-Pankow) an der Stettiner Bahn eröffnet.

Heinersdorf, das gerade mal 500 Einwohner zählte, erhielt schließlich als letzter Ort der Strecke im Oktober 1893 eine Station, Pankow-Heinersdorf genannt, da vom Ortskern Heinersdorf weiter entfernt und gerade noch auf Pankower Gebiet gelegen. Zugleich wurde der Rangierbahnhof Pankow eröffnet, der sich auf ganzer Länge zwischen beiden Stationen hinzieht. Zu dieser Zeit wurde auch die Chaussee nach Prenzlau (die Prenzlauer Promenade) mit einer Brücke über die Bahn geführt. Dieses Bauwerk mußte im Mai 1982 weichen, als die Chaussee durch einen Autobahnzubringer ersetzt wurde.

Ein zusätzlicher Bahnhof Röntgental südlich von Zepernick rundete 1903 das System der Vorortstationen ab. Der Endbahnhof in Berlin hatte inzwischen seine Kapazitätsgrenze erreicht. Eine grundlegende Umgestaltung der Bahnanlagen, die die private Bahngesellschaft immer gescheut hatte, war angesagt. Die erste Verbindung mit dem allgemeinen Bahnnetz war 1851 die alte Verbindungsbahn (erst fünf Jahre später kam eine weitere Verbindung über Posen zum schlesischen Netz hinzu). Der „Verbinder" führte vom Kopf des Bahnhofs nach Westen zum Hamburger Bahnhof. Die Neue Verbindungsbahn, die 1872 die alte ablöste, setzte genau andersherum an: von außen ostwärts um den Humboldthain herum. Den weiter westlich nach Moabit führenden Zweig der Ringbahn unterfuhr die Stettiner Bahn zwischen Hochstraße und Wiesenstraße.

Der alte Bahnhof Gesundbrunnen

Genau an der Stadtgrenze schließlich fuhr die Stettiner Bahn seit 1877 unter der Nordbahn hindurch. Weiter südlich hatte diese eine Kreuzung mit der Ringbahn, über die ihre Züge zum Stettiner Bahnhof fuhren. Diesen Weg sollten künftig auch die Stettiner Züge nehmen.

Zunächst einmal wurde 1891 der gesamte Vorortverkehr der drei Nordstrecken zum provisorisch hergerichteten Endbahnhof der Nordbahn geführt und an deren Kreuzung mit dem Ring eine provisorische Station „Gesundbrunnen (Nordbahn)" eingerichtet. In siebenjähriger Bauzeit wurden Nordbahn und Stettiner Bahn mit einer viergleisigen Trasse eingefädelt, wobei die niveaufreie Führung des Vorort- und des Ferngleispaares und die Verbindung der Güterbahnhöfe Pankow, Nordbahnhof und Gesundbrunnen zu berücksichtigen waren. Die vier Gleise legten sich am gänzlich neugebauten Bahnhof Gesundbrunnen neben die bereits viergleisige Ringbahn und schwenkten dann in den Stettiner Bahnhof. Dort wurde westlich neben dem Fernbahnhof, der hochgelegt und ebenfalls erweitert wurde, ein eigener Vorortbahnhof mit vier Bahnsteigkanten errichtet. Nach etlichen Zwischenzuständen und Teileröffnungen konnte im Dezember 1897 der Vorortbahnhof in Betrieb gehen, den die Bernauer Züge nun in einem Zickzackkurs anfuhren. Die bisherige geradlinige Trasse wurde aufgegeben und verschwand rasch im Häusermeer. Die Anfahrt war nun etwas umständlicher, dafür waren die verschiedenen Bahnstrekken optimal miteinander verknüpft. Der Bahnhof Gesundbrunnen erhielt je einen Bahnsteig für (von Nord nach Süd) Vorortbahn, Fernbahn und Ringbahn, dazu Gepäckbahnsteig und separate Gütergleise. Eine Gleisverbindung zwischen Vorortbahn und Ringbahn gab es nicht, beide Systeme blieben im Personenverkehr betrieblich voneinander getrennt.

Blütezeit des Vorortverkehrs

Auf der übrigen Strecke blieb es beim Mischbetrieb der überall haltenden Vorortzüge mit den Fernzügen, die vor Bernau nicht mehr hielten. Dazu kamen jenseits von Pankow noch die Güterzüge.

Die Bevölkerung Pankows war schon bis 1900 auf 20 000 Einwohner explodiert und erreichte 1919 am Ende der kommunalen Selbständigkeit 58 000 Einwohner. Hohenschönhausen bot um 1900 weitere 4000, Bernau überschritt zu dieser Zeit die 9000. Selbst Heinersdorf zeigte mit nunmehr 800 Bewohnern deutliches Wachstum. Auch das etwas nördlich der Bahn gelegene Französisch-Buchholz (Buchholz gab es schon vor Einwanderung der Hugenotten) wollte vom Schienenstrang profitieren. Da wenig Geld zur Verfügung stand, setzte die Gemeinde auf die Pferdebahn, die 1904 am Bahnhof Pankow-Heinersdorf vorfuhr. Der Pferdebetrieb dauerte bis 1907, als die Linie von der „Berliner Elektrischen" übernommen wurde.

Stettiner Bahnhof in Berlin; links im Hintergrund der „Kleine Stettiner" für den Vorortverkehr. Foto (um 1900): Archiv S-Bahn-Museum

Erst 1911/13 standen Gelder für einen viergleisigen Ausbau der Stettiner Bahn zur Verfügung, mit dem sogleich begonnen wurde. Trotz der bald nötigen Kriegswirtschaft konnte bis 1916 abschnittsweise der viergleisige Betrieb bis Bernau aufgenommen werden. Das Vorortgleispaar lag, wie schon auf der bisherigen Strecke vom Stettiner Bahnhof, nordwestlich der Ferngleise, die zwischen Gesundbrunnen und Bernau nun keinen Bahnsteig mehr hatten.

Der von der Stadtbahn unabhängige und nunmehr vom Fernverkehr getrennte Betrieb auf einer längeren Vorortstrecke ließ die Stettiner Bahn 1919 überraschend zum Versuchsobjekt für die Elektrifizierung werden. Wieder fand während der Bauarbeiten eine Eingemeindung statt: schlagartig gehörte mit dem Groß-Berlin-Gesetz 1920 das gesamte Gebiet vom Abzweig der Nordbahn bis kurz vor die Station Röntgental zum Bezirk Pankow von Berlin. Die Fahrgäste mußten aber noch lange mit den Dampfzügen vorlieb nehmen. Als in Pankow bereits die Oberleitungsmasten gesetzt wurden, entschied die Bahnverwaltung, nun doch mit Gleichstrom zu elektrifizieren. Die Krise des Jahres 1923 verzögerte die Arbeiten weiter, so daß es bis Sommer 1924 brauchte, die Stromschienen zu verlegen, Umformerwerke in Pankow und Röntgental zu errichten sowie das Bahnbetriebswerk Bernau der Dampf-Vorortzüge umzurüsten.

Am 8. August 1924 konnte der erste fahrplanmäßige Elektrotriebzug vom Stettiner Vorortbahnhof nach Bernau fahren. Auch dieses Datum wird zuweilen als Geburtsstunde der Berliner S-Bahn angegeben.

Der erste Zugtyp der Berliner S-Bahn: Triebwagen, Bauart Bernau von 1924. 17 Einheiten dieser Züge (je 2 Triebwagen und 3 Beiwagen) waren auf der Stettiner Bahn „zu Hause". Foto: S-Bahn-Hauptwerkstatt Schöneweide

Tunnelstrecke und Verzweigung Bornholmer Straße

Der sehr erfolgreiche Betrieb bestand in dieser Form nur ein Dutzend Jahre. In dieser Zeit wuchs die Einwohnerzahl des Bezirks über 100 000 (etwa die Hälfte davon im eigentlichen Pankow). Neben den Bernauer Festspielen und einem anwachsenden Freizeitverkehr sorgte auch das in Buch errichtete Universitätsklinikum für weiteren Verkehrsbedarf. 1936 konnten die S-Bahnen in den ersten Abschnitt des Nord-Süd-Tunnels bis Unter den Linden geleitet werden. Im Vorlauf waren bereits zwei neue Stationen eröffnet worden, die die Erschließung verbesserten: Im Januar 1935 ging in der Verbindungskurve von Gesundbrunnen zum Endbahnhof die Station Humboldthain in Betrieb und im Oktober 1935 an der alten Nordbahntrasse der Verzweigungsbahnhof Bornholmer Straße. Beide Stationen, von vielfältigen topographischen Zwängen eingeengt, wurden vom Reichsbahnarchitekten Brademann ansprechend gestaltet, wobei Humboldthain ein siebeneckiges Empfangsgebäude erhielt.

Bornholmer Straße wurde dreigleisig ausgelegt, mit einem Mittelbahnsteig für die aus Norden (Nordbahn) und Nordosten (Stettiner Bahn) einfahrenden Züge, deren Gleise sich erst südlich der Station vereinigten, sowie einem Seitenbahnsteig für die aus der Stadt kommenden Züge, deren Wege sich erst nördlich der Station verzweigten. Ab dem 28. Juli 1936 verschwanden die S-Bahnen dann im Gleisvorfeld des Stettiner Bahnhofs über eine Rampe im Untergrund. Der noch keine 40 Jahre alte Vorortbahnhof wurde geschlossen. Fassade und auch die mit Stromschienen versehenen Gleise blieben aber erhalten, nur wurde die Anlage zu einem

S-Bahn-Betriebswerk. Die Bernauer Züge endeten auch nach Fertigstellung des restlichen Tunnelstücks kurze Zeit weiter unterirdisch im Stadtzentrum, bis sie im November 1939 mit den Zügen der Anhalter Bahn zu einer Durchmesserlinie verbunden werden konnten. Weitere Ausbaupläne für die Stettiner Bahn gab es, was die S-Bahn betrifft, nicht; selbst die Nazis wollten den S-Bahnverkehr nicht über Bernau ausweiten. Wohl aber war für den Güterverkehr ein erheblicher Umbau geplant.

Der Rangierbahnhof Pankow sollte zum neuen Ortsgüterbahnhof Nord werden, selbst die ehemalige „gerade" Trasse der Stettiner Bahn sollte für eine Querverbindung zum Ring und zum geplanten Personenbahnhof Nord wieder in Anspruch genommen werden. Die einzige realisierte Planung aber war der Bau des Güteraußenringes, der, von Süden kommend, zwischen Blankenburg und Karow auf die Stettiner Bahn traf. Eine Kreuzung gab es zunächst nicht, der vorläufige Außenring mündete in den Bahnhof Karow, der dafür umgebaut wurde. Die neue Station ging im Oktober 1941 in Betrieb.

Zwischenzeitlich konnten die Bernauer Züge im Berliner Süden bis nach Rangsdorf durchfahren, mit knapp 80 Minuten Fahrzeit von Endstation zu Endstation.

*Das Empfangsgebäude des Bahnhofs Pankow-Heinersdorf um 1930.
Foto: Chronik Pankow, aus: Straßenbahnen nach Buchholz, GVE 1999*

Die Kampfhandlungen im April 1945 brachten den S-Bahn- und sonstigen Eisenbahnverkehr auch hier zum Erliegen. Nach der Kapitulation der Wehrmacht ermöglichten zunächst nur Dampfzüge einen notdürftigen Verkehr. Erst im August konnten die Stromschienen wieder unter Spannung gesetzt werden. Da der Nord-Süd-Tunnel noch immer überflutet war, die Bahnsteige des Stettiner Vorortbahnhofs hingegen längst abgetragen, rüstete die Reichsbahn behelfsmäßig ein Gleis des Stettiner Fernbahnhofs mit Stromschiene aus. Die S-Bahnen hielten damit Seite an Seite mit den langsam ebenfalls wieder einsetzenden Fernzügen, wie zuletzt ihre Vorgänger ein halbes Jahrhundert zuvor. Je ein im Stundenabstand verkehrender Pendelzug vom Stettiner Bahnhof nach Blankenburg und von Blankenburg nach Bernau machten den Anfang, aber schon im November fuhren die Züge wieder halbstündlich. Das Zwischenspiel dauerte kein halbes Jahr: Ab dem letzten Januartag 1946 wurden die S-Bahnen wieder in den unterirdischen Stettiner Bahnhof geführt.

Auch die Stettiner Bahn blieb von der Demontage nicht verschont. Jenseits von Pankow blieb der S-Bahn nur ein Gleis erhalten. Ausweichen mit Kehranlagen in Blankenburg, Buch und (ohne Kehranlage) Zepernick ermöglichten aber bald eine Verdichtung des Fahrplantaktes.

Karower Kreuz und „Stalinkurve"

Verhängnisvoll für das Schicksal der Strecke wurden die letzten Kilometer in Berlin. Fast die ganze Strecke und auch der Berliner Endbahnhof samt dessen unterirdischem Ableger lagen in sowjetischem Besatzungsgebiet. Von der Einmündung der Nordbahn bis an das Gleisvorfeld des Kopfbahnhofs aber lag die Strecke im Bezirk Wedding, der ab Sommer 1945 mit Reinickendorf den französischen Sektor von Berlin bildete.

Zunächst einmal lief der Fernverkehr an. Züge fuhren jetzt wieder nach Stralsund, Greifswald, Pasewalk, Neubrandenburg und Neustrelitz, aber nicht mehr nach Stettin. Nachdem die DDR im Sommer 1950 die Oder-Neiße-Linie anerkannt hatte, war der Name „Stettiner Bahnhof" nicht nur unzutreffend, sondern auch anrüchig (weil unter Revisionismusverdacht) und wurde in das neutrale „Nordbahnhof" geändert – was auch insofern zutreffend war, als hier die Züge der Nordbahn einfuhren.

Nicht mehr lange jedoch, denn die Durchfahrung des Westsektors galt für Reichsbahn und DDR als Störfaktor. Zu dessen Vermeidung nahm die DDR den Bau des Außenrings wieder auf. Dafür entstand das Karower Kreuz, das fortan ebenso wie der Bahnhof Karow mehrfach umgebaut werden mußte. Zuerst wurde in aller Eile eine Verbindung von Karow zur Niederbarnimer Eisenbahn und von dort zur Nordbahn gebaut. 1951 begann der Bau des eigentlichen Außenrings. Dafür mußten die Gleise der Stettiner Bahn zwischen Blankenburg und Karow hochgelegt werden, um die Außenringgleise durchzulassen. Noch während dieser, in Birkenwerder an die Nordbahn anschließend, im Bau war, wurde überraschend im Mai 1952 der Nordbahnhof geschlossen, die Züge von Nord- und Stettiner Bahn nach Lichtenberg und zur Stadtbahn geleitet. Die nur notdürftig hergerichtete Ruine des Fernbahnhofs wurde bald danach abgetragen. Auch der Fernbahnsteig in Gesundbrunnen verschwand und hinterließ eine große Lücke zwischen dem Ring- und dem Vorortbahnsteig. Erhalten blieben aber die Fassade des Vorortbahnhofs sowie der markante Empfangsbau des unterirdischen S-Bahnhofs Nordbahnhof. Dessen einer Ausgang lag seinerzeit auf Ost-Berliner Gebiet während der andere Bahnhofszugang zur Gartenstraße auf West-Berliner Gebiet führte.

Zu Weihnachten 1952 fuhren S-Bahnzüge über die mit Stromschienen versehenen Gütergleise von Pankow zum Ostring (Schönhauser Allee). Verkehrlich war das durchaus sinnvoll, denn es ersparte das umständliche Über-Eck-Umsteigen in Gesundbrunnen, Hauptzweck aber war natürlich die Umfahrung des Westsektors. Sonderlich attraktiv war das Angebot auf den stark belasteten Gleisen allerdings nicht: alle 40 Minuten ein Zug von Blankenburg nach Warschauer Straße und umgekehrt (Zuggruppe K). Demgegenüber fuhren im Berufsverkehr immer noch alle 20 Minuten Verstärkungszüge von Pankow über Gesundbrunnen nach Potsdamer Platz.

Aus der zusätzlichen Verbindung wurde mit dem Mauerbau die einzig mögliche. Die Stettiner Bahn war von ihrem Endbahnhof abgeschnitten. Auch mit dem Güterverkehr zum Stettiner Bahnhof war spätestens jetzt Schluß. Nach den bereits 1952 abgetrennten und dann beseitigten Ferngleisen verschwanden an der Bornholmer Straße jetzt auch die S-Bahngleise von und nach Pankow. Bald erinnerten nur noch die merkwürdige Führung der Nordbahngleise an zwei verschiedenen Bahnsteigen und zwei scheinbar nutzlos in der Landschaft stehende Brücken der S- und Gütergleise Bornholmer Straße–Wollankstraße, unter denen einst die Pankower Gleise lagen, an die ehemalige Streckenverzweigung. Auch das schon seit einigen Jahren nicht mehr benutzte äußere Gütergleis Pankow–Schönholz wurde demontiert.

Für das östliche Teilnetz gab es damit das Problem, die abgetrennten Teile der Stettiner Bahn und der Nordbahn wieder anzubinden. Letzteres gelang mit einer eiligen Elektrifizierung des Außenrings, über den ab November 1961 die Oranienburger Züge zum Karower Kreuz und in den Bahnhof Blankenburg der Stettiner Bahn geleitet wurden. Zugleich wurde das zweite S-Bahngleis zwischen Blankenburg und Pankow wiederhergestellt.

Die S-Bahn-Strecke nach Bernau war am Karower Kreuz eingleisig. Foto (1964): Dr. M. Braun

Knapp einen Monat später, am 10. Dezember 1961, war durch die zwei Kilometer lange zweigleisige Verbindungskurve von Schönhauser Allee nach Pankow auch der letzte Engpaß beseitigt. Die besondere Schwierigkeit ergab sich (neben den Bauarbeiten im Grenzgebiet) dadurch, daß die Gleise der S-Bahn an der Schönhauser Allee auf der „falschen" Seite, nämlich auf der Außenseite des Ringes (nördlich der Gütergleise) liegen. Um kreuzungsfrei zu den S-Bahngleisen der Stettiner Bahn zu gelangen, die nordwestlich der Gütergleise liegen, mußte eigens ein Überwerfungsbauwerk neu errichtet werden, mit dem die S-Bahn die Gütergleise unterfährt. Nun fuhr die Zuggruppe K von Oranienburg nach Warschauer Straße, aber auch alle Züge aus Bernau und Buch konnten auf die Ringbahn nach Ostkreuz und von dort zur Stadtbahn oder Görlitzer Bahn geleitet werden.

Aus- und Umbau im Mauerschatten

Zwar hatten sich auch bei den äußeren Vororten neue Siedlungen um die alten Ortskerne gelegt, besonders Karow war günstig zur Bahn hin gewachsen, Bernau zählte 14000 Einwohner, dennoch lagen auch die zu Berlin gehörigen Orte weiterhin so entlegen, daß sie auf vielen Stadtplänen gar nicht auftauchten. Dies lag mit an den Rieselfeldern links und rechts der Bahn. Diese hatten erst 1987 mit Inbetriebnahme des Klärwerks Schönerlinde (des größten der DDR) ausgedient. Neben umfangreichen Aufforstungen wurde damit auch weiterer Siedlungsbau möglich. Erst in Zusammenhang damit erhielt die S-Bahnstrecke Blankenburg–Buch 1986/87 ihr zweites Gleis zurück. Lediglich von Buch bis Bernau verblieb ein acht Kilometer langer eingleisiger Abschnitt. Mitte der 70er Jahre war zwischenzeitlich sogar die Ausweiche in Zepernick aufgegeben worden. In der Folge war hier der vierte Fall zu beobachten, daß S-Bahnen an Stationen durchfuhren (nach den Bankierzügen der Wannseebahn, den Durchläufern in Westberlin und den Geisterbahnhöfen der Nord-Süd-Bahn): Um wenigstens morgens in der Lastrichtung stadteinwärts einen 10-Minuten-Takt anbieten zu können, fuhr ein Zug von Bernau in Zepernick und Röntgental ohne Halt durch, um die Kreuzung mit dem Gegenzug in Buch abzupassen.

Größere Bauarbeiten an der Strecke gab es zu dieser Zeit auch anderweitig. Bereits Ende 1985 waren die Gütergleise von Pankow zum Karower Kreuz mit Oberleitung versehen worden, 1987 folgten die Ferngleise in Richtung Eberswalde. Um die verbleibende Elektrifizierungslücke zwischen den Güterbahnhöfen Pankow und Frankfurter Allee zu schließen, sollten auch die Verbindungskurve zur Ringbahn und die Ringgütergleise verdrahtet werden. Die Logik des DDR-Grenzregimes löste eine ganze Kettenreaktion von Baumaßnahmen aus. Um für Fahrdrahtmaste Platz zu gewinnen, mußte die Mauer zwischen West- und Ostgleisen versetzt werden. Dafür wiederum mußte das Gütergleis der Nordbahn (das sog. Franzosengleis,wo die französischen Militärzüge fuhren) westwärts verschoben werden. Dies wiederum machte erforderlich, das S-Bahngleis von Gesundbrunnen nach Wollankstraße anders zu legen. Hier nun war endlich Schluß, weil dafür die freie Trasse des ehemaligen S-Bahngleises von Bernau zur Verfügung stand. Genau an dieser Seite begannen die Arbeiten, so daß ab November

Bahnhof Bornholmer Straße, Bauarbeiten für die Wiederinbetriebnahme. Foto(1990): M. Zaretzki

1986 an der Bornholmer Straße die S-Bahnen von und nach Gesundbrunnen am gleichen Bahnsteig vorbeifuhren – freilich immer noch ohne Halt. Als nächstes wurde, immer streng bewacht, das Gütergleis auf die freigewordene S-Bahntrasse verschwenkt. Dies zog sich bis Juli 1987 hin. Der östliche Seitenbahnsteig, an dem nun die Güter- und Militärzüge fuhren, wurde abgetragen, und auch die nutzlosen Brücken über die ehemaligen Bernauer S-Bahngleise wurden beseitigt. Sorgfältig erneuert wurde die Überführung über die ehemalige Grüntaler Straße, da hier Versorgungsleitungen zwischen Ost- und Westberlin verliefen. Danach folgten die übrigen Arbeiten, einschließlich der eigentlichen Elektrifizierung. Drei Jahre später wäre diese umständliche Bauerei nicht mehr nötig gewesen.

Bornholmer Straße wird S-Bahn-Nordkreuz

Immerhin hätte man meinen können, daß die quasi als „Abfallprodukt" herausgekommene Zusammenlegung der S-Bahn an einen Bahnsteig die Wiederinbetriebnahme der Station Bornholmer Straße nach dem Mauerfall erleichtert hätte. Doch erst im August 1990 wurde mit der Instandsetzung begonnen, so daß Züge ab 22. Dezember 1990 hier halten konnten. Die Wiederanbindung der östlichen S-Bahngleise war schwieriger. Es dauerte bis August 1991, zwei behelfsmäßige Seitenbahnsteige für die östlichen S-Bahnen zu errichten. Damit gab es am Bahnhof Bornholmer Straße erst zwei Jahre nach dem Mauerfall eine Umsteigemöglichkeit zwischen den S-Bahnstrecken in Ost und West, wenn auch mit einigem Fußweg.

Dies sollte so nicht bleiben. Im Herbst 1993 begannen umfangreiche weitere Bauarbeiten, zunächst mit dem Abriß der so mühsam verlegten neuen Fernbahngleise samt Oberleitung. Mit einer bloßen Rückverlegung der S-Bahn auf die alte Trasse war es nicht getan, denn auch die nun seit

Bahnhof Gesundbrunnen 1996: Der ehemalige Vorortbahnsteig noch ohne „Kaufhaus". Foto: F. Lammers

Bahnhof Gesundbrunnen 1998: Der ehemalige Vorortbahnsteig mit einem Relikt des alten Empfangsbaus. Foto: M. Heller

Jahrzehnten etablierte Verbindung der Stettiner Bahn zum Ostring ist unverzichtbar. Daher wurde der gesamte Bereich zum Nordkreuz ausgebaut. Die Station Bornholmer Straße wurde zu einem viergleisigen Verknüpfungsbahnhof, so daß Züge von beiden Nordästen (Nordbahn, Stettiner Bahn) auf beide Südstrecken (Gesundbrunnen, Schönhauser Allee) fahren können und umgekehrt. Das gleiche, allerdings ohne Bahnhof, soll auch für die Fernbahn gelten. Im Januar 1995 waren die alten Ferngleise in neuer Lage fertiggestellt, während die Verknüpfung der S-Bahnen, die bereits 1997 vollendet sein sollte, erst 2001 stattfand.

Im Oktober 1995 fuhr am Bahnhof Bornholmer Straße auch wieder eine Straßenbahn über die Bösebrücke. Nach 28 Jahren kehrte die Straßenbahn damit wieder nach West-Berlin zurück, wo man sie 1967 verbannt zu haben meinte.

Sehr rasch dagegen ging 1997 der Bau einer neuen S-Bahn-Station an der Stettiner Bahn voran: Für den Halt Bernau-Friedensthal war treibende Kraft ein privater Investor, der eine bessere Anbindung eines neuen Wohngebietes wünschte.

Und noch vor Fertigstellung des Nordkreuzes wurde im September 2000 der Bahnhof Pankow Umsteigestation zur U-Bahnlinie U2, die um eine Station von ihrem bisherigen Endpunkt Vinetastraße verlängert wurde.

Die ehemaligen S-Bahn-Gleise Bornholmer Straße – Schönhauser Allee und der neu gebaute Bahnhof Bornholmer Straße.
Fotos: Th. Kabisch 1996 und M. Heller

Der direkte Weg von Berlin nach Küstrin

Am 1.Oktober 1867 wurde die Preußische Ostbahn mitsamt dem Ostbahnhof in Berlin eröffnet. Vom Glanz dieser Strecke, auf der die Züge nach Ostpreußen fuhren, ist ebenso wenig geblieben wie vom Bahnhof. Heute ist die Strecke eine reine Berliner Vorortstrecke, mit Anschluß an das Eisenbahnnetz Polens in Küstrin (Kostrzyn).

1867 wurde nur die 86 Kilometer lange Strecke von Berlin über Gusow bis Küstrin eröffnet, genau genommen nur die 63 Kilometer bis Gusow, der Abschnitt Gusow–Küstrin war schon ein Jahr früher in Betrieb gegangen. Zugverbindungen nach Ostpreußen gab es zunächst mit Umwegen: 1852 über Stettin und 1853 über Frankfurt (Oder) nach Küstrin (103 Kilometer). Die Ostbahn verkürzte den Weg, bis Küstrin „nur" um 27 Kilometer, aber Eydtkuhnen an der preußisch-russischen (litauischen) Grenze war damit immer noch 741 Bahnkilometer von Berlin entfernt.

Der Ostbahnhof in Berlin lag in Sichtweite des Frankfurter Bahnhofs, hatte einen geräumigen, passend Küstriner Platz genannten, Vorplatz (heute Franz-Mehring-Platz), sollte allerdings schon nach 15 Jahren ausgedient haben: Zwar wurden die Züge von der Frankfurter Bahn bald in den Ostbahnhof geleitet, jedoch nur, weil der Schlesische Bahnhof (der heutzutage den Namen Ostbahnhof trägt) umgebaut wurde. Mit der Eröffnung der Stadtbahn fuhren ab 1882 umgekehrt die Züge der Ostbahn in den Schlesischen Bahnhof.

Das Bahnhofsgebäude des alten Ostbahnhofs wurde für einige Zeit als Magazin genutzt und von 1928 bis zum Zweiten Weltkrieg als Varieté. Danach entstand auf dem Gelände das Verlagsgebäude des „Neuen Deutschland". Beibehalten und erweitert wurden die Anlagen für den Güterverkehr und die Werkstätten, die zeitweise die Hauptwerkstatt der Königlichen Eisenbahn-Direktion Bromberg waren. Schräg gegenüber lag die Hauptwerkstatt der Königlichen Eisenbahn-Direktion Berlin an der Frankfurter Bahn.

Die Ostbahn verließ den alten Ostbahnhof zweigleisig neben der Frankfurter Bahn und schwenkte bei Rummelsburg auf eine Linie etwas nördlich der Chaussee von Berlin nach Frankfurt (Oder).

Ostbahnhof am Küstriner Platz um 1900

Foto: Landesarchiv Berlin

3. Richtung Osten

Richtung Osten

3.1 Ostbahn

Von Ostbahnhof nach Strausberg Nord

über Ostkreuz, Lichtenberg, Friedrichsfelde Ost, Wuhletal, Mahlsdorf und Strausberg

18 Streckenkilometer östlich von Berlin war der erste Halt der Ostbahn bei Neuenhagen, einem nur wenige hundert Einwohner zählenden Dorf. Dies, obwohl der Ort weitab der Bahnlinie lag und diese vorher dicht hinter den Häusern der entlang der Chaussee aufgereihten Orte Friedrichsfelde (bis 1699 Rosenfelde), Biesdorf, Kaulsdorf und Mahlsdorf verlief. Ab Dahlwitz stärker von der Chaussee abweichend, zielte die Bahn in langen Geraden durch dünnbesiedelte Moränenlandschaft genau an den bedeutenderen Orten vorbei. Die nächste Station lag 28 Kilometer östlich von Berlin und sechs Kilometer südlich der Stadt Strausberg. 45 Kilometer von Berlin, wo der Bahnhof Dahmsdorf-Müncheberg entstand, verlief die Strecke genau zwischen Müncheberg und Buckow.

Kaulsdorf erhielt 1869 einen Bahnhof, und 1870 wurde unweit Dahlwitz, 16 Kilometer von Berlin, eine Station Hoppegarten eröffnet. Weniger die spärliche Bebauung sorgte hier für Verkehr als die 1868 eröffnete große Pferderennbahn. 1872 folgte eine Station Petershagen, die allerdings zweieinhalb Jahre später den Namen Fredersdorf erhielt.

Besondere Vorortzüge fuhren auf der Ostbahn erst ab 1882, mit der Anbindung an die Stadtbahn. Die letzte Station, die noch „Züge in den alten Ostbahnhof sah", war 1881 Lichtenberg, im Jahr darauf in Lichtenberg-Friedrichsfelde umbenannt, weil näher zum letzteren Ort gelegen, aber noch auf Lichtenberger Gebiet. Beide Orte gerieten voll in den Sog der städtischen Entwicklung. Bei Streckeneröffnung hatten sie einige tausend Einwohner, um 1900 schon über 50000, und beide erhielten Anschluß an das Netz der Berliner Straßenbahn.

Lichtenberg wurde 1907 zur Stadt, die mit Eingemeindungen bis 1919 auf 144000 Einwohner anwuchs, Friedrichsfelde zählte weitere 24000. Ein großer Rangierbahnhof Lichtenberg-Friedrichsfelde, mit Anschluß zum Ring, wurde 1879 eröffnet. Die Dörfer weiter auswärts konnten ihre Einwohnerzahlen zwar auch verdoppeln und verdreifachen, blieben bis zur Jahrhundertwende aber allesamt unter 1000 Einwohnern oder knapp darüber. Biesdorf erhielt 1885 einen Haltepunkt, Mahlsdorf (seinerzeit noch ohne „h" geschrieben) mußte gar bis 1895 warten. 1919 hob es sich mit über 6000 Einwohnern dann deutlich von den anderen Orten ab.

Klein- und Zweigbahnen ergänzen die Ostbahn

Die Geradlinigkeit der Ostbahn verursachte eine einmalige Häufung von Zweigbahnen entlang dieser Route. Der erste Abzweig wurde bereits 1872 eröffnet und führte vom Bahnhof Petershagen/Fredersdorf über den Ort Petershagen zum fünf Kilometer entfernten Rüdersdorfer Kalkberg. Hauptzweck war die Anbindung der Kalksteinbrüche, im Gefolge kamen noch diverse Industriebetriebe und ein ausgedehntes Netz von Anschlußgleisen dazu. Einen günstigeren Anschluß im Personenverkehr erhielt Rüdersdorf erst Jahrzehnte später von der entgegengesetzten Richtung mit einer Straßenbahn von der Frankfurter Bahn her. Im August 1893 ging die Kleinbahn vom Bahnhof zur Stadt Strausberg in Betrieb, 1896 folgten eine Strecke vom Bahnhof Strausberg in die entgegengesetzte Richtung nach Herzfelde (zwölf Kilometer, später um drei Kilometer bis Möllensee verlängert und wie die Rüdersdorfer Strecke mit ausgedehnten Anschlußgleisen), im Juli 1897 von Dahmsdorf-Müncheberg ins fünf Kilometer entfernte Buckow, im Oktober 1898 6½ Kilometer von Hoppegarten nordwärts in die kleine Stadt Altlandsberg (2000 Einwohner) und im November 1909 von Müncheberg ins 4½ Kilometer entfernte Müncheberg Stadt, mit Fortführung ins Oderbruch. Auch die Wriezener Bahn (s. nächstes Kapitel) ist eine Zweigstrecke der Ostbahn.

Wachstumskräftig war vor allem Strausberg. Die im 13. Jahrhundert erstmals erwähnte Stadt am Straussee zählte Ende des 19. Jahrhunderts knapp 8000 Einwohner und war damit der mit Abstand größte der Ostbahn-Orte jenseits von Lichtenberg-Friedrichsfelde. Es wurde zum Endpunkt des Berliner Vororttarifs. Aber auch Buckow mit seiner malerischen Umgebung erfreute sich eines zunehmenden Fremdenverkehrs.

Bei alledem wurde die niveaugleiche Ausfädelung aus der Frankfurter Bahn in Berlin hinderlich. Die Platzverhältnisse an der Abzweigstelle Stralau-Rummelsburg waren inzwischen aber so beengt, daß die neue kreuzungsfreie Ausfädelung erst zwei Kilometer weiter in Rummelsburg neben dem großen Rangierbahnhof angelegt werden konnte. Diese neue Anbindung mußte daher in einem weiten Bogen südwärts ausschwenken und traf erst am Bahnhof Kaulsdorf wieder auf die Stammstrecke. Im Januar 1901 wurde die acht Kilometer lange Neubaustrecke eröffnet. Sie erhielt die Bezeichnung „VnK-Strecke" („Verbindung nach Küstrin", „Verbindung nach Kaulsdorf", auch „Von und nach Kaulsdorf" gelesen) und erhielt keine Zwischenstationen.

Die Stammstrecke bis Kaulsdorf war damit gänzlich den Stadtbahnzügen überlassen und wurde grundlegend umgebaut. Sie wurde jetzt vom Schlesischen Bahnhof an von der Frankfurter Bahn getrennt und direkt an die Stadt- und Ringbahngleise angeschlossen. Im Umsteigebahnhof Stralau-Rummelsburg – dem sich herausbildenden Ostkreuz – wurde ein eigener Bahnsteig (der spätere Bahnsteig D) angelegt, wegen der Platzverhältnisse besonders kurz und besonders breit; die anschließende Strecke wurde hochgelegt und erhielt auf der Nordwestseite ein besonderes Gleispaar für den Güterverkehr, das am Haltepunkt Friedrichsfelde Friedhof an die frischeröffnete Wriezener Bahn anschloß. Der Bahnhof Lichtenberg-Friedrichsfelde wurde komplett umgestaltet und mit zwei Bahnsteigen, einem für die Vorortzüge und einem für Wriezener Züge, sowie mit einem Bahnbetriebswerk für Stadtbahnzüge ausgestattet, was sich bis Oktober 1903 hinzog. Zugleich gesellten sich den bisher zwei Zwischenstationen der Strecke zwei weitere hinzu: Rummelsburg Ost (bereits Oktober 1902 in Betrieb und ab 1914 Neu-Lichtenberg genannt) und Friedrichsfelde Ost. Endpunkt des Stadtbahnverkehrs war nun der viergleisig ausgebaute Bahnhof Kaulsdorf. Durch das Groß-Berlin-Gesetz lag die Strecke bis hinter Mahlsdorf ab 1920 in Berlin, im neuen Stadtbezirk Lichtenberg.

Elektrische Züge

In dieser Gestalt wurden die „verlängerten Stadtbahngleise" Schlesischer Bahnhof–Kaulsdorf (elf Kilometer) elektrifiziert, das Bahnbetriebswerk Lichtenberg-Friedrichsfelde für die Elektrozüge umgebaut und in Kaulsdorf ein Unterwerk errichtet, so daß erste Elektrotriebwagen hier im November 1928 rollten, die letzten Dampfzüge im Januar 1929. Anschließend begann die Fortführung der Vorortgleise nach Mahlsdorf. Auf Wunsch und mit Zuschuß der Stadt Berlin wurde die Strecke im Mahlsdorfer Bereich auf einen Damm gelegt. Die elektrischen Züge konnten im Dezember 1930 einrollen. Das Umsteigen zu den Dampfvorortzügen fand nun hier am entsprechend mit zwei Bahnsteigen und großzügigen Kehrmöglichkeiten ausgebauten Bahnhof Berlin-Mahlsdorf statt. Kaulsdorf hingegen wurde auf einen Bahnsteig zurückgebaut.

Pläne zu einer weiteren Verlängerung der Vorortgleise bis Hoppegarten oder gar Strausberg kamen noch nicht über Grobskizzen hinaus; lediglich außerhalb des S-Bahnbereiches war 1923 ein ausgedehnter Sonderbahnhof an der Rennbahn Hoppegarten eröffnet worden, der über eine kurze Stichstrecke zu erreichen war, und der Reichsbahnhof Strausberg erhielt 1924 einen eigenen Vorortbahnsteig. Dennoch hatte auch außerhalb der Groß-Berliner Stadtgrenze elektrischer Betrieb Einzug gehalten. Bereits 1922 war die Strausberger Eisenbahn auf elektrischen straßenbahnartigen Betrieb umgestellt und wenig später nach Norden verlängert worden. Die zunächst als Schmalspurbahn (750 mm) angelegte Buckower Kleinbahn begann im

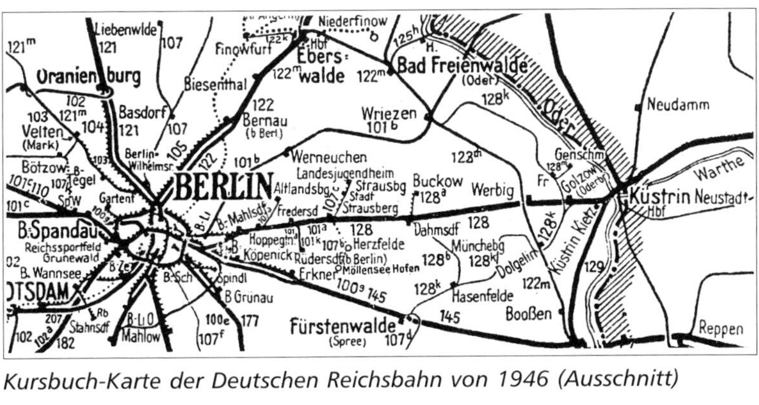

Kursbuch-Karte der Deutschen Reichsbahn von 1946 (Ausschnitt)

Mai 1930 ihre elektrische Zeit als Kleinbahn in Normalspur. Ein weiteres elektrisches Verkehrsmittel der neuen Zeit war die U-Bahnlinie „E" Alexanderplatz–Friedrichsfelde, die 1930 eröffnet wurde. Sie verlief unter der Frankfurter Allee (Chaussee), womit der Bahnhof Lichtenberg-Friedrichsfelde Umsteigestation wurde. 1938 wurde der etwas längliche Name des Bahnhofs zu Lichtenberg verkürzt und dafür mit dem Zusatz „Berlin-" versehen. Das östlich anschließende S-Bahnbetriebswerk hieß von nun an S-Bw Friedrichsfelde.

Ausbau bis in die letzten Kriegstage

Die Ausbaupläne der NS-Zeit sahen vor, die S-Bahn bis Strausberg und Rüdersdorf zu verlängern, mit einem viergleisigen Verzweigungsbahnhof Fredersdorf und vier Bahnsteiggleisen in Hoppegarten. Die bestehende Strecke bis Mahlsdorf sollte viergleisig werden, für eine Fern-S-Bahn, die zwischen Ostkreuz und Mahlsdorf nur in Friedrichsfelde Ost halten sollte. Eine neue Querverbindung sollte von Fredersdorf südwärts nach Erkner führen, und natürlich sollte die Ostbahn an den Güteraußenring mit dem neuen Rangierbahnhof (Verschiebebahnhof) Wuhlheide angebunden werden. Begonnen wurden nur die Güter- und S-Bahngleise nach Rüdersdorf bzw. Strausberg. Wegen der strategischen Bedeutung der Ostbahn – die stieg, je näher die Front rückte – wurde hier bis fast zuletzt gebaut. 1941 gingen separate Gütergleise von Lichtenberg nach Kaulsdorf in Betrieb, mit denen der hier bislang noch bestehende Mischbetrieb von Dampf- und Elektrozügen aufgelöst werden konnte. Im Sommer 1944 wurden die Vorortgleise von Mahlsdorf nach Strausberg fertig und provisorisch von Dampfzügen befahren. Zu einer Elektrifizierung kam es aber nicht mehr.

Nach dem Durchbruch der Roten Armee bei Küstrin und den Seelower Höhen mußte angesichts der heranrollenden Front als erstes die Buckower Kleinbahn im April 1945 den Betrieb einstellen, wenige Tage später auch die Strausberger Bahn und die S-Bahn. Die Ferngleise der Ostbahn jedoch wurden von sowjetischen Eisenbahnpionieren umgehend wieder befahrbar gemacht und konnten Nachschub für die Befreier und bald auch Nahrungsmittel für die Befreiten transportieren.

Elektrische S-Bahnen fuhren erstmals wieder Ende Juli nach Mahlsdorf. Im November konnte die gesamte Strecke bereits wieder zweigleisig im 20-Minuten-Takt befahren werden. Im September war auch die Strausberger Eisenbahn wieder in Betrieb, nur die Buckower Kleinbahn brauchte bis April 1946, um einen Dampfbetrieb aufzunehmen. Die elektrischen Triebwagen hielten hier sogar erst Mitte 1950, nach Übernahme durch die Deutsche Reichsbahn, wieder Einzug.

Von Lichtenberg bis zur Oder

Schon 1946/47 konnte die Reichsbahn die Restarbeiten für die S-Bahn-Verlängerung angehen und im März 1947 den elektrischen Betrieb nach Hoppegarten aufnehmen. Fertig war die Strecke schon zu Weihnachten, allein es fehlte an Kohlen für das Kraftwerk. Im September 1948 rollten dann die S-Bahnen bis Fredersdorf, zwei Monate später nach Strausberg. Den Verhältnissen entsprechend war die Strecke freilich nur eingleisig. Die

Oderbrücke der Ostbahn bei Küstrin (Kostrzyn). Foto: F. Lammers, 2000

Pläne für den Abzweig nach Rüdersdorf wurden nicht berücksichtigt, hier mußten die Fahrgäste weiterhin mit Dampfzügen vorlieb nehmen, die nur noch im Pendelbetrieb verkehrten. Die gelegentliche Durchbindung der Dampfzüge nach Berlin entfiel. Zum Ausgleich wurde zwischen Fredersdorf und Strausberg eine neue S-Bahnstation Petershagen Nord, zu Anfang Giebelsee genannt, eingerichtet.

Neben der S-Bahn sah es jetzt sehr bescheiden aus. Mit der neuen Westgrenze Polens war die Zeit der stolzen Schnellzüge nach Königsberg und Insterburg vorbei. Zwar blieb die Oderbrücke und wurde von Güterzügen genutzt, aber alle Reisezüge endeten in Kietz am linken Oderufer. Dafür reichte ein vor allem östlich von Müncheberg spärlicher Regionalverkehr; das zweite Gleis der Ostbahn konnte größtenteils abgebaut werden.

In Berlin hingegen veränderten die neuen Verhältnisse die Bedeutung der Ostbahn und insbesondere des Bahnhofs Lichtenberg, der bis dato (vom S-Bahnbetriebswerk abgesehen) eine Vorortstation war. Über die Anschlüsse an den Berliner Außenring zwischen Friedrichsfelde Ost und Biesdorf wurden die Züge der Nordstrecken auf die Ostbahn und in den Bahnhof Lichtenberg geleitet, um von dort über die Ringbahn die Görlitzer Bahn und den südlichen Außenring anzufahren. Damit war erstmals eine Nord-Süd-Durchquerung Berlins möglich, die nun für Ost-Berlin eine ähnliche Bedeutung erlangte wie die Stadtbahn für ganz Berlin.

Lichtenberg wurde zum Hauptbahnhof Ost-Berlins. Dafür wurde 1952 ein zweiter Fernbahnsteig angelegt. Hier war nun auch Endstation der Wriezener Bahn und der wenigen Ostbahnzüge, die von Strausberg nach

Berlin hinein fuhren. Die VnK-Strecke wurde in der alten Form nicht mehr benötigt und teilweise abgebaut. Die übrigen Teile dienten jetzt der Anbindung des Außenrings an die Frankfurter Bahn.

Eine kleine Veränderung war noch der Namenswechsel der Station Neu-Lichtenberg in Nöldnerplatz. Großes tat sich dagegen am Ende der Strekke, in Strausberg, wo das Ministerium für Nationale Verteidigung seinen Sitz nahm, als in den fünfziger Jahren in Ost und West Wiederbewaffnung angesagt war. Wegen des entmilitarisierten Status der Viermächtestadt siedelte sich das Ministerium weit außerhalb der Hauptstadt der DDR an, wollte aber eine gute Verbindung dorthin. Nun wurde nicht etwa die Straßenbahnstrecke in Strausberg ausgebaut, sondern östlich davon am Stadtrand entlang eine eingleisige Neubaustrecke der Reichsbahn angelegt. Anfang 1955 – noch gab es die „Nationale Volksarmee" nicht, sondern nur eine „Kasernierte Volkspolizei" – pendelten erstmals Dieseltriebwagen zwischen Strausberg, Strausberg Stadt und Strausberg Nord. Erst ab Juni 1956 wurde die neun Kilometer lange Strecke elektrisch betrieben, durchgehende Züge nach Berlin gab es erst ab 1968.

Die neue Strecke hatte nicht an die Prellböcke der bestehenden S-Bahn angeschlossen werden können, sondern mündete in Strausberg in die Ferngleise (im Bahnhof nach wie vor zwei, neben zwei S-Bahngleisen), so daß bei S-Bahn-Fahrten das Gleis Müncheberg–Berlin blockiert war. Die S-Bahnen nach Strausberg Nord fuhren nur alle 40 Minuten (weniger oft als die Strausberger Eisenbahn) und das zunächst nicht im sauberen Takt. Auf der Stammstrecke hingegen ermöglichten Ausweichen in Hoppegarten und Fredersdorf 20-Minuten-Takte. Von Strausberg fuhren die Züge nach Potsdam, später nach Staaken. Für die 44½ Kilometer dorthin brauchte die S-Bahn 104 Minuten. Eine weitere Zuggruppe setzte in Mahlsdorf ein und fuhr über Stadtbahn und Südring nach Grünau.

Recht unterschiedliche Schicksale hatten die Zweigstrecken der Ostbahn. Nach einigem Tauziehen mit dem Land Brandenburg wurden bis zur Gründung der DDR alle Kleinbahnen der Reichsbahn eingegliedert. Nur die Strausberger Eisenbahn blieb kommunales Unternehmen. Die Instandhaltung der Buckower Kleinbahn-Fahrzeuge wurde Aufgabe des S-Bahnbetriebswerks Schöneweide. Der Personenverkehr auf den nichtelektrischen Strecken (nach Müncheberg Stadt, Herzfelde und Altlandsberg) dagegen wurde in den 60er Jahren nach und nach eingestellt, 1966 desgleichen der in den S-Bahn-Tarif einbezogene Personenverkehr nach Rüdersdorf. Umgekehrt gab die Buckower Bahn ihren ohnehin spärlichen Güterverkehr auf. Das Schicksal der Gesamtstillegung sollte aber auch sie und die Strausberger Eisenbahn ereilen, für letztere war ein Stillegungstermin 1980 anvisiert, als die Verteuerung der Ölpreise und der folgende Richtungswechsel der DDR-Verkehrspolitik dies verhinderten.

Bahnhof Lichtenberg und Biesdorfer Kreuz werden neu gebaut

Mitte der siebziger Jahre begann dann ein neuer Ausbau der Bahn, als die großen Neubaugebiete im Nordosten Berlins erschlossen wurden und der Bahnhof Lichtenberg, seiner Bedeutung entsprechend, erweitert wurde. In langwierigen Bauarbeiten unter laufendem Bahnbetrieb wurden 1976

Bahnhof Lichtenberg, noch ohne Empfangsgebäude.
Foto: Zentrale Bildstelle Deutsche Reichsbahn, Archiv S-Bahn-Museum

bis 1980 ein dritter Fernbahnsteig und ein Empfangsgebäude neu errichtet. Die S-Bahn mußte währenddessen einen Behelfsbahnsteig benutzen. Der endgültige S-Bahnsteig war gegenüber dem alten ein Stück nach Westen verschoben. Einen „Kollegen" erhielt er aber nicht, obwohl für die ein- und aussetzenden Züge des Bahnbetriebswerks mindestens ein drittes Gleis dringend gebraucht werden konnte.

Zur Einführung der neuen S-Bahnlinien von Nordosten mußte das Biesdorfer Kreuz komplett neugebaut und der Haltepunkt Friedrichsfelde Ost nach Westen verlegt werden, auch hier mit einer provisorischen Zwischenlösung. Seit Dezember 1976 zweigen hier die S-Bahnen Richtung Marzahn ab. Die Station Friedrichsfelde Ost und ganz Biesdorf kamen zum neuen Stadtbezirk Marzahn. Auf der Ostbahnstrecke wurden eine weitere Zuggruppe im Berufsverkehr nach Mahlsdorf eingerichtet und Verstärkerzüge bis Hoppegarten gefahren. In Mahlsdorf kamen zeitweise die S-Bahnen im Fünf-Minuten-Abstand an.

Um in Strausberg die beiden Bahnsteiggleise der S-Bahn besser nutzen zu können, wurde für Züge nach Strausberg Nord eine zusätzliche Bahnsteigkante am Ferngleis angelegt und später mit dem S-Bahnsteig zu einer großen Anlage verbunden.

Im Oktober 1984 ging zwischen Strausberg und Strausberg Stadt ein neuer Haltepunkt Hegermühle in Betrieb. Ein weiterer neuer Haltepunkt kam im Juli 1989 zwischen Biesdorf und Kaulsdorf hinzu, und mit ihm hat es eine besondere Bewandtnis: Er liegt dort, wo die Bahn das Flüßchen Wuhle überschreitet und heißt passend Wuhletal. Hier beginnt der zweite neue Stadtbezirk Hellersdorf, dem das ganze Gebiet östlich hiervon bis zur Stadtgrenze zugeordnet wurde. Vor allem aber ist es eine Umsteige-

Bahnhof Friedrichsfelde Ost. Foto: Th. Kabisch, 1997

station zur U-Bahn. Zur Erschließung dieses Stadtbezirks wurde die U-Bahnlinie E verlängert, weil die Stadtbahn keine zusätzlichen Züge mehr aufnehmen konnte. Im ersten, Juli 1988 eröffneten Bauabschnitt schwenkt sie von ihrer vorherigen Endstation Tierpark unterirdisch auf die alte VnK-Strecke, deren Trasse sie dann in Richtung Norden nutzt. Links und rechts der Bahntrasse hatte sich bereits seit den dreißiger Jahren ein zunächst schwach bebautes, aber ausgedehntes Wohngebiet unter der Bezeichnung Biesdorf Süd entwickelt, das nun mit den U-Bahnstationen Biesdorf Süd und Elsterwerdaer Platz auf der VnK-Strecke eine attraktive Schienenverkehrsanbindung erhielt. Mit der zweiten Baustufe erreichte die U-Bahn das Ende der VnK-Strecke. Dort führt sie zwischen die auseinandergezogenen S-Bahngleise zum Umsteigebahnhof Wuhletal mit zwei Inselbahnsteigen und taucht dahinter sogleich nach Nordosten ab. Dies ist der bislang einzige Gemeinschaftsbahnhof Berlins mit gemeinsamen Bahnsteigen für U- und S-Bahn. Zudem wurde hier die ebenfalls erste und einzige Gleisverbindung zwischen beiden Bahnsystemen geschaffen: Über besondere Übergabegleise konnten die U-Bahnwagen ins Ausbesserungswerk Schöneweide geschleppt werden und brauchten nicht mehr mit Straßenrollern transportiert zu werden.

Ende 1992 war zwischen Mahlsdorf und Hoppegarten das zweite Streckengleis fertiggestellt, mit der neuen Station Birkenstein dazwischen. Im Berufsverkehr konnte, nachdem ein zusätzliches Unterwerk fertiggestellt war, bis Hoppegarten ein Zehn-Minuten-Takt gefahren werden. Auf den rund 36 Kilometern von Ostbahnhof (Hauptbahnhof) bis Strausberg Nord gibt es damit 18 Stationen.

Zwei Jahre vorher aber schon hatten die Züge wieder die gesamte Stadtbahn befahren können. Westlicher Endpunkt wurde zuerst Wannsee, später Charlottenburg. Bei der Verteilung von Liniennummern wurde aus den bisherigen Zuggruppen E (von Strausberg/Strausberg Nord) und G (von Mahlsdorf/Hoppegarten) die Linie S5, passend zu der in Lichtenberg und Wuhletal kreuzenden U-Bahnlinie U5. Die Strausberger Eisenbahn nahm mit der Einbeziehung in den Verkehrsverbund die Liniennummer 89 an.

Auch im Fern- bzw. Regionalverkehr brachten die offenen Grenzen der neunziger Jahre neue Möglichkeiten. Die Regionalzüge, die seit langem erst in Strausberg einsetzten, fuhren nun wieder die 23 Kilometer bis Lichtenberg durch – eine Fahrzeit von 18 Minuten gegenüber 37 mit der S-Bahn und deren zehn Zwischenstationen. Auf der anderen Seite fuhren 1992 erstmals wieder Reisezüge über die Oderbrücke nach Küstrin (Kostrzyn) und sogar bis Landsberg (Gorzów).

Die Buckower Bahn konnte davon nicht profitieren. Ihr Betrieb wurde 1995 auf das Sommerhalbjahr beschränkt und 1998 überhaupt nicht mehr aufgenommen. Während hier hinsichtlich der Fahrzeuge ein Außenposten der S-Bahn zugrundeging, wurden die Stadtstrecken wieder hergerichtet, so daß 1998 die S5 wieder im traditionellen Zuglauf nach Spandau fahren konnte. Die 50 Kilometer lange Fahrt von Strausberg Nord nach Berlin-Spandau dauert jetzt 95 Minuten.

Bahnhof Strausberg, Hausbahnsteig am Ferngleis in Richtung Berlin und S-Bahnsteig. Fotos: Th. Kabisch

Ahrensfelde, S-Bahn-Endstation auf der Wriezener Bahn. Foto: GVE

Ein Abzweig der Ostbahn, der zur S-Bahn-Strecke wurde

Nachdem die Kremmener Bahn das Nebenbahnzeitalter eingeläutet hatte, gab es nur im Nordosten noch einen größeren Sektor zwischen Ostbahn und Stettiner Bahn, der nicht von einem Schienenstrang erschlossen war. 1895 machte die Preußische Staatsbahn sich daran, diese Lücke zu schließen, mit einer Bahnstrecke über die Barnimhochfläche in die Stadt Wriezen am Rande des Oderbruchs.

3.2 Wriezener Bahn

Richtung Osten

Von Ostbahnhof nach Ahrensfelde

über Ostkreuz, Lichtenberg, Friedrichsfelde Ost, Springpfuhl, Marzahn

Obwohl die flache Moränenlandschaft keine größeren Schwierigkeiten bot, zogen sich die Bauarbeiten für die Wriezener Bahn in die Länge. Am 1. Mai 1898 ging der Streckenabschnitt von Berlin nach Werneuchen in Betrieb, und im Herbst wurde auch die Strecke bis Wriezen fertig.

Die eingleisige Nebenbahn zweigte bei Friedrichsfelde von der Ostbahn nach Nordosten. Gleich hinter der Abzweigung lag die erste Haltestelle Friedrichsfelde Friedhof, zur Bedienung des „Zentralfriedhofs" der Stadt Berlin (auf Friedrichsfelder Gebiet). Der leicht gewundene Streckenverlauf über die Hochfläche sorgte dafür, daß die Bahn dicht an den Dörfern Marzahn, Ahrensfelde und Blumberg vorbeikam, die mit Streckeneröffnung alle einen Haltepunkt samt Güterbahnhof erhielten. Dann stärker nach Osten haltend passierte die Bahn den Ort Seefeld, bevor sie 28 Kilometer von Berlin die Stadt Werneuchen (1800 Einwohner) erreichte, eine typische Ackerbürgerstadt, die im wesentlichen von der Landwirtschaft lebte. 60 Kilometer von Berlin endete die Strecke im Bahnknoten Wriezen, seinerzeit eine Stadt mit immerhin 7000 Einwohnern und mit Verbindungen in alle Himmelsrichtungen: Seit 1867 war die Stadt nach Norden über Freienwalde mit Eberswalde an der Stettiner Bahn verbunden, seit 1877 nach Süden mit der Ostbahn (Werbig) und mit Frankfurt (Oder).1892 kam eine Verbindung von Osten über die Oder, nach Jädickendorf und Königsberg (Neumark) hinzu. Später als die Wriezener Bahn von Berlin folgte die Oderbruchbahn (1911) als fünfte Strecke.

Im Bereich großstädtischen Wachstums lag die Bahn nur am Berliner Ende. Wenige Jahre nach der Eröffnung der Strecke wurde nördlich von Friedrichsfelde ein großer Magerviehhof angelegt, der über die Wriezener Bahn bedient wurde und auch einen Haltepunkt für Personenzüge erhielt.

Ein dritter Kopfbahnhof in Friedrichshain

Die von der Wriezener Bahn in die Ostbahn mündenden Züge fuhren zunächst zu deren Bahnhof Lichtenberg-Friedrichsfelde. Sie konnten zwar weiter zum Schlesischen Bahnhof und zur Stadtbahn fahren, hätten aber dort das Kapazitätsproblem weiter verschärft. Daher zog man die Bahn um 1900 in die Umgestaltung der Bahnanlagen ein. Ab 1903 fuhren die

Wriezener Züge auf dem Gütergleispaar von Lichtenberg zum Gelände des Güterbahnhofs der Ostbahn. Dort wurde gleich neben der Nordhalle des Schlesischen Bahnhofs ein Bahnsteig mit Empfangsgebäude errichtet. Dieser kleine Kopfbahnhof erhielt den Namen Wriezener Bahnhof. Von hier fuhren Züge bis ins 102 Kilometer entfernte Königsberg (Neumark). Die Strecke verlief nun völlig unabhängig von der Ostbahn und ohne direkte Verbindung zur Stadtbahn. Sie erhielt 1907 einen Abzweig zur Industriebahn Tegel–Friedrichsfelde, die (für den Güterverkehr) nördlich des Magerviehhofs in die Wriezener Bahn mündete.

Die Orte entlang der Bahn blieben durchweg im Bereich dreistelliger Einwohnerzahlen, dementsprechend beschränkte sich der Verkehr auf wenige Züge täglich. Tariflich blieb die Bahn, nicht in den Vororttarif einbezogen, eine Außenseiterin.

1920 schob das Groß-Berlin-Gesetz die Stadtgrenze bis Ahrensfelde. Diese verlief dort genau zwischen Ort und Bahnhof, den Bahnhof im Gutsbezirk Falkenberg noch auf Berliner Gebiet nehmend. Mitte der 20er Jahre wurde der Haltepunkt Friedrichsfelde Friedhof aufgegeben. Auch die Station Magerviehhof wurde, was den Personenverkehr angeht, nur mit wenigen Zügen bedient. Die meisten Züge hatten damit auf den knapp zehn Kilometern von Berlin bis Marzahn den einzigen Zwischenhalt in Lichtenberg-Friedrichsfelde. 1200 Meter hinter Ahrensfelde indes war die Station Ahrensfelde Friedhof eröffnet worden. Sie diente zur Anbindung des neuen großen Ostfriedhofs, erhielt aber auch Verkehr von angrenzenden Neubaugebieten, der alte Bahnhof Ahrensfelde von der Stadtrandsiedlung Falkenberg. Wäre der Name Friedhofsbahn nicht schon für eine andere Strecke vergeben, er hätte auch zur Wriezener Bahn gepaßt: Denn auch in Marzahn eröffnete ein Friedhof unmittelbar an der Bahn.

Erste S-Bahn-Pläne

In den 30er Jahren war zunächst geplant, einen attraktiven Regionalverkehr bis Königsberg (Neumark) durch den Einsatz von Dieseltriebwagen zu schaffen. Dann aber setzte sich die Reichsbahn mit ihren Vorstellungen durch. Diese sahen einen zweigleisigen Ausbau und Gleichstrombetrieb bis Werneuchen vor. Die Züge sollten künftig hinter Friedrichsfelde Ost aus der S-Bahn fädeln und Marzahn erreichen. Bereits damals war eine Station am Springpfuhl vorgesehen. Bis Marzahn sollten parallele Güter- und Personengleise verlegt werden, die Trasse über Magerviehhof sollte nur noch der Anbindung der Industriebahn Tegel–Friedrichsfelde dienen.

Als erster Schritt wurde die Strecke von Berlin Wriezener Bahnhof bis Werneuchen im Mai 1938 in den Vororttarif einbezogen, was drastische Verringerungen der Fahrpreise brachte. Zugleich wurde der Zugverkehr bis Werneuchen verdichtet, so daß im Schnitt ein Zug pro Stunde dorthin fuhr (mit einigen Ausfällen und teils zwei Zügen pro Stunde). „Große Pläne" aber wurden nicht realisiert, auch nicht die Querverbindung von Blumberg in Richtung Blankenburg zur Stettiner Bahn.

Nach Kriegsende konnten auf dem Hauptteil der Strecke, der keine größeren Kunstbauten aufwies und der Demontage entging, die Züge bald wieder bis Wriezen fahren. Der zerstörte Oderübergang wurde aber nicht

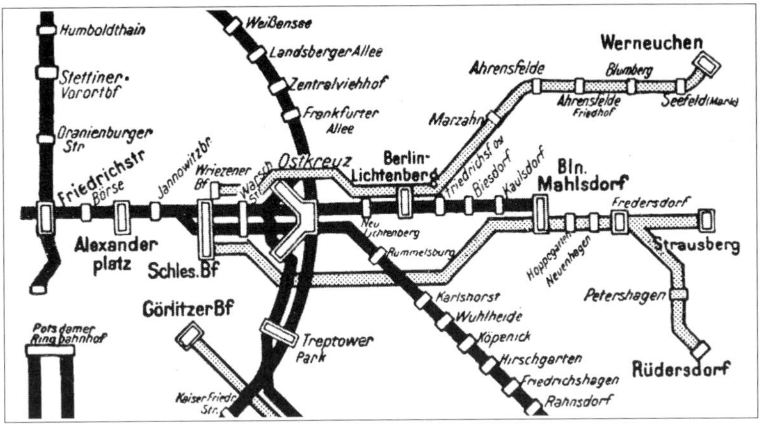

Die Wriezener Bahn ist seit 1938 im Vororttarif und im S-Bahn-Netzplan.

wieder hergestellt und auch auf dem Streckenstummel östlich von Wriezen (ehemals ins Oderbruch) sollte erst Jahre später wieder Leben einkehren.

Der stark zerstörte Kopfbahnhof in Berlin wurde leidlich wieder hergestellt, die Züge aber bald wieder bis Lichtenberg zurückgezogen. Wie vor dem Kriege fuhr, als sich der Verkehr in den 50er Jahren konsolidierte, ein Großteil der Züge nur bis und ab Werneuchen, einige 7½ Kilometer und zwei Stationen weiter bis Tiefensee.

Indirekt war die Bahn auch von der Umbenennung des Schlesischen Bahnhofs betroffen. Im Nachgang dessen wurde der Güterbahnhof der Ostbahn zum Wriezener Güterbahnhof ernannt. Die bisherige Straße Am Ostbahnhof erhielt jetzt den historisch völlig falschen Namen Am Wriezener Bahnhof. Erst Mitte der 80er Jahre wurde daraus unter Einbeziehung der Friedrichsfelder Straße das Wriezener Karree.

Mit „Paula" in die Stadt

Elektrischen Verkehr nach Marzahn gab es von Anfang der 50er Jahre bis 1973, allerdings nur mit dem Obus, der am Bahnhof Lichtenberg und seit 1951 am Ostbahnhof vorfuhr. Marzahn hatte Ende der 30er Jahre knapp 4000 Einwohner, danach war die Bevölkerung sogar leicht rückläufig auf 3000. Aus ihrer beschaulichen Ruhe gerissen wurde die Strecke Ende der 60er Jahre mit dem neuen Generalbebauungs- und Generalverkehrsplan, den die DDR-Führung beschloß. Auf bisher landwirtschaftlich genutzten Rieselfeldern im Nordosten der Stadt, wo das Verrieseln der Abwässer dank moderner Kläranlagen überflüssig geworden war, sollte im großen Stil der Wohnungsbau betrieben werden. Die neuen Stadtteile sollten mit schnellen S- und Straßenbahnstrecken angebunden werden. Dazu griff man die alte Idee auf, eine S-Bahn-Anbindung über den Außenring nach Marzahn herzustellen. Zum einen waren hier verkehrsträchtigere Gebiete zu erschließen als der Magerviehhof, dessen Personenhaltepunkt nach dem Krieg gänzlich aufgegeben worden war; zum anderen konnte so der Bahnhof

Lichtenberg besser umgestaltet werden. Diese Lösung machte die Umgestaltung der Ostbahn-Anschlüsse zum Biesdorfer Kreuz nötig. Im Februar 1969 begannen die Bauarbeiten, die zunächst nur langsam vorankamen. Erst nach dem VIII. Parteitag der SED wurde 1973 der Bau konkreter, am 30. Dezember 1976 konnte der rund vier Kilometer lange erste S-Bahnabschnitt in Betrieb gehen.

Die Regionalzüge nach Werneuchen und Wriezen, inzwischen von Dampf- auf Dieselbetrieb umgestellt, wurden nach Marzahn zurückgezogen, um dort an die S-Bahn anzuschließen. Außer der Station Springpfuhl am Außenring wurde direkt hinter dem Abzweig der Haltepunkt Karl-Maron-Straße eingerichtet. Vorläufiger Endpunkt wurde Marzahn, wohin die ersten zwei Jahre nur ein provisorisches Gleis führte.

Die Wriezener Bahn war nun neu trassiert, die Anbindung über den Magerviehhof aufgegeben; drei Gleise, zwei für die S Bahn, eins für den Güterverkehr, führen seither vom Biesdorfer Kreuz nach Marzahn. Derweil rechts der Bahn Wohngebiete und links davon Gewerbegebiete aus dem Boden wuchsen, wurde mit Beschluß der Stadtverordneten im Januar 1979 aus diesen bisher zu Lichtenberg und Weißensee gehörenden Gebieten der neue Stadtbezirk Marzahn, dessen Bevölkerung in wenigen Jahren auf 160000 anstieg. Er erhielt drei Monate später Straßenbahn-Anschluß, mit Umsteigemöglichkeit am S-Bahnhof Springpfuhl. Nochmals elf Monate später erhielt auch der Bahnhof Marzahn eine Straßenbahnlinie, die 1982 weiter in die Neubaugebiete verlängert wurde.

Der S-Bahn-Ausbau kam derweil schrittweise voran. Am 15. Dezember 1980 wurde ein 1,7 Kilometer langes Gleis mit den Stationen Bruno-Leuschner-Straße und Otto-Winzer-Straße in Betrieb genommmen. Mit den Stationsnamen wurde die Ikonographie der DDR fortgeführt, die in Marzahn etliche Straßen nach verdienten, inzwischen verstorbenen SED-Politikern der ersten Stunde benannte.

Die Regionalzüge verkehrten zunächst auf dem zweiten Gleis weiter bis und ab Marzahn. Ab Februar 1981 wurden sie nach Otto-Winzer-Straße zurückgezogen, wo sie zwei Monate ohne zu halten durchgefahren waren. Allerdings mußten einige Züge dennoch als Leerfahrten weiter nach Marzahn fahren, weil sie in Otto-Winzer-Straße das Streckengleis blockierten. Damit war am 20. Dezember 1982 Schluß, als die S-Bahn bis Ahrensfelde zweigleisig in Betrieb gehen konnte. Im Gegensatz zu den Mittelbahnsteigen der anderen Stationen erhielt Ahrensfelde zwei Seitenbahnsteige für die S-Bahn, deren westlicher an seiner anderen Kante die Regionalzüge nach Werneuchen und Wriezen aufnahm. Die S-Bahn-Züge kehrten am Bahnsteig, für die Regionalzüge entstand eine stadteinwärts gerichtete Kehranlage, die auch mit Stromschienen versehen wurde. In Marzahn und Ahrensfelde befinden sich Übergangsmöglichkeiten zwischen S- und Fernbahngleisen.

Im S-Bahnverkehr wurde die Strecke von der Stammzuggruppe P wie „Paula" zwischen Ahrensfelde und Alexanderplatz bedient. Im Berufsverkehr kamen die Zuggruppen R und Rl dazu, die wechselnd von „Alex", Warschauer Straße und Lichtenberg fuhren. Als Ergänzung wurde im Mai 1983 noch ein Haltepunkt Ahrensfelde Nord, 1300 Meter hinter Ahrensfelde

Friedhof eröffnet, der die äußersten Zipfel der Ahrensfelder Bebauung erschloß. Auf den knapp zehn Kilometern von Lichtenberg nach Ahrensfelde gab es nun sieben Stationen der S-Bahn, denen die nächsten fünf Kilometer bis Blumberg drei Regionalbahnstationen folgten, gegenüber je vier auf den 17 Kilometern von Blumberg bis Tiefensee und den knapp 26 Kilometern von Tiefensee bis Wriezen.

Obwohl Maron und Leuschner als antifaschistische Widerstandskämpfer im KZ gesessen hatten (Winzer konnte in die Sowjetunion emigrieren), waren sie nach 1990 als Namenspatrone nicht mehr tragbar. Die Stationen der S-Bahn erhielten am 1. Februar 1992 nach den entsprechenden Straßenumbenennungen die neuen Namen Poelchaustraße, Raoul-Wallenberg-Straße und Mehrower Allee. Die bisherigen Zuggruppen wurden zur S-Bahnlinie S7, die mit Durchbindung der Stadtbahn zwischen Potsdam und Ahrensfelde verkehrt.

1993 wurden die jetzt im Stundentakt fahrenden Regionalzüge wieder bis Lichtenberg geführt, das sie von Ahrensfelde ohne Zwischenhalt in neun Minuten erreichten (S-Bahn: 15 bis 17 Minuten). Die Chance einer Weiterführung bis Berlin Wriezener Bahnhof, die möglich gewesen wäre, wurde nicht wahrgenommen. Immerhin wurden am anderen Ende der Strecke einige Züge über Wriezen hinaus nach Bad Freienwalde und weiter nach Eberswalde/Angermünde geführt. Doch blieb dies Episode. War schon zu DDR-Zeiten der Personenverkehr östlich von Wriezen eingestellt und die Oderbruchbahn 1966 abgerissen, wurde 1993 der Streckenstummel zur Oder stillgelegt. Am 19. April 1998 (vor Ende der Fahrplanperiode) wurde auch zwischen Tiefensee und Wriezen der Betrieb eingestellt, so daß die Stadt Wriezen ihre wichtigste Bahnverbindung verlor und die Wriezener Bahn die Berechtigung ihres Namens.

Foto: M. Heller

Von Berlin über Fürstenwalde nach Frankfurt (Oder)

Seit Beginn des 19. Jahrhunderts gab es eine gepflasterte Chaussee von Berlin nach Frankfurt an der Oder, die spätere Fernstraße 5. Diese führte über weitgehend trockene Hochflächen zuerst nach Müncheberg (bis hier identisch mit der Reichsstraße 1), dann zur Oder. Fürstenwalde, mit damals 3500 Einwohnern die einzige halbwegs große Stadt zwischen Frankfurt und Berlin, wurde in großem Bogen umgangen.

Nach 1830 gab es Bestrebungen, dem durch den Bau einer Eisenbahn von Berlin nach Frankfurt abzuhelfen, und naturgemäß gehörte die Stadt Fürstenwalde zu den wärmsten Befürwortern. Doch erst im Frühjahr 1841 konnte mit dem Bau begonnen werden, und im Oktober 1842, kurz nach der Stettiner Bahn, wurde die 81 Kilometer lange Strecke als vierte Eisenbahn eröffnet, die Berlin berührt.

In Berlin war der Frankfurter Bahnhof, vom späteren benachbarten Ostbahnhof abgesehen, der einzige Kopfbahnhof, der innerhalb der Stadtmauern lag. Dies lag daran, daß die weit nach Osten ausholende Stadtmauer hier Gebiete umschloß, die zum überwiegenden Teil noch nicht bebaut waren. Aber vom Stadtzentrum lag der Bahnhof weiter entfernt als die anderen Kopfbahnhöfe.

Mit der Zeit wurde auch dieser Bahnhof von der Stadt umwachsen, hier aber anders als im Westen, überwiegend von Arbeitervierteln und Industriegebieten.

Foto: Landesarchiv Berlin

Blick von Osten in den Frankfurter Bahnhof: Viel Glas und Licht zwischen zwei „Wartburgwänden".

3.3 Frankfurter Bahn

Richtung Osten

Von Ostbahnhof nach Erkner
über Ostkreuz, Karlshorst, Köpenick
Friedrichshagen und Rahnsdorf

Von Berlin bis hinter Fürstenwalde führte die Frankfurter Bahn nördlich der Spree entlang. Sie durchstieß die Stadtmauer weit südlich der Frankfurter Chaussee und verlief dann unmittelbar hinter dem Dorf Rummelsburg, wo sie die erste langgezogene Kurve hatte. Einige Kilometer weiter südöstlich erreichte die Bahn ein Waldgebiet, das sie links und rechts fast ununterbrochen bis Fürstenwalde begleitete. Das Gleis überbrückte das Flüßchen Wuhle kurz vor dessen Mündung in die Spree und schwenkte dort auf östlicheren Kurs. Dahinter befand sich die Station für die Stadt Köpenick, zwölf Kilometer von Berlin entfernt und seinerzeit noch Cöpenick geschrieben. Die Stadt gehörte zu den ältesten der Mark Brandenburg (bereits Mitte des 12. Jahrhunderts belegt). Berühmt wurde sie 1906 mit der Köpenickiade des „Hauptmanns" Wilhelm Voigt. Die Altstadt befindet sich auf einer Flußinsel an der Mündung der Dahme in die Spree (erstere auch Wendische Spree, letztere Müggelspree genannt), weitab des mitten im Walde gelegenen Bahnhofs. Erst allmählich wuchs die Dammvorstadt dem Bahnhof entgegen.

Am Bahnhof Köpenick trat die ansonsten durch den Kreis Niederbarnim verlaufende Bahn für ein kurzes Stück in den Kreis Teltow. Das gleiche geschah noch einmal etwas weiter östlich, wo sie einen Flußlauf überquerte, der als Erpe, Neuenhagener Fließ oder auch Mühlenfließ bekannt ist. Sich etwas nach Süden windend, kreuzte die Bahn einen weiteren Seitenarm des Spreetals beim Dorf Erkner, gut 24 Kilometer von Berlin, wo sich eine weitere Station befand. Bis zur Mitte des 18. Jahrhunderts war diese Gegend „auf dem Erkenow" unbesiedelt gewesen. Erkner war erst 1753 mit der großen Sumpfkolonisation gegründet worden und hatte sich bald zu einem größeren Straßendorf entwickelt, deutlich verschieden von den vielen älteren linsenförmigen Angerdörfern im Berliner Raum. Im weiteren Verlauf zieht die Bahn geradeaus nach Fürstenwalde, 47 Kilometer von Berlin. Die Stadt liegt an einer Engstelle des Spreetals zwischen zwei Höhenzügen. Östlich davon tritt die Bahn in das Odertal ein.

1845 wurde die Bahngesellschaft von der in Breslau ansässigen Niederschlesisch-Märkischen Bahn aufgekauft, die über Guben und Liegnitz die Strecke in die schlesische Hauptstadt verlängerte (mit Anschluß nach Oberschlesien). Aber schon zum Jahresanfang 1850 übernahm der preußische Staat Betrieb und Verwaltung der Bahn (rund 400 Streckenkilometer), 1852 kaufte er sie ganz. Von den in der ersten Verstaatlichungswelle erfaßten Bahnen ist die Niederschlesisch-Märkische die einzige im Berliner Raum.

Ein Waldgebiet bis Fürstenwalde

Wie bei anderen Bahnen wurde die Strecke dem wachsenden Verkehr entsprechend zweigleisig ausgebaut und auch der Endbahnhof erweitert. Dies stieß aber schnell an Grenzen, wenn der Bahnbetrieb aufrechterhalten werden sollte. Die Eröffnung des benachbarten Ostbahnhofs ermöglichte dann 1867 bis 1869 die Verlegung eines Großteils der Züge dorthin und einen gründlichen Neubau des Niederschlesisch-Märkischen Bahnhofs.

Nach und nach kamen entsprechend der Siedlungsentwicklung weitere Stationen hinzu, auch der Bahnhof Friedrichshagen, drei Kilometer östlich von Köpenick. Der Ort erstreckte sich genau zwischen Bahnlinie und Ufer des Müggelsees. Zeitgleich mit Erkner als Seidenwebersiedlung gegründet, ist der regelmäßige friderizianischen Grundriß hier deutlich zu sehen. Von den einstigen Maulbeerplantagen ist freilich lange nichts mehr übrig.

Weniger günstig zum Ort lag der Bahnhof Rahnsdorf (1879 eröffnet), dessen Namensgeber, ein altes Fischerdorf, zwei Kilometer südlich an der Mündung der Spree in den Müggelsee lag. Besser stand es um den drei Jahre später weiter östlich eingerichteten Halt Neu-Rahnsdorf. Siedlung und Station wurden dann (in Anlehnung an das benachbarte Friedrichshagen) in Wilhelmshagen umbenannt. Mit den sich ausbreitenden Köpenicker Vororten kam zwischen Friedrichshagen und Köpenick die Station Hirschgarten hinzu. Östlich von Erkner bedienten Fangschleuse und Hangelsberg kleinere Kolonien im Waldgebiet. Fangschleuse wurde mit dem „Bahnwärter Thiel" von Gerhart Hauptmann literarisch verewigt.

Ebenfalls dem Zeitgeist entsprechend war der Name Sadowa für eine kleine Siedlung bei Köpenick, westlich der Wuhlemündung. Den gleichen Namen erhielt 1894 eine Bahnstation im Wald an einer Stelle, an der sich mehrere Wege, unter anderem einer nach Sadowa, kreuzten.

Besondere Bahnhöfe im Personen- und Güterverkehr

Näher zu Berlin entstand 1895 die Station Karlshorst. Sie erhielt ihren Verkehr nicht so sehr vom nördlich gelegenen gleichnamigen Vorwerk, das Anfang des 19. Jahrhunderts von Karl v. Tresckow gegründet worden war, sondern dadurch, daß die Gegend für Pferderennen entdeckt wurde. 1862 fand das erste Armeerennen statt, zivile Veranstaltungen, für die südlich der Gleise eine Rennbahn entstand, folgten später. Neben dem Bahnsteig an den Durchgangsgleisen kam hier ein Veranstaltungsbahnhof hinzu, der als Kopfbahnhof mit sechs Gleisen ausgelegt war. Mehr alltäglichen Verkehr brachte erst die Landhaussiedlung Karlshorst. Auch Rummelsburg erhielt eine eigene Station. Sie trug Anfang der 70er Jahre hinter dem Abzweig der Ostbahn zunächst den Namen Kiez-Rummelsburg, zeitüblich unter Einbeziehung der nahen Kolonie Lichtenberger Kiez.

Zwei weitere Bahnhöfe entstanden mit der 1871 eröffneten Neuen Verbindungsbahn, die knapp außerhalb der Stadtgrenze die Frankfurter

An den S-Bahnhöfen Friedrichshagen und Rahnsdorf
fahren heute die Berliner Umland-Straßenbahnlinien 87 und 88 zum Rüdersdorfer Kalktagebau und zum Flakensee bei Woltersdorf.
Fotos: A. Frenzel

Bahn kreuzte. Zunächst wurden aus Richtung Berlin zwei Verbindungskurven nach Norden und Süden angelegt. Eine erste hier eingerichtete Ringbahnstation Stralau-Rummelsburg diente hauptsächlich dazu, die Dörfer Stralow und Rummelsburg anzubinden. 1875 wurde beschlossen, einen Rangier- oder Verschiebebahnhof südöstlich von Rummelsburg anzulegen. 1879 als erster seiner Art eröffnet, diente er zum Sortieren der Güterwagen, die über die Ringbahn verteilt werden sollten bzw. von dort kamen. Ein äußerer Ringanschluß wurde nördlich der Frankfurter Bahn errichtet. Mit dem an der gleichen Stelle einlaufenden Anschluß der Ostbahn wurde daraus ein x-förmiges Gebilde, das noch heute zu sehen ist.

Eine radikale Umgestaltung erfuhr das Berliner Streckenende mit dem Bau der Stadtbahn. Der Kopf des Bahnhofs samt Verwaltungsgebäude wurde abgerissen, die Station in einen Durchgangsbahnhof verwandelt. Die 1869 errichtete Bahnhofshalle war großzügig genug angelegt, daß das Gleisniveau nun um sechs Meter höher gelegt werden konnte. Die Nordseite wurde um eine zweite Halle ergänzt, die zwei Bahnsteige für die Stadtgleise aufnahm. Dazu kamen in der alten Halle vier Ferngleise, ein Postbahnsteig und Durchfahrgleise. Nun lag bis zur Ringbahn ein zweites Gleispaar in Verlängerung der Stadtgleise. Anstelle der früheren Stadtmauer wurde inzwischen, als eine breite Ringstraße, die Warschauer Straße angelegt, die hier die breiter werdenden Bahnanlagen überspannte. Dort entstand im August 1884 zunächst ein Bahnsteig für die Stadtgleise. Die Frankfurter Züge konnten hier nicht halten; für sie erhielt Stralau-Rummelsburg zwei Seitenbahnsteige.

Gut ein halbes Jahrhundert nach Eröffnung der Strecke war die Zahl der Stationen auf den 24 Kilometern bis Erkner auf zehn angewachsen, bis Fürstenwalde auf 13. Zusätzliche Nahverkehrsanbindungen erweiterten den Einzugsbereich der Stationen: 1882 fuhr eine städtische Pferdebahn vom Bahnhof zum Schloßplatz Köpenick, und auch in Friedrichshagen fuhr 1891 eine zunächst schmalspurige Bahn vom Bahnhof zum Müggelsee. Wegen des starken Ausflugsverkehrs wurde sie in den ersten Jahren im Sommer statt mit Pferdekraft sogar mit Dampfkraft betrieben.

Vorortverkehr bis Erkner

Der zunehmende Verkehr mit Stadtbahnzügen bis Erkner und die große Bedeutung der Ferngleise für den Großteil des Verkehrs nach Osten (nach Schlesien und Ost- und Westpreußen) brachten der Strecke mit dem neuen Jahrhundert als dritter in Berlin separate Vorortgleise. Zugleich wurden die Anschlüsse der Ostbahn neu und niveaufrei gestaltet. Im Oktober 1902 konnte das neue Vorortgleispaar, das durchweg nördlich der Ferngleise lag, in Betrieb gehen. Für eine kreuzungsfreie Führung war die Strecke zwischen Köpenick und Wilhelmshagen auf einen Damm gelegt worden. Der Bahnhof Rennbahn Karlshorst war nur noch von den Ferngleisen erreichbar, ansonsten gab es zwischen Schlesischem Bahnhof und Erkner keine Bahnsteige mehr an den Ferngleisen.

Während die vier Stadtgleise im Schlesischen Bahnhof im Richtungsbetrieb befahren werden – die Erknerzüge im Normalfall an den inneren Bahnsteigkanten haltend, die Lichtenberger an den äußeren –, gingen sie gleich dahinter mit einer Unterführung des Gleises in Fahrtrichtung Lichtenberg zum Linienbetrieb über. Diese, den Platzverhältnissen geschuldete Lösung war für stadteinwärts fahrende Reisende etwas unglücklich. Im Ostkreuz (Stralau-Rummelsburg) brachte der Umbau eine nochmals verwirrendere Anlage, mit nunmehr insgesamt sechs Bahnsteigen und zehn Bahnsteigkanten. Züge zum Schlesischen Bahnhof fuhren dort von vier verschiedenen Bahnsteigen aus. Einschließlich eines Gütergleises vom Schlesischen Güterbahnhof zum Rangierbahnhof führten unter der Ringbahn hindurch fünf Gleise nach Rummelsburg.

Die Vorortstrecke endete im Bahnhof Erkner mit Durchfahrgleisen für Fernzüge und vier Bahnsteiggleisen, die von Fern- und Vorortgleisen anfahrbar waren. Kehranlagen gab es zusätzlich in Stralau-Rummelsburg (stadteinwärts), Karlshorst, Köpenick und Friedrichshagen (stadtauswärts gerichtet), alle zwischen den Streckengleisen, mit Ausnahme von Köpenick, wo die Anlage seitlich einen Übergang auf die Ferngleise vermittelte. Der Zuglauf Potsdam–Stadtbahn–Erkner war nun etabliert. Der Vororttarif reichte bis Fürstenwalde. Die Stadt mit 18000 Einwohnern um 1900, wohin Pendelzüge von Erkner fuhren, wurde zum äußersten Punkt, der zum Berliner Vororttarif erreichbar war.

Rummelsburg, Anfang des 18. Jahrhunderts vom Meiereibesitzer Rummel begründet und 1871 gut 1500 Einwohner zählend, hatte als Gemeinde (1889 mit Boxhagen vereint) um 1900 schon über 16000 und um 1905 bereits über 32000 Einwohner. Zwar noch bis zur Eingemeindung nach Lichtenberg 1912 selbständige Gemeinde, war das Siedlungsgebiet fast

„Hampelmann", Sitzbank, „Gewächshauslaube" und Bahnsteigdach – Relikte aus Zeiten des Vorortverkehrs im S-Bahnhof Wilhelmshagen. Foto: A. Frenzel

nahtlos mit dem Berlins zusammengewachsen. Neben dem Rangierbahnhof Rummelsburg wurde ein Abstellbahnhof für Fernpersonenzüge eingerichtet und schließlich, wegen des immer stärkeren Berufsverkehrs, ein zunächst betriebsinterner Bahnsteig an den Vorortgleisen.

Köpenick zählte mit seinen Vororten bereits über 20000 Einwohner, Friedrichshagen deren 11000. Demgegenüber blieben andere Siedlungen zurück; Erkner kam auf gut 3000 Einwohner. Schon seit 1901 fuhr auf der Warschauer Straße die elektrische Straßenbahn, im Jahr darauf wurde in geringer Entfernung die Endstation „Warschauer Brücke" der städtischen Hochbahn eröffnet. 1903 wurde die Köpenicker Straßenbahn elektrifiziert und in den folgenden Jahren erheblich ausgebaut. Dabei wurde 1906 auch die Friedrichshagener Bahn übernommen, auf Normalspur umgestellt und elektrifiziert. Auf der gegenüberliegenden nördlichen Seite des Bahnhofs, aber ohne die zunächst geplante Verbindung, kam 1910 die meterspurige Überland-Straßenbahn nach Schöneiche hinzu, die 1912 nach Kalkberge (Rüdersdorf) verlängert und 1914 von Benzol- auf elektrischen Betrieb umgestellt wurde. Nach diesem erfolgreichen Vorbild eröffnete auch die Gemeinde Woltersdorf 1913 eine Überlandstraßenbahn, die ihren Endpunkt an der Nordseite des Bahnhofs Rahnsdorf hatte. Pläne für eine Straßenbahnverbindung nach Erkner hingegen zerschlugen sich.

Seit etwa 1910 fuhr die Straßenbahn auf der Tresckowallee unter dem Bahnhof Karlshorst. Auch Rummelsburg hatte Straßenbahn-Anschluß.

Fast zur gleichen Zeit wurde Fürstenwalde Bahnknoten, als im Juni 1911 nach langen Querelen südwärts die Kreisbahn Fürstenwalde–Beeskow und nordwärts (u.a. nach Müncheberg) die Oderbruchbahn eröffnet wurden. Beide Bahnen hielten im Kleinbahnhof nördlich des Staatsbahnhofs.

Erweitert wurde auch der Schlesische Bahnhof in Berlin, an dem seit 1899 die Straßenbahn elektrisch vorfuhr. 1903 entstand als Ableger auf der Nordseite der Wriezener Bahnhof und 1909 nach Umbauten (der Postbahnsteig wurde ersetzt durch einen östlich verschobenen Gepäckbahnsteig) für Züge in Richtung Strausberg ein fünftes Fernbahngleis an der Südseite.

Leicht lädiert wurde der Schlesische Bahnhof bei den Januarkämpfen 1919, als Spartakisten ihn besetzten und Freikorps im Regierungsauftrag ihn stürmten. Der Zugverkehr war aber nur kurzzeitig unterbrochen, ebenso wie beim Eisenbahnerstreik im Juni sowie beim Generalstreik gegen den Kapp-Putsch im März 1920.

Das Groß-Berlin-Gesetz von 1920 verschob die Stadtgrenze bis kurz vor den Bahnhof Erkner. Bis dort verlief die Strecke nun in den Stadtbezirken Friedrichshain, Lichtenberg und Köpenick. Mitte der 20er Jahre wurden davon einige Hektar an Erkner abgegeben. Die Frankfurter Bahn lag jetzt ab Wilhelmshagen unmittelbar an der Stadtgrenze, weil die bahnparallele Landjägerallee – und nur sie – auf eineinhalb Kilometern zu Erkner gehört. In Köpenick ergriff die Bebauung großflächig die Nordseite der Bahn.

S-Bahnzüge im Vorortverkehr

Neu gebaut und leicht verschoben wurde 1924 die Station Warschauer Straße. Nach vier Jahrzehnten konnten nun auch Erknerzüge hier halten, nachdem östlich der Straßenüberführung zwei neue Bahnsteige errichtet worden waren. Schärfer noch als im Ostkreuz ergab sich hier aber die Situation, daß der Bahnsteig der Erknerstrecke exklusiv von deren Zügen angefahren wird und damit gegenüber dem stark belasteten Stadtbahnsteig, an dem alle anderen Züge (Ostbahn, Nordring, Südring, Görlitzer Bahn) halten, geringer genutzt ist.

Vollkommen erneuert wurde auch die Stadtbahnhalle des Schlesischen Bahnhofs in den Jahren 1924 bis 1926. Abgase der Dampflokomotiven hatten in gerade vier Jahrzehnten die Stahlkonstruktion völlig zerfressen.

13. Januar 1919: Regierungstruppen stürmen den von Spartakisten besetzten Schlesischen Bahnhof. Foto: Fahrgastverband IGEB (Archiv)

Bahnhof mit S-Bahn-Triebwagenhalle in Erkner. Foto: Frenzel/Kabisch

Die neue Halle war dem kaum mehr ausgesetzt, denn gleich nach deren Fertigstellung begannen die Arbeiten zur Elektrifizierung der Erknerstrecke. In Erkner, am auswärtigen Ende der Vorortstrecke, wurde für Elektrozüge ein neues Bahnbetriebswerk errichtet. Dessen Aufstellgleise liegen rückwärtig vom Bahnhof, die Triebwagenhalle ist vom Bahnsteig aus nur mit einer „Sägefahrt" zu erreichen. Unterwerke zur Stromversorgung befanden sich in Rahnsdorf und Köpenick. Im Juni 1928 begann der elektrische Betrieb nach Erkner, das zu dieser Zeit etwa 6000 Einwohner zählte. Bis Oktober 1928 fuhren außer den neuen Zügen auch Dampfzüge (Mischbetrieb). Nachdem sich der elektrische Betrieb eingespielt hatte, wurden 1929 die Fahrzeiten angepaßt. Die Reise Potsdam–Erkner dauerte statt zwei nun eineinhalb Stunden. Außer den Zügen nach Erkner fuhren im Berufsverkehr Züge bis Friedrichshagen, die einen Fünf-Minuten-Takt brachten. Die höchsten Belastungen gab es auf der Strecke jedoch sonntags im Ausflugsverkehr. Die Zugfolge bis Köpenick wurde zuweilen auf 2,5 Minuten verdichtet.

Ende der zwanziger Jahre verschwand der Name Sadowa. Der Bahnhof erhielt nun die neue Bezeichnung Wuhlheide nach dem ehemals großen Waldgebiet, in dem er sich befand. Inzwischen allerdings war der Wald recht kräftig beschnitten worden, und zur gleichen Zeit wurde ein weiterer Teil des Gebiets in den Volkspark Wuhlheide umgewandelt.

Die Planungen für „Germania" sahen den viergleisigen Ausbau und elektrischen Betrieb bis Fürstenwalde vor. Zwischen Köpenick und Ostkreuz sollte die Strecke sechsgleisig werden, weil Fern-S-Bahnen von Fürstenwalde dort ohne Zwischenhalt durchfahren sollten. Eine Querspange der Fernbahn sollte vom Südring über Köllnische Heide nach Köpenick

Vorortbahnhof Erkner, Empfangsgebäude. Foto (1992): F. Böhnke

gebaut werden mit einem Fernbahnhalt dort, so daß der Bahnhof Köpenick dann acht Bahnsteiggleise gehabt hätte. Hohe Priorität hatten diese Pläne nicht, so daß nicht einmal zu bauen begonnen wurde. Anders beim Güteraußenring, der die Frankfurter Bahn ab der Jahreswende 1940/41 genau am Bahnhof Wuhlheide überquerte. Mit seinen Verbindungskurven vom südlich gelegenen Eichgestell Richtung Karlshorst und Köpenick zerschnitt er die Reste des Waldes weiter.

Demontage der S-Bahngleise

Drei Tage nach der Kapitulation Berlins – die Oderbrücke bei Frankfurt war sogar schon vorher behelfsmäßig wiederhergestellt – konnte der erste Versorgungszug auf den Ferngleisen der Frankfurter Bahn fahren. Eine Besonderheit war, daß ein Gleis der Strecke in russischer Breitspur hergestellt war, so daß Züge ohne Umladen verkehren konnten. Eine weitere Besonderheit spielte sich in Karlshorst ab. Hier hatte sich das sowjetische Hauptquartier eingerichtet, und hier wurde am 8. Mai 1945 die Gesamtkapitulation der Wehrmacht unterzeichnet – allerdings ein mehr symbolischer Akt, denn die gleiche Erklärung war bereits am Vortag in Reims vor den Westmächten unterzeichnet worden.

Personen-Fernverkehr gab es fahrplanmäßig schon Ende Juni wieder, jetzt zwischen Berlin und Moskau, nur für Angehörige der Roten Armee und mit Fahrzeiten von drei Tagen. Der Breitspurbetrieb wurde im Sommer sogar über die Stadtbahn bis Potsdam und zu einzelnen Abschnitten anderer Strecken erweitert, u. a. damit Stalin zur Potsdamer Konferenz mit dem Zug anreisen konnte. Aber diese Episode endete schon im September 1945, als die Schienen wieder auf Regelspur umgenagelt wurden. Zu dieser Zeit wurde auch wieder bescheidener öffentlicher Verkehr gefahren, aber immer noch nur auf der Fernbahn, die wegen der besonderen strategischen Bedeutung und zum Abtransport der Reparationsgüter beide Streckengleise behalten konnte. Komplett demontiert wurde aber die S-Bahn-Strecke, so daß auch die Frankfurter Bahn nur zwei der vier Gleise behielt. Köpenick wurde notdürftig mit Behelfsbahnsteigen an den

Ferngleisen im Dampfbetrieb angebunden, und durch die Straßenbahn, die erstmals Ende Mai wieder fuhr, im August nach Friedrichshagen, im September nach Mahlsdorf und im November nach Rahnsdorf kam. Ab 1946 fuhren auch wieder Straßenbahnen über die Spree zu Bahnhöfen an der Görlitzer Bahn (April Adlershof, Juni Grünau).

Erst 1947 war an den eingleisigen Wiederaufbau der S-Bahn zu denken. Im Januar 1948 fuhren S-Bahnzüge wieder bis Köpenick, und im November 1948 war die Strecke bis Erkner wieder aufgebaut. Im Arbeiter- und Bauernstaat wurde auch der Betriebsbahnhof Rummelsburg öffentlicher S-Bahn-Halt. Damit gab es vom Schlesischen Bahnhof bis nach Erkner zwölf Stationen, und kurzzeitig bestand 1948/49 in Wuhlheide eine Umsteigemöglichkeit zu den Zügen auf dem Außenring.

Der Schlesische Bahnhof wird zum Ostbahnhof

Bereits 1946 war mit dem Neubau des kriegszerstörten Empfangsgebäudes des Schlesischen Bahnhofs begonnen worden, die Arbeiten kamen aber zunächst nur sehr langsam voran. Ein weiteres Problem tat sich auf in der Tatsache, daß vom Schlesischen Bahnhof keine Züge mehr nach Schlesien fuhren. Sofern der Fernverkehr ostwärts überhaupt noch über Frankfurt hinausging, fuhren die Züge in Richtung Warschau oder Guben, noch nicht einmal bis ins schlesische Görlitz. Nachdem dort die Oder-Neiße-Grenze von der DDR anerkannt worden war, erhielt der Schlesische Bahnhof zum Abschluß der Rekonstruktionsarbeiten im Dezember 1950 den Namen Berlin

Richtungsbahnsteig für Züge von und nach Erkner im Bahnhof Ostkreuz, im Hintergrund der Bahnsteig F für die Ring-S-Bahn. Foto: M. Heller

Ostbahnhof. Den Namen erhielt auch der südlich gelegene Güterbahnhof, während der eigentliche Güterbahnhof der Ostbahn nun zum Wriezener Güterbahnhof erklärt wurde.

In den 50er Jahren erhielt die Erknerstrecke als erste durchgängig ihr zweites Streckengleis zurück: 1957 wurde zweigleisig bis Friedrichshagen gefahren, 1958 bis Rahnsdorf, und 1960 war die gesamte Strecke bis Erkner zweigleisig wieder hergestellt. Dennoch erreichte sie nicht mehr die Zugdichte vergangener Jahre, obwohl Friedrichshagen inzwischen auf 20000 Einwohner, Erkner auf über 8000, Fürstenwalde (inzwischen Kreisstadt) gar auf 30000 kam. Über einen Zehn-Minuten-Takt, der in verkehrsschwachen Zeiten bis Friedrichshagen zurückgezogen und in der Hauptverkehrszeit durch einzelne Züge verstärkt wurde, kam die S-Bahn nicht mehr hinaus; auch die Pendelzüge nach Fürstenwalde erreichten nur knapp ihre frühere Frequenz eines Zugpaars pro Stunde. Nicht wiederaufgebaut wurde die Kehranlage in Ostkreuz, die in Karlshorst wurde zwischenzeitlich ganz aufgegeben und dann eingleisig wiederhergestellt.

Der Mauerbau betraf die Strecke nach Erkner indirekt. Einerseits kamen die Züge in Richtung Westen über Friedrichstraße nicht mehr hinaus, andererseits war die Wiedererstehung des Fernbahnsteigs in Karlshorst eine weitere indirekte Folge: Der Betrieb zum Rennbahnhof war nach dem Zweiten Weltkrieg nicht mehr aufgenommen worden. Jetzt aber wurde an der Südseite der Ferngleise ein Seitenbahnsteig errichtet. Einen Monat nach dem Mauerbau konnten so die Züge vom südlichen Außenring Karlshorst als Endpunkt anfahren und den Engpaß von der Görlitzer Bahn zur Stadtbahn entlasten. Dieser „Fernbahnhof" Berlin-Karlshorst blieb freilich immer ein Notbehelf.

Ostbahnhof – Hauptbahnhof – Ostbahnhof

Nachdem 1982 der Abschnitt Karlshorst–Erkner von Formsignalen auf Lichtsignale umgestellt und dann für die Fernbahn elektrifiziert war, erhielt der einstige Frankfurter Bahnhof abermals eine neue Gebäude- und Hallengestaltung und 1987 die Bezeichnung „Berlin Hauptbahnhof". Dabei hatte er keineswegs die Funktion eines Hauptbahnhofs, Lichtenberg blieb der zweifelsfrei bedeutendere Bahnhof.

Erhebliche Veränderungen brachte das Jahr 1990: Nach der Öffnung der DDR-Grenzen konnten ab Juli die S-Bahnen von und nach Erkner wieder über die westliche Stadtbahn bis Wannsee durchfahren (S-Bahnlinie S3, ab 1991). Im November 1990 gab es einen Großbrand in der Triebwagenhalle Erkner, wobei vier Viertelzüge erheblich beschädigt wurden. Am 1. April 1992 wurde der S-Bahnverkehr von Erkner über Wannsee hinaus nach Potsdam erweitert. Doch seit 1997 ist für Erknerzüge der Bahnhof Westkreuz die Endstation.

Auch die Fernbahn fährt seit September 1990 elektrisch in Richtung Frankfurt (Oder), allerdings nicht mit Gleichstrom aus seitlicher Stromschiene, sondern mit Wechselstrom aus der Oberleitung. Deshalb mußten im Bahnhof Erkner, wo im Berufsverkehr ein- und aussetzende S-Bahnzüge an einer Seite des Fernbahnsteigs halten, die entsprechenden Gleise zwischen Stromschiene und Oberleitung umschaltbar ausgelegt werden.

Ostkreuz – „Materialzug“ zum S-Bw Erkner. Foto: Th. Kabisch, 1997

Die Fernstrecke zwischen Berlin und Frankfurt (Oder) wurde 1992 Teil der Regional-Express-Linie RE1, mit Halt der Züge in Karlshorst, Erkner und Fürstenwalde.

In Berlin schwelte seit dem Mauerfall eine Debatte um den Namen des „Hauptbahnhofs“, der diesen Namen deshalb noch ein paar Jahre behielt, weil der neue Name für den „Niederschlesisch-Märkischen Osthauptbahnhof Berlin-Friedrichshain“ nicht so einfach zu finden war. 1998 obsiegte die schlichte und auch keineswegs verkehrte Bezeichnung „Berlin Ostbahnhof“.

Eine Umsteigeverbindung anderer Art bietet die Station Wuhlheide, wo 1993 die „Parkeisenbahn“ im Volkspark bis an den S-Bahnhof erweitert wurde. Die Schmalspurbahn (600 Millimeter Spurweite), zu DDR-Zeiten als „Pioniereisenbahn“ angelegt, führt Kinder und Jugendliche aktiv an Eisenbahn-Berufe heran und kann an Wochenenden für Parkrundfahrten mit S-Bahn-ähnlichen Wägelchen genutzt werden.

Durch den Spreewald und die Lausitz

Die Berlin-Görlitzer Eisenbahn, die im Jahr 1864 staatlich genehmigt wurde, war eines der Projekte des „Eisenbahnkönigs“ Dr. Betel Henry Strousberg. Sie war aber nicht nur Spekulationsobjekt, sondern auch verkehrlich sinnvoll. Deshalb wohl überdauerte sie ihren Initiator.

Görlitz war von Berlin aus schon seit 1846 über die Niederschlesisch-Märkische Eisenbahn zu erreichen. Neu erschlossen aber wurde die dazwischen liegende Lausitz. Die neue Bahn war gerade fertiggestellt, als dort im Juni des Jahres 1866 die Militärtransporte für den Krieg Preußens gegen den Deutschen Bund (fälschlich auch als deutsch-österreichischer Krieg bezeichnet) rollten.

Regulärer Verkehr auf der Görlitzer Bahn begann am 13. September 1866 auf der Teilstrecke von Berlin nach Chosebuz (deutsch: Cottbus). Erst zum 31. Dezember 1867 war die 208 Kilometer lange Strecke bis Görlitz insgesamt in Betrieb. Der Görlitzer Bahnhof wurde gar erst im Oktober 1868 fertiggestellt. Er lag vor dem Köpenicker Tor, außerhalb der Stadtmauer, die damals gerade zum Abriß stand. Im Gegensatz zum Schlesischen und Halleschen Tor hielt sich der Name Köpenicker Tor nicht. Wohl aber die Ortsbezeichnung des noch innerhalb der alten Stadtumgrenzung angelegten Lausitzer Platzes, dem sich nun der Spreewaldplatz und die Görlitzer Straße anschlossen.

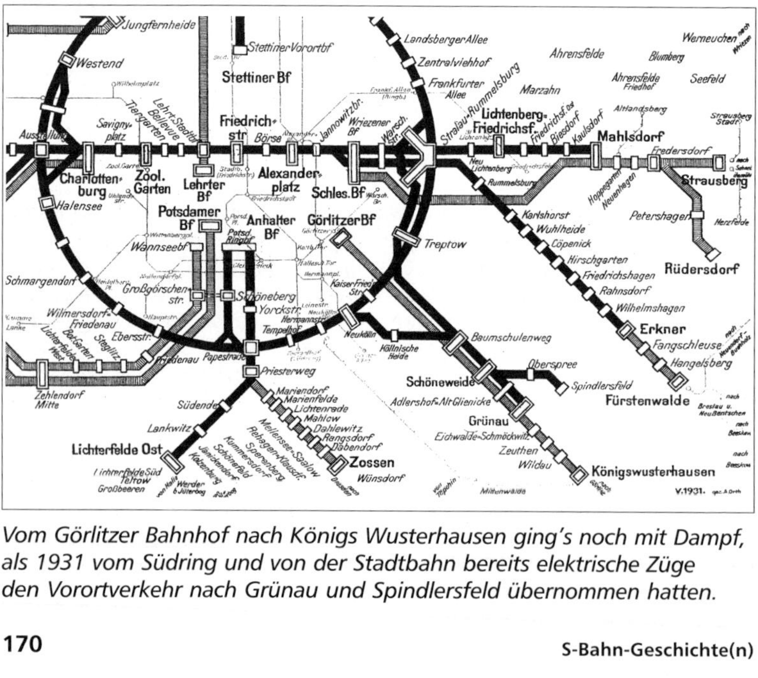

Vom Görlitzer Bahnhof nach Königs Wusterhausen ging's noch mit Dampf, als 1931 vom Südring und von der Stadtbahn bereits elektrische Züge den Vorortverkehr nach Grünau und Spindlersfeld übernommen hatten.

4. Richtung Südosten

Richtung Südosten

Görlitzer Bahn

Treptower Park – Königs Wusterhausen

über Baumschulenweg, Schöneweide, Adlershof, Grünau und Zeuthen

Vom Berliner Görlitzer Bahnhof aus überquerten die Gleise – zunächst nur ein Gleis, Ausziehgleise und ein zweites Streckengleis kamen später hinzu – den damals die Stadtgrenze bildenden Landwehrkanal. Dahinter machte die vom Bahnhof her südöstlich ausgerichtete Strecke einen leichten Bogen. Sie streifte dann die damals noch nicht trockengelegten Köllnischen Wiesen nur am Rande und hielt 14 Kilometer nahezu schnurgeradeaus, ähnlich der ein Vierteljahrhundert zuvor eröffneten Frankfurter Bahn, nur auf der anderen Seite von Spree und Dahme. Wie die benachbarte Bahn führte sie durch ausgedehnte Waldgebiete, wo es kaum eine Siedlung gab.

Als erstes passierte die Bahn das 1707 gegründete Vorwerk Treptow. Zwar schon früh Ausflugsziel der Berliner (Die Neue Krugallee erinnert daran), zählte es bei Streckeneröffnung nur etwa 300 Einwohner. Treptow avancierte erst 1876 vom Gutsbezirk zur Landgemeinde – stationswürdig war das noch nicht. Sieben Kilometer von Berlin erreichte die Bahn dann die Siedlung Niederschöneweide; genauer gesagt, deren aus Wirtshäusern und einem Forsthaus bestehenden Ausläufer. Der Ort sollte erst zwei Jahre nach Treptow selbständige Landgemeinde werden, und Bedeutung gewann er erst, nachdem hier am Spreeufer eine chemische Fabrik eröffnet wurde, der rasch andere Fabriken folgten. Als hier ein Bahnhof eingerichtet wurde, schwankte man aber noch, ob er nach Niederschöneweide oder dem weiter westlich gelegenen Johannisthal, einer friderizianischen Gründung, benannt werden sollte. Wie seinerzeit üblich, wurden dann beide Orte in den Bahnhofsnamen aufgenommen.

Hinter der Kolonie Adlershof gelangte die Bahn bei der 1749 gegründeten Siedlung Grünau wieder dichter ans Wasser, das hier Wendische Spree oder Dahme genannt wurde. Zwei Kilometer hinter Grünau schwenkte die Strecke auf südlicheren Kurs. Dabei entfernte sie sich vom Fluß. Die Chaussee lag von Treptow her östlich der Gleise und wendet sich hier weiter nach Osten, um die Dahme bei Schmöckwitz zu überqueren. Wieder dichter zum Wasser kam die Bahn bei Zeuthen. Der Flußlauf ist hier in eine Kette von Seen aufgelöst, an denen ältere Siedlungen liegen, wie eben Zeuthen. 28 Kilometer von Berlin erreichte die Bahn einen Ort, der heute nicht nur von S-Bahnern kurz und bündig „KW" genannt wird. Der älteste Name des Ortes lautete Wustrow, daraus wurde Wendisch Wusterhausen zu der Zeit, als westlich davon Deutsch Wusterhausen entstand. Den Namen Königs Wusterhausen erhielt er, als Preußenkönig Friedrich Wilhelm I. dort 1717 ein Jagdschloß errichtete, das sein bevorzugter Aufenthaltsort wurde, und wo er auch sein berühmtes Tabakskollegium versammelte. Von Königs Wusterhausen verlief die Bahnstrecke südlich zwischen mehreren Seen hindurch, um dann den Spreewald anzusteuern.

Im Bereich Berlins hatte die Görlitzer Bahn von Anfang an Anschluß an die Alte Verbindungsbahn, die direkt vor dem Kopfbahnhof entlang lief. Fünf Jahre später wurde diese durch die Neue Verbindungsbahn ersetzt, die zwischen Landwehrkanal und Treptow die Görlitzer Bahn kreuzte. Die Alte Verbindungsbahn blieb am Görlitzer Bahnhof bis 1927 dennoch in Betrieb, zur Bedienung eines nahegelegenen Gaswerks.

Eine Anschlußbahn erhielt die Görlitzer Bahn 1868. Eisenbahnkönig Strousberg hatte sich nebenher noch das Gut Diepensee gekauft (auch Tiefensee genannt, 1899 nach Schönefeld eingemeindet). Für die Bewirtschaftung ließ er vom Bahnhof Grünau ausgehend eine sechs Kilometer nach Südwesten führende Pferdebahn anlegen, die bis 1935 (!) fuhr. Mit dem Bau „richtiger" Zweigbahnen begann Strousberg 1871, so daß die Gesellschaft bei ihrer Verstaatlichung 1882 insgesamt 319 Streckenkilometer umfaßte.

Unter Staatsbahnregie ging der Ausbau weiter

Im Oktober 1885 schloss die Görlitzer Bahn auch von außen in Richtung Stralau-Rummelsburg an die Ringbahn und damit an die Stadtbahn an. Um die Güterströme zu verteilen, entstand 1889 der Rangierbahnhof in Schöneweide, der bald erweitert werden mußte. Zugleich begann aber auch der Abstieg des Görlitzer Bahnhofs, denn mit Eröffnung des äußeren Ringanschlusses fuhr ein Teil der Fernzüge auf die Stadtbahn, im folgenden Jahr der gesamte Fernverkehr. Im Görlitzer Bahnhof verblieb nur noch der Vorortverkehr, der allerdings rasch an Bedeutung gewann.

1890 waren die Vororte durchweg schon in den Bereich vierstelliger Einwohnerzahlen gelangt, und neue Stationen kamen hinzu. Außer den Bahnhöfen Niederschöneweide-Johannisthal, Grünau, Zeuthen und Königs Wusterhausen wurde eine Haltestelle bei Adlershof und eine für Altglienicke vorgesehen. Das an der Teltowhochfläche gelegene Dorf Glienicke (seit dem 15. Jahrhundert nachweisbar) erstreckte sich zunächst entlang der heutigen Rudower Straße. In friderizianischer Zeit kam Neuglienicke entlang der heutigen Grünauer Straße hinzu. Beide Gemeinden wurden 1893 vereint, und zur Unterscheidung von vielen anderen Orten in „Glienen" erhielt dieser Ort die Bezeichnung Altglienicke. Der eigene Bahnhalt wurde rasch wieder aufgegeben, stattdessen erhielt der Halt bei Adlershof die Bezeichnung Adlershof-Altglienicke. Eine weitere Haltestelle wurde für die neue Siedlung Eichwalde eingerichtet, die sich vor Zeuthen aus einer ehemaligen Rodungsstelle („Radeland") entwickelte. Der Halt hieß lange Eichwalde-Schmöckwitz, obwohl Schmöckwitz weitab der Bahn liegt.

In dem sich rapide entwickelnden Industriegebiet in Nieder- und Oberschöneweide wurden etliche Anschlußgleise gelegt, 1890 begann eine Privatgesellschaft mit dem Betrieb einer „Industriebahn Oberschöneweide", gemeinhin als Bullenbahn bekannt, weil die Güterwagen hier gelegentlich nicht von Pferden, sondern von Ochsen gezogen wurden. Sie führte vom Bahnhof über die Spree nach Oberschöneweide und wurde später bis zum Bahnhof Rummelsburg an der Frankfurter Bahn durchgebunden.

Wegen des Bedarfs der Industriebetriebe an Güterverkehr baute die Staatsbahn näher am Spreeufer die Zweigstrecke nach Spindlersfeld, eingleisig mit der Zwischenstation und Ausweichstelle Oberspree. Nach Spindlersfeld, einer Köpenicker Vorstadt, die durch Färbereien Bedeutung erlangte, fuhren 1891 erstmals Züge. 1892 wurde der volle Personen- und Güterverkehr aufgenommen und die Strecke nachträglich in den neuen Vororttarif einbezogen. Dieser reichte auf der Stammstrecke der Görlitzer Bahn bis Königs Wusterhausen.

Mitte der 90er Jahre hatte städtische Bebauung den Görlitzer Bahnhof umschlossen und die Fläche bis zum Landwehrkanal weitgehend gefüllt. Jenseits des Kanals begannen erst wenige Häuser zu wachsen. Dort, vor den Toren der Stadt, fand auf dem Gelände zwischen Spree, Treptow und Görlitzer Bahn vom 1. Mai bis 15. Oktober 1896 die große Berliner Gewerbeausstellung statt, mit dem Neuesten aus Wissenschaft und Technik (auch aus dem Verkehrswesen). An der Görlitzer Bahn, kurz hinter dem Anschluß zur Ringbahn wurde ein Bahnhof Ausstellung eingerichtet, der direkte Zugverbindungen von der Stadtbahn erhielt, mit separaten Gleisen zum neuen Vorortgleispaar der Ringbahn. So konnten die sechs Bahnsteigkanten des Bahnhofs Ausstellung ohne Störung des übrigen Verkehrs der Görlitzer Bahn angefahren werden. Wegen zunehmender Kapazitätsengpässe der Stadtbahn mußten Fernzüge vorübergehend zum Görlitzer Bahnhof fahren.

Aus dem Ausstellungsgelände wurde anschließend der Treptower Park. Der Veranstaltungsbahnhof wurde nach Ende der Ausstellung wieder geschlossen, weiter südlich entstand aber auch eine dauerhafte Verbindung: Nach längeren, sich etwas zäh dahinziehenden Bauarbeiten wurde der Betrieb der eingleisigen „Anschlußbahn Rixdorf–Niederschöneweide" aufgenommen. Diese zweigte am Ringbahnhof Rixdorf (heute Neukölln) ab

Der „Görlitzer" und der Spreewaldplatz. Foto (um 1879): Landesarchiv Berlin

und zog sich mit einigen Windungen, aber generell ostwärts 3½ Kilometer lang zur Görlitzer Bahn. Damit war Schöneweide in beide Richtungen an den Ring angebunden. An der Einmündungsstelle, zwei Kilometer nördlich von Niederschöneweide, querte die Baumschulenstraße, die ihren Namen von der damals vorherrschenden Geländenutzung hatte. Nach Westen zu entwickelte sich die Siedlung Marienthal. Die an der Abzweigung eingerichtete neue Haltestelle erhielt den Namen Baumschulenweg, der bald den Namen zur Bezeichnung der gesamten umgebenden Siedlung hergab.

Zu einem Bahnknoten wurde in jenen Jahren auch Königs Wusterhausen. Bereits 1894 kam zu der nordsüdlich verlaufenden Görlitzer Bahn eine Verbindung westwärts nach Mittenwalde und Töpchin, 1898 dann auch ostwärts über Storkow und Beeskow nach Grunow. Die Strecken wurden so in den bestehenden Bahnhof eingebunden, daß die Züge aus Töpchin von Süden, die aus Storkow von Norden einliefen.

Zweieinhalb Kilometer nördlich von Königs Wusterhausen befand sich einst die kleine Siedlung Hoherlehme, das Gegenstück zu Niederlehme auf der anderen Seite der Dahme. Doch nicht unter diesem Namen, sondern unter dem zeitgenössisch modischen Namen „Wildau" erhielt ein kleiner Haltepunkt Bedeutung, als die Maschinenfabrik Schwartzkopff ihre Produktionsstätten vom Oranienburger Tor in Berlin hierhin verlagerte.

Industrie, Brücken und ein Flugplatz

Nachdem Treptow zur Gewerbeausstellung gleich mehrere elektrische Straßenbahnen erhalten hatte, sollte mit dem Beginn des 20. Jahrhunderts der Bahnhof Niederschöneweide-Johannisthal ein Zentrum des elektrischen Bahnbetriebs werden: Im August 1901 hatten auf der Bullenbahn die Bullen ausgedient. Jetzt zogen Elektroloks die Güterwagen. Möglich wurde dies mit dem Kabelwerk der AEG, das in Oberschöneweide errichtet wurde. Eine Tochterfirma übernahm die Industriebahn und führte den hochmodernen Betrieb. Außerdem begann zwischen Niederschöneweide und Köpenick das elektrische Zeitalter der Straßenbahn. Nur zwei Jahre später gab es mit dem elektrischen Versuchsbetrieb auf der Strecke nach Spindlersfeld auch auf der Eisenbahn eine Oberleitung, und im Winter 1904/05 fuhr vom Bahnhof aus sogar eine „gleislose Straßenbahn" nach Johannisthal – einer jener ersten, noch wenig erfolgreichen Obusse, der allerdings nach drei Monaten durch einen Pferdeomnibus ersetzt wurde. Erst später wurden hier Gleise für eine „richtige" Straßenbahn gelegt.

Zu dieser Zeit kamen in rascher Folge weitere Straßenbahnverbindungen hinzu, so daß sämtliche Eisenbahnstationen bis Grünau Straßenbahn-Anschluß hatten. Daran waren drei verschiedene Straßenbahngesellschaften beteiligt und 1912 kam als vierte die Schmöckwitz-Grünauer Uferbahn hinzu, nachdem die damals nur wenige hundert Einwohner zählende Gemeinde Schmöckwitz zehn Jahre um die Straßenbahnverbindung zum Bahnhof Grünau gerungen hatte. Diese, als letzte der städtischen BVG eingegliederte Straßenbahn, ist bis heute die landschaftlich reizvollste.

Der kräftige Verkehrsschub durch den erweiterten Einzugsbereich der Bahnhöfe und das weitere Bevölkerungswachstum der Vororte verlangte

Aus der Zeit des Vorortverkehrs: Gepäckbank auf dem S-Bahnhof Eichwalde. Foto (2002): A. Frenzel

nach weiterem Eisenbahn-Ausbau. Dazu gehörte, die Bahnstrecke hoch zu legen, um die mit zunehmender Bebauung immer zahlreicher werdenden Querstraßen kreuzungsfrei unter der Bahn durchführen zu können. Dazu gehörte aber auch, separate Vorortgleise anzulegen. Diese führten dann allerdings nicht in den Görlitzer Bahnhof, sondern zur Stadtbahn auf der anderen Spreeseite. Am 1. Mai 1906 konnten acht Kilometer Strecke bis Adlershof in Betrieb gehen, drei Jahre später folgten weitere vier Kilometer bis Grünau. Dieser Bahnhof, inzwischen Grünau (Mark) genannt, erhielt seinen Verkehr nicht nur durch die inzwischen fast 3000 Einwohner und den Ausflugsverkehr. Der 1876 gegründete Ruderverein richtete auf der seeartig breiten Dahme (Langer See) eine Regattastrecke ein.

Weiteren Bevölkerungszuwachs brachte ab 1913 die Arbeitersiedlung Falkenberg. An einer gleichnamigen Erhebung westlich der Bahn, immerhin etwa 25 Meter über Geländeniveau, gab es bereits ein älteres Vorwerk Grünaus, das jetzt kräftig in Richtung Neuglienicke ausgebaut wurde. Zur Besiedlung trug auch das 1910 eröffnete Bahnbetriebswerk Grünau bei. Da nun regelmäßig Züge von der Stadtbahn in Grünau endeten, wurde hinter dem Bahnhof die neue Anlage für die Wartung der Züge erbaut.

Zwei weitere Verkehrsträger machten sich in der Landschaft bemerkbar. Der inzwischen fertiggestellte Teltowkanal war zweimal zu überbrücken: Mit seinem Britzer Zweigkanal mündete er südlich von Baumschulenweg in die Spree, mit seinem Hauptkanal zwischen Adlershof und Grünau.

Westlich der Görlitzer Bahn eröffnete 1909 der Flugplatz Johannisthal das Zeitalter der Fliegerei. Obwohl diese kaum über das Versuchsstadium hinaus war, erhielt der Flugplatz einen kompletten Schienenring, der an die Görlitzer Bahn angeschlossen war.

Eine Besonderheit der Görlitzer Vorortbahn war, daß die vier Stationen Baumschulenweg, Schöneweide, Adlershof und Grünau Bahnsteige auch an den Ferngleisen behielten. Der Vorortverkehr nach Königs Wusterhausen blieb vom Görlitzer Bahnhof voll erhalten, und in Schöneweide hielten jetzt sogar Schnellzüge, die bequeme Anschlüsse zur Stadtbahn herstellten. Auch die Spindlersfelder Strecke war sowohl an die Vorort- als auch an die Ferngleise angeschlossen, wenngleich die Personenzüge meist nur bis Schöneweide pendelten. Auch die Anschlüsse zur Ringbahn wurden weiter ausgebaut. Die Arbeiten erfolgten in etlichen Etappen und zogen sich bis in die 20er Jahre hin. Zunächst wurde die Anschlußbahn nach Rixdorf auf erst zwei Gleise ausgebaut, je eines für Vorort- und Güterverkehr, dann auf drei durch Verdoppelung des Vorortgleises. Dabei wurde die Strecke, obwohl noch durch unbebautes Gebiet führend, auf einen Damm gelegt und etwa auf halbem Wege ein Haltepunkt eingerichtet mit dem heute etwas merkwürdig anmutenden Namen Köllnische Heide. Heute trägt nur noch ein kleines Waldstück zwischen Adlershof und Oberspree diesen Namen, weit, weit ab vom Bahnhof. Seinerzeit aber war die Köllnische Heide noch ein mehr oder weniger zusammenhängendes Waldgebiet, das bis an den Britzer Zweigkanal nicht allzu weit vom neuen Bahnhof reichte. Ein kleineres Teilstück dort existiert heute noch unter dem Namen Königsheide. Auch diese Station erhielt Straßenbahn-Anschluß und wurde rasch zum Mittelpunkt einer kleinen Siedlung, die aber bis in die fünfziger Jahre des 20. Jahrhunderts nur den Bereich direkt um den Bahnhof ausmachte, während ringsherum Kleingartenkolonien lagen.

Sodann wurde die Einfädelung am Bahnhof Baumschulenweg verbessert, indem dieser eine fünfte Bahnsteigkante erhielt. Dazu wurde auf der Ostseite ein Seitenbahnsteig errichtet, der 1916 in Betrieb ging. Wegen der Platzverhältnisse, um nicht das gesamte Empfangsgebäude abreißen zu müssen, wurde er gegenüber den anderen Bahnsteigen nach Norden versetzt angelegt. Dort hielten nun Vorortzüge stadteinwärts. Der bisherige Vorortbahnsteig wurde nur noch von den stadtauswärts fahrenden Zügen benutzt, rechts die Züge aus Treptow, links die aus Rixdorf/Neukölln, die zuvor die übrigen Gleise unterfahren. Hinter dem Bahnsteig vereinten sich dann beide Gleise. Erweitert wurde auch der Schöneweider Bahnhof, so als ob er Baumschulenweg um eine Bahnsteigkante voraus bleiben müsse. Bisher bestand neben den Ferngleisen mit ihrem Bahnsteig eine dreigleisige Vorortanlage für die Ausfädelung der Spindlersfelder Strecke. Dieser Bahnhofsteil wurde nun auf vier Gleise mit zwei Mittelbahnsteigen sowie dahinter umfangreichen Aufstellanlagen erweitert. Blieb noch die Verbindung zum Ostring. Wegen der Lage der Vorortgleise östlich der Gütergleise auf der Görlitzer und westlich auf der Ringbahn mußte das Vorortgleispaar Baumschulenweg–Treptow von insgesamt sechs Gleisen überbrückt werden: den Güterverbindungsgleisen, die ihrerseits vorher niveaufrei aus den Görlitzer Ferngleisen ausfädeln; einem Anschlußgleis des Güterbahnhofs Neukölln-Treptow; und schließlich dreien der vier Ringgleise. Zwischen den Ringvorortgleisen münden die Verbindungsgleise in den Ringbahnhof Treptow, der auf vier Gleise mit zwei Mittelbahnsteigen ausgebaut wurde.

An der Ostseite des Bahnhofs liefen diese Gleise zu zweien zusammen und überquerten die Spree. Gleich hinter der Spreebrücke und der Straße Alt-Stralau verzweigten sie sich jedoch schon wieder im Anlauf auf das Ostkreuz. Als letzter Ausbauschritt wurden daher die Brücken auf sechs Gleise (zwei Güter, vier Vorort) erweitert und die Anschlüsse neu gestaltet. Züge von Baumschulenweg konnten danach über Treptow zur Warschauer Straße fahren, ohne die eigentlichen Ringgleise zu berühren. Gleiswechsel ermöglichten Fahrten in alle vier Richtungskombinationen.

Inzwischen war mit der Bildung von Groß-Berlin die Stadtgrenze bis kurz vor den Bahnhof Eichwalde hinausgeschoben worden; eine neue Stadtrandsiedlung schloß sich hier direkt an die Eichwalder Bebauung an. Der Berliner Kopfbahnhof lag jetzt im Stadtbezirk Kreuzberg, die Strecke zunächst im Bezirk Treptow und ab Grünau im Bezirk Köpenick. Wenige Jahre später begannen die Vorarbeiten für die Elektrifizierung der Vorortgleise, die an der Görlitzer Bahn besonders umfangreich ausfielen.

In Niederschöneweide entsteht ein S-Bahn-Ausbesserungswerk
Im August 1926 begannen hier die Bauarbeiten, und im Oktober 1927 nahm das Werk den Betrieb auf. Es lag auf der Ostseite der Hauptgleise und hatte ein direktes Anschlußgleis zum Bahnhof, das gemeinsam mit dem Spindlersfelder Gleis ausfädelte. Die erste Tätigkeit war das Indienststellen der neuen S-Bahn-Triebwagen, die elektrisch ausgerüstet wurden. Neben den umfangreichen Anlagen des Schöneweider Rangierbahnhofs war ein neuer Arbeitsplatzschwerpunkt entstanden, der aber vom Bahnhof aus nur mit längerem Fußmarsch zu erreichen gewesen wäre. Daher entstand gut einen Kilometer südlich des Bahnhofs in Schöneweide 1927 der Bahnsteig des Betriebsbahnhofs Schöneweide.

Der elektrische Betrieb erreichte die Görlitzer Bahn in zwei Etappen: von Neukölln nach Grünau am 6. November 1928, von Treptow her und auf der Zweigstrecke nach Spindlersfeld am 1. Februar 1929. Auch im elektrischen Betrieb war damit die Görlitzer Bahn in der unter den Vorortstrecken einmaligen Situation, Anbindungen nicht nur an die Stadtbahn, sondern auch an beide Richtungen des Ringes zu haben, dazu den Dampf-Verkehr zum Kopfbahnhof, der keineswegs gering war. Bis nach Königs Wusterhausen fuhren Vorortzüge im Halbstundentakt, mit zusätzlichen Zügen im Berufsverkehr, dazu Fernzüge mit Halt nur in Schöneweide und Königs Wusterhausen. Eichwalde und Wildau überschritten in den 30er Jahren

Für die Züge zum Ring und zur Stadtbahn entstand in Baumschulenweg der Seitenbahnsteig, um den Empfangsbau zu erhalten. Foto: F. Müller

die Marke von 5000 Einwohnern, Zeuthen blieb etwas darunter. Das noch ein wenig größere Königs Wusterhausen wurde 1935 zur Stadt erhoben. Trotzdem war die Zahl der Reisenden bei der elektrischen S-Bahn um ein Vielfaches höher als im Dampfverkehr. Die drei Fahrmöglichkeiten in die Stadt (Nordring, Südring, Stadtbahn) wurden mit verschiedenen Zuggruppen befahren. Im sonntäglichen Ausflugsverkehr gab es zeitweise eine Schleifenfahrt Grünau – Nordring – Südring – Grünau, entsprechend die Gegenrichtung. Besonders beständig waren die Zuggruppen „H" wie Heinrich: Grünau – Stadtbahn – Spandau und „G" wie „Gustav": Grünau – Südring – Stadtbahn – Mahlsdorf. Deren etwas verschlungene Linienführung hatte zur Folge, daß auf den Stadtbahnhöfen bisweilen in beiden Fahrtrichtungen gleichzeitig Züge nach Grünau ausgeschildert waren.

Aufrüstung und Krieg

Die ab Mitte der 30er Jahre immer offener betriebene Aufrüstung brachte das Ende des wohl letzten Pferdebahnbetriebs im Berliner Raum. Die ehemals Strousbergsche Gutsbahn nach Diepensee wurde Teil der „Henschelbahn" zum neuen Flughafen, der in Schönefeld entstand. Von Grünau fuhren besondere Werkspersonenzüge zu den „Henschelwerken".

Die Planungen für „Germania" sahen für den Ausbau der S-Bahnstrecke bis Königs Wusterhausen zwei Gleise vor sowie die zusätzliche Station Neu-Wildau; auch die Spindlersfelder Strecke sollte zweigleisig werden. An der Kreuzung mit dem neuen Außenring war eine Station Glienicke vorgesehen, gleich viergleisig als Option auf eine spätere auf den Außenring abzweigende S-Bahn. Eine dreigleisige Abzweigstation Dammweg war nördlich von Baumschulenweg vorgesehen (etwa in der Lage des späteren Bahnhofs Plänterwald). Von dort sollten neue S-Bahngleise zum Görlitzer Bahnhof führen. Der oberirdische Kopfbahnhof sollte entfallen, bei der Fernbahn zugunsten erweiterter Ringanschlüsse. Die S-Bahn sollte in dessen Vorfeld in einen unterirdischen S-Bahnhof fahren, der allein den Namen Görlitzer Bahnhof behalten sollte, und von dort unterirdisch weiter unter der Oranienstraße. Vorher schon hatte es in dieser Relation U-Bahnplanungen gegeben, und unter dem Moritzplatz existierten bereits Teile eines Rohbaus für einen U-Bahnhof, der nun umgenutzt werden sollte. Es war zunächst naheliegenderweise an eine Fortführung in Richtung Potsdamer Platz, Unter den Linden gedacht, 1938 aber wurde entschieden, stattdessen diese unterirdische S-Bahnstrecke an den Anhalter Bahnhof anzubinden, wo die Züge die Fern-S-Bahngleise nach Zehlendorf hätten übernehmen sollen. Die S-Bahn hätte so mit ihrem unterirdischen Streckenteil den Südrand der Innenstadt gestreift, mit guten Umsteigemöglichkeiten zu mehreren U-Bahnlinien. Die Änderung war, abgesehen davon, daß sie den Abriß einiger Tunnelteile nötig machte, durchaus sinnvoll, denn so wäre eine bisher schlecht bediente Relation aufgewertet, zumal das Stadtzentrum über Friedrichstraße bereits gut angebunden war.

Zwar hatte der Bau der S-Bahnstrecke nach Königs Wusterhausen hohe Dringlichkeit in der Planung, dennoch kam er über einige Vorarbeiten nicht hinaus, ebenso erging es den Tunnelplänen. Lediglich der Außenring mit seinen Anschlüssen zwischen Adlershof und Grünau wurde gebaut.

S-Bahn-Hauptwerkstatt Schöneweide. Foto: Frenzel/Kabisch, 1999

Die S-Bahngleise der Görlitzer Bahn wurden nicht demontiert

Die Görlitzer Bahn überstand das Kriegsende ohne größere Schäden, und schon am 1. Juni 1945 konnten wieder Züge vom Görlitzer Bahnhof fahren, im Juli begann sogar wieder ein zaghafter Fernverkehr. Dieser war aber nur von kurzer Dauer, denn schon im nächsten Sommer verlegte die Reichsbahn die Fernzüge auf die Stadtbahn, die sie über den wiederhergestellten Außenring erreichten. Durch das drastisch verringerte Fernverkehrspotential östlich von Berlin gab es dafür jetzt genug Kapazität. Im Görlitzer Bahnhof verblieb damit nur noch der Vorortverkehr nach Königs Wusterhausen.

Auch die Görlitzer Bahn blieb von Demontagen nicht verschont, auch hier verlor die Fernbahn ihr zweites Streckengleis. Die S-Bahn hingegen konnte beide Gleise behalten, anders wäre sie auch kaum betriebsfähig gewesen. Die Wiederaufnahme des elektrischen Betriebs zeigte Parallelen zur ersten Inbetriebnahme, 17 Jahre zuvor. Noch Ende Juli fuhren die ersten Züge von Neukölln nach Grünau und nach Spindlersfeld, wenig später konnte ein 20-Minuten-Takt eingeführt werden. Die Treptower Anbindung dagegen war erst im Februar 1946 wieder befahrbar. Während der S-Bahnverkehr sich normalisierte, sollte der Verkehr im Görlitzer Bahnhof immer spärlicher werden. Dazu trug Kohlenmangel bei, der immer wieder dazu zwang, die Züge bis Grünau zurückzuziehen, aber auch die aus Sicht der DDR-Führung ärgerliche Tatsache des Kopfbahnhofs im Westen.

Im Oktober 1945 hatte auch das Ausbesserungswerk Schöneweide wieder mit dem Ausbessern von Zügen beginnen können, nachdem die Arbeiter die Sommermonate damit beschäftigt waren, zunächst einmal das Werk wieder funktionsfähig zu machen. Zusätzliche Aufgaben bekam es Ende 1949 mit der Untersuchung der Ost-U-Bahnwagen. Nach Spaltung der Verkehrsbetriebe konnten jene nicht mehr in der im Westen gelegenen U-Bahn-Hauptwerkstatt gewartet werden. Im Laufe der Zeit wurde das Aufgabenspektrum immer breiter. 1959 kamen die Straßenbahnen hinzu, 1960 auch Reisezugwagen.

Ende der 40er Jahre machte die Reichsbahn sich an die Fertigstellung der S-Bahn nach Königs Wusterhausen. Vorher noch aber erhielt Grünau einen dritten Bahnsteig für weitere Umsteigemöglichkeiten. Die Henschelbahn wurde zwar als Rüstungsanlage stillgelegt und demontiert, aber im Juli 1948 nahm die Reichsbahn einen Personenverkehr auf dem Außenring auf. Betriebsmittelpunkt wurde Grünau, wo Züge aus Kaulsdorf und Lichtenrade an einem Bahnsteig C westlich des Vorortbahnsteigs hielten. 1955 erhielt er eine neue Lage.

Am 29. April 1951 wurden letztmals Dampfzüge im Görlitzer Bahnhof abgefertigt. Anstelle der bisherigen Vorortzüge fuhr ab 30. April 1951 die S-Bahn ins inzwischen 10000 Einwohner zählende Königs Wusterhausen, das im gleichen Jahr zur Kreisstadt wurde. Den Verhältnissen gemäß war die 14 Kilometer lange Strecke nur eingleisig. Ausweichen auf drei der vier Stationen (nicht in Wildau) ermöglichten einen 20-Minuten-Betrieb, mit Zusatzzügen im 40-Minuten-Abstand bis Eichwalde. Erstmals wurde hier, am äußeren Ende der Görlitzer Strecke, Strom aus dem DDR-Verbundnetz statt aus den Kraftwerken Charlottenburg und Klingenberg ins S-Bahnnetz eingespeist.

Obwohl im Kopfbahnhof in Kreuzberg nur der Güterverkehr verblieb, gab es nach der Wiederinbetriebnahme der S-Bahn auf der Görlitzer Bahn bald auch wieder Personenfernverkehr. Erstens gab es entlang dieser Strecke ungenügend genutzte Bahnsteige, zweitens bedeutete die politische Entscheidung, einzig die Stadtbahn als Fernverkehrsstrecke nach West-Berlin zuzulassen, dort erhebliche Kapazitätsengpässe. Und drittens hätte auch ein Durchbinden der Züge nach Lichtenberg über den bereits belasteten Berliner Außenring (BAR) die Engpässe verschärft. Deshalb kehrten die Fernzüge der Görlitzer Bahn von der Stadtbahn wieder auf ihre Strecke zurück. Sie endeten allerdings nun weit vor ihrem alten Kopfbahnhof in Schöneweide. Auch Züge anderer Südstrecken (von Halle, Magdeburg usw.) fuhren über den Außenring nach Schöneweide, das neben Ostbahnhof und Lichtenberg zum dritten Fernbahnhof Ost-Berlins aufstieg. Einige Züge (vor allem Sonderzüge) mußten bis Baumschulenweg geführt werden, weil mit nur einem Fernbahnsteig in Schöneweide zu wenig Möglichkeiten bestanden, Züge aufzustellen. In Grünau und Adlershof hielten keine Fernzüge mehr. Adlershof sah 1954/55 nochmals Außenringzüge, die von Groß-Ziethen über Adlershof nach Schöneweide geführt wurden. Einen größeren Bekanntheitsgrad erlangte Adlershof erst wieder, als das DDR-Fernsehen am ehemaligen Flugplatz Johannisthal Quartier bezog.

Am 3. Juni 1956 eröffnete die Reichsbahn nördlich von Baumschulenweg und etwas nördlich des Dammweges in bisher weitgehend von Kleingärten geprägtem Gebiet eine neue S-Bahnstation. Sie bediente eine sich rasch entwickelnde Siedlung um das Rathaus Treptow. Benannt wurde sie aber Plänterwald nach einem am Spreeufer gelegenen Waldrest. An jedem der Streckenäste im Dreieck Neukölln–Treptower Park–Baumschulenweg gab es damit eine Zwischenstation.

Bahnhof Königs Wusterhausen, die Endstation der S-Bahnen auf der Görlitzer Bahn. Foto: A. Frenzel

Nach Wiederherstellung der Halenseekurve konnte Ende der 50er Jahre auch der traditionelle Zuglauf von der Görlitzer Bahn nach Mahlsdorf (Zuggruppe G) wiederaufgenommen werden. Die traditionelle Zuggruppe H über die Stadtbahn war 1951 auf beiden Seiten verlängert worden: südwärts nach Königs Wusterhausen und westwärts nach Falkensee. Über den Nordring fuhr die Zuggruppe N von Spindlersfeld, die 1951 nach Spandau West über Jungfernheide geführt wurde. Mit Ausnahme von Westend, Witzleben und Sonnenallee waren somit sämtliche Stationen der Stadt- und Ringbahn von Schöneweide aus umsteigefrei zu erreichen.

Abbau, Umbau und Neubau

Damit war am 13. August 1961 schlagartig Schluß. Außer zur Stadtbahn war die einzig mögliche Führung der Züge von Schöneweide die auf den Ostring und weiter zur Stettiner Bahn nach Pankow. Am anderen Ende der Strecke erweiterten sich die Fahrmöglichkeiten im Februar 1962 mit der Verbindung über den Außenring nach Schönefeld, die im Grünauer Kreuz südlich des Bahnhofs Adlershof aus der Görlitzer Bahn ausfädelte. Der von Grünau ausgehende Verkehr mit Dieseltriebwagen war schon 1958 aufgegeben worden und die Züge von Königs Wusterhausen über Mittenwalde nach Töpchin wurden 1965 eingestellt.

Die Streckenerweiterungen im Süden, die neue Rolle als Teil der Ost-Berliner Verkehrs-Achse Ostring–Görlitzer Bahn und die Bedeutung von Schöneweide bewirkten, daß im Gegensatz zu anderen Vorortstrecken die Zahl der S-Bahnzüge auf der Görlitzer Bahn die der Vorkriegszeit übertraf. Im Berufsverkehr fuhren nun von Adlershof fünf, von Schöneweide sieben Zuggruppen stadteinwärts, etwa je zur Hälfte auf Stadtbahn und Nordring verteilt und mit den äußersten Endpunkten Oranienburg und Bernau.

Eine weitere Besonderheit der Görlitzer Bahn war, daß trotz Mauerbaus hier die durchgehende Gleisverbindung bis in den Kopfbahnhof auf West-Berliner Gebiet erhalten blieb, denn dieser wurde im Güterverkehr bedient. Technisch möglich gewesen wäre eine direkte Fahrt auf dem alten Gleis von Schöneweide zum Kopfbahnhof. Aber es war alles viel komplizierter: Der Görlitzer Güterbahnhof wurde vom am Ring gelegenen Güterbahnhof Neukölln-Treptow bedient, der inzwischen die Bezeichnung Berlin-Treptow erhalten hatte, obwohl er auf Neuköllner Gebiet und damit im Westen lag. Die Übergabefahrten führten über die „Vgb"-Kurve, der Anschlußstrecke zur Ringbahn von 1872. Genau diese aber verlief einen Kilo-

Görlitzer Bahnhof, Güterzugverkehr in Richtung Neukölln: Beschau-Brücke und Tor an der Grenze zu Ost-Berlin. Foto: Archiv GVE

meter lang über Ost-Berliner Gebiet, so daß die Züge auf ihrer kurzen Übergabefahrt zweimal durch ein Tor in der Mauer fahren mußten, streng bewacht von DDR-Grenzern. Außerdem gab es in diesem kleinen Winkel noch einige Anschlußgleise von Industriebetrieben, die von Schöneweide aus bedient wurden. Die Angst der Grenzer, einer dieser Übergabezüge könnte in Richtung Görlitzer Bahnhof weiterfahren, hatte erst ein Ende, als die Gleisanschlüsse 1976 stillgelegt wurden und der Görlitzer Bahnhof nur noch vom Güterbahnhof Treptow aus angefahren werden konnte.

Das leere Empfangsgebäude des Görlitzer Bahnhofs stand bis 1962, ehe der Abriß begann, der etwa 1975 vollendet war. Heute befindet sich an seiner Stelle ein künstlicher Hügel mit einem Hallenbad darunter und einem großen Brunnen darüber. Der Bahnhof Schöneweide hingegen erhielt 1973 ein erneuertes und vergrößertes Empfangsgebäude.

Abgebaut wurden die Straßenbahnanschlüsse der Bahnhöfe Oberspree und Baumschulenweg in Ost-Berlin (70er Jahre) sowie am Görlitzer Bahnhof und am Bahnhof Köllnische Heide in West-Berlin (60er Jahre). Der Bahnhof Köllnische Heide selbst war bis zum Streik 1980 der zweite südliche Endbahnhof der Ringbahn in West-Berlin. S-Bahn- und Ferngleise waren hier mit dem Mauerbau an der Sektorengrenze unterbrochen worden. Zur Betriebsvereinfachung baute die Reichsbahn den Streckenstummel von Neukölln bis Köllnische Heide auf ein Gleis zurück.

Im Rahmen umfassender Gleiserneuerungen wurden Ende der 70er Jahre die meisten Dämme und Brücken des „Treptower Kreuzes" beseitigt. Als die Arbeiten 1981 abgeschlossen waren, gab es nur noch ein einziges Überwerfungsbauwerk, mit dem südlich Treptower Park die Ferngleise auf die andere Seite der S-Bahngleise wechselten.

Bereits im Jahr zuvor war das zweite Gleis im Bahnhof Oberspree abgebaut worden, nachdem dort das Kreuzen der Züge aufgegeben worden war. Nach dem neuen Fahrplan befand sich immer nur ein Zug auf der Strecke. Weiter ausgebaut wurde nur im Süden, als 1979/80 die S-Bahnstrecke von Grünau nach Zeuthen ein zweites Gleis erhielt. Damit konnte die Zuggruppe nach Eichwalde im 20-Minuten-Takt bis Zeuthen fahren.

Ab 1984 fuhr zwar die Fernbahn elektrisch, doch ab Juli 1985 fuhr zum Görlitzer Bahnhof überhaupt kein Zug mehr. Die Reichsbahn, der die Torfahrten schon lange lästig waren, hatte dem letzten Kunden gekündigt. Unterstützung dafür fand sie beim Bezirksamt Kreuzberg, das die große brachgefallene Fläche übernahm und zum Görlitzer Park umgestaltete, um das erhebliche Grünflächendefizit des Bezirks zu mildern. Einen Görlitzer Bahnhof aber gab und gibt es auch weiterhin. Doch den Namen trägt nur noch die Station der Hochbahn, die seit 1902 unweit des Bahnhofsportals vorbeifuhr. Bis 1926 trug die Hochbahnstation den Namen Oranienstraße, den sie danach im Untertitel führte. Erst als 1982 die Straße Zentrum der Hausbesetzungen war, wurde der fahrgastfreundliche Hinweis gestrichen.

Nach dem Fall der Mauer konnten die alten S-Bahnverbindungen neu entstehen. Die Verkehrspolitik brachte es allerdings mit sich, daß vor der Wiederherstellung der einen Schienenverbindung eine andere stillgelegt wurde: Ende 1992 fuhr letztmals eine Straßenbahn von Adlershof nach Altglienicke. Die Straßenbahnanbindung zum S-Bahnhofs Adlershof konnte mit Initiative der Fahrgastverbände allerdings erhalten werden.

Die Verbindung der Görlitzer Bahn nach Köllnische Heide in Neukölln wurde am 17. Dezember 1993 wieder hergestellt. Sie konnte zusammen mit dem Südring eröffnet werden. Nachdem am 18. Dezember 1997 (vier Jahre später!) auch die Ringbahn zwischen Neukölln und Treptower Park wieder hergestellt war und es damit eine Möglichkeit der Umfahrung gab, wurde der jahrzehntelang stark befahrene Streckenabschnitt über Plänterwald einschließlich der Station erneuert. Mit mehreren Monaten Verspätung war die S-Bahn auf der Görlitzer Strecke am 20. Dezember 1999 wieder durchgängig in Betrieb. Seither bestehen von Schöneweide aus mit der S-Bahn wieder sämtliche Fahrmöglichkeiten stadteinwärts.

Spreebrücke, Treptower Park. Foto: Th. Kabisch

Karte des Kreises Teltow, mit den Strecken der Görlitzer Bahn (G), der Anhalter Bahn (A), der Dresdener Bahn (D), der Militärbahn (M), der Wannseebahn (W) und der geplanten Güterumgehungsbahn (U). Aus: W. Spatz: Der Teltow, 1912, Buchstaben von der Redaktion eingefügt

5. Richtung Süden

Richtung Süden

Anhalter Bahn

Papestraße – Lichterfelde Süd – Teltow
über Priesterweg und Lichterfelde Ost

Dresdener Bahn

Papestraße – Blankenfelde – Rangsdorf
über Priesterweg und Lichtenrade

Die Berlin-Anhaltische Bahn

Zunächst als Berlin-Sächsische Eisenbahn geplant, war die Bahn eines der diversen Eisenbahnprojekte, die in den 30er Jahren des 19. Jahrhunderts angegangen wurden. Dann wurde jedoch beschlossen, in Köthen an die Eisenbahn Magdeburg–Köthen–Halle–Leipzig anzuschließen. Auf Berliner Seite sollte sie zuerst an die Potsdamer Bahn anschließen, wurde dann aber unabhängig von und in Konkurrenz zu dieser gebaut.

Nach mehrjährigem Hin und Her begannen 1839 die Bauarbeiten, und im September 1840 konnte das erste Teilstück, ganz im Anhaltischen gelegen, in Betrieb gehen. Im Juni 1841 fanden erste Probefahrten in Berlin statt. Der fahrplanmäßige Betrieb wurde auf dem Teilstück Berlin–Jüterbog (63 Kilometer) am 1. Juli 1841 als zweiter Berliner Eisenbahn aufgenommen, die restliche Strecke folgte abschnittsweise in den nächsten Monaten. Über das 153 Kilometer entfernte Köthen bestand damit eine Bahnverbindung von Berlin auch nach Magdeburg und Leipzig.

Der neue Kopfbahnhof lag nahe dem Potsdamer Bahnhof, zwischen Potsdamer und Halleschem Tor. Für die neue Verkehrsverbindung wurde eigens ein neues Tor in die Stadtmauer gebrochen und die Anhalter Straße angelegt. Als neuer Vorplatz zwischen Bahnhof und Stadttor entstand, geschichtlich beziehungsreich, der Askanische Platz. Für die Strecke hinter dem Bahnhof galt zunächst: Überbrückung des Schafgrabens und Verlauf auf freiem Felde, durch die sehr geringe Steigung ein tiefer Einschnitt in die Hangkante des Urstromtales mit einer großen Brücke als Zugang zum Exerzier- und Schießplatz auf dem Tempelhofer Feld. Einen Kilometer weiter erreichen die Gleise die Teltowhochfläche.

Da die Anhalter Bahn als Städteverbindung konzipiert war, nimmt sie wenig Rücksicht auf die benachbarten Dörfer, führt fast genau in der Mitte zwischen Schöneberg, Tempelhof und Steglitz hindurch und biegt erst kurz vor Lankwitz ab, um den Ort links liegenzulassen. In einiger Entfernung zur Rechten der Bahn kommt dann Lichterfelde. Am nächsten kam die Bahn noch dem ganz unbedeutenden Ort Giesensdorf (heute Teil von Lichterfelde Süd). In der inzwischen flächendeckend ausgebreiteten Bebauung markieren noch die alten Dorfkirchen die historischen Kerne von Lankwitz, Lichterfelde und Giesensdorf. Alle drei sind Feldsteinkirchen aus dem 13. und 14. Jahrhundert, bald nach Gründung der Dörfer erbaut. Am Rande von Giesensdorf knickt die Strecke erneut ab, um zwischen der Stadt Teltow und dem heute nicht mehr vorhandenen Gut Osdorf weiter nach Süden vorzustoßen. Bei Eröffnung der Strecke war der nächste Bahnhof erst in der 34½ Kilometer entfernten Stadt Trebbin (Stadtrecht seit 1375). Hier erreicht die Bahn die Niederung des Flusses Nuthe, dem sie, dann den Kreis Teltow verlassend, weiter aufwärts über Luckenwalde nach Jüterbog folgt. Der Bahnhof Trebbin lag ursprünglich einen Kilometer außerhalb der damals etwa 2000 Einwohner zählenden Stadt.

Weitere Haltepunkte, hauptsächlich für betriebliche Zwecke gedacht, wurden bei Großbeeren und Ludwigsfelde eingerichtet. Die sechs Kilometer lange Strecke zwischen beiden war als Ausweichgelegenheit zweigleisig. Fahrgäste konnten teilweise mit den Güterzügen fahren, um in die umliegenden Dörfer zu gelangen. Ludwigsfelde, eine Gründung aus der Mitte des 18. Jahrhunderts, war bei Streckeneröffnung nur eine winzige Kolonie inmitten ausgedehnter Wiesen und Wälder des Ortes Genshagen. Das Dorf Großbeeren lag einen Kilometer östlich des Haltepunkts. An sich unbedeutend, war es berühmt seit der nächtlichen Schlacht während der napoleonischen Kriege. Im August 1813 besiegten die verbündeten Preußen, Russen und Schweden hier die nach Berlin vorstoßenden Franzosen, Sachsen und Westfalen. Etwas weiter östlich lag das nicht wesentlich kleinere Dorf Kleinbeeren, westlich der Bahn gab es ein Vorwerk Neubeeren.

1848 nahm die Anhaltische Bahngesellschaft eine zweite Strecke von Jüterbog nach Riesa, mit Anschluß nach Dresden, in Betrieb, im Sinne der ursprünglichen Pläne für eine schnelle Verbindung nach Sachsen. Weitere Strecken folgten seit den fünfziger Jahren. Der Abschnitt von Berlin bis Trebbin wurde 1849 zweigleisig, weiter südlich wurde der Ausbau in den 50er Jahren fortgesetzt. Auch der Kopfbahnhof wurde immer wieder erweitert. Dort mußten Ende der 50er Jahre sogar Aufstellgleise jenseits des Landwehrkanals eingerichtet werden.

Auftakt großer Veränderung war der 1868 eröffnete Haltepunkt Lichterfelde. Nachdem der Kaufmann Carstenn die Rittergüter Lichterfelde und Giesensdorf gekauft und parzelliert hatte, brauchte er für die potentiellen Kunden seiner Grundstücke einen Verkehrsanschluß. Die Berlin-Anhalter Bahngesellschaft willigte schließlich ein, einen Haltepunkt mit einigen Zügen täglich anzufahren, wenn Carstenn die Kosten für die Bauten übernehme. An den neuen Straßen zwischen dem Dorf und der einen Kilometer entfernten Bahnstation standen nur wenige Häuser, aber schon Mitte der siebziger Jahre fuhren besondere Vorortzüge, die nur zwischen Berlins

Anhalter Bahnhof und Lichterfelde pendelten. Zugleich bekam die bislang als Solitär in der Landschaft liegende Strecke Gesellschaft. Als erstes kam die Neue Verbindungsbahn (spätere Ringbahn) hinzu. Sie überquerte (eingleisig) die Anhalter Bahn, 3½ Kilometer südlich des Kopfbahnhofs, und erhielt zuerst einen inneren östlichen Anschluß. Später kamen Verbindungskurven in die anderen Richtungen hinzu, und im Gründungsfieber der Jahre 1871/72 begann die große Konkurrenz.

Dresdener Bahn und Militärbahn

Die ursprüngliche Konzession hatte der Anhalter Bahn – wie anderen Bahnen auch – 30 Jahre Schutz vor konkurrierenden Linien gesichert, und tatsächlich kamen erst danach die Pläne einer Berlin-Dresdener Eisenbahn der Realisierung näher. Mit einer etwas östlicheren Route ohne den Knick über Jüterbog konnte sie eine geringfügig kürzere Verbindung in die sächsische Residenzstadt bieten.

Für ihren Kopfbahnhof sicherte die Bahngesellschaft sich südlich des Landwehrkanals die letzten Grundstücke zwischen der Potsdamer und der Anhalter Bahn. Die neue Bahn verlief direkt neben der Anhalter Bahn. An der Kolonnenstraße legte sich eine weitere Bahn mit ebenfalls einem Gleis daneben: die Militärbahn. In den Konzessionsverhandlungen mit der Dresdener Bahn hatte der preußische Staat sich eine Exklusivverbindung für seine Eisenbahntruppen vom Tempelhofer Feld zu den ausgedehnten militärischen Anlagen im Raum Zossen, Sperenberg, Kummersdorf gesichert. Beide neuen Bahnen überquerten etwa an der Stelle, wo die Anhalter Bahn nach Westen schwenkt, diese mit einem leichten Schwenk nach Osten, um auf der anderen Seite von Lankwitz vorbeizuziehen. Etwas südlich davon durchquerten sie eine moorige Stelle, die immer wieder Gleisabsenkungen hervorrief, bis zu Beginn des 20. Jahrhunderts der gesamte Boden in einer Großaktion ausgetauscht wurde. Die diversen Dörfer der Teltowhochfläche links und rechts liegenlassend, führten die Gleise dann fast neun Kilometer geradeaus. Mit nur wenigen, sanften Kurven lagen Militär- und Dresdener Bahn nebeneinander und etwas westlich der seit 1837 gepflaster-

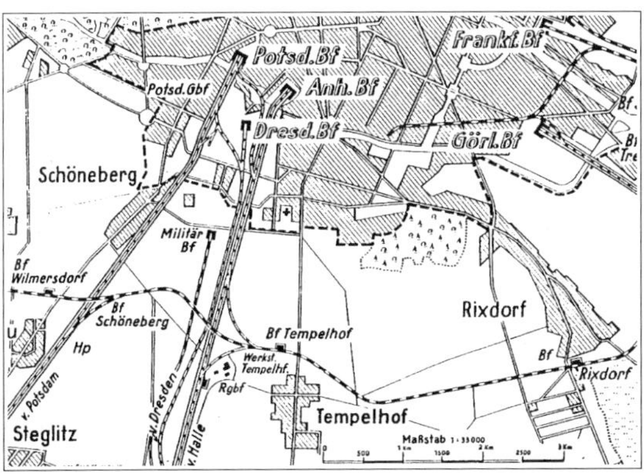

Potsdamer, Anhalter, Dresdener und Militärbahnhof im Süden Berlins im Jahre 1877. Kartenausschnitt: Berlin und seine Eisenbahnen, 1896

ten Chaussee bis Zossen, 32 Kilometer südlich von Berlin. Während die Dresdener Bahn weiter fast geradeaus über Wünsdorf nach Baruth hält, schwenkt die Militärbahn westlich nach Sperenberg. Später, bis Jüterbog verlängert, gab es zwischen Zossen und Jüterbog sogar öffentliche Züge.

Der Betrieb auf der Dresdener Bahn wurde am 17. Juni 1875 eröffnet, die Militärbahn folgte im Oktober. Dresden war nun 180 Bahnkilometer von Berlin entfernt, gegenüber 192 Kilometer über die Anhalter Bahn. Die Dresdener Bahn war die letzte von einer Privatbahngesellschaft eröffnete Hauptstrecke, aber von Beginn an war diese so finanzschwach, daß sie schon 1877 in staatliche Verwaltung überging. Formell verstaatlicht wurde sie erst 1887 als letzte Eisenbahn im Berliner Raum (die letzte Bahn mit privatem Betrieb war allerdings die Hamburger Bahn). Die Militärbahn, obzwar von Eröffnung an staatlich, wurde keiner der Eisenbahndirektionen zugeordnet, sondern dem Kriegsministerium.

Die Dresdener Bahn fuhr südlich von Berlin zwischen den Orten Lankwitz und Mariendorf hindurch. Mariendorf hatte 1500 Einwohner, dennoch gab es hier keinen Halt, weil die Gemeinde Lankwitz einen Zuschuß abgelehnt hatte. Zu zahlen bereit war die Terrain-Gesellschaft Südende, die ein Gebiet, das vorher als Rauhe Berge bekannt gewesen war, am äußersten Rande der Mariendorfer Feldmark erworben hatte. Und so gab es etwa an der Kreuzung mit der Anhalter Bahn eine Station Südende – obwohl von der geplanten Villenkolonie noch kaum etwas zu ahnen war; gerade zehn Grundstücke waren bislang verkauft.

Nächster Halt war eine Station namens Marienfelde, die aber halbwegs zwischen Marienfelde und Mariendorf an der beide verbindenden Straße lag. Auch die Militärbahn richtete hier eine Station ein. Beide Marien-Orte und als drittes in der Reihe Tempelhof gehen zurück auf Gründungen des Templerordens im 13. Jahrhundert. Auch in diesen Orten sind noch alte Feldsteinkirchen auf ehemaligen Dorfangern erhalten, nicht ungewöhnlich im Berliner Raum, aber ungewöhnlich gehäuft.

Das ähnlich ausgestattete Lichtenrade wurde links liegengelassen. Der nächste Halt befand sich für beide Bahnstrecken erst bei dem noch unbedeutenden Mahlow, knapp 17 Kilometer südlich von Berlin, ein weiterer bei Rangsdorf, 7½ Kilometer weiter. Der Ort Rangsdorf erstreckte sich westlich der Bahn bis zum gleichnamigen See. In der kleinen Stadt Zossen schließlich hatten beide Schienenstrecken einen Bahnhof.

Auch der Berliner Kopfbahnhof der Dresdener Bahn war etwas merkwürdig, weil nur behelfsmäßig fertiggestellt. Für mehr hatte das Geld nicht gereicht. Gleich nebenan hatte er Gesellschaft eines weiteren provisorischen Bahnhofs, nämlich der Anhalter Bahn. Nachdem das Stückwerk von Anbauten nicht mehr half, entschloß die Bahngesellschaft sich zu einem umfassenden Neubau der gesamten Anlagen, der 1872 begann und sich zehn Jahre lang hinzog. Danach stand der berühmt gewordene Schwechten-Bau des Anhalter Bahnhofs mit einem Außenbahnhof dahinter, der bis an die Ringbahn reichte und sich weiter im 1879 begonnenen Ausbesserungswerk Tempelhof fortsetzte – insgesamt fünf Kilometer lang.

Der Dresdener Bahnhof hingegen mit seiner ungünstigen Lage blieb ein Provisorium. Nach der Verstaatlichung schaute die Verwaltung nach Mitbenutzung anderer Bahnhöfe. Zuerst war der seit 1880 ebenfalls staatliche Potsdamer Bahnhof ins Auge gefaßt, eine Gleisverbindung schon hergestellt, als die Verstaatlichung der Anhalter Bahn 1882 eine günstigere Einbindung ermöglichte. Damit gingen auch die 582 von der anhaltischen Bahngesellschaft betriebenen Streckenkilometer an den preußischen Staat. Beide Bahnen wurden der Eisenbahndirektion Erfurt zugeordnet.

Brücken und neue Stationen

Zur gleichen Zeit wurde am südlichen Stadtrand des rasch expandierenden Berlins der als breite Gürtelstraße gedachte „Generalszug" angelegt. Die ausgedehnten Bahnanlagen verdarben allerdings das Konzept, und es entstand die relativ schmale und gegenüber den übrigen Teilen (Bülowstraße, Gneisenaustraße) nach Süden verschwenkte Yorckstraße, die schließlich von rund 30 Gleisbrücken nebeneinander überspannt werden sollte.

Noch vor der Verstaatlichung hatte die Anhalter Bahn 1880 zwei neue Stationen angelegt. Mit nun doch einigermaßen florierendem Geschäft erhielt Südende einen Haltepunkt auch an dieser Strecke, deutlich günstiger zum Ort gelegen als die Station der Dresdener Bahn; und keine zwei Kilometer weiter wurde eine Station Lankwitz eröffnet. In dieser Umgebung ist Lankwitz der einzige Ortsname mit slawischem Ursprung, der auf ältere Siedlungsschichten verweist (wobei das slawische „-witz" möglicherweise seinerseits aus dem germanischen „Wiek" entlehnt ist).

Die relativ wohlhabenden Lankwitzer Bauern galten als verschlossen und rückständig, weil sie trotz des Immobilienfiebers um sie herum ihre Äcker nur zögernd verkauften. Verkehr sollten weniger die rund 500 Einwohner der Ortschaft bringen als eine Rennbahn nahebei. Diese lockte zwar große Besucherscharen in die Züge, war aber dennoch schon zwei Jahre später bankrott und ließ etliche Gläubiger auf ihren Schuldscheinen sitzen. Die Bahnstation Lankwitz wurde daraufhin wieder geschlossen.

Die nunmehr einzige Zwischenstation der Züge Berlin–Lichterfelde wurde danach Südende-Lankwitz genannt, aber wohl mehr zur Unterscheidung von der Station Südende an der Dresdener Bahn, als um die Anbindung des zweiten Ortes zu betonen.

Neue Stationen gab es auch an der Dresdener Bahn. 1883 eröffnete der Bahnhof Lichtenrade. Zur Verbindung mit dem östlich gelegenen Dorf wurde die Bahnhofstraße angelegt, auf deren Nordseite der Bahnhof anläßlich des zweigleisigen Ausbaus der Strecke 1892 verschoben wurde. Die Bahnhofstraße entwickelte sich im Laufe der Zeit zur örtlichen Einkaufsstraße und zum Zentrum des neuen Lichtenrade, das sich um den Bahnhof entwickelte. 1884 wurde südlich von Mahlow, dort wo die Bahn zwischen den Orten Blankenfelde und Dahlewitz hindurchfährt, eine Station Dahlewitz (anfangs noch ohne „e" geschrieben) eröffnet. Bei der Einführung des Vororttarifs 1891 war dies noch immer der Stand der Stationen, abgesehen davon, daß die Militärbahn, die keine neuen Stationen eröffnete, auch begrenzt dem zivilen Verkehr nutzbar gemacht wurde. Die Dresdener Bahn hatte seit 1892 südlich von Südende/Mariendorf zwei Gleise, nördlich davon blieb es wegen der beengten Verhältnisse bei nur einem Gleis. Trotz oder wohl eher wegen des schwachen Vorortverkehrs reichte der Vororttarif auf der Dresdener Bahn sehr weit, bis nach Zossen, das in dieser Richtung die nächste städtische Siedlung darstellte.

Anders auf der Anhalter Bahn. Hier erfaßte der Vororttarif nur die beiden Stationen Südende und Lichterfelde und einen neuen Halt „Tempelhof Rangierbahnhof" am sich seit 1889/90 etwas außerhalb der Ringbahn rapide entwickelnden Verschiebebahnhof.

Hinter Lichterfelde, das inzwischen von über 30 Zugpaaren täglich angefahren wurde, die überwiegend hier endeten, war der nächste Halt erst das doppelt so weit von Berlin entfernte Großbeeren, die nächste bedeutendere Siedlung war erst Trebbin. Bei der Neueinteilung der Direktionsbezirke 1895 wurde die Grenze der Königlichen Eisenbahn-Direktion (KED) Berlin an der Dresdener Bahn gleich nach Zossen gelegt, an der Anhalter Bahn aber war schon hinter Lichterfelde Schluß. Erst viel später, beginnend in den 1920er Jahren, wurde die Direktionsgrenze schrittweise bis Jüterbog vorgeschoben.

Lichterfelde selbst dagegen wurde zu einem Schienenknoten, auch wenn die von Zeit zu Zeit aufgewärmte Zweigstrecken-Planung von 1871 mausetot blieb. Mehr zufällig fuhr ab 1881 hier die erste elektrische Straßenbahn der Welt, um die zwei Kilometer entfernte Hauptkadettenanstalt, die von Berlin hierher verlegt worden war, anzubinden. Der anfänglich recht experimentelle Betrieb wurde erst etliche Jahre später zu einer „modernen" Straßenbahn mit Oberleitung umgebaut. Beibehalten wurde aber die Meterspur für die „Straßenbahn Groß-Lichterfelde–Lankwitz–Steglitz–Südende", die nun zwei Bahnhöfe an der Potsdamer Bahn und weitere zwei an der Anhalter Bahn miteinander verband. 1913 erreichte sie mit einer Erweiterung zum Bahnhof Mariendorf ihre größte Ausdehnung.

Vollspurig und mit einer direkten Gleisverbindung zur Staatsbahn für die Überführung von Güterwagen war die seit 1888 an gleicher Stelle an der Bahnhofs-Westseite fahrende Dampf-Straßenbahn nach Teltow.

Trotz der Namensgleichheit mit dem Kreis war das seit Mitte des 13. Jahrhunderts mit Stadtrecht ausgestattete Teltow eher unbedeutend. Es waren Grundstücksbesitzer aus der Stadt und ihrer Umgebung, die einen Schienenanschluß realisierten. Obwohl der nächstgelegene Bahnhof der in Zehlendorf war, zielten alle Pläne von Beginn an auf eine Verbindung zum fünf Kilometer entfernten Bahnhof Lichterfelde der Anhalter Bahn. Dies hatte den Vorteil, daß die Bahn dem Bäketal aufwärts folgen konnte. Trotzdem war an einer Stelle eine deutliche Steigung nötig, die die eingesetzten Dampftriebwagen oft nur mit Mühe schafften. Nach etlichen Verzögerungen konnten sie im Sommer 1888 ihren Betrieb aufnehmen und so die Stadt Teltow an das Eisenbahnnetz anbinden. Bald wurde die Strekke westlich, das Bäketal abwärts, zur Ortschaft Stahnsdorf verlängert.

Eine zusätzliche Station für die Anhalter Bahn erwirkte 1893 die Volksbau-Gesellschaft. Sie hatte im äußersten Südzipfel der alten Gemarkung Giesensdorf Gelände erworben. Seit 1877/78 aber waren die Gemeinden und Rittergüter Lichterfelde und Giesensdorf zur Gemeinde Groß-Lichterfelde zusammengeschlossen, weswegen diese neue Bahnstation dann die Bezeichnung Lichterfelde Süd erhielt. Zum Leidwesen der Volksbauer war die Bahnverwaltung nicht bereit, Vororttarif oder gar -verkehr bis hierhin

Seit 1881 fuhr die erste „Elektrische" der Welt in Lichterfelde. Hier erstmals mit einem Stromabnehmer als „Bügel" (1890). Aus: O. Höring, Elektrische Bahnen, 1929

auszudehnen, so daß neben der Dampfstraßenbahn am Westrand von Giesensdorf nur eine Handvoll Fernzüge eine Verbindung schufen.

Neugeordnet wurden die Stationen der beiden Bahnen 1895, als Lankwitz endlich doch seinen eigenen Bahnhof bekam, zunächst der Deutlichkeit halber „Lankwitz, Viktoriastraße" (heute Leonorenstraße) genannt. Die Station Südende an der Dresdener Bahn wurde geschlossen zugunsten einer neuen Station „Mariendorf", knapp einen Kilometer weiter südlich. Nun schritt auch in Lankwitz die Bebauung deutlich voran, der Bahnhof wurde auch hier zum Ortszentrum, unterstrichen durch Einrichtungen wie das 1911 fertiggestellte stolze neue Rathaus der 1908 selbständig gewordenen Gemeinde, die sich jetzt als Gartenstadt gab. Stationen in Thyrow vor Trebbin an der Anhalter und in Dabendorf vor Zossen an der Dresdener Bahn rundeten die Folge der Stationen ab.

Lichterfelde erhält seine Vorortbahn

Seit Mitte der neunziger Jahre beabsichtigte die Bahnverwaltung, auf der Lichterfelder Strecke eigene Vorortgleise zu verlegen. In Lichterfelde Ost, wie die Station seit 1899 in Unterscheidung zu Lichterfelde West an der Potsdamer Bahn genannt wurde, schritten hunderttausende Fahrgäste jährlich durch die Pforten. Zunächst war an ein Gleispaar östlich der Ferngleise mit einem neuen Flügelbahnhof am Anhalter Bahnhof gedacht. Dann aber entschied man sich für eine weitergehende Funktionstrennung und schwenkte die Vorortrasse zum Potsdamer Bahnhof weiter westlich, so daß der Anhalter Bahnhof ganz dem Fernverkehr gewidmet werden konnte. Am Potsdamer Bahnhof hingegen lagen damit fünf betrieblich getrennte

Gleispaare als Kopfstationen nebeneinander: eins für die Wannseebahn in deren Flügelbahnhof, eins für abfahrende Fernzüge und Werderzüge, eins für diese als ankommende Züge, beide in der Haupthalle, nochmals östlich davon im zweiten Flügelbahnhof eins für die Ringbahnzüge und eines für die neue Lichterfelder Vorortstrecke, so daß an diesem Standort der lokale Verkehr dominierte. Nochmals östlich tauchte die städtische U-Bahn in ihre Station Potsdamer Platz.

Die Bauarbeiten an der Vorortbahn begannen 1898. Sie bezogen sowohl die notwendige Westverschiebung der Ringbahnspitzkehre als auch den viergleisigen Ausbau der Ringbahn im Kreuzungsbereich mit Anhalter und Dresdener Bahn ein und alle notwendigen Ausfädelungen von Vorort- und Ferngleisen. Außerdem wurde die gesamte Anhalter Bahn bis hinter den Bahnhof Lankwitz kreuzungsfrei gemacht. In etlichen Zwischenschritten unter Aufrechterhaltung des Betriebes wurde bis Dezember 1901 die Anlage eröffnet. Vom neuen Kopfbahnhof am Potsdamer Platz schwenkte das Gleispaar östlich zu seiner Stammstrecke. An der Kreuzung mit der Ringbahn wurde eine neue Station Papestraße angelegt, mit Bahnsteigen sowohl an der Ring- wie an der Vorortbahn. Da der Ringbahnsteig separat zugänglich sein sollte, lagen beide Bahnsteige allerdings recht ungünstig weit auseinander. Die bisherige Station Tempelhof Rangierbahnhof ging, weil auf der falschen, östlichen Seite gelegen, ein. Das Vorortgleispaar lag jetzt ja auf der westlichen Seite der Ferngleise. Südlich an den Vorortbahnsteig Papestraße anschließend, befand sich eine Kehranlage. Noch etwas weiter südlich, an der Abzweigstelle Zga („Zossener Gabelung"), wurde von der Vorortstrecke ein Gleispaar ausgefädelt, das anderthalb Kilometer lang bis an den Bahnhof Mariendorf reichte und dort in das Gleispaar der Dresdener Bahn mündete. Über dieses wurde der Vorortverkehr der Dresdener Bahn auf die neue Vorortstrecke geleitet. Deren Fernzüge hingegen fuhren jetzt schon hier auf die Ferngleise der Anhalter Bahn.

Südende-Lankwitz war von nun an nur noch Südende, und auch die Fernzughalte entfielen an dieser Station. Die neue Station Lankwitz, etwas südlich der alten Station und der Leonorenstraße, trug in ihrem Namen ebenfalls keinen Zusatz mehr. Der Bahnhof Südende wurde in einen Einschnitt, der Lankwitzer hingegen auf einen Damm gelegt. Auf dem letzten Stück sank die Strecke dann auf Geländeniveau. Sie endete an einem Vorortbahnsteig des Bahnhofs Lichterfelde Ost, neben dem ein Fernbahnsteig lag. Nördlich der Bahnsteige befand sich, die Vorortgleise kreuzend, die Verbindung zu den Ferngleisen und zur Dampfstraßenbahn. Mit Inbetriebnahme wurde die Zahl der Vorortzüge nach Lichterfelde verdoppelt, so daß ein Großteil des Tages im Zehn-Minuten-Takt gefahren wurde. Dem entsprach die rasante Siedlungentwicklung. Zur Jahrhundertwende zählte Lichterfelde 23500 Einwohner, eine Zahl, die sich in den nächsten zwei Jahrzehnten bis zum Ende der kommunalen Selbständigkeit nochmals verdoppeln sollte. Auch Lankwitz überschritt 1911 die 10000, ähnlich das noch schneller wachsende Mariendorf (einschließlich Südende).

Im Jahr 1900 kam am Lichterfelder Bahnhof ein weiterer Schienenstrang mit einer weiteren Antriebsart hinzu: eine Pferdestraßenbahn, die auf der Ostseite des Bahnhofs, noch auf Lankwitzer Gebiet, vorfuhr. Der Pferde-

Elektrischer (Dauer-) Versuchsbetrieb zwischen dem Potsdamer Ringbahnhof in Berlin und Groß Lichterfelde Ost, Kopf des Triebwagens und Streckenskizze. AEG-Werkfoto, Archiv S-Bahn-Museum. Zeichnung R. Ebert, aus: Verkehrsgeschichtliche Blätter, Jahrgang 1979

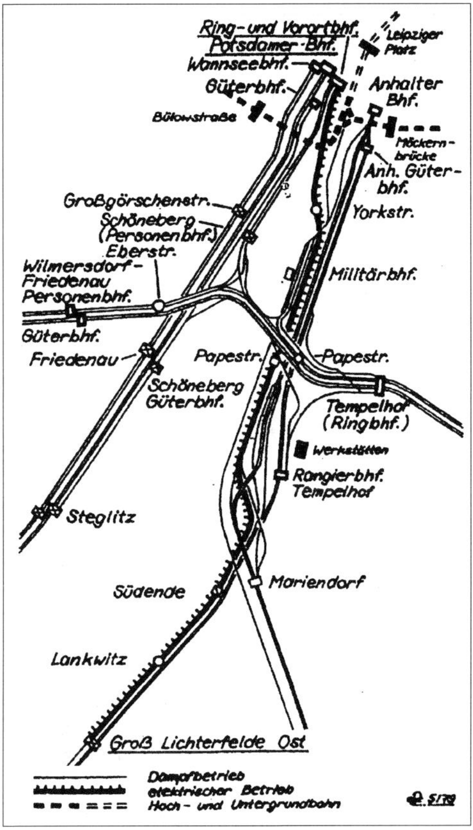

betrieb war allerdings nur Provisorium für zwei Jahre, da die elektrische Ausrüstung für diese Linie der „Südlichen Berliner Vorortbahnen" nach Lankwitz–Mariendorf–Tempelhof nicht rechtzeitig fertig geworden war.

Der erste elektrische Vorortverkehr

Noch während der Bauarbeiten war die Vorortstrecke als Versuchsobjekt für einen Betrieb mit elektrischen Zügen ausersehen worden. Im Sommer 1902 einigten sich Eisenbahn und Industrie nach langen Verhandlungen auf die Vertragsbedingungen für einen Dauerversuchsbetrieb, und kurz darauf begannen die Arbeiten zur Installation der Stromschienen und der Speiseleitungen zum industrieeigenen Kraftwerk nahe dem Bahnhof Papestraße. Auch eine Station an der Yorckstraße wurde nun fertiggestellt und im Mai 1903 in Betrieb genommen; Anfang Juli schließlich konnte der Verkehr auf die elektrischen Triebwagen umgestellt werden. Die Wartung der Fahrzeuge erfolgte im Außenbahnhof nahe Yorckstraße, die Hauptuntersuchung im Ausbesserungswerk Tempelhof der Anhalter Bahn.

Am Lichterfelder Vorortbahnsteig kamen seither im Regelfalle nur noch elektrische Züge an, doch im Vorortbahnhof in Berlin fuhren auch weiter Dampfzüge ein, nämlich die des Vorortverkehrs der Dresdener Bahn, der zwar weitaus schwächer war, aber bald auch Zugfolgen von bis zu einer halben Stunde aufwies. Bis zum Abzweig Zga blieb es beim Mischbetrieb der Systeme. Unter anderem aus diesem Grunde mußten die Elektrozüge sich mit einem „langsamen", auch von Dampfzügen zu bewältigenden Fahrplan begnügen, der ihre Anfahrkraft gar nicht ausnutzte.

Nun wurden auf gut neun Kilometern Strecke sechs Stationen bedient, mit einem mittleren Halteabstand von knapp 1900 Metern. Trotz des Fahrplanhandicaps bewährte sich der Betrieb. Die Lichterfelder Vorortbahn wurde zur ersten elektrischen Vorortbahn, der ersten elektrischen Vollbahn gar im Berliner Raum, passend zur Pionierrolle bei der elektrischen Straßenbahn. „Nebenan" fanden zu dieser Zeit auf der Militärbahn die Versuchsfahrten mit elektrischen Schnelltriebwagen zwischen Marienfelde und Zossen statt, mit Spitzengeschwindigkeiten um die 200 km/h.

Schienen über den Teltowkanal

Die Stadt Teltow ging immer noch recht bescheiden mit 3000 Einwohnern in das neue Jahrhundert. Zwei Monate vor Fertigstellung der Lichterfelder Vorortbahn, im Oktober 1901, war an der Anhalter Bahn doch noch ein Bahnhof Teltow in Betrieb gegangen, zweieinhalb Kilometer östlich der Stadt an der Straße nach Heinersdorf, näher noch an letzterem gelegen. Den großen Aufschwung brachte erst der Bau des Teltowkanals, der zu dieser Zeit begonnen wurde und 1906 vollendet war. Von der Mündung in den Griebnitzsee bis Lichterfelde aufwärts ging der Bäke-Fluß in dem neuen Kanal auf, der mit nur einer Staustufe in Kleinmachnow eine deutliche – und erwünschte – Senkung des Grundwasserspiegels bewirkte. Die sumpfigen Wiesen der Umgebung fielen trocken, eine Kanalisation konnte angelegt werden, und die bisherigen Seen in Teltow und Seehof trockneten aus und gaben neues Bauland her. Und nicht zuletzt hoffte Teltow auf die Ansiedlung von Industrien am Kanalufer.

Der Kreis Teltow finanzierte nicht nur den Kanalbau, er kaufte außerdem 1906 die schmalspurige Lichterfelder Straßenbahn und die Dampfbahn nach Teltow/Stahnsdorf auf, die von nun an als Betriebsteile der neugegründeten Teltower Kreisbahnen fungierten. Die Dampfbahn war im Jahr zuvor ein kurzes Stück bis zur Machnower Schleuse verlängert worden und erstreckte sich damit auf 10½ Kilometer Länge. Umgehend veranlaßte der Kreis die Elektrifizierung, die 1907 zur Ablösung der Dampfwagen führte. Der Güterverkehr endete 1909, als die Teltower Industriebahn ihren Betrieb aufnahm. Diese Bahn schloß im Bahnhof Teltow an die Staatsbahn an und fuhr von dort in großem Bogen um die Stadt zu den diversen neuen Industriebetrieben am Teltowkanal und anderswo. Die Lichterfelde-Teltow-Stahnsdorfer Bahn wurde zur Überlandstraßenbahn, die Gleisverbindung am Bahnhof Lichterfelde Ost konnte entfallen.

Für die Anhalter und Dresdener Bahn bedeutete der Bau des Teltowkanals, daß bei Südende plötzlich ein tiefes Tal zu überbrücken war. Gerade hier schnitt der Kanal am tiefsten in die Teltowhochfläche ein.

Weiter nördlich waren die drei Bahnen (Anhalter, Dresdener und Militärbahn) bereits untrennbar verschmolzen. Insbesondere die Anbindung des Rangierbahnhofs Tempelhof und des Ausbesserungswerks ging zu allen Strecken. Weiter verflochten wurden die Strecken 1911/13, als an der Luckenwalder Straße dicht hinter dem Anhalter Bahnhof, ungefähr an der Stelle des ehemaligen Dresdener Bahnhofs, der Postbahnhof angelegt wurde, mit dem acht Jahrzehnte lang die Brief- und Paketbeförderung rasch und zuverlässig mitten ins Herz Berlins erfolgte. Anfahrbar war er auch von der Potsdamer Bahn her. Dieses Verbindungsgleis unterfuhr die Lichterfelder Vorortstrecke und ebenso die Ringbahnspitzkehre.

Für diese gemischte Bahnlandschaft, die sich hinter den Kopfbahnhöfen ausbreitete, kam der Name Gleisdreieck auf. Tatsächlich stammt die Bezeichnung von der seit 1902 über das Gelände fahrenden Hochbahn, die hier den Angelpunkt ihrer drei Strecken hatte. Nach einem Auffahrunfall wurde die Anlage 1908 bis 1912 umgebaut. Die Station erhielt nun die Bezeichnung Gleisdreieck, obwohl ebendieses ja aufgelöst worden war.

Unterdessen einigten sich die Bahnverwaltung und die Gemeinde Groß-Lichterfelde über die Hochlegung auch des letzten Stücks der Vorortstrecke, die, wieder mit Zwischenstufen unter laufendem Betrieb, 1916 vollendet war. Dabei wurde der Bahnhof Lichterfelde Ost wiederum völlig neu gestaltet. Der Durchgang erfolgte nicht mehr unterirdisch, sondern ebenerdig mit erweiterter Schalterhalle. Brücken überspannten nun die Straßen zu beiden Seiten der Station. Westlich der bisherigen Lage entstand ein neuer Vorortbahnsteig, mit dem Empfangsgebäude so abgestimmt, daß die Strecke ohne Probleme verlängert werden konnte, dazu eine rückwärtige Kehranlage. Daneben verfügte die Station von nun an über zwei Fernbahnsteige (oder, wie man sagte, über einen Nah- und einen Fernbahnsteig). Nur der ebenfalls erweiterte Güterbahnhof lag weiter ebenerdig. Zu dieser Zeit gab es den Schienenstrang der „Kartoffelbahn“ vom Gut Osdorf zum Güterbahnhof Lichterfelde Ost, die bald wieder verschwand.

Deutsche Reichsbahn und Groß-Berlin

Schnell- und Eilzüge hielten in Lichterfelde zwar nicht mehr (im Gegensatz zu den Anfangsjahren), aber alle Fernpersonenzüge. Mit den vier Bahnsteiggleisen war eine Überholmöglichkeit geschaffen und ein erster Schritt für den geplanten durchgehend viergleisigen Ausbau der Anhalter Bahn getan. Dieser und weitere Ausbaupläne, unter anderem für eine Umgehungsbahn südlich Berlins, kamen durch den Krieg zum Erliegen.

Der Versailler Vertrag verfügte dann die Auflösung der Eisenbahnabteilung im preußischen Kriegsministerium. Die Militäreisenbahn kam an die neugegründete Deutsche Reichsbahn. Diese baute in den folgenden Jahren das Streckengleis von Berlin nach Zossen ab, lediglich einige Industriegleisanschlüsse blieben bestehen. Der Streckenteil Zossen–Jüterbog wurde in das öffentliche Bahnnetz integriert.

Nach der Bildung Groß-Berlins bildete die Dresdener/Anhalter Bahn südlich Yorckstraße ungefähr die Grenze der Stadtbezirke Schöneberg und Tempelhof. Die Dresdener Bahn bildete bis fast zum Bahnhof Marienfelde die Grenze zwischen Tempelhof und Steglitz und lag dann ganz im Bezirk

Tempelhof, der bis einschließlich Lichtenrade reichte. Dieser mittlerweile auf über 4300 Einwohner gewachsene Ort bildete einen weit nach Süden vorspringenden Zipfel von Groß-Berlin. Die Lichterfelder Vorortstrecke gehörte zum Bezirk Steglitz, der darüber hinaus noch „Berlins kleinsten Fernbahnhof", die Station Lichterfelde Süd, besaß.

Die Teltower Kreisbahn wurde einschließlich ihres dritten Betriebsteils in Adlershof/Altglienicke und der von ihr betriebenen Steglitzer Straßenbahn im April 1921 von der Stadt Berlin übernommen und der städtischen Straßenbahn eingegliedert. Nur die Überlandbahn zur Machnower Schleuse lag von Seehof an noch außerhalb Berliner Stadtgebiets. Sie blieb als Linie 100 ebenso wie die Lichterfelder Schmalspurbahn ein Sonderling unter den Straßenbahnen Berlins. In den zwanziger Jahren wurde, als eine der letzten größeren Erweiterungen des Straßenbahnnetzes, auch eine Straßenbahn entlang der Chaussee von Alt-Mariendorf nach Alt-Lichtenrade und über die Bahnhofstraße zum Bahnhof Lichtenrade gebaut.

Der viergleisige Ausbau der Anhalter Fernbahn wurde zwar bald ganz aufgegeben, erhebliche bauliche Veränderungen gab es dennoch. Im Jahr 1926 nahm die Reichsbahn die südliche Umgehungsbahn von Seddin her zur Anhalter Bahn in Betrieb, die von Süden in den Bahnhof Großbeeren mündete. Bereits ein Jahr zuvor hatten die Arbeiten zu einer umfassenden Erweiterung des Rangierbahnhofs Tempelhof begonnen, für die Fern- und Vorortgleise nach Westen verschoben werden mußten. Speziell die Vorortstrecke wurde damit auf diesem Abschnitt zwischen Papestraße und Mariendorf/Südende, obwohl gerade ein Vierteljahrhundert alt, komplett neugebaut. Die Gelegenheit wurde genutzt, in den mit mehr als drei Kilometern noch sehr großen Halteabstand eine neue Station zu setzen. Die bisherige Abzweigstelle Zga wurde 1928 durch den viergleisigen Verzweigungsbahnhof Priesterweg ersetzt. Die Lichterfelder Züge hielten an den äußeren Bahnsteigkanten, die Zossener an den inneren. Das Empfangsgebäude wurde schon im Stile der neuen Zeit errichtet.

Erneuerungsbedarf gab es bei den elektrischen Zügen, für die mehr und mehr Dampflokomotiven einspringen mußten, aber im Hinblick auf die Große Elektrisierung wollte man keine neuen Züge dieses abweichenden Systems mehr beschaffen. Ganz neu dagegen wurde im Vorlauf der Großaktion das Signalsystem gestaltet. 1926 erhielt die Lichterfelder Strecke Signale, die auch am Tage nur Lichtzeichen benutzten.

Vorbote einer neuen Zeit war auch die „Schlacht" am Bahnhof Lichterfelde vom März 1927. Von einer Veranstaltung in Trebbin heimfahrende SA-Männer griffen im Zug Kommunisten und danach Passanten, die sie für Juden hielten, an – Steglitz war der „braunste" aller Berliner Bezirke.

Im Juli 1929 schließlich wurde die Lichterfelder Vorortstrecke auf das in etlichen technischen Details abweichende System der Großen Elektrisierung umgestellt und die alten Züge durch die Bauart „Stadtbahn" ersetzt.

Die Teltower Straßenbahn war bereits ab Mitte der 20er Jahre über eine Lichterfelder Zweigstrecke mit der Berliner Straßenbahn verbunden, so daß es eine durchgehende Linie von Teltow bis zum Bahnhof Zoo gab, knapp 16 Kilometer mit einer Fahrzeit von einer Stunde. 1929/30 entstand auch am Bahnhof Lichterfelde Ost eine Verbindung unter den Eisenbahngleisen

Bahnhof im Stil der neuen Zeit. Foto: Archiv S-Bahn-Museum, 1983

hinweg zur Lankwitz-Tempelhofer Linie. Nunmehr fuhren die Bahnen als „96" von der Machnower Schleuse bis in die Berliner Innenstadt. Von der Schmalspurbahn wurde ein Teil umgespurt, der Rest 1930 stillgelegt.

An der Vorortbahn, oder, wie es jetzt hieß, S-Bahn gab es zunächst nur eine kleine Veränderung: Zwischen Kolonnenstraße und Ringbahn wurden die Gleise 1934 an den äußersten westlichen Rand des Bahngeländes verschwenkt, um für den Außenbahnhof Platz zu gewinnen. Die diversen Verlegungsoperationen waren noch jahrzehntelang an dem breiten Bahnsteig in Papestraße erkennbar. Doch als dieser fertiggestellt war, wurden bereits Pläne zu einer völligen Umgestaltung der Bahnlandschaft erdacht.

Totalumbau und totaler Krieg

Unter Berlins Bahnstrecken war die Anhalter Bahn durch die „Germania"-Pläne besonders berührt, sowohl Planung als auch Ausführung betreffend. Mitte der dreißiger Jahre entstand zunächst ein Flugzeugmotorenwerk in der Genshagener Heide als Teil des Aufrüstungsprogramms. Dies bescherte Ludwigsfelde Wachstum und der Anhalter Bahn nördlich des Ortes den neuen Haltepunkt Birkengrund. Im nahegelegenen Teltow siedelten sich Zulieferbetriebe an. Die Stadt überschritt in diesen Jahren die Einwohnerzahl von 10 000, ebenso Kleinmachnow.

Im Zuge der „Umgestaltung" sollte die Anhalter/Dresdener Bahn innerhalb der Ringbahn verschwinden und die Vorortstrecke durch eine unterirdische S-Bahn ersetzt werden. Der Rangierbahnhof Tempelhof sollte zum neuen Ortsgüterbahnhof Süd werden, ein neuer Rangierbahnhof in Großbeeren seine Funktion übernehmen. In Lichterfelde war ein neues Ausbesserungswerk mit Versuchsanstalt vorgesehen. Die S-Bahn sollte schließlich gar bis Trebbin vorgetrieben werden. Außerdem sollte die alte Idee einer S-Bahn nach Teltow Stadt verwirklicht und diese mit der Friedhofsbahn in Stahnsdorf verbunden werden.

An etlichen Stellen wurden Bauarbeiten begonnen, da die Anhalter Bahn eine Paradestrecke werden sollte. Die folgenden Verkehrsverbesserungen waren aber allesamt Ergebnis kleiner Maßnahmen. 1938 kamen endlich auch Lichterfelde Süd und Teltow in den Genuß des Vororttarifs. Wie schon von 1891 bis 1901, war damit der Anhalter Bahnhof noch einmal für fünf Jahre zum Vororttarif zu erreichen.

Im Mai 1939 endete der Mischbetrieb am Potsdamer Vorortbahnhof, nachdem von Priesterweg bis Mariendorf an den Verbindungsgleisen und von dort bis Mahlow an den Streckengleisen (ca. zwölf Kilometer) Stromschienen verlegt und die Bahnsteige erhöht und angepaßt waren. Dafür mußte allerdings der Vorortverkehr in dem gerade mal zweieinhalbtausend Einwohner zählenden Mahlow gebrochen werden.

Dies war ein erster Zwischenschritt, um den Verkehr von den Strecken in Berlin und letztlich auch vom Anhalter Bahnhof abzuziehen, damit dort die „Nord-Süd-Achse", eine überdimensionierte Prachtstraße des NS-Staats, hätte entstehen können. Ab 6. November 1939 tauchten die S-Bahnen nördlich der Yorckstraße steil in den Nord-Süd-Tunnel zum unterirdischen Anhalter S-Bahnhof. Endstationen für die S-Bahnen von der Anhalter und der Dresdener Bahn, die beim Stettiner Bahnhof wieder auftauchten, wurden Bernau und Velten im „hohen" Norden, wobei die Linienzuordnung später wechselte und einige Züge auch in der Innenstadt kehrt machten.

Im Süden war geplant, die S-Bahn an der Dresdener Bahn bis Zossen und sogar eine Station weiter bis Wünsdorf (6½ Kilometer von Zossen, Station seit 1897) zu verlängern. Bereits 1938 war der Vororttarif bis hierher ausgedehnt worden. In der Endausbaustufe waren auch separate S-Bahngleise vorgesehen. Tatsächlich realisiert wurden im Oktober 1940 nur noch 7½ Kilometer Stromschienen und zwei Stationen bis Rangsdorf. Während bis Mahlow zu Hauptverkehrszeiten ein Zehn-Minuten-Takt gefahren wurde, verkehrten auf diesem letzten Abschnitt die Züge alle 20 Minuten. Ebenso oft fuhr der Anschlußverkehr nach Wünsdorf, mit einem starkem Aufkommen an Militärverkehr.

Realisiert wurde danach vor allem der Vorläufige Güteraußenring, in Fortsetzung der Umgehungsbahn von Großbeeren aus. Zuerst ein Stück neben der Anhalter Bahn, schwenkte er dann nach Osten, dabei auf etwa 300 Metern Länge einen Zipfel Lichterfelder, d. h. Groß-Berliner Gebiet schneidend. Über Osdorf gelangte die Trasse dann wieder auf Berliner Gebiet, indem sie Lichtenrade querte. Nördlich des Bahnhofs Lichtenrade, an den sie mit Verbindungskurven angeschlossen war, durchstieß sie die Dresdener Bahn. Hier war eine Station Lichtenrade Kreuz angedacht.

Als Provisorium realisiert wurde auch der „Hilfsrangierbahnhof" Großbeeren, der sich an der Anhalter Bahn bis zum Bahnhof Teltow hinzog, sowie ein Güterverbindungsgleis von dort nach Tempelhof. Eine weitere Querverbindung von Großbeeren nach Zossen kam über Vorarbeiten nicht hinaus. Begonnen wurde noch im letzten Kriegsjahr eine Verlängerung der Neukölln-Mittenwalder Eisenbahn zur Dresdener Bahn, um so eine

Querverbindung Zossen–Mittenwalde–Königs Wusterhausen zu erhalten. Die halbfertige Strecke wurde erst im September 1945 vollendet, 1947 dann demontiert und 1949 erneut aufgebaut.

Stark schaumgebremst weitergebastelt wurde auch an separaten Vorortgleisen von Lichterfelde Ost nach Ludwigsfelde (15½ Kilometer), das als neuer Industriestandort mehr und mehr an Bedeutung gewann. Im August 1943 schließlich konnten diese Vorortgleise ihrer Bestimmung übergeben werden, allerdings waren nur auf den zweieinhalb Kilometern zwischen Lichterfelde Ost und Lichterfelde Süd Stromschienen verlegt. In Lichterfelde Süd lag die neue Strecke ebenerdig. Westlich neben den bisherigen seitlichen Fernbahnsteigen wurden zwei S-Bahnsteige errichtet, um später viergleisig die S-Bahn nach Teltow Stadt auszufädeln. Diese hätte nach Westen zu einer ebenfalls auf vier Gleise angelegten Station Sigridshorst geschwenkt, wo die Außenring-S-Bahn eingemündet hätte. Dicht südlich am Teltower Stadtzentrum vorbei wäre die Trasse dann zur Friedhofsbahn weitergeführt worden.

Ein Großteil der Erdarbeiten bis Teltow Stadt wurde noch ausgeführt, weiter aber kam das Projekt nicht. Die zwei Bahnsteige in Lichterfelde Süd konnten dann für den Anschluß an die Vorortzüge nach Ludwigsfelde (die nur in den Verkehrsspitzen eine Zugfolge von 20 Minuten erreichten) genutzt werden. An der Berliner Stadtgrenze gingen die Vorortgleise in Dammlage über, mit neuen für einen S-Bahnverkehr vorgesehenen Bahnsteigen in Teltow und Großbeeren. Zwei neue Zwischenstationen blieben Planung. Gebaut wurden zwischen Großbeeren und Ludwigsfelde Birkengrund Nord und Süd (zwei statt der bisher einen Station und ebenerdig). Fernzüge hielten nun zwischen Lichterfelde Ost und Ludwigsfelde nicht mehr. Der Vororttarif wurde bis hierher ausgedehnt, und der Anhalter Bahnhof verlor den Vorortverkehr endgültig.

Noch im gleichen August 1943 aber brannten Lankwitz und das Empfangsgebäude seines Bahnhofs im Bombenhagel. Der Stadtteil war bei Kriegsende zu 85 Prozent zerstört. Wie auch auf anderen Strecken, endete der Bahnverkehr im April 1945, und im Rückzugsgefecht wurden die Teltowkanalbrücken durch Sprengung unpassierbar gemacht.

Die ehemaligen S-Bahnsteige in Lichterfelde Süd waren 1943 für einen viergleisigen S-Bahnverkehr angelegt worden. Foto: H. Beyer, 8. Januar 1984

Neubeginn und Abgrenzung zwischen Ost und West

Erste Dampfzüge auf S- und Ferngleisen verkehrten wieder Anfang Juni: Ein Pendelverkehr Yorckstraße–Südende wurde eingerichtet, und für zwei Monate wurde Lankwitz zum Fernbahnhof, da die von Süden kommenden Züge hier vor dem Kanal ihre provisorische Endstation hatten. (Ein Wechsel auf die Vorortgleise war in Lichterfelde Ost möglich.)

Im August waren die Kanalbrücken einigermaßen geflickt. Die S-Bahn konnte wieder fahren, zunächst nach Lichterfelde Süd und Mariendorf, während Dampfvorortzüge vom Anhalter Bahnhof nach Zossen fuhren und so dem Kopfbahnhof noch ein allerletztes Mal den Vororttarif brachten. Im Herbst kam die S-Bahn wieder halbstündlich pendelnd bis Rangsdorf (bei Zurücknahme der Dampfzüge dorthin).

Besondere Vorortzüge zwischen Lichterfelde Süd und Ludwigsfelde fuhren ab Weihnachten 1945. In Lichterfelde Süd wurde nun nur noch der westliche Bahnsteig benutzt, was das Umsteigen vereinfachte. Die Teltower Straßenbahn (Linie 96) nahm im Januar 1946 ihren Betrieb wieder auf.

Anders als beim Stettiner Bahnhof für die Nordstrecken und bei der benachbarten Wannseebahn gab es an der Yorckstraße keine Möglichkeit mehr, provisorisch in den alten Kopfbahnhof zu fahren. Eine durchgreifende Verkehrsverbesserung kam daher erst im August 1946 zustande, als der Nord-Süd-Tunnel wieder befahrbar war. Zugleich begann wieder der volle zweigleisige Betrieb auf der S-Bahn, mit Ausnahme der Teltowkanalbrücke zwischen Südende und Lankwitz, bei der nur je ein Überbau für S- und Fernbahn installiert wurde. Die Lichterfelder Strecke kam dabei über einen 20-Minuten-Takt nicht mehr hinaus.

Auf den Ferngleisen hingegen wurde kräftig demontiert, und die S-Bahn auf der Mischbetriebsstrecke südlich von Mariendorf war davon betroffen. Die Kanalbrücke wurde auch hier mit zwei Überbauten wiederhergestellt, die aber nicht zwei eingleisige, sondern eine zweigleisige Strecke ausmachten. Mit nur einem Streckengleis südlich Marienfelde und mit Ausweichen in Lichtenrade und Mahlow konnte hier weiterhin nur halbstündlich gefahren werden. Bis Mahlow, wo Kehr- und Aufstellgleise zur Verfügung standen, wurde der Takt bald auf 15 Minuten verdichtet.

Nichtsdestotrotz wurde zwischen Marienfelde und Lichtenrade schon im Mai 1946 ein neuer Haltepunkt eingeschoben. Er lag östlich der Dorfaue Marienfelde an der Straße nach Buckow und erhielt die Bezeichnung Buckower Chaussee. Fertiggestellt wurde zunächst nur ein östlicher Seitenbahnsteig, in Erwartung einer Wiederherstellung des zweiten Gleises wurde aber auch gleich ein westlicher Seitenbahnsteig vorbereitet. Dieser Halt entstand auf besonderen Wunsch der amerikanischen Besatzungsmacht, in deren Sektor die gesamte innerstädtische Strecke fiel. Diese requirierte auch das vordem für ein Ausbesserungswerk vorgesehene Gelände im äußersten Südzipfel von Lichterfelde und richtete dort ihre „Geisterstadt" für Truppenübungen im Häuserkampf ein.

Geschlossen wurden dagegen die beiden Birkengrund-Stationen, da die Rüstungsbetriebe stillgelegt waren. Bald aber begann eine zivile Nutzung der ausgedehnten Werke. In Ludwigsfelde wurden später vor allem Last-

Lange Jahre das Empfangsgebäude des S-Bahnhofs Buckower Chaussee. Foto (1985): H. Beyer

der ausgedehnten Werke. In Ludwigsfelde wurden später vor allem Lastwagen gebaut, in Teltow Regelungstechnik und Elektronik. Die S-Bahn fuhr seit 1949 von Lichterfelde auch wieder in Richtung Bernau.

Gleich südlich der Station Priesterweg fuhr die S-Bahn nun am Fuße eines neu entstehenden Berges vorbei. Diese als „Insulaner" bekannt gewordene Aufschüttung, die 78 Meter Höhe erreichen sollte, war der wohl berühmteste, allerdings weder der einzige noch der höchste jener Trümmerberge, die das Berliner Landschaftsbild nun ergänzten. Auf ihm wurde eine Volkssternwarte errichtet. Der höchste Trümmerberg war der „Teufelsberg" im Grunewald, der unter sich eine Militärakademie begrub und mit 120 Metern Gipfelhöhe sogar die höchste Erhebung im gesamten Stadtgebiet und Standort einer Radarstation der Alliierten werden sollte.

Im Oktober, nachdem Lichtenrade seine Güteraußenring-Züge verlor, kam auf der Dresdener Bahn südlich von Mahlow eine neue Station hinzu. Bereits seit den zwanziger Jahren breitete sich hier zwischen dem alten Blankenfelde und der Bahnstrecke die „Gagfah-Siedlung" aus, die sich mehr und mehr auch östlich der Bahn bis Mahlow erstreckte. Die Bahnstation erhielt die Bezeichnung „Blankenfelde (Kreis Teltow)". Nach der Kreisreform lautete einige Jahre später der Zusatz „(Kreis Zossen)", nach erneuter Kreisreform in jüngster Zeit „(Kreis Teltow-Fläming)".

1953 wurde der Straßenbahnverkehr der Linie 96 an der Stadtgrenze unterbrochen. Die BVG West weigerte sich, über die Stadtgrenze hinaus zu fahren, nachdem einer ihrer Schaffner von der Volkspolizei verhaftet worden war. Auf Teltower Seite wurde improvisiert, bis im Dezember die BVG Ost den Verkehr übernahm, mit Zügen, die nun durch West-Berlin überführt wurden und unter der gleichen Liniennummer 96 zwischen Machnower Schleuse und Seehof, Stadtgrenze verkehrten.

Die Abgrenzung ging nun rasch und mit hektischen Bauaktivitäten voran. Im Juli 1951 nahm die Reichsbahn den Südlichen Außenring in Betrieb, der um West-Berlin herum bei Birkengrund Nord an die Anhalter Bahn anschloß und zwischen Mahlow und Blankenfelde die Dresdener Bahn unterquerte, die um zwei Meter angehoben werden mußte. An beide Strecken wurde der Außenring mit weiten Kurven angeschlossen.

Zugleich erhielt Teltow am 7. Juli 1951 doch noch seine S-Bahn. Angeblich sollte dies der Anfang einer Fertigstellung der S-Bahnstrecke nach Ludwigsfelde sein; Zweck war aber, die Vorort- und Fernzüge aus den Westsektoren Berlins zurückziehen zu können. Damit die Züge von Lichterfelde Süd auf dem Bahndamm einfahren konnten, mußten die Vorortzüge einen Bahnsteig an den zu ebener Erde liegenden Ferngleisen erhalten. Deshalb kam der Vorortverkehr aus Ludwigsfelde im August wieder auf die ebenerdigen Ferngleise, an denen in Großbeeren anders als in Teltow ein Bahnsteig noch vorhanden und reaktivierbar war. Vom S-Bahnprojekt auf dem Bahndamm war nur das Gleis bis Teltow geblieben; südlich davon wurde es schon im Jahr darauf bis zum Außenring abgebaut.

Im Mai 1952 endete der Reisezugverkehr auf dem Anhalter Bahnhof (während der Güterbahnhof weiter, bis in jüngste Vergangenheit, Verkehr aufwies). Fernzüge verließen die Anhalter Bahn nun hinter Ludwigsfelde, wo das Umsteigen auf die Vorortzüge, die wiederum in Teltow an die S-Bahn anschlossen, möglich war.

Entsprechend wurde der junge Bahnhof Blankenfelde Umsteigestation, wo sogar einige D-Züge einen Halt einlegten. Über die Stadtgrenze fuhren außer der S-Bahn nur einige Nah- und Übergabegüterzüge. Dadurch hatte auch auf der Dresdener Bahn die S-Bahn die Gleise fast für sich allein. Nun wurden die Rangsdorfer Züge wieder bis Velten durchgebunden, konnten aber weiter nur halbstündlich fahren. Regen Mischbetrieb gab es von Mariendorf bis Marienfelde. Der Güterbahnhof Marienfelde wurde, entgegen dem Trend, sogar ausgebaut und steigerte den Umschlag. Etliche Gleisanschlüsse neuangesiedelter Industrien wurden über Industriegleise erschlossen, die sich bis in den Bereich Lichtenrade erstreckten.

Von Blankenfelde bis Rangsdorf stellte die Reichsbahn das zweite Streckengleis wieder her, so daß die S-Bahn das westliche Gleis unabhängig von den übrigen Zügen benutzen konnte. Zur Stabilisierung des Fahrplans baute sie 1959 gar das zweite Gleis von Mahlow bis Blankenfelde wieder auf. Doch sollte sich diese Investition nicht mehr auszahlen.

Mauerbau und S-Bahn-Boykott

Am Morgen des 13. August 1961 wurden zwischen Lichtenrade und Mahlow wie zwischen Lichterfelde und Teltow die noch verbliebenen Schienenstränge durchtrennt. Bizarrerweise soll im Bahnhof Teltow ein über Nacht abgestellter S-Bahnzug gestanden haben, wie geeignet für einen Inselbetrieb – allein es gab keinen zweiten Bahnhof, den er hätte anfahren können. Er wurde über provisorisch noch einmal verbundene Schienen nach Lichterfelde zurückgefahren, da er nicht einmal zwecks Abtransport auf die Ferngleise kommen konnte. In Teltow gab es sogar ein Unterwerk, das erst neu errichtet worden war und unmittelbar vor seiner Inbetriebnahme stand – die nun allerdings ausfiel. Ohne je benutzt worden zu sein, wurden die Anlangen demontiert und anderweitig verwendet.

Nach zehn Jahren und einem Monat endete so die Ära der S-Bahn nach Teltow. Wie zuvor war wieder Lichterfelde Süd Endstation. Nur noch die bald von Grün überwachsenen Bahnsteige auf dem Damm in Teltow und

An den Bahnsteigaufbauten ist er noch zu erkennen, der ehemalige S-Bahnsteig in Rangsdorf. Foto (2001): F. Böhnke

Bahnsteige in Birkengrund wurden auf „Fernbahnmaß“ abgesenkt. Nicht beeinträchtigt wurde der Industriestandort Ludwigsfelde. Nach Produktionsaufnahme des Lkw-Werkes wurde die Siedlung 1965 zur Stadt.

Einen Inselbetrieb gab es bei der Teltower Straßenbahn bis Ende Oktober 1961. Dann wurde er eingestellt, weil es keine Wartungsmöglichkeiten für die Fahrzeuge gab und die Strecke innerhalb Teltows nicht sehr ergiebig war. An eine Verlängerung in Richtung Drewitz oder gar Babelsberg mit Anschluß an das Potsdamer Straßenbahnnetz war andererseits nicht zu denken. Nicht dauerhafter war der Inselbetrieb der S-Bahn zwischen Mahlow und Rangsdorf (7½ Kilometer mit insgesamt vier Stationen), dessen Stromversorgung über ein Unterwerk in Dahlewitz gesichert war. Hier wurden schon im September die Elektrozüge abgezogen. Die bisher in Rangsdorf einsetzenden Vorortzüge nach Wünsdorf fuhren nun ab Mahlow, das S-Bahngleis südlich des Berliner Außenrings (Abzweig Glasower Damm) wurde als zweites Ferngleis genutzt.

Dieser Zustand währte bis Mai 1963. Dann wurden die Wünsdorfer Züge sämtlich auf dem Außenring nach Schönefeld geleitet. Im Abzweigbahnhof Blankenfelde wurde westlich ein neuer Bahnsteig errichtet, an dem Pendelzüge Blankenfelde–Mahlow hielten, die eingerichtet wurden, um Mahlow nicht völlig abzuhängen. Die zweieinhalb Kilometer messende Verbindung wurde damit zur kürzesten Kursbuchstrecke der Reichsbahn. Zum Einsatz kamen Garnituren aus einer Diesellok und einem Steuerwagen. Da die Loks seinerzeit blau lackiert waren, wurde die skurrile Verbindung wie eine beliebte Unterhaltungssendung im Westfernsehen „Blauer Bock“ genannt. Der Spitzname blieb bestehen, auch als die blauen Lokomotiven längst durch rotlackierte und durch rote Triebwagen („Ferkeltaxen“) abgelöst waren.

Im nun eingemauerten West-Berlin wurden die bisherigen Zuggruppen 2 und 3 gekürzt, mit Lichterfelde Süd und Lichtenrade als südlichen sowie Gesundbrunnen, Schönholz und Heiligensee als nördlichen Endstationen. Die Vorortstrecken erhielten einen einheitlichen 20-Minuten-Takt, während nördlich Priesterweg eine entsprechend dichtere Zugfolge bestand (ab Anhalter Bahnhof zuzüglich der Wannseebahnzüge).

Der Betrieb auf den Ferngleisen der Anhalter Bahn und im Rangierbahnhof Tempelhof wurde weitgehend eingestellt, das Ausbesserungswerk war in Gänze stillgelegt. Krasser noch als bei anderen Bahnlinien erstreckte sich hier von der Berliner Innenstadt am Gleisdreieck bis zur Stadtgrenze bei Lichterfelde Süd ein fast ununterbrochenes mehr oder weniger breites und insgesamt gut zwei Quadratkilometer überdeckendes Band von Bahnbrache, das mehr und mehr von wildem Grün überwuchert wurde. Nicht nur selten gewordene Pflanzen und Tiere fanden hier ein Refugium, auch ausgesprochene Exoten siedelten sich an, eingeschleppt mit den Eisenbahnzügen und gefördert durch das besondere Kleinklima. Dem stand eine zunehmende Bebauung der Gebiete links und rechts davon gegenüber. Lankwitz wurde nicht nur wiederaufgebaut, bis Mitte der sechziger Jahre hatte es seine Bevölkerungszahl auf fast 40000 nochmals verdoppelt, die letzte Ackerfläche des Ortes verschwand Anfang der 80er Jahre, während die Marienfelder Äcker zum großen Teil Gewerbegebieten weichen mußten. Auch rund um den Bahnhof Lichterfelde Süd wuchsen die Häuser („Thermometersiedlung") und brachten ein erhebliches Verkehrspotential, das aber wegen des S-Bahn-Boykotts nicht „zum Zuge" kam.

Eine Umsteigemöglichkeit mit Hindernissen brachte die 1971 eröffnete U-Bahnstation an der Yorckstraße, weil der Ausgang der U-Bahn auf die dem S-Bahn-Ausgang entgegengesetzte Straßenseite gelegt wurde.

Vorsichtige Zukunftsplanung wurde schließlich einmal betrieben, als die Überführung der Anhalter Bahn über die Osdorfer Straße zwischen Lichterfelde Ost und Süd, dicht am alten Ortskern Giesensdorf, erneuert wurde. Die Reichsbahn erwirkte, die Überbauten für die beiden Gleise weit genug auseinander zu legen, damit hier ein neuer Haltepunkt entstehen und das inzwischen recht dicht bebaute Gebiet erschließen konnte, ohne daß aber weitere Schritte in diese Richtung geschahen.

Den Streik von 1980 überstanden beide Strecken unbeschadet, sie wurden weiterhin vom S-Bahn-Betriebswerk Nordbahnhof beschickt: Es fuhren jetzt die Zuggruppen N I Frohnau–Lichtenrade und N II Heiligensee–Lichterfelde Süd.

1982 erreichte die Oberleitungselektrifizierung der Fernbahn den Berliner Raum, wobei auch die Anhalter Bahn bis Teltow überspannt wurde.

Zu einem besonderen Ost-West-Phänomen wurde in den 80er Jahren der Grenzübergang Kirchhainer Damm in Lichtenrade an der alten Chaussee (inzwischen Fernstraße 96). Er durfte nur von Müllfahrzeugen benutzt werden. Ähnlich wie schon zu Anfang des 20. Jahrhunderts die Neukölln-Mittenwalder Eisenbahn Müll aus Berlin in alte Tongruben fuhr, gab es nun ein (für die DDR devisenbringendes) Geschäft mit dem Müllexport. Ein ohne große technische Schwierigkeiten möglicher Transport mit der Bahn kam jetzt allerdings politisch nicht mehr in Frage.

S-Bahn nach Lichterfelde Süd am Teltowkanal. Foto: Fahrgastverband IGEB, 1983 (Archiv)

Bahn kam jetzt allerdings politisch nicht mehr in Frage.

Aus dem Dornröschenschlaf erwachen sollte nach dem Willen des West-Berliner Senats das Schöneberger Südgelände, wie ein Teilstück der Bahnbrache genannt wurde. Hier sollte ein neuer großer Südgüterbahnhof entstehen, der – in Fortführung gewisser früherer Pläne – die dezentralen Ortsgüterbahnhöfe weitgehend ersetzen sollte. Freilich ging es bei den zu diesem Zwecke schon seit Ende der sechziger Jahre zwischen Senat und Reichsbahn geführten Geheimverhandlungen weniger um eine Verbesserung des Eisenbahnverkehrs als um freiwerdende Flächen, die man für den Bau der Stadtautobahn oder andere schöne Dinge nutzen wollte. Wegen der verkehrspolitischen Unsinnigkeit und der drohenden Naturzerstörung erhob sich Protest von Bürgerinitiativen, die den Plan schließlich zu Fall brachten – mit dem Ergebnis, daß der Senat der Reichsbahn gegenüber vertragsbrüchig wurde. Stattdessen erfaßte der Dornröschenschlaf nun auch den verbliebenen Berliner Rest der Anhalter Bahn.

S-Bahn im Westen in städtischer Regie

Mit Beginn des BVG-S-Bahnbetriebs Im Westen wurde am 9. Januar 1984 der Zugverkehr nach Lichterfelde Süd eingestellt, ungeachtet einer von Tausenden besuchten Sternfahrt am letzten Betriebstag, zu der Fahrgastinitiativen aufgerufen hatten. Die Schriftstellerin Ingeborg Drewitz hielt im Bahnhof Lichterfelde Ost eine Lesung – vergeblich. Ab dem nächsten Tag waren die einzigen verbliebenen Züge die des spärlichen Güterverkehrs nach Lichterfelde Ost. Auch dieser wurde 1988 eingestellt, obwohl im nahen Kraftwerk Lichterfelde durch die neue Entschwefelungsanlage große Mengen Gips anfielen, die nun mit Lkw zum Güterbahnhof Steglitz gefahren wurden. Verschiedene Brückenüberbauten wurden bald nach Betriebseinstellung entfernt und die Strecke somit ganz unterbrochen.

Die Dresdener Bahn hingegen blieb als einzige Vorortstrecke überhaupt ununterbrochen in Betrieb, da hier ab 9. Januar die Züge als Linie S2 der BVG von Anhalter Bahnhof nach Lichtenrade fuhren. Schon im Mai wurde der nördliche Endpunkt nach Gesundbrunnen verschoben und zugleich eine Verstärkerzuggruppe von Gesundbrunnen bis Marienfelde eingerichtet, die bis hierhin einen Zehn-Minuten-Takt brachte. Effektiver freilich wäre gewesen, die zusätzlichen Züge nach Lichterfelde zu führen.

Im Oktober war mit dem nördlichen Endpunkt Frohnau wieder der alte Stand der Zuggruppe NI erreicht. Die nächste Verkehrsverbesserung war dann erst im Dezember 1985 die Fertiggstellung einer Fußgängerbrücke über die Yorckstraße, mit der das Umsteigen zur U-Bahn erleichtert wurde – ein weiteres Dauerprovisorium an dieser Stelle, da der vorgesehene Fußgängertunnel direkt in die U-Bahnstation nie verwirklicht wurde.

Nachdem schon im Juli 1984 2500 Unterschriften für eine rasche Wiederinbetriebnahme der S-Bahn nach Lichterfelde Süd gesammelt wurden, fand im Sommer 1986 im Bezirk Steglitz ein erfolgreiches Bürgerbegehren mit über 20000 Unterschriften für die S-Bahn statt, doch in den Senatsplänen rangierte die Wiederinbetriebnahme weiterhin ganz am Ende.

Wenn überhaupt. Stattdessen wurden nämlich 1987 Pläne für einen Spurbus auf der S-Bahn-Trasse lanciert, hochtrabend auch schon „O-Bahn" genannt. Dieses Projekt, das eine ganze Menge Gelder in die Taschen eines großen Automobilkonzerns umgelenkt hätte, blieb aber heiße Luft. Danach kam die Idee auf, die U-Bahn von Steglitz nach Lankwitz zu verlängern und dort in Abänderung alter Pläne die U-Bahn auf den S-Bahn-Damm zu schwenken und nach Lichterfelde Süd fahren zu lassen. Damit wäre zwar eine schnelle Verbindung aus dem Bereich Lankwitz und Lichterfelde in das Unterzentrum Steglitz und die City West geschaffen worden, woran es der Strecke bisher mangelte, dafür wäre aber die Verbindung zwischen Lankwitz und Priesterweg gekappt worden.

Unterdessen gab es reichlich Pläne, Geld in die befahrene Strecke der S2 zu stecken. Im Gespräch waren mehrere neue Stationen, da auf den knapp 14 Kilometern von Anhalter Bahnhof bis Lichtenrade nur sieben Stationen lagen. Zwischen Yorck- und Papestraße wäre eine neue Station Dudenstraße die Entsprechung zum Bahnhof Kolonnenstaße an der Wannseebahn. Doch diese Netzergänzung wurde in der Planung zerrieben. Nach dem Scheitern der Pläne für das Südgelände spielte der Senat nun mit einer neuen Variante, die S-Bahn an der Papestraße den Ring entlang zur Wannseebahn zu verschwenken und dort beide Linien gemeinsam zum viergleisig zu erstellenden Bahnhof Kolonnenstraße zu führen. Daraus wurde ebenso wenig wie aus Plänen, anstelle des Anhalter Bahnhofs eine neue Station am Gleisdreieck mit Umsteigemöglichkeit zur U-Bahn zu schaf-

Gar nicht erst für bauwürdig erachtet wurde eine Station Kamenzer Damm zwischen Mariendorf und Marienfelde, etwas östlich von Alt-Lankwitz. Hier überspannte seit den 70er Jahren, als der neue Straßenzug Kamenzer Damm angelegt wurde, eine große Brücke die Gleise. Anders erging es einer Station Schichauweg zwischen Buckower Chaussee und Lichtenrade, die überraschend plötzlich begann, in Zusammenhang mit dem zweigleisigen Ausbau der Strecke Marienfelde–Lichtenrade zu entstehen. Nach Beendigung der Arbeiten konnte im Juli 1990 ein Zehn-Minuten-Takt bis Lichtenrade gefahren werden. Dort waren inzwischen die Unterführungen geschlossen und ein direkter ebenerdiger Zugang von der Bahnhofstraße zum Bahnsteig geschaffen. Die Gewächshausarchitektur der Unterführungen blieb als überdachter Fahrradabstellplatz erhalten.

Die Station Buckower Chaussee erhielt nicht nur ihren zweiten Bahnsteig, sondern auch ein recht protzig ausgefallenes „Bahnhofshallenportal", das nicht vermuten ließ, hier eine kleine Vorortstation vor sich zu haben.

Die Station Schichauweg brauchte noch etwas länger. Sie konnte im Dezember 1990 als erste neue S-Bahnstation im West-Berliner Netz seit fünf Jahren in Betrieb gehen. Eine Kehrtwende für die Lichterfelder Strekke, die nun doch als S-Bahn hergestellt werden sollte, gab es unterdessen mit neuer Mehrheit im Senat: Für die U-Bahn war „nur noch" ein viergleisiger Verknüpfungsbahnhof in Lankwitz vorgesehen.

Nach dem Mauerfall

Am 13. November 1989 öffnete sich in Lichterfelde der Grenzübergang Teltow-Seehof. Auf der Straße waren noch die Straßenbahngleise zu sehen.

Auch am Kirchhainer Damm in Lichtenrade wurde der Grenzübergang allgemein freigegeben, und für die Schienenverbindung wurden umgehend Planungen aufgenommen. Gedacht war an eine Verlängerung der S-Bahn von Lichtenrade nach Mahlow oder Blankenfelde. Dies stieß auf den Protest von Häuslebauern im südlichen Lichtenrade, die ihre Anwesen dicht an die Bahntrasse gesetzt hatten und sich nun in ihrer Ruhe bedroht fühlten. Ihre Einspruchsmöglichkeiten entfielen aber im Februar 1991 mit höchstrichterlicher Entscheidung, der zufolge die längst von dichtem Kraut überwucherte, knapp anderthalb Kilometer lange Trasse vom Bahnhof Lichtenrade zur Stadtgrenze mangels alliierter Zustimmung nie stillgelegt war – es hatte nur eben dreißig Jahre lang keinen Betrieb gegeben.

Dennoch wurde aus der S-Bahn-Inbetriebnahme der weitgehende Neubau einer eingleisigen Strecke, die auch gleich noch eine Überführung über die geplante Ortsumgehungsstraße Mahlow erhalten mußte. Wegen der fortschreitenden Bauarbeiten wurde im September 1991 der inzwischen erheblich stärker frequentierte „Blaue Bock" eingestellt. Erst am 31. August 1992 aber kamen hier wieder Züge an, mit der Fahrt der ersten S-Bahn auf den 5½ Kilometern von Lichtenrade nach Blankenfelde.

In Mahlow besteht eine Ausweichmöglichkeit, an der südlichen Endstation halten die Züge an einem westlich gelegenen Bahnsteig. Eine weitere Verlängerung der S-Bahn ist nicht vorgesehen. Blankenfelde bleibt die Umsteigestation zum Regional- und Fernverkehr und wurde so auch als Halt für Interregio-Züge interessant.

Bahnhof Blankenfelde, mit dem Gleis der S-Bahn von Berlin (vorn im Bild) und Umsteigern zur Regionalbahn. Foto: Th. Billik

Nur jeder zweite S-Bahn-Zug fährt von Lichtenrade aus weiter, so daß hier ganztägig ein 20-Minuten-Takt besteht. Der nördliche Endpunkt der Linie wurde wegen der Wiedereinrichtung der Relation Oranienburg–Wannsee nach Waidmannslust, zeitweise Nordbahnhof, zurückgenommen.

Zugleich wurden auch die Teltowkanalbrücken erneuert und dabei ein dritter Überbau eingesetzt (die Widerlager waren schon seit langem auf vier Überbauten vorbereitet), der aber nach Ende der Arbeiten nicht nutzbar blieb, da die südlich anschließende Strecke zwar drei Gleise hat, deren östlichstes aber nur ein Industriestammgleis zum Gaswerk ist.

Im Mai 1992 bereits hatte die Station Mariendorf, die nicht besonders nahe zur Ortsmitte liegt, den Namen Attilastraße erhalten – auch wegen der besseren Unterscheidung vom U-Bahnhof Alt-Mariendorf.

Nun wurde auch beschlossen, den beschnittenen Rest der Bahnbrache zum Naturpark Südgelände zu erklären und so dieses kulturgeschichtlich wie ökologisch einmalige Gelände zu erhalten. Weiter nördlich hatte sich ähnlich schon auf dem Gelände des Bahnbetriebswerks Anhalter Bahnhof das Museum für Verkehr und Technik eingerichtet, das zwei alte Ringlokschuppen (und ein kleines Stück Wildwuchs) bewahrte.

Konsens bestand darin, auf der Anhalter Bahn nicht das S-Bahnnetz von 1961 wiederherzustellen (diese Relation würde einer Regionalbahn vorbehalten bleiben), sondern nun endlich die westlich abzweigende Führung nach Teltow Stadt zu realisieren (gut drei Kilometer von Lichterfelde Süd). Das Land Brandenburg hielt sogar eine Trasse für eine eventuelle Fortführung in Richtung Stahnsdorf frei. Doch dies blieben zunächst alles Trockenübungen. Wichtig zu bauen war dem Senat zunächst Anderes. So erhielt die S-Bahn um 1992 eine weitere neue Station: Priesterweg. Mit Millionenaufwand wurden bei einer „Sanierung" die alten Bahnsteige abgetragen und durch eine komplett neue Anlage ersetzt, die dann allerdings auch einen bisher fehlenden Südzugang erhielt.

Weiter nördlich wurde zur gleichen Zeit bewiesen, daß sich in wenigen Wochen ein funktionsfähiger S-Bahnsteig (sogar mit Kehranlage) herstellen läßt. Freilich ging es dabei um die Interessen des Autobahnbaus. Um nämlich die Stadtautobahn im Bereich Sachsendamm weiter vortreiben zu können, mußte der Südteil des Vorortbahnsteigs Papestraße „angeknabbert" werden, – schnell noch, bevor die künftige Bahnplanung an dieser Stelle klar war. Der Senat rechnete die Baukosten für den neuen

Behelfsbahnsteig nicht dem Straßenbau als Veranlasser an, sondern dem Bahnbau-Etat, da irgendwann irgendwie die Bahnanlagen ohnehin verändert werden sollten und dann schon ein solcher Behelfsbahnsteig nötig werden würde. Gedacht war hier im Rahmen der Eisenbahnkonzeption für Berlin an einen neuen Fernbahnhof Papestraße, der allerdings auch Jahre nach Inbetriebnahme der Autobahn über Gedachtes noch nicht hinausgekommen ist.

Im Sommer 1993 erst begannen Bauarbeiten an der Anhalter Bahn, nicht an den Ferngleisen, sondern zur Wiederherstellung der S-Bahn, kostenmäßig nun auf die Hälfte gekürzt und deswegen nur bis Lichterfelde Ost.

Durch die Teil-Wiederherstellung blieb nicht nur die Teltowkanalbrücke eingleisig , der eingleisige Abschnitt wurde auf über einen Kilometer bis in den Bahnhof Lankwitz verlängert. Dieser wurde nur behelfsmäßig hergerichtet, um später, bei Ankunft der U-Bahn, über die Leonorenstraße verschoben zu werden. Vorerst aber überspannt nur noch ein einsamer Brückenüberbau diese (bei der Gelegenheit gleich verbreiterte) Straße, die bis Mitte der achtziger Jahre noch deren drei gesehen hatte. Im Bahnhof Lichterfelde Ost, dessen zeitweise geplante Verschiebung ebenso wie die Zwischenstation Seydlitzstraße endgültig gestrichen war, wurde nicht versäumt, einen Kabelkanal unmittelbar an die Kante des Fernbahnsteigs zu legen und so zu demonstrieren, was man von einem baldigen Wiederaufbau der Ferngleise hielt. Geld war allerdings genug da für eine aufwendig gestaltete Kehranlage im vorläufigen Endbahnhof.

Am 28. Mai 1995 wurde die vier Kilometer lange S-Bahn bis Lichterfelde Ost schließlich eröffnet, zeitgleich mit der Kremmener Bahn und mit dieser zu einer Linie verbunden. Dann dauerte es mehr als drei Jahre, bis am 25. September 1998 die Streckenverlängerung nach Lichterfelde Süd, mit einer Zwischenstation an der Osdorfer Straße, in Betrieb ging.

So gesehen hätte es im Jahr 2002 wieder einmal soweit sein können; doch die S-Bahn nach Teltow Stadt läßt noch immer auf sich warten ...

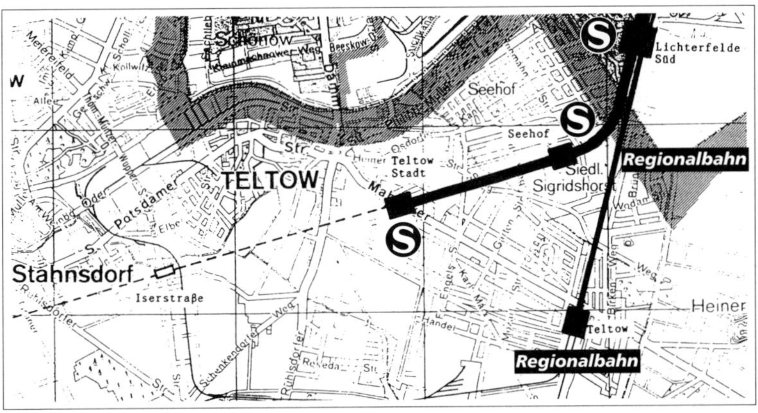

Die geplante S-Bahn-Verlängerung von Lichterfelde Süd nach Teltow Stadt. Zeichnung: Deutscher Bahnkunden-Verband, Kartengrund: SenBauWohn

Die Kopfbahnhöfe im Süden Berlins

Fern- und Vorortgleise in Richtung Potsdam, Lichterfelde, Zossen

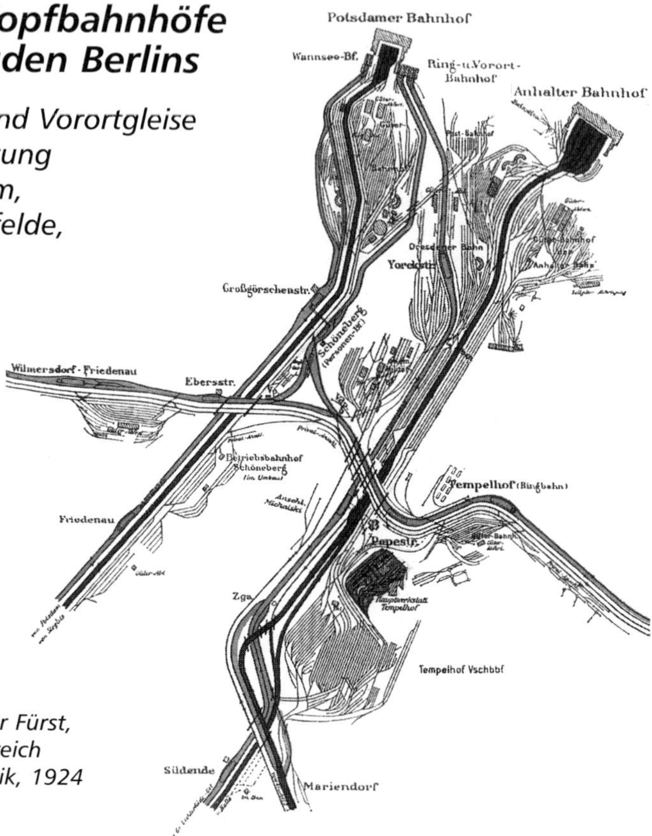

Aus: Artur Fürst, Das Weltreich der Technik, 1924

Bahnhof Papestraße – hier entsteht an der Anhalter und Dresdener Bahn ein neuer Regionalbahnhof. Foto: Frenzel/Kabisch, 1999

6. Richtung Südwesten

Richtung Südwesten

6.1 Wannseebahn

Von Anhalter Bahnhof nach Wannsee

über Schöneberg, Steglitz und Zehlendorf

Magdeburger Bahn

Von Wannsee nach Potsdam

über Griebnitzsee und Babelsberg

Stammbahn

Zehlendorf – Düppel

(seit 1980 außer Betrieb)

Berlins erster Bahnhof lag 1838 noch außerhalb der Stadtmauer neben dem Potsdamer Tor. Südlich davon überquerte die Bahn den Schafgraben, der wenige Jahre später zum Landwehrkanal ausgebaut wurde. Ab hier befand sich die Potsdamer Bahn noch auf freiem Felde, nur Schöneberg war zu einem der ersten Vororte Berlins geworden.

Da man dem Schienenweg nur die extrem geringe Steigung von 1:400 zumuten wollte, schnitt die Bahn zunächst tief in die ansteigende Landschaft, ehe sie wieder Geländeniveau erreichte. In Schöneberg kann man dies noch heute entlang der Mansteinstraße und Crellestraße verfolgen. Die Bahnlinie blieb bis Zehlendorf immer in der Nähe der Chaussee, doch im Gegensatz zu dieser, die sich von Zehlendorf aus zum Wannsee und zur Glienicker Brücke wendet, führt die Eisenbahn weiter schnurgeradeaus. Sie holt weiter südlich aus und umgeht die Havelseen. Direkt neben einer älteren Straße überquerte sie an einer Kohlhasenbrück geheißenen Stelle ein kleines Flüßchen namens Bäke (oder, im Berlinerischen nicht unterscheidbar, Beeke) kurz vor dessen Mündung in den Griebnitzsee.

Mit einer der nur fünf Kurven der Strecke wendet die Bahn sich dann nach Neuendorf/Nowawes, dem heutigen Babelsberg. Dahinter überbrückt sie den damals in drei Armen strömenden Fluß Nuthe, ebenfalls kurz vor dessen Mündung in die Havel, und endete am Havelufer vor den Toren Potsdams am Fuße des Brauhausbergs.

Insgesamt war die Strecke gut 26 Kilometer lang, somit drei Kilometer kürzer als die Chaussee. Die vor Betriebsaufnahme angekündigte Fahrzeit von einer halben Stunde war dann doch etwas utopisch, aber im Tagesverkehr war man nun in einer Dreiviertelstunde von Potsdam in Berlin oder umgekehrt. Lediglich in der Dunkelheit mußten die Lokomotiven zunächst langsamer fahren. Das Unternehmen war von Beginn an ein voller Erfolg. Auch der preußische König, der zu Anfang ostentativ mit der exklusiveren Kutsche neben dem Dampfzug herfuhr („Sehe keinen Vorteil darin, eine Stunde früher in Potsdam zu sein"), nahm schließlich im eigens bereitgehaltenen Staatswagen der Eisenbahn Platz.

Dem Schicksal der bayerischen Ludwigs-Eisenbahn, isoliertes Einzelstück zu bleiben, entging die Berlin-Potsdamer Eisenbahn durch die Verlängerung über Brandenburg nach Madgeburg, die von Anfang an geplant war. 1846 wurde Potsdam Durchgangsbahnhof, als zunächst die Strecke bis Magdeburg-Friedrichstadt, 146 Kilometer von Berlin, eröffnet wurde. Die Überbrückung der Elbe nach Madgeburg Altstadt schuf 1848 die erste Verbindung zum entstehenden Eisenbahnnetz, abgesehen von einer Gleisverbindung zur Anhaltischen Eisenbahn am Schöneberger Hafen. 1851 fuhr erstmals ein durchgehender Schnellzug von Berlin nach Deutz an den Rhein, gegenüber der Stadt Köln gelegen.

Zu gleicher Zeit vollzog sich der zweigleisige Ausbau der Strecke, der ebenfalls von Beginn an vorbereitet und 1847 von Berlin über Potsdam hinaus bis Wildpark vollendet war. Auch der Berliner Kopfbahnhof mußte immer wieder erweitert werden, um dem anschwellenden Personen- und vor allem Güterverkehr Genüge zu tun, ebenso die Anlagen in Potsdam, wo die Hauptwerkstatt der Bahn konzentriert wurde. Die Berlin-Potsdam-Magdeburger Eisenbahn (BPME) errichtete schließlich einen neuen Kopfbahnhof in Berlin (1869 bis 1872). „In" Berlin stimmt jetzt sogar, denn 1861 war der Siedlungsstreifen zwischen Stadtmauer und Schöneberg eingemeindet worden. Gleichzeitig trat die Bahn in ein neues Zeitalter des Vorortverkehrs, der mit einem dramatischen Anstieg der Fahrgastzahlen verbunden war. Paradoxerweise sank dabei die Rentabilität der Bahn ebenso dramatisch. Zum einen erhielt sie im Fernverkehr Konkurrenz durch die schnellere Lehrter Bahn, zum anderen waren die neuen Anlagen kostenaufwendig und weniger ertragreich. Zu den Kosten trug bei, daß die staatlichen Aufsichtsbehörden gerade zur Zeit des Gründerbooms glaubten, hohe Anforderungen wie niveaufreie Trassierung stellen zu können. Geringere Erträge resultierten aus Sondertarifen und der 1863 eingeführten vierten Klasse.

Das Zeitalter des Vorortverkehrs

Mehr als bei anderen Bahnen hatte bei der Potsdamer von jeher der Vorortverkehr eine Rolle gespielt. Zum Teil kam dies durch die sehr ortsnahe Lage der Strecke, zum größeren Teil dadurch, daß die Potsdamer Gärten und Parks, die an gewissen Tagen für das Publikum geöffnet waren, ausgesprochen attraktive Ausflugziele darstellten. Die ortsnahe Lage dagegen konnte die Bahn zunächst fast nur in Zehlendorf richtig ausnutzen.

Preußens erste Eisenbahn

Das alte, aber lange Zeit unbedeutende Potsdam wurde erst im späten 17. und vor allem im 18. Jahrhundert aufgewertet, als die preußischen Könige begannen, dort ihre zweite Residenz einzurichten und die Schlösser und Parks anzulegen, die heute weltberühmt sind. Führten bis dahin die großen Fernstraßen weit an Potsdam und seinen Sümpfen vorbei, bot der neue „Königsweg" eine direkte Verbindung zwischen den beiden etwa 30 Kilometer entfernten Residenzen. Das bis dato ebenfalls abseits der Hauptwege gelegene Zehlendorf wurde dabei zu einer wichtigen Relaisstation.

Mitte des 18. Jahrhunderts wurde dem zunehmenden Verkehrsbedarf entsprechend von einem Zehlendorfer Unternehmer eine sogenannte Journalière, ein Schnellkutschdienst eingerichtet. Folgerichtig wurde aus dieser Verbindung die erste gepflasterte Chaussee Brandenburg-Preußens, zunächst 1789 als Versuchsstück von Berlin nach Schöneberg und 1793 in voller Länge bis Potsdam, später Teil der Reichsstraße 1. Die Journalière brauchte auf dieser neuen Straße für die Fahrt nur noch drei Stunden und weniger (mit Pferdewechsel in Zehlendorf) und verkehrte um 1800 bis zu sechsmal täglich.

Pläne, in Schöneberg, Steglitz und Zehlendorf eine Eisenbahn anzulegen, wurden erstmals 1833 aktenkundig. Aber erst nach dem Erfolg der bayerischen Ludwigs-Eisenbahn erteilte die Regierung einem solchen Projekt des Ingenieurs, Chausseebauers und Mathematikers A. L. Crelle Ende 1835 die Genehmigung. Bis zum Baubeginn vergingen nochmals fast zwei Jahre. Im Herbst 1838 fuhr die erste Eisenbahn in Preußen, im September zunächst auf der Teilstrecke Potsdam–Zehlendorf, im Oktober auf ganzer Strecke.

An Schöneberg fuhren – von einem kurzen Intermezzo abgesehen – die Potsdamer Züge fast ein halbes Jahrhundert lang vorbei. Der Haltepunkt Steglitz wurde trotz guter Fahrgastzahlen nach wenigen Jahren geschlossen und erst 1864 wiedereröffnet. Im Doppelort Neuendorf-Nowawes fuhren die Züge sogar direkt durch das ältere Neuendorf und direkt neben der 1751 gegründeten Webersiedlung Nowawes (deren Name, korrekt Nowawés, nichts anderes als die tschechische Übersetzung von Neuendorf ist). Dennoch wurde hier erst 1862 ein Haltepunkt eröffnet, exklusiv für die Angehörigen des Königshofs zum Besuch ihres Schlosses Babelsberg. Erst später wurde er auch für das allgemeine Publikum freigegeben. Jenseits von Potsdam war seit Streckeneröffnung der erste Halt im acht Kilometer entfernten Städtchen Werder (Havel). Eine neue Station Wildpark wurde 1868 erstmals von Ausflugszügen angefahren, ab 1869 im Regelverkehr.

Stammbahn und Wannseebahn

Das Jahr 1872 brachte dann einen qualitativen Sprung, mit den ersten Ringbahnzügen, die in den Potsdamer Bahnhof einfuhren, der Eröffnung einer Station Lichterfelde und dem Baubeginn der Wannseebahn.

Die Station Lichterfelde (heute Berlin Lichterfelde West) halbwegs zwischen Steglitz und Zehlendorf lag zwar noch weitab jeder Siedlung, aber noch im Bereich der aufstrebenden neuen Villenkolonie. Schlimmer war es bei der Wannseebahn. Abgesehen von einigen vereinzelten Häusern (u. a. bei Kohlhasenbrück) befand sich zwischen Zehlendorf und Neuendorf-Nowawes nichts als Wald mit einigen eingestreuten Ackerflächen (Steinstücken u. a.). Grundstücksspekulanten begannen auch hier mit der Anlage von Siedlungen, die sie zeitgemäß nach Schlachtorten des deutsch-dänischen Krieges benannten (Düppel, Alsen). Damit das Geschäft richtig in Schwung kommen konnte, brauchten die Grundeigner aber nicht nur eine neue Bahnstation, sondern gleich eine komplette Eisenbahnstrecke – und bekamen sie: in Zehlendorf von der Stammbahn abzweigend, elf Kilometer durch den Wald, Schlachtensee und Wannsee berührend, bei Nikolassee ein Sumpfgebiet durchquerend und kurz hinter Kohlhasenbrück wieder in die Stammbahn mündend.

Die Bahngesellschaft, bei der rein zufällig ebenjene Grundeigentümer auf maßgeblichen Posten saßen, ging sogar über deren Wünsche, die eine eingleisige Strecke vorgesehen hatten, hinaus und baute die „Wahnsinnsbahn" sofort zweigleisig. Dies sollte der Anfang eines komplett von Berlin bis Potsdam führenden zweiten Gleispaares sein. Zeitgleich (1873 fertig) wurde auch der Bahnhof Steglitz erweitert und mit einem größeren Empfangsgebäude versehen. Die spartanische Ausstattung der Anfangsjahre war überall leistungsfähigen und repräsentativen Anlagen gewichen.

Zum 1. Juni 1874 konnte nach zweijährigen Bauarbeiten die Wannseebahn als erste reine Vorortbahn im Berliner Raum eröffnet werden; der Rest des ehrgeizigen Projektes verschwand in der Schublade. Die Strecke erhielt die beiden Zwischenhalte Schlachtensee und Wannensee (1878 in Wannsee geändert); am Treffpunkt mit der Stammbahn hinter Kohlhasenbrück gab es eine neue Station Neubabelsberg (heute Griebnitzsee). Genau fünf Monate später erhielt auch die zwischen Schöneberg und Steglitz neugegründete Siedlung Friedenau einen Haltepunkt.

Die Potsdamer Bahn hatte eine beachtliche Haltestellendichte erreicht: Von Berlin aus war Wildpark bereits der zehnte Halt nach 32 Kilometern. Ein zusätzlicher Haltepunkt in Schöneberg, der seit 1882 eine Umsteigemöglichkeit zur Ringbahnspitzkehre bot, und die 1887 in Potsdam eröffnete Station Charlottenhof (recht weit entfernt vom gleichnamigen Schloß in der Brandenburger Vorstadt gelegen) machten das Dutzend voll.

Die vielen Halte waren im Fernverkehr störend, dessen Züge zwischen Berlin und Potsdam überhaupt nicht oder nur in Zehlendorf hielten. Zwar konnten seit 1882 über die neueröffnete Stadtbahn einige Züge nach Berlin Friedrichstraße und weiter nach Erkner fahren – die entsprechende Verbindung zur Wetzlarer Bahn in Wannsee existierte seit 1880 –, doch verblieb der meiste Fernverkehr im Potsdamer Bahnhof, der sogar einige Nah- und Fernverkehrszüge der Wetzlarer Bahn aufnahm. Die gute Lage führte dazu, daß der Potsdamer Bahnhof als einziger Kopfbahnhof weiterhin von den Ringzügen angefahren wurde, die neben der eigentlichen Potsdamer Bahn eine eigene Trasse erhielten. Die neue staatliche Verwaltung behalf sich mit punktuellem Ausbau, zunächst mit der Hochlegung der Bahn 1883/84 in Steglitz, dann in Zehlendorf. Im September 1883 geschah in Steglitz einer der schlimmsten Eisenbahnunfälle im Berliner Raum, wobei 39 Menschen getötet und sechs weitere verletzt wurden. Nach amtlicher Darstellung: „Kurierzug fuhr in das Publikum, das eigenmächtig in den abgeschlossenen Bahnsteig eingedrungen war." Der Bahnsteigzugang wurde nun völlig von den Gleisen getrennt.

Der durchgehend viergleisige Ausbau begann 1887. Nach vierjähriger Bauzeit konnte am 1. Oktober 1891 die „Neue Wannseebahn" – das zweite Gleispaar neben der Stammbahn – in Betrieb gehen, rechtzeitig zur Einführung des neuen Vororttarifs. Der Umbau des Bahnhofs Wannsee zog sich noch ein Jahr länger hin. Die lange Bauzeit kam nicht zuletzt daher, daß das Projekt immer wieder ausgeweitet wurde und jedes Jahr neue Geldforderungen im Landtag auf dem Tisch lagen. Westlich des „alten" Berliner Endbahnhofs wurde ein Flügelbahnhof mit zwei Gleisen errichtet, der die Wannseebahn aufnahm. Ein halbes Jahr zuvor war auf der gegenüberliegenden östlichen Seite ein weiterer Flügelbahnhof für die Ringbahnzüge in Betrieb gegangen. Im Hauptbau, mit vier Bahnsteiggleisen und einem Umfahrungsgleis, hielten nur noch die Regional- und Fernzüge. Die bisherige Station Schöneberg wurde durch eine etwa 300 Meter weiter nördlich gelegene Station Großgörschenstraße ersetzt, die direkt an der Stadtgrenze lag. Der Umsteigeweg zu den Ringzügen, die weiter in Höhe Kolonnenstraße hielten, wurde damit zwar lang, aber dafür war die neue Station besser von umliegenden Wohngebieten her zugänglich. Nochmals nördlich befand sich zwischen den Ferngleisen bereits seit einigen Jahren ein exklusiver „Hofbahnsteig" für die „Allerhöchsten Herrschaften". Die nochmals erweiterten Anlagen des Berliner Endbahnhofs reichten nun bis zur Großgörschenstraße, ab der nunmehr sieben Streckengleise nebeneinander liefen. Zwei bildeten die Ringbahnspitzkehre und fünf führten nach Steglitz, wohin (östlich der Ferngleise) separat ein Ortsgütergleis verlegt worden war. Westlich der beiden Ferngleise lagen nun die Stationen und Gleise der Wannseebahn. Diese und zwei Überleitungsgleise der Fernbahn führten im umgebauten Bahnhof Zehlendorf in das Gleispaar der „Alten Wannseebahn" (deren Stationen auch umgebaut wurden).

Statt der bisherigen Einmündung in Neubabelsberg führten die Wannseebahngleise sodann weiter bis Potsdam und endeten dort an Kopfbahnsteigen nördlich der Ferngleise. Zusätzliche Kehranlagen befanden sich (jeweils stadtauswärts gerichtet) auf den Stationen Steglitz, Zehlendorf, Schlachtensee und Wannsee. Der gleichzeitig eingeführte Vororttarif reichte noch weiter bis Werder, wo, wie auch in Wildpark, die Bahnanlagen ebenfalls erweitert worden waren. Die Stadt Werder, die gerade die Zahl von 6000 Einwohnern überschritt, richtete eine Pferdebahn zwischen Bahnhof und der auf einer Havelinsel gelegenen Altstadt ein. Diese verkehrte von 1895 bis 1926. Seit 1895 enden in Werder die Eisenbahndirektion Berlin und bis heute auch der Berliner Vorortverkehr. Zu einem besonderen touristischen Anziehungspunkt entwickelte sich das seit 1860 gefeierte Baumblütenfest. Durch die ausgedehnten Obstplantagen der Umgebung war die Landschaft jedes Frühjahr in ein Blütenmeer gehüllt.

Auch im fast zehnmal so großen Potsdam fuhr nach längeren Querelen seit 1888 eine Pferdebahn am Bahnhof vor; die Station Charlottenhof hatte sogar von Anfang an eine solche Umsteigemöglichkeit.

Blieb Werder trotz deutlichen Wachstums ein kleines Landstädtchen, so war die Siedlungsentwicklung östlich von Potsdam weit intensiver. Der Doppelort Neuendorf/Nowawes erreichte 15 000 Einwohner, und auch die Siedlungen an der „alten" Wannseebahn hatten allen Unkenrufen zum Trotz vierstellige Einwohnerzahlen aufzuweisen. Zehlendorf gar, 1890 noch keine 4000 Einwohner zählend, verdoppelte in weniger als einem Jahrzehnt und ließ Werder weit hinter sich. Das war aber nichts gegen die Verdreifachung von Lichterfelde und Steglitz auf jeweils mehr als 20 000 Einwohner und das Anwachsen Schönebergs zu einer Großstadt.

Neue Stationen gab es nur weiter draußen, wo die letzten Lücken im Siedlungsband geschlossen wurden. Zusätzliche Bahnsteige an den Ferngleisen erhielt zunächst Neubabelsberg, so daß die „Werderzüge" hier ab 1897 einen Halt einlegen konnten. An der nördlichsten Kreuzung der Wannseebahn mit der Wetzlarer Bahn erhielten beide 1902 den Haltepunkt Nikolassee (der namengebende See liegt allerdings fast einen Kilometer entfernt), 1904 kam östlich von Schlachtensee die Station Zehlendorf Beerenstraße, ab 1911 Zehlendorf West genannt, hinzu. Das einstmals sich ununterbrochen die Havel entlangziehende Waldgebiet war nun in zwei Teile getrennt, dessen nördlicher den Grunewald bildete.

Der Bahnhof Zehlendorf, 1911 bis 1938 Zehlendorf Mitte genannt, erhielt 1907 einen Bahnsteig am südlichen Ferngleis (Richtung Berlin), zwei Jahre später auch am anderen Gleis. Hier hielten besondere Züge von Wannsee, die nur die Stationen der Alten Wannseebahn bedienten und von Zehlendorf bis Berlin ohne weiteren Halt durchfuhren. Solche Züge waren bereits 1903 eingerichtet worden, hatten aber auf der Wannseebahn den übrigen Verkehr behindert. Erst die Führung über die Ferngleise ermöglichte eine Ausweitung dieses Services. Die Seitenbahnsteige in Zehlendorf wurden später durch einen Mittelbahnsteig ersetzt.

Diese Züge sollten sich zum ersten und einzigen „regulären" Fall im Berliner S-Bahnnetz entwickeln, wo Züge nicht auf allen Stationen hielten. Nach dem hauptsächlichen Publikum erhielten sie rasch den Namen „Bankierzüge". Der machte deutlich, daß dieser schnelle Extraservice nicht gerade der Arbeiterklasse zugutekam, die von ihren Schöneberger Mietskasernen noch immer keine Direktverbindung zu den südlichen Grunewaldseen und zu Potsdams Schlössern und Gärten hatte.

Ein Haltepunkt entstand 1909 zwischen Lichterfelde West und Steglitz. Das hoch aufragende Empfangsgebäude zeigte, daß hier im neuen Stadtteil Lichterfelde Nord nicht mehr Landhäuser oder Villen für das gehobene Bürgertum aus den Spargelfeldern wuchsen. Große Riegel mehrstöckiger Mietshäuser für die Schicht der Angestellten und mittleren Beamten prägen hier das Bild und sorgten mit dafür, daß Lichterfeldes Einwohnerzahl auf über 40 000 stieg. Der Haltepunkt hätte durchaus passend den Namen

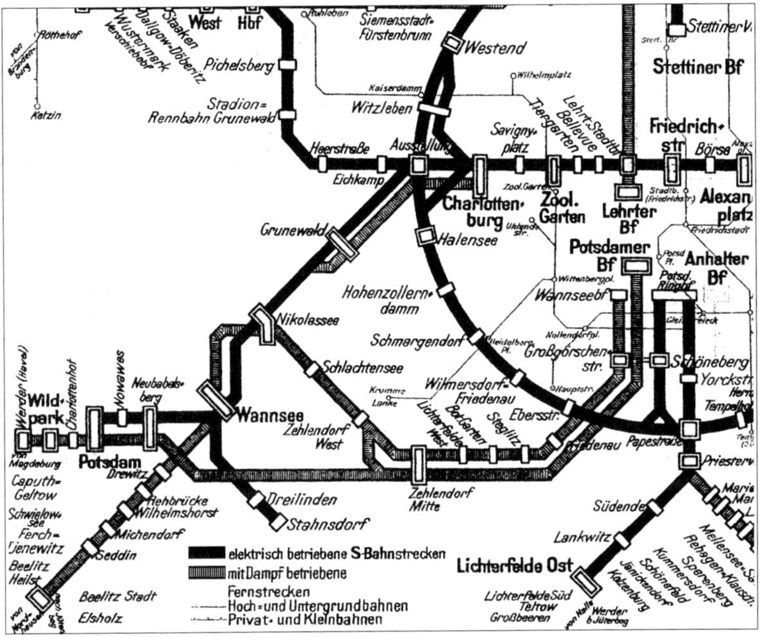

Im S-Bahn-Netzplan von 1931 sind Wannseebahn und Stammbahn als dampfbetriebene S-Bahnstrecken gekennzeichntet. Elektrische Züge fuhren nur über die Wetzlarer Bahn nach Stahnsdorf und nach Potsdam.

Lichterfelde Nord erhalten und damit neben Lichterfelde West, Ost und Süd die Runde der Himmelsrichtungen voll machen können. Stattdessen erhielt er den klangvolleren Namen „Botanischer Garten". Die Geschichte des Berliner Botanischen Gartens beginnt als königlicher Küchengarten, der schon Mitte des 17. Jahrhunderts nach Schöneberg ausgelagert wurde und seit dem 18. Jahrhundert Schau- und Lehrgarten war. 1902 bezog die Einrichtung ein neues großzügiges Gelände an der Grenze der Gemarkungen Steglitz, Lichterfelde und Dahlem. Das alte Gelände in Schöneberg wurde zum Kleistpark, gegenüber dem neuen Botanischen Garten entstanden das Kreiskrankenhaus des Kreises Teltow und die Reichs-Materialprüfungsanstalt.

Weit von Berlin entstand mit der Umgehungsbahn nach Norden (Nauen, 1902) und nach Süden (Beelitz Stadt, 1908) ein Bahnknoten am Bahnhof Wildpark. Kreuzungsfrei über die Stammbahngleise geführt wurde das Übergangsgleis Schlachtensee–Zehlendorf (Fernbahn), von Wannsee nach Schlachtensee wurde ein separates Gütergleis gelegt, und als umfangreichste Maßnahme beseitigte man die verbliebenen Kreuzungen mit anderen Verkehrswegen durch Hochlegung der Eisenbahn. An den Ausbau von Potsdam bis Wildpark (1904 bis 1909) schloß der im Bereich Nowawes an, wo neben der Fernbahn auch die gerade 20 Jahre alten Vorortgleise auf einen Damm hochgelegt wurden. Neben dem Verkehr auf der Straße profitierten davon auch Schiene und Schiff. Nicht hoch- sondern tiefergelegt wurde das Flußbett der Bäke, als in den Jahren 1900 bis 1907 der kleine Fluß zu einem Teil des Teltowkanals wurde. Bei Kohlhasenbrück erhielten dadurch Stammbahn und Wannseebahn, die dort 400 Meter voneinander entfernt verlaufen, und die zwischen ihnen liegende Wetzlarer Bahn neue große Brückenbauwerke.

Der Teltowkanal bescherte der Potsdamer Bahn eine Zweigstrecke, weil sich in Schönow, gegenüber der Stadt Teltow, am Ufer des Kanals Industriebetriebe ansiedelten. Ein Privatunternehmen legte eine Anschlußbahn zum drei Kilometer nördlich gelegenen Güterbahnhof Groß Lichterfelde West, die später als Görzbahn bekannt wurde. 1905 konnte der Betrieb aufgenommen werden, zunächst nur für den Güterverkehr und die ersten zehn Jahre ausschließlich mit Pferdekraft.

Die Züge der Wannseebahn fuhren seit 1895 in der Hauptverkehrszeit alle fünf Minuten, sonst im Zehnminutenabstand, und die Potsdamer Bahn beförderte an Spitzentagen jetzt ebenso viele Personen wie zu Anfang in einem ganzen Jahr. Welche Bedeutung aber immer noch die „Allerhöchsten Herrschaften" hatten, zeigte sich bei der Hochlegung des Bahnhofs Wildpark. Dort entstand ein neuer „Kaiserbahnhof" mit zwei Stumpfgleisen nördlich der öffentlichen Station. Anders als diese erhielt er eine komplett geschlossene Bahnsteighalle.

Eine verkehrstechnische Revolution

Seit 1890 fuhren am Bahnhof Lichterfelde West die ersten Straßenbahnen der Welt mit elektrischer Oberleitung vor. 1895 experimentierte das Eisenbahnausbesserungswerk Potsdam mit einer elektrischen Rangierlokomotive. 1900 bis 1902 fand zwischen Berlin und Zehlendorf ein Versuchsbetrieb mit elektrischen Triebwagen statt, und seit 1903 fuhren die Züge der ersten elektrischen Vorortbahn des Berliner Raums in den Potsdamer Bahnhof ein – allerdings von der Anhalter Bahn. Seit 1902 fuhren gleich daneben die elektrischen Züge der Berliner Hoch- und Untergrundbahn in ihre Station Potsdamer Platz. Mitte des Jahrzehnts war das gesamte Groß-Berliner Straßenbahnnetz, das entlang der Wannseebahn bis Lichterfelde West reichte, elektrifiziert. Das Potsdamer Straßenbahnnetz wurde 1907 auf elektrischen Betrieb umgestellt und 1908 bis Nowawes erweitert. Sogar die Treidelbahn entlang des Teltowkanals fuhr seit 1907 elektrisch. Nur die Züge der Wannseebahn wurden weiter von Dampflokomotiven gezogen. Die weiteren Ausbaupläne sahen hier nur neue Aufstellanlagen und erweiterte Ortsgüterbahnhöfe vor, als der Kriegsausbruch andere Prioritäten setzte.

Die Kriegswirtschaft brachte 1917 eine Verkehrsquelle besonderer Art: Von einer Jahrmarktattraktion war das „Kinematographentheater" zu ernsthafter Kunst und einem Wirtschaftsfaktor geworden. Um das Medium Film besser in der Kriegspropaganda einzusetzen und die Produktion zu koordinieren, veranlaßte das Kriegsministerium 1917 die Gründung der „Universum-Film AG", kurz Ufa. Diese richtete ausgedehnte Studios in Neubabelsberg ein, die nach 1918 zur „Ufastadt" wuchsen.

Der Kaiserbahnhof neben dem Bahnhof Potsdam-Wildpark. Foto: O. Kempny

Die neue Zeit sah 1919 Personenverkehr auf der Görzbahn, mit Stationen an beiden Streckenenden. Der Nordbahnhof (Lichterfelde West) lag, wenig umsteigefreundlich, kurz vor der Einmündung in die Staatsbahn am Dahlemer Weg, einen Kilometer vom Staatsbahnhof entfernt. Fahrkarten wurden öffentlich nicht verkauft, stattdessen gab es Berechtigungsscheine. Täglich fuhren etwa 3500 Beschäftigte der Schönower Werke und deren Angehörige mit der Görzbahn. Die Genehmigungsbehörde machte gar zur Auflage, mittelfristig die Bahn zu elektrifizieren.

Mit dem Groß-Berlin-Gesetz von 1920 lag die Potsdamer Bahn in den Stadtbezirken Schöneberg, Steglitz und Zehlendorf, wovon letzterer mit nur 33000 Einwohnern der mit Abstand geringst bevölkerte aller Berliner Bezirke war. Die Stadtgrenze verschob sich bis hinter Zehlendorf, wo sie genau zwischen Stammbahn und Wannseebahn verlief. 1928 rückte die Eingemeindung von Düppel die Grenze dort dicht an die Stammbahn heran. Die in komplizierten Schleifen um Griebnitzsee und Teltowkanal mäandrierende neue Grenze bewirkte, daß die Stammbahn bei Kohlhasenbrück abermals 1¼ Kilometer auf Berliner Gebiet verlief.

Strom zur rechten Zeit

Auf Potsdamer und Wannseebahn blieb es auch unter Regie der nach dem Ersten Weltkrieg entstandenen Reichsbahn zunächst beim Dampfbetrieb, der sich mehr und mehr als technisch rückständig präsentierte. So sehr die Behörden die Görzbahn drängten, auf eigene Kosten ihre Strecke zu elektrifizieren, so unwillig waren sie, derlei auch auf der Wannseebahn zu bezahlen. In die „Große Elektrisierung" einbezogen war nur die Strecke

Wannsee–Potsdam, die im Juni 1928 erstmals mit den neuen elektrischen Triebwagen befahren wurde. Der damit verbundene erneute Umbau des Bahnhofs Wannsee war im August vollendet. Mehr und mehr orientierte die Potsdamer Strecke zur Stadtbahn, zumal die Ferngleise schon seit 1909 auch an die Wetzlarer Bahn angeschlossen waren. Indessen hatten die Wannseebahn-Dampfzüge in einem Jahrzehnt die Hälfte ihrer Fahrgäste verloren. Nun erst entschloß sich die Reichsbahn, hier zu elektrifizieren. Ende 1931 gab es dann das amtliche Plazet. Eigens für die Bankierzüge bekamen auch die Ferngleise zwischen Berlin Potsdamer Bahnhof und Zehlendorf Stromschienen. Der Betrieb konnte im Mai 1933 beginnen, zur rechten Zeit, um als Geschenk der neuen Regierung herzuhalten.

Beim elektrischen Ausbau wurde mit drei neuen Stationen der Abstand der Halte weiter verringert: Schöneberg erhielt an der Kreuzung mit der Ringbahn einen neuen „Hauptbahnhof", als Turmbahnhof mit optimaler Umsteigemöglichkeit und günstig in dicht bebautem Gebiet gelegen. Zwischen Friedenau und Steglitz, schon seit längerem dichtbebautes Gebiet, führte ein noch immer „Feldstraße" genannter Weg über die Gleise. Stattdessen entstanden auf breiter Brücke eine Straße und die S-Bahnstation, die beide den Namen Feuerbachstraße erhielten. Mutet diese Benennung noch liberal an, so machte der Name „Sundgauer Straße" für die dritte neue Station den Anspruch auf das Elsaß deutlich. Vorgesehen als Zehlendorf Ost, erhielt die 1934 fertiggestellte Station den Namen passend zu den Straßen des neuen Siedlungsgebiets, mit dem der verbliebene Freiraum zwischen Lichterfelde und Zehlendorf gefüllt wurde.

Hinter dem Bahnhof Wannsee wurde ein neues, ausgedehntes S-Bahn-Betriebswerk angelegt, so daß die Anlagen am Potsdamer Bahnhof dem Fernverkehr zur Verfügung gestellt werden konnten. Die Kehranlagen in Steglitz und Schlachtensee wurden aufgegeben und eine neue (schon lange vorbereitete) in Lichterfelde eingerichtet. Der neue Fahrkomfort und die trotz neuer Halte verkürzte Fahrzeit führten sogleich zum erwünschten Verkehrserfolg. Insbesondere der Umsteigebahnhof Schöneberg übertraf alle Erwartungen. Wie die Feuerbachstraße wurden allerdings auch in Schöneberg und Zehlendorf mehrere Straßen gleich auf das Dreifache verbreitert, was aufwendige neue Bahnbrücken erforderte. Bei der Görzbahn war von Elektrifizierung nicht mehr die Rede, stattdessen von Stillegung. Die Behörden drängten nun darauf, den Personen- und vor allem Güterverkehr auf die Straße zu verlagern – allerdings ebenso erfolglos, bis die Kriegswirtschaft diese Pläne ad acta legte.

Nur sechs Jahre fuhren die elektrischen Triebwagen von Wannsee in den Potsdamer Bahnhof ein. Im Oktober 1939 konnten sie in den Nord-Süd-Tunnel abtauchen. Weil sie dafür auf die östliche Seite der Ferngleise wechseln mußten, war in Schöneberg ein zusätzliches Tunnelstück notwendig, mit dem die S-Bahnen die Ferngleise unterfuhren. Zudem mußte der Bahnsteig an der Großgörschenstraße erneut verlegt werden (an seine heutige Lage zwischen Yorck- und Großgörschenstraße). Dazu kam direkt vor dem Tunnelmund eine Überführung über das Postgleis nach Luckenwalder Straße. Nachdem die Gleise so neu verbunden waren, wurde der inzwischen traditionelle Zuglauf Wannsee–Oranienburg eingerichtet.

Empfangsgebäude des S-Bahnhofs Sundgauer Straße aus dem Jahr 1934. Foto: Th. Billik

Drei Monate zuvor war der Vorortverkehr der Werderzüge, die halbstündlich zwischen den Fernzügen verkehrten, deutlich aufgewertet worden. Bislang hielten sie zwischen Potsdam und Berlin nur in Neubabelsberg, das nun allerdings nicht mehr so hieß. Aus Anlaß der Eingemeindung nach Potsdam verschwand zum 1. April 1938 das „Neu"- bei zwei Stationen: Aus „Nowawes" wurde „Babelsberg" und aus „Neubabelsberg" „Babelsberg Ufastadt". Im Gegensatz zur intensiven Siedlungsentwicklung an der Wannseebahn war entlang der Stammbahn noch immer viel Wald zu sehen. Lediglich zwischen dem ein Stück südlich gelegenen Dorf Kleinmachnow und der Bahnlinie entwickelte sich eine ausgedehnte Siedlung. An deren Nordrand wurde auch eine Straße mit der Bezeichnung „An der Stammbahn" angelegt. 1925 hatte der Ort keine 1000 Einwohner gezählt, vierzehn Jahre später aber mit 12 500 sogar die Stadt Teltow überrundet. Daher richtete die Reichsbahn zwei Seitenbahnsteige an der Strecke ein, genau dort, wo seit 1928 die Stadtgrenze die Bahnlinie schnitt, gerade noch auf Düppeler Gebiet, aber unmittelbar an die Kleinmachnower Bebauung anschließend. Daher erhielt die Station nach einigem Schwanken die Bezeichnung „Düppel". Ab dem gleichen Zeitpunkt hielten die Werderzüge auch in Zehlendorf.

Krieg und Nachkriegszeit

Speers Planer schmiedeten weitere Ausbaupläne: Die Strecken sollten auf sechs und mehr Gleise ausgebaut werden, elektrifizierte Ferngleise den Anfang einer Fern-S-Bahn machen, die in Zehlendorf im Richtungsbetrieb ausfädeln sollte, der elektrische Betrieb mit einer neuen Kreuzungsstation Dreilinden auf der Stammbahn eingeführt und bis Werder vorgeschoben werden. Aus der Görzbahn sollte ebenfalls eine S-Bahn mit Durchbindung nach Teltow Stadt werden, usw.

Stattdessen mußte nach schweren Bombenschäden Ende 1944 und Anfang 1945 der Verkehr der Bankierzüge und schließlich aller Betrieb auf dem Berliner Kopfbahnhof eingestellt werden, und noch im April 1945 sank der Bahnhof Potsdam mit einem großen Teil der Stadt in Trümmer. Auf dem dazwischenliegenden Abschnitt aber war die Wannseebahn mit die letzte Strecke, auf der Ende April 1945 eine S-Bahn fuhr, und sie war die erste, auf der Anfang Juni wieder elektrische Züge rumpelten. Ein erstes tägliches Zugpaar Wannsee–Schöneberg hatte noch experimentellen Charakter, doch zwei Monate später, Anfang August, war bereits die ganze Strecke wieder zweigleisig im 20-Minuten-Takt in Betrieb. Da der Nord-Süd-Tunnel absehbar noch längere Zeit nicht benutzbar war, leitete die Reichsbahn die Züge hinter der Yorckstraße vorübergehend auf ein behelfsmäßig wiederhergestelltes Gleis der Ringbahnspitzkehre zum Ringbahnhof am Potsdamer Platz. Dies blieben nach dem Krieg die einzigen Züge im Kopfbahnhof.

Nachdem schon im Juni ein Ferngleis von Wannsee in Richtung Magdeburg befahrbar gemacht worden war, wurde im August ein Vorortverkehr Wannsee–Werder aufgenommen. Als aber die Züge weiter in die Stadt geleitet wurden, dann über die Wetzlarer Bahn zur Stadtbahn. Ein ab Dezember eingesetzter Pendelzug Düppel–Zehlendorf war der kümmerliche Rest des einstigen regen Betriebes auf der Stammbahn. Immerhin waren damit alle Stationen der Strecke wieder erreichbar. Nicht wieder aufgenommen wurde der Personenverkehr auf der Görzbahn, und auch der Güterverkehr kam nur langsam wieder in Gang. Immerhin waren bald die Stillegungspläne vom Tisch. Einige Jahre später übernahm die Reichsbahn den Betrieb auf Rechnung der privaten Bahngesellschaft. Bis heute besteht die Görzbahn als reine Güterbahn.

Dafür gab es aber neuen, ebenfalls nicht öffentlichen Personenverkehr in Lichterfelde West. Hier richtete die amerikanische Besatzungsmacht, in deren Gebiet die gesamte innerstädtische Strecke der Wannseebahn nun lag, ihren Militärbahnhof ein. Die Station wurde dadurch ein Fernbahnhof, mit je einem Zugpaar täglich nach Frankfurt/Main und Bremerhaven. Es wurde sogar ein kleines Abfertigungsgebäude errichtet und die ehemalige Laderampe, wo die Züge hielten, mit einer Bahnsteigüberdachung versehen. Auch im Güterverkehr erhielt der Bahnhof dadurch Bedeutung.

1946 wurden die noch fehlenden S-Bahnverbindungen wiederhergestellt. Im Februar wurde zunächst der elektrische Betrieb zwischen Wannsee und Potsdam aufgenommen, zugleich endeten die Vorortzüge in Wannsee statt in Potsdam. Der Potsdamer Teil der S-Bahn mußte noch fünf Monate als Inselbetrieb fahren, da von den drei Teltowkanalbrücken bislang nur die der Wetzlarer Bahn hergestellt war. Behelfsbahnsteige an beiden Kanalufern und ein Fußgängersteig über das Wasser ermöglichten den Fahrgästen das Umsteigen. Wie vor dem Kriege fuhren die Züge nach Aufbau der Brücke von Potsdam in Richtung Stadtbahn weiter. Die Wannseebahnzüge ihrerseits wurden im Juli wieder in den Tunnel geführt. Erst 1948 wurde der Zuglauf nach Birkenwerder und Oranienburg wieder eingerichtet. Einige Züge kamen nun auch auf die Friedhofsbahn.

Die Potsdamer Strecke war eingleisig mit einer Ausweiche in Ufastadt wiederhergestellt worden. Die Ufa allerdings war 1945 untergegangen, an ihrer Stelle nahm, von sowjetischer und britischer Besatzungsmacht inauguriert, die Defa 1946 die Filmproduktion auf. Der nicht mehr zeitgemäße Bahnhofsname verschwand 1949 zugunsten von „Griebnitzsee“. Damit gab es auf der Strecke vier „See“-Namen hintereinander.

Auf der dreimal die Stadtgrenze kreuzenden Stammbahn hingegen war an eine Wiederinbetriebnahme nicht mehr zu denken, wegen des stark

Potsdamer Stadtbahnhof, ehem. Empfangsgebäude. Foto (1997): M. Heller

verringerten Verkehrs war sie auch nicht unbedingt notwendig; was an Militär- und Güterzügen noch fuhr, konnte über das Gleis an der Alten Wannseebahn geleitet werden. Die Reste der Bahnanlage verschwanden bald zugunsten von Verwendung an anderer Stelle. Übrig blieb nur der Stummel Zehlendorf–Düppel, der dann doch noch in das S-Bahnzeitalter eintrat. Die 2½ Kilometer lange eingleisige Strecke erhielt im Juli 1948 eine Stromschiene. Östlich Zehlendorf konnte der S-Bahnpendelzug, der den Dampfpendel ablöste, zum Ein- und Ausrücken auf die Wannseebahngleise wechseln. Später erhielt diese kürzeste Berliner S-Bahnlinie die Zuggruppenbezeichnung 5, während die Wannseebahnzüge die Zuggruppenbezeichnung 1 von den Oranienburger Zügen übernahmen.

Im August 1949 fand in Kleinmachnow eine Konferenz zwischen Vertretern der Reichsbahn West (wenige Tage später: Bundesbahn) und der Reichsbahn Ost statt. Hier wurde ein Abkommen über den Interzonenverkehr geschlossen. Die Westvertreter waren mit einem Sondertriebwagen aus Offenbach angereist, der aber wahrscheinlich nur bis Potsdam kam. Mehr Bedeutung gewann 1952 Düppel-Kleinmachnow, so die zwischenzeitliche neue Benennung des genau an der Stadtgrenze gelegenen Halts: Jetzt durften West-Berliner nur noch mit Sondergenehmigung in die DDR, und für die weiterhin mögliche Einreise von DDR-Bürgern nach West-Berlin entstand ein Kontrollpunkt gleich neben dem Bahnhof.

Von großer Unsicherheit geprägt war der grenzüberschreitende Zugverkehr. Ab Februar 1951 mußten in Babelsberg und Griebnitzsee die Züge der S-Bahn ohne Halt durchfahren. Babelsberg wurde zwar bereits nach wenigen Tagen wieder geöffnet, in Griebnitzsee konnte man aber erst wieder im Oktober 1952 zusteigen. In den fünfziger Jahren wurden auch die Potsdamer Bahnanlagen völlig umgekrempelt. Zunächst wurden die Fernzüge auf der Umgehungsbahn nach Ost-Berlin geführt, mit reichlich ausholenden Fahrten durch die Mark Brandenburg, so daß Wildpark zum Schnellzughalt für Potsdam wurde – ungefähr so entlegen, wie es sich anhört. Nachdem 1956/57 der neue Außenring mit dem Damm durch den Templiner See fertig war, wurde am Schnittpunkt mit der alten Umgehungsbahn ein Turmbahnhof eingerichtet, der zunächst den Namen Potsdam Süd, 1960 Potsdam Hauptbahnhof und in jüngster Zeit Potsdam Pirschheide erhielt. Parallel dazu erhielt der alte Bahnhof Potsdam die Bezeichnung Potsdam Stadt (heute Potsdam Hauptbahnhof). Auch der ohnehin nicht präzise Name Charlottenhof schien nicht mehr zeitgemäß und wich dem neutralen Potsdam West. Warum allerdings die Bahnhofsbezeichnung Zehlendorf West 1958 der „Lindenthaler Allee" weichen mußte, ist unklar. Im neuen Bahnhof in der Pirschheide hielten auf der oberen Ebene nunmehr Züge des Fernverkehrs und die zum S-Bahn-Tarif fahrenden Züge des „Schnellverkehrs". Von Beginn an hatte die Station auch eine Straßenbahn vor der Tür.

Veränderungen nach dem Mauerbau

Am 13. August 1961 wurde die S-Bahn zwischen Wannsee und Griebnitzsee völlig unterbrochen, während die Interzonenzüge hier weiter nach Berlin einfuhren. Bis zum Oktober wurde noch ein Pendelverkehr Potsdam Stadt–Babelsberg–Griebnitzsee aufrechterhalten, drei Wochen nach dessen Einstellung der Verkehrshalt Griebnitzsee ganz aufgegeben. Stattdessen wurde der Bahnhof zu einer Kontrollstation für die Transitzüge ausgebaut.

Die bisher reine S-Bahnstation Babelsberg wurde mit einer neuen Gleisverbindung von den Ferngleisen angefahren. Die Vorortzüge verkehrten jetzt auf der Relation Babelsberg–Potsdam Stadt–Potsdam West–Potsdam Hbf in direkter Konkurrenz zur zwischen den gleichen Endpunkten fahrenden städtischen Straßenbahnlinie 4. Werder wurde fast nur noch von den Außenringzügen erreicht, deren Endpunkt es war. Auf dem alten Weg Potsdam–Werder über Wildpark verkehrten wenig Züge. Außerdem blieb Wildpark Endpunkt der Nahverkehrszüge der Umgehungsbahn über Potsdam Hbf–Ferch-Lienewitz und Caputh-Geltow. Obwohl sie sich durch eine reizvolle Seenlandschaft schlängelt – bekannt wurde Albert Einsteins Häuschen in Caputh –, blieb sie außerhalb des Vororttarifs.

In Berlin blieben die Zugläufe der Potsdamer und Wannseebahn unberührt, allerdings verlor die Düppeler Strecke ihr Fahrgastaufkommen. Der Spätverkehr wurde hier schon bald eingestellt. Die Wannseebahn sollte über einen Zehn-Minuten-Takt ohnehin nicht mehr hinauskommen. Ihre Verkehrsbedeutung war aber immer noch erheblich und wuchs noch dadurch, daß das bisher eher verschlafene Steglitz sich zu einem der großen West-Berliner Bezirkszentren entwickelte. Die einst unbedeutende Schloßstraße (nach dem ehemaligen Wrangel-„Schlößchen", das allerdings nur ein einfaches Gutshaus war, ebenso wie das Lichterfelder „Schloß") wurde zu einer Haupteinkaufsstraße. Eigentlich erstreckte diese sich günstig zwischen den Bahnhöfen Steglitz und Feuerbachstraße. Die Politik tat aber alles, dies zu ändern. Im Mai 1963 verloren fast schlagartig alle Stationen der Strecke den Straßenbahn-Anschluß. Mitte der sechziger Jahre wurde das Empfangsgebäude des Bahnhofs Steglitz abgerissen. Es wurde ein Opfer der parallel zu den Schienen verlaufenden Stadtautobahn. Dafür hatte der Senat auch keine Hemmungen, mit der Reichsbahn zu verhandeln. Als Wertausgleich und für diverse Diensträume wurde der Reichsbahn ein neues Gebäude hinter dem Bahnhof errichtet, das für Bahnkunden aber erst viel später als Verkaufs- und Informationsbüro von Nutzen wurde. Fahrgäste der S-Bahn mußten nun anstatt durch ein Empfangsgebäude unter einem Betonriegel hindurch gehen.

An der Station Feuerbachstraße war über ein Jahr lang ein Behelfsbahnsteig vonnöten, weil die Autobahn hier die Bahnstrecke untertunnelt. Aber als Anfang der 70er Jahre die U-Bahn aus Richtung Zoo nach Steglitz (die heutige Linie U9) gebaut wurde, hatten Senat und Reichsbahn nichts ausgehandelt. Am Rathaus Steglitz stößt der U-Bahnhof auf den S-Bahnhof, der in die Umsteigestation nicht einbezogen wurde. Diese Politik wurde fortgesetzt, als ein großes Hochhaus entstand, das als „Steglitzer Kreisel" bekannt ist. Statt den verbliebenen Straßenraum zwischen dem Gebäude und dem Zugangsbereich zur S-Bahn unter der Stadtautobahn als Haltebereich für die Stadtbusse zu gestalten, erhielt das Gebäude eine Busstation im Erdgeschoß. Und als der zu einer Riesenpleite gewordene „Kreisel" mit öffentlichen Geldern schließlich fertig war, da gab es keine Züge mehr, die man in Steglitz hätte erreichen können. Wannseebahn- und Düppeler Züge waren den S-Bahn-Stillegungen vom September 1980 anheim gefallen. Und der Senat plante parallel zur Wannseebahn durch Steglitz und Schöneberg weiter die U-Bahnlinie 10; ein Baubeginn wurde für 1984 angekündigt.

Die Reichsbahn andererseits machte einmal einen Versuch, die Attraktivität der S-Bahn zu verbessern. Etwa auf halbem Wege nach Düppel begann sie neben dem Gleis einen Bahnsteig mit der Bezeichnung Zehlendorf Süd zu errichten, der die sich langsam ausbreitende Bebauung erschließen sollte. Prompt wurde ihr das von der amerikanischen Besatzungsmacht verboten. Der Einspruch war allerdings nur formaler Natur, weil die Alliierte Kommandantur nicht gefragt worden war. Nachdem das nachgeholt und die erforderliche Genehmigung erteilt war, konnte der Bahnsteig fertiggestellt werden und im Dezember 1972 in Betrieb gehen, als einzige neue S-Bahnstation zu Reichsbahnzeiten im Westteil der Stadt erbaut, und als Ausnahme unter allen Stationen nur für Halbzüge (Vier-Wagen-Züge) geeignet – einen längeren Bahnsteig brauchte es hier nicht.

Wannseebahn wird S1

Der Stammbahnstummel hatte nach 1980 keine Zukunft, das Gleis wurde völlig abgetrennt. Aber nach Übernahme der S-Bahn im Westen durch den städtischen Verkehrsbetrieb BVG stand die Wiederinbetriebnahme der Wannseebahn in der Prioritätenliste obenan und wurde auch vom Senat zugesagt. Obwohl ein Gleis für Überführungsfahrten betriebsbereit geblieben war, hatten die Bahnanlagen in den Jahren der Stillegung arge Schäden genommen, das Empfangsgebäude in Lichterfelde West war schon in den sechziger Jahren ausgebrannt. In aufwendiger Winterarbeit wurde die Strecke nun instandgesetzt und zum 1. Februar 1985 wieder eröffnet. Auch die Denkmalpflege kam zu ihrem Recht, ausgenommen das abgerissene Empfangsgebäude des Bahnhofs Zehlendorf. Auf dem stillgelegten Güterbahnhof Zehlendorf wurde eine Bahnmeisterei für die S-Bahn eingerichtet. Von den Kehranlagen der Strecke wurde nur die in Zehlendorf hergerichtet und eine Notkehre in Schöneberg; erst viel später wurde die

Kehranlage in Steglitz wiederaufgebaut, obwohl bereits seit langem entsprechende Überbauten in der Überführung hinter dem Bahnhof Steglitz eingebaut waren.

Die wiedergewonnene Verbindung erfreute sich sogleich regen Zuspruchs und war jetzt auch offiziell die Nummer Eins als Linie S1 Anhalter Bahnhof –Wannsee (18½ Kilometer). Fünf-Minuten-Zugfolgen, für die nun wieder Bedarf bestand, scheiterten aber an dem zu großen Abstand der Signale zwischen Schöneberg und Feuerbachstraße. Pläne für eine ohne ortsfeste Signale auskommende elektronische Zugsteuerung, hochleistungsfähig, sehr teuer und überhaupt noch nicht entwickelt, lösten sich in nichts auf.

Überraschende Aktivitäten gab es an anderer Stelle. Anläßlich eines Staatsbesuches aus Mexiko benannte der Verkehrssenator im März 1987 die Station Lindenthaler Allee, vormals Zehlendorf West, vormals Zehlendorf Beerenstraße, kurzerhand in Mexikoplatz um.

Verbesserungsbedürftig war weiterhin die Anbindung Schönebergs. Zwischen Großgörschenstraße und Bahnhof Schöneberg war mit 1800 Metern der Stationsabstand für ein derart dicht bebautes Gebiet recht hoch. Ein neuer Haltepunkt an der Kolonnenstraße, dort wo seit Jahrzehnten schon der tote Bahnsteig der Ringbahnspitzkehre in der Landschaft lag, sollte die Lücke schließen. Schon 1987 wurde ein Architektenwettbewerb ausgeschrieben. Obwohl aber seither sehr viel an der Wannseebahn gebaut wurde, gibt es auch heute noch keinen Halt an der Kolonnenstraße.

Langsam wurden in Steglitz immerhin die Verbindungen zum Bahnhof verbessert. Die Busse erhielten eine Haltestelle vor der S-Bahn, und ein Verbindungsgang zwischen S- und U-Bahn wurde eingerichtet. 1988 begannen Arbeiten, den U-Bahntunnel nun doch unter der S-Bahn hindurchzuführen. Für eine bessere Umsteigemöglichkeit war diese 54 Meter kurze Verlängerung aber vorerst nicht nutzbar, denn die U-Bahnanlagen waren aufgrund der gigantomanischen Planung derart verbaut, daß erst bei einer weiteren Verlängerung der U-Bahn in Richtung Lankwitz die verbesserte Umsteigemöglichkeit wirksam werden könnte. Es kam aber noch abstruser. Für die umfangreichen Bauarbeiten, in deren Zuge auch die Unterführung der Albrechtstraße verbreitert und erhöht wurde, mußte die S-Bahn auf die Ferngleise umgeleitet werden, wofür seitliche Behelfsbahnsteige errichtet wurden. Dies ging zunächst problemlos, weil der auf ein Minimum reduzierte Güterverkehr hier ohnehin unterbrochen war (Der Güterbahnhof Steglitz wurde vom Ring aus bedient).

Dann aber kam der Mauerfall. Am 22. Januar 1990 wurde die erste Schienenverbindung über die Grenze mit dem Vorortverkehr Wannsee–Potsdam eingerichtet. Die Bahnanlagen standen ja vom Fernverkehr her bereits zur Verfügung; auch der Bahnhof Griebnitzsee wurde nun wieder für das Publikum geöffnet, nur das Anfahren der Station Babelsberg machte zunächst etwas Schwierigkeiten.

Es hätte sich natürlich angeboten, nach der im April 1990 erfolgten Rückverlegung der S-Bahn den äußeren Behelfsbahnsteig in Steglitz (der innere lag auf dem S-Bahngleis Richtung Berlin) als provisorischen Regionalbahnsteig zu nutzen, womit eine hervorragende Verbindung in eines der wichtigen Berliner Unterzentren geschaffen worden wäre. Dennoch wurde der Bahnsteig Ende 1990 abgerissen. Auch der nach Einstellung des Militärverkehrs brachliegende Bahnsteig in Lichterfelde West, dessen Dach erst vor kurzem rekonstruiert worden war, hätte sich angeboten, wie auch in Zehlendorf ein Bahnsteig zur Verfügung stand – doch nichts geschah.

Wie schnell Verbindungen wiederhergestellt werden konnten, zeigte sich, als Anfang 1994 das abgewirtschaftete Gütergleis von Lichterfelde West bis Berlin Potsdamer Güterbahnhof doch noch für schwerste Züge befahrbar gemacht und mit etlichen Fahrten täglich bedient wurde. Hier ging es ja auch nicht darum, Fahrgästen attraktive Angebote zu machen, sondern um die Versorgung der Großbaustelle Potsdamer Platz mit Baustoffen.

Fahrgäste konnten immerhin am 1. April 1992 die Wiedereröffnung des elektrischen S-Bahnbetriebs zwischen Wannsee und Potsdam feiern (8½ Kilometer, von denen effektiv 800 Meter neu zu bauen waren) und zwei Monate später die erneute Durchbindung von Wannsee nach Oranienburg. Das Potsdamer Streckenstück war wie gehabt eingleisig für einen 20-Minuten-Takt und wurde von der Stadtbahn aus befahren. Mit einer verlängerten Ausweiche in Griebnitzsee schaffte es die Reichsbahn dann im Juni 1993, noch vor dem zweigleisigen Ausbau einen allerdings störanfälligen 10-Minuten-Takt nach Potsdam zu fahren. Vorübergehend kamen dabei sogar Züge der Wannseebahn nach Potsdam.

Auch der Vorort- und Regionalverkehr, wurde nun wieder über Potsdam Stadt und Wildpark nach Werder geführt. Dies gab Anlaß zu einer neuen Runde im Umbenennungsreigen, der die Strecken durch Potsdam betraf. Der vormalige Hauptbahnhof wurde zur Station Pirschheide herabgestuft, das alte Charlottenhof tauchte wieder auf, und etwas später wich der Name Wildpark der klangvolleren Bezeichnung „Potsdam Park Sanssouci", wie überhaupt die Bahnhöfe auf Stadtgebiet den Zusatz „Potsdam" verpaßt bekamen. Auch dem alten Stadtbahnhof widerfuhr schließlich späte historische Gerechtigkeit, als er die Bezeichnung Hauptbahnhof erhielt.

Namenswechsel in Berlin gab es bei den Stationen Großgörschenstraße und Steglitz, die in Anpassung an die U-Bahn zu Yorckstraße (Großgörschenstraße) und Rathaus Steglitz wurden.

Lichterfelde West – Militär- und S-Bahnhof. Foto (1988): H. Beyer

S-Bahn in Richtung Potsdam auf der Wetzlarer Bahn in Höhe des ehemaligen Bahnhofs Eichkamp. Foto: Th. Kabisch

Für Militärtransporte nach Westen gebaut

Hinter Westkreuz benutzen die S-Bahnen nach Potsdam bis Wannsee die Trasse der Wetzlarer Bahn. Während die S-Bahn dann westlich auf die Potsdam-Magdeburger Trasse übergeht, verläuft die Wetzlarer Bahn – dann ohne S-Bahn – südlicher in Richtung Michendorf. Am 15. April 1879 begann der Betrieb auf dieser Trasse, die im Südwesten auf Berlin zuläuft und die gleich drei Namen hat.

Den Namen Wetzlarer Bahn erhielt sie als Teil einer großräumigen Verbindung von Berlin nach Wetzlar, der Name Kanonenbahn deutet ihren Zweck an: eine preußische Staatsbahn, aus militärischem Interesse angelegt, um bessere Transportmöglichkeiten zur Westgrenze zu haben. Konkret begann der 1879 eröffnete Teil der Strecke bei einem Ort namens Blankenheim, 195 Kilometer von Berlin entfernt, an der Bahn zwischen Eisleben und Sangerhausen gelegen – daher der dritte Name Berlin-Blankenheimer Eisenbahn.

6.2 Wetzlarer Bahn

Richtung Südwesten

Von Charlottenburg nach Wannsee

über Westkreuz und Nikolassee
(Regionalbahn Richtung Drewitz)

Die Streckenführung der Wetzlarer Bahn berücksichtigte die bestehenden Siedlungen in der Mark Brandenburg wenig. Der Bahnhof Beelitz lag fünf Kilometer abseits des Ortes, mitten im Wald. Die Situation dort änderte sich am Ende des Jahrhunderts mit Ansiedlung einer Lungenklinik. Ein Komplex aus Krankenhäusern und Siedlung wuchs um den Bahnhof, der daraufhin den Namen Beelitz Heilstätten erhielt. Die Stadt selbst bekam 1904 einen besseren Bahnanschluß durch die Strecke vom südlich gelegenen Treuenbrietzen, die 1908 nordwärts nach Potsdam verlängert wurde. Diese Strecke, Teil der seinerzeit geplanten Umgehungsbahn, kreuzte die Wetzlarer Bahn bei Seddin, wo für den Güterverkehr von und nach Berlin ein großer Rangierbahnhof entstand. Von dort weiter nordöstlich haltend, kommt die Wetzlarer Bahn durch Wald und Wiesen, dicht an Michendorf und weniger dicht an Rehbrücke vorbei, und überquert östlich von Potsdam die Nuthe, damit seinerzeit in den Kreis Teltow kommend. Rechts der Nuthe wurde bei dem Dorf Drewitz ein Bahnhof eingerichtet, zeitweise Drewitz-Potsdam genannt.

Ein Stück weiter, nahe Griebnitzsee, unterfuhr die Strecke sodann die Potsdamer Bahn praktisch dort, wo die Wannseebahn einmündet. Die Wetzlarer Bahn in der Mitte, führten bei Kohlhasenbrück alle drei Strecken in Sichtweite zueinander über den kleinen Fluß Bäke, der später zum Teltowkanal ausgebaut wurde. Dort, wo die Wannseebahn ihre Station Wannsee hatte, richtete die Staatsbahn eine Station „Dreilinden (Wannsee)“ ein, deren Name erst Jahre später zu „Wannsee“ vereinheitlicht wurde.

Die Wetzlarer Bahn holt nun etwas östlich aus, um anderthalb Kilometer weiter in Richtung Berlin die Wannseebahn zu überbrücken und dann auf schnurgerader Strecke acht Kilometer durch den Grunewald zu schneiden. Am Ende dieses Abschnitts entstand eine Station Hundekehle, einige Jahre später zum Bahnhof Grunewald umbenannt, teils für den Ausflugsverkehr und teils für den Verkehr zu den Eisenbahnwerkstätten, die hier entstanden. Die Strecke endete mit Verbindungen nach Norden und Süden an der Ringbahn. Ein dritter Ast stach unter der Ringbahn durch, zu einem Gelände etwas südlich außerhalb der Stadt Charlottenburg, wo er in die im Bau befindliche Stadtbahn mündete.

1896 wurde von Grunewald nach Charlottenburg ein eigenes Gleispaar für den Vorortverkehr eröffnet, so daß Züge besser auf die Stadt- und Ferngleise fädeln konnten. An diesem Gleispaar entstand damals die erste Station Eichkamp. Der Bahnhof Grunewald erhielt zwei Mittelbahnsteige.

Weiter außerhalb hingegen änderte sich am Eröffnungszustand der Wetzlarer Bahn wenig. Lediglich an der nördlichen Kreuzung mit der Wannseebahn wurde 1902 eine Station Nikolassee eröffnet, mit je einem Bahnsteig für die Wetzlarer Bahn (oben) und die Wannseebahn (unten). Dazu kam für eine neue Siedlung in Richtung Michendorf noch die neue Station Wilhelmshorst.

Der Vororttarif galt nur bis Wannsee und weiter in Richtung Potsdam, wohin viele Züge fuhren. Erst 1921 wurde er bis Beelitz Heilstätten ausgeweitet (38 Kilometer von Charlottenburg). Die benachbarte Strecke nach Beelitz Stadt hingegen blieb bis in jüngste Zeit außerhalb des Vorort- bzw. des S-Bahntarifs, obwohl Anschlußzüge von dort nach Seddin fuhren.

Bei der „Großen Elektrisierung" wurden die Vorortgleise von Charlottenburg nach Grunewald völlig neu trassiert. Dabei wurde die Station Eichkamp aufgegeben. Eine neue Station gleichen Namens entstand aber ganz in der Nähe, mit der elektrischen S-Bahn nach Spandau.

Von Grunewald nach Wannsee wurden Stromschienen an dem weiterhin einen Gleispaar verlegt. Dies blieb bis 1937 eine der längsten Mischbetriebsstrecken im S-Bahnnetz. Die weitere Strecke Richtung Drewitz blieb bei der Elektrifizierung außen vor. Zu gering war hier der Verkehr. Aber das kurze Stück von Nikolassee nach Wannsee wurde umgestaltet. Ein stadtauswärts führendes Vorortgleis schwenkte nun hinter Nikolassee aus, so daß die Wannseebahn in die Mitte genommen wurde. Der Linienbetrieb in Wannsee (nördlicher Bahnsteig Wannseebahn, südlicher, uferfernerer Wetzlarer Bahn) konnte damit in Richtungsbetrieb umgewandelt werden (nördlicher, ufernaher Bahnsteig stadtauswärts, südlicher stadteinwärts). Daneben wurde ein dritter Bahnsteig gebaut, der den Fernverkehr aufnahm sowie die meist nur noch von hier fahrenden Vorortzüge der Wetzlarer Bahn. Hinter dem Bahnhof wurde ein neues Bahnbetriebswerk errichtet, außerdem wurden die Anlagen an der Hundekehle für den elektrischen Betrieb weitergenutzt.

Nochmals eine Änderung der kommunalen Grenzen gab es 1939 mit der Eingemeindung von Drewitz nach Potsdam. Auch der Bahnhof Rehbrücke liegt seither auf Potsdamer Stadtgebiet (und zwar dicht an der Stadtgrenze, seit Rehbrücke 1952 wieder ausgemeindet und mit Bergholz zu einer Gemeinde zusammmengeschlossen wurde). Schon seit 1935 fahren hier die Potsdamer Straßenbahnen vor.

Gegen Kriegsende 1945 erhielt der Bahnhof Wannsee, bislang außer vom umgebenden Villenviertel vor allem vom Ausflugsverkehr belebt, mehr und mehr Bedeutung als Ausgangspunkt des Fernverkehrs. Hier wurde auch nach Kriegsende zuerst der Betrieb aufgenommen. Im Juli fuhren wieder Vorortzüge von Wannsee nach Beelitz/Belzig und S-Bahnen von Wannsee nach Charlottenburg. Die Wetzlarer Bahn verlor jenseits von Wannsee ihr zweites Gleis. Durch die neuen Grenzen verlief sie von Charlottenburg im britischen Sektor durch den amerikanischen Sektor Berlins bis in die sowjetische Zone hinter Kohlhasenbrück. Nur gut einen halben Kilometer weiter aber folgte in der West-Berliner Exklave Steinstücken ein weiterer kurzer Streckenabschnitt, der zum amerikanischen Sektor Berlins gehörte. Der Bahnhof Charlottenburg wurde Ausgangsbahnhof für die britischen Militärzüge.

Im Oktober 1951 wurde Steinstücken für fünf Tage von der (östlichen) Volkspolizei besetzt, die sich auf alliierten Druck zurückziehen mußte. Von allen West-Berliner Exklaven war dies die einzige dauerhaft bewohnte.

Mit zunehmender Abgrenzung West-Berlins zog die DDR ihren Personenverkehr von Wannsee nach Drewitz zurück. Fahrgäste, die weiter stadteinwärts wollten, wurden damit jeder vernünftigen Umsteigemöglichkeit beraubt. Erst ab 1954 fuhren zumindest Obusse vom Bahnhof Drewitz nach Babelsberg. Einen schwachen Ersatz bildete die 1958 an der Kreuzung mit der Außenringstrecke eröffnete Station Bergholz, wo auf „Sputnik"-Züge (um West-Berlin herum) umgestiegen werden konnte.

Mit dem Mauerbau wurde Wannsee, wo schon ein Teil der S-Bahnzüge ausgesetzt hatte, auch Endstation für jene S-Bahnen, die zuvor von Westkreuz in Richtung Potsdam gefahren waren. Allerdings fuhren zwischen Drewitz und Wannsee (über Steinstücken) weiterhin Güterzüge, und auch die „Wetzlarer" Ferngleise zwischen Wannsee und Charlottenburg blieben weiterhin Ost-West-Verbindung, mit Zügen im Interzonenverkehr, im Internationalen Verkehr oder im Transitverkehr durch die DDR.

Nach Öffnung der DDR-Grenzen im November 1989 sollten Regionalzüge auf der Wetzlarer Bahn erst 1993 wieder über die Stadtgrenze fahren. Dort in Drewitz machte die Elektrifizierung der Ferngleise dem Obus den Garaus, weil am Bahnübergang die kreuzenden Oberleitungen sich nicht vertrugen. 1994 erhielt dieser Bahnhof der Wetzlarer Bahn die Bezeichnung Potsdam-Drewitz, die damit genau umgekehrt lautete wie hundert Jahre zuvor, bis daraus „Medienstadt Babelsberg" wurde (Mai 2000). Der Name erinnert nicht zufällig an das ehemalige „Babelsberg Ufastadt" an der Magdeburger Bahn, ohne aber die Prägnanz dieses Namens zu erreichen. Und ob die „Medienstadt" eine Bedeutung erlangt, die an die der vergangenen Zeiten heranreicht, wird sich noch zeigen.

Schnurgerade durch den Berliner Grunewald. Foto: M. Heller

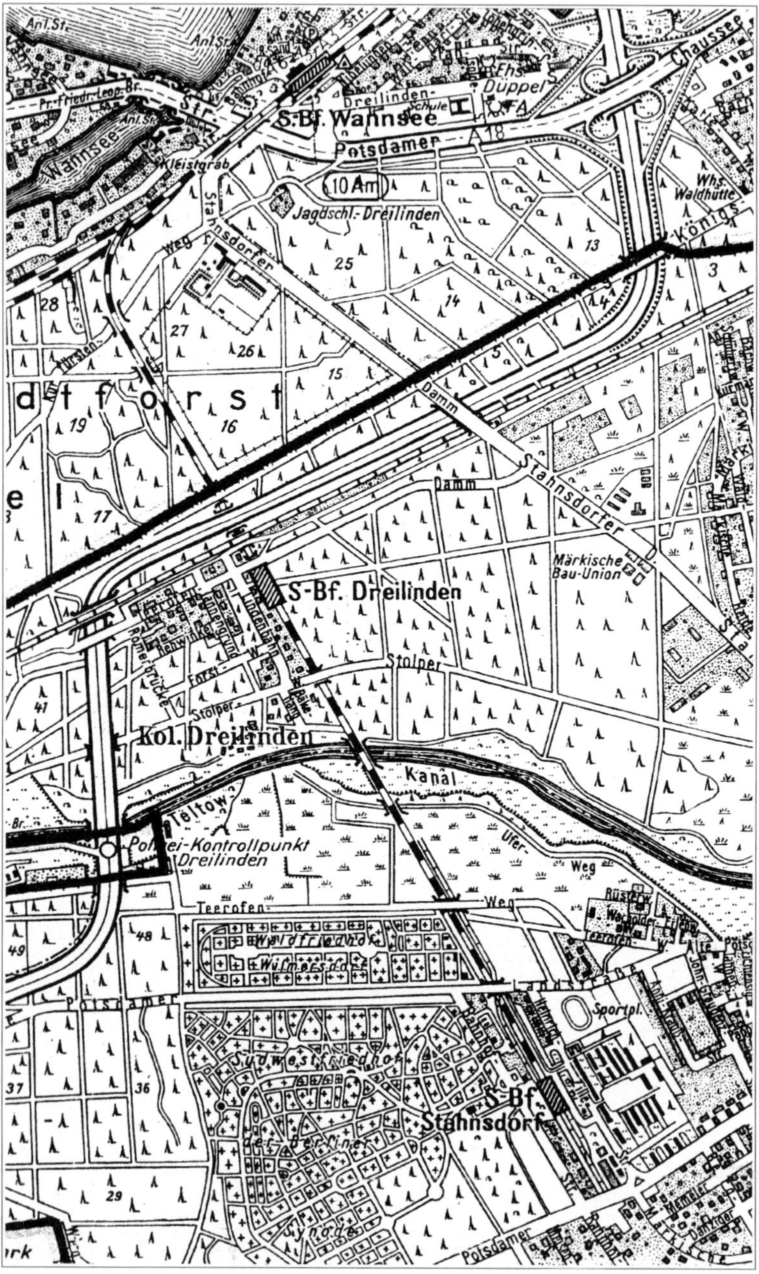

Ausschnitt aus: Stadtatlas „Berlin in der Tasche", 1956

6.3 Friedhofsbahn

Richtung Südwesten

Wannsee – Stahnsdorf

(außer Betrieb seit 1961)

Einen Besuch des Stahnsdorfer Friedhofs möchten wir auch ohne S-Bahn empfehlen, finden sich doch hier zahlreich die Ruhestätten von bekannten Persönlichkeiten aus Kultur, Wirtschaft und Politik. Zu erwähnen sind zum Beispiel „Pinselheinrich" Zille, Werner von Siemens oder der Sozialdemokrat Rudolf Breitscheid. – Sie müssen auch nicht Hellseher sein, um zu ahnen, wo ein Herr Erik Jan Hanussen mit eben diesem Beruf begraben liegt, der den Reichstagsbrand voraussagte und 1933 unter ungeklärten Umständen starb.

Verschiedene Berliner Kirchengemeinden hatten hier, südwestlich von Berlin, ein riesiges Gelände in der Stahnsdorfer Heide erworben und 1909 den Südwestfriedhof eröffnet. Zwölf Jahre später sollte noch der städtische Friedhof des Berliner Bezirks Wilmersdorf hinzukommen.

Ein Problem war die Verkehrsanbindung dieser entlegenen Gegend. Die Berliner Stadtsynode erreichte schließlich, auf Kosten der Kirche eine Eisenbahn-Stichstrecke von Wannsee bauen zu lassen. Die Strecke war Eigentum der Staatsbahn und ging am 2. Juni 1913 feierlich in Betrieb.

Um Mißverständnisse auszuschließen: Mit Zügen wurden hier sowohl die Toten (in besonderen Wagen) als auch die Trauernden (mit Personenwagen) zum Friedhof gebracht, – und letztere auch zurück.

Wagenlaufschild für Sargtransporte mit der Friedhofsbahn. Foto: T. Kaddoura

Das nur eine Gleis der Strecke fädelte südlich aus dem Bahnhof Wannsee und schwenkte, die Ferngleise nach Drewitz und Potsdam überbrükkend, scharf nach links. Von dort führte es vier Kilometer geradeaus durch den Wald, dann unter dem Damm der Potsdamer Stammbahn hindurch und auf einer Brücke über den Teltowkanal. Genau dazwischen, an der sich entwickelten Kolonie namens Dreilinden, wurde die einzige Zwischenstation gleichen Namens eingerichtet. Die äußere Endstation lag genau gegenüber dem Friedhofseingang. Sie erhielt zuerst den Namen Stahnsdorf Friedhof, später Stahnsdorf Reichsbahn (zwecks Unterscheidung von der Teltower Kreisbahn) und nach dem Zweiten Weltkrieg nur noch Stahnsdorf. Zum Ort, der gerade 1000 Einwohner hatte, lag sie zunächst ausgesprochen ungünstig, doch bald wuchs Stahnsdorf intensiv auf die Bahn zu. 1939 war es bereits 6700 Einwohner groß geworden.

Die Strecke war Versuchsobjekt für Arbeiten, die im Zusammenhang mit der großen Elektrifizierung der Berliner Stadt-, Ring- und Vorortbahnen anfielen. Zusätzlich zu den gelegentlichen „Trauerzügen" sollten die elektrischen Züge dann allerdings erst ab 10. Juli 1928 auf der Friedhofsbahn unterwegs sein.

Während der NS-Zeit sahen die Planungen zum Umbau der Gleisanlagen der Reichshauptstadt den Ausbau der Friedhofsbahn auf vier Gleise vor. Zwei davon sollten für den S-Bahnverkehr über eine neue Station Stahnsdorf Süd östlich nach Teltow Stadt führen. Doch gegen Ende dieser Epoche gab es dann nicht einmal mehr die Brücke über den Teltowkanal. Als nach dem Zweiten Weltkrieg der Zugbetrieb auf der Friedhofsbahn wieder aufgenommen wurde, beschränkte sich deshalb dieser von September 1945 bis Ende Mai 1948 auf den Abschnitt Wannsee–Dreilinden.

Zu dieser Zeit aber waren die Siegermächte schon entzweit, und seit zwei Monaten bestand die Blockade Westberlins, was die Friedhofsbahn jedoch nicht beeinträchtigte. Und nach 1952 konnten West-Berliner mit besonderen Passierscheinen auch nach dem allgemeinen Einreiseverbot in die DDR den Südwestfriedhof noch bis August 1961 besuchen. Nur von Januar 1953 bis September 1954 ruhte der Verkehr auf der Friedhofsbahn vorübergehend wegen Bauarbeiten, allerdings ohne daß irgendwelche Bauaktivitäten zu sehen waren. Komplett stillgelegt wurde die Friedhofsbahn erst nach dem Mauerbau.

Südwestfriedhof Stahnsdorf: Grabstätte Werner von Siemens. Foto: F. Lammers

Bahnhof Stahnsdorf im Juli 1927: Montage der Stromschiene für die S-Bahn. Foto: Archiv S-Bahn-Museum

Stadtforst Düppel, Februar 1998: Reste der Friedhofsbahn am Königsweg. Foto: F. Müller

Weil das eine Ende der Strecke in Wannsee im Westen lag, verlor das Streckenstück den Anschluß an das Bahnnetz. Nicht einmal ein halbes Jahrhundert (und mit Unterbrechungen) hatte die Bahnstrecke bestanden, und nun sollten wesentliche Teile ihrer Gleise ungenutzt noch ein weiteres Vierteljahrhundert im Wald liegen. Vieles verschwand mit der Neutrassierung der Transit-Autobahn und des DDR-Grenzkontrollpunkts. Deshalb wurde im Bereich Dreilinden die Trasse der Friedhofsbahn Anfang der 70er Jahre unterbrochen, die Bahnbrücke über den Teltowkanal blieb in der Landschaft stehen. Auch in Berlin verschwand das Anfangsstück der Strecke weitgehend. Die Reste der Gleise zwischen Wannsee und Dreilinden ließ die Forstverwaltung 1987/88 beseitigen, nachdem der Streckenstummel hier unter West-Verwaltung gekommen war. Diese Arbeiten mußten zwischenzeitlich unterbrochen werden, weil die Forstverwaltung es versäumt hatte, die Genehmigung der Alliierten einzuholen. Außer im Wald blieb die Trasse damit nur im Flächennutzungsplan (als Verkehrsfläche ausgewiesen) erkennbar. Und Bestrebungen, auf diesen Schienenweg je wieder Züge zu bringen gibt es nicht, weder von seiten der Verkehrspolitik noch von seiten der Bahnen.

S-Bahnhof Olympiastadion und Sonderzug zur Strecken-Wiedereröffnung.
Fotos: Frenzel/Kabisch und M. Heller

7. Richtung Westen

Richtung Westen

7.1 Hamburger Bahn

Jungfernheide – Spandau – Falkensee
(S-Bahn außer Betrieb seit 1980)

Lehrter Bahn

Jungfernheide – Spandau – Staaken
(S-Bahn außer Betrieb seit 1980)

Olympiabahn

Von Westkreuz nach Spandau
über Olympiastadion und Pichelsberg

Die Trasse der Hamburger Bahn
Von allen Bezirken und Gebietsteilen Berlins hat Spandau sich bis heute das größte Eigenständigkeitsgefühl bewahrt. Die Havelstadt, wie sie sich gerne nennt, wurde 1232 mit Magdeburger Stadtrecht ausgestattet und war Oberhof für benachbarte Städte wie z. B. Berlin. Sie ist über die Spree zwar mit Berlin verbunden, aber durch die Havel wie eine Barriere gegen dessen Wachstum abgeschirmt. Schon früh gab es regelmäßige Schiffsverbindungen von Spandau nach Berlin. Den ersten Eisenbahnanschluß erhielt Spandau im Oktober 1846 durch die Berlin-Hamburger Eisenbahn, deren 285 Kilometer lange Gesamtstrecke im Dezember vollendet war.

Pläne dafür gab es schon zehn Jahre vorher, aber es war schwer, eine Trasse zu finden, die alle vier beteiligten Länder (Hamburg, Dänemark wegen Lauenburg, Mecklenburg-Schwerin und Preußen) zufriedenstellte. Erst 1843 konnte die Berlin-Hamburger Eisenbahn-Gesellschaft gegründet werden. Der Endbahnhof in Berlin war sogar erst ein Jahr nach Betriebsaufnahme fertiggestellt. Dieser lag an der Nordwestecke Berlins an der Invalidenstraße, unmittelbar außerhalb der Stadtgrenze. Seine Achse zeigte nach Nordwesten. Gleich nach Verlassen des Bahnhofs schwenkten die Züge nach Westsüdwest und in dieser Richtung geradeaus in der Spreeniederung vorbei am sogenannten Moabiter Land. Die Bahn überbrückte die Spree nördlich von Charlottenburg und folgte dann, immer noch geradeaus führend, deren linkem Ufer. Mit einem leichten Schwenk nach Westnordwest führte sie südlich an Spandau vorbei. Hier war, zwölf Kilometer von Berlin, die erste Station. Von dort verläuft der Schienenstrang immer weiter geradeaus durch eine nahezu ebene Landschaft, in der wenige Meter Höhenunterschied zwischen trockener Hochfläche und sumpfigem Luch entscheiden, nach Nauen (36 Kilometer von Berlin), der nächsten Stadt, Verwaltungssitz des seinerzeitigen Kreises Osthavelland, und dann weiter in Richtung Neustadt (Dosse).

Topographische Schwierigkeiten gab es bis auf die beiden Flußbrücken über Spree und Havel kaum; was die Bahn behinderte, war Menschenwerk. Die von jeher strategisch bedeutsame Festung Spandau war immer weiter ausgebaut worden. Schließlich hatte sie einen dreifachen Befestigungsring, dessen Vorposten bis zum Fort Hahneberg bei Staaken reichten. Dem hatte sich alles unterzuordnen, auch die Stadtentwicklung und die Eisenbahn. Der Bahnhof mußte noch vor (aus Spandauer Sicht: jenseits) der Havel auf einem Stresow genannten Gelände liegen und durfte keine störenden Bauten haben.

Zwischen Spandau und Nauen befand sich zu Anfang nur ein Halt bei dem Dorf Seegefeld 8½ Kilometer westlich von Spandau. Aber schon 1850 kam 2½ Kilometer weiter eine Station hinzu, als erstmals einige Sonntagsausflugszüge mitten im Walde hielten. Grund dafür waren zum einen ein ausgedehntes Waldgebiet namens Brieselang und zum anderen eine in diesem Wald Ende des 18. Jahrhunderts eröffnete Gaststätte namens Finkenkrug. Dessen geschäftstüchtiger Inhaber erkannte, daß die Eisenbahn, die, so später Theodor Fontane, „hart am Südrande des Brieselangs vorbeischneidet", seinen (und ihren) Umsatz steigern konnte, wenn sie das rasch wachsende Potential von Ausflüglern nicht nur „über die Station Seegefeld wochentags bis an die östlichen Vorlande des Waldes", sondern „in Extrazügen direkt bis an seine Eingänge" brachte. Eine Wetterschutzbude (auf Kosten des Gastwirts) erleichterte bald das Warten auf den Zug, bis sie in den siebziger Jahren einer geräumigeren Wartehalle wich. Nach und nach entwickelte sich südlich des Bahnhofs einige Bebauung, die in den achtziger Jahren genug Verkehr für einen regelmäßigen Halt der Züge abwarf. Gleich neben dem Bahnhof schließlich eröffnete 1893 das Gasthaus „Neuer Finkenkrug", das den besonders durstigen Ausflüglern den drei Kilometer langen Weg zum Alten Finkenkrug ersparte.

Es war allerdings weniger dieser frühe Vorortverkehr, sondern vielmehr die enorme Zunahme des Güterverkehrs, die neben dem wachsenden Fernverkehr ab 1855 abschnittsweise zum zweigleisigen Ausbau führte. Dieser Ausbau war 1866 abgeschlossen, mit Ausnahme der Havelquerung, wo noch bis 1883 die Drehbrücke eingleisig blieb.

Für weiteren Verkehr sorgten die 1867 nach Spandau verlegten Artilleriewerkstätten mit Pulverfabrik, bald durch eine Versuchsanstalt und weitere Betriebe ergänzt, die ausgedehnte Gleisanschlüsse erhielten. Etliche Arbeiter pendelten aus Berlin ein. Für sie fuhren besondere Arbeiterzüge zu besonderen Arbeitertarifen.

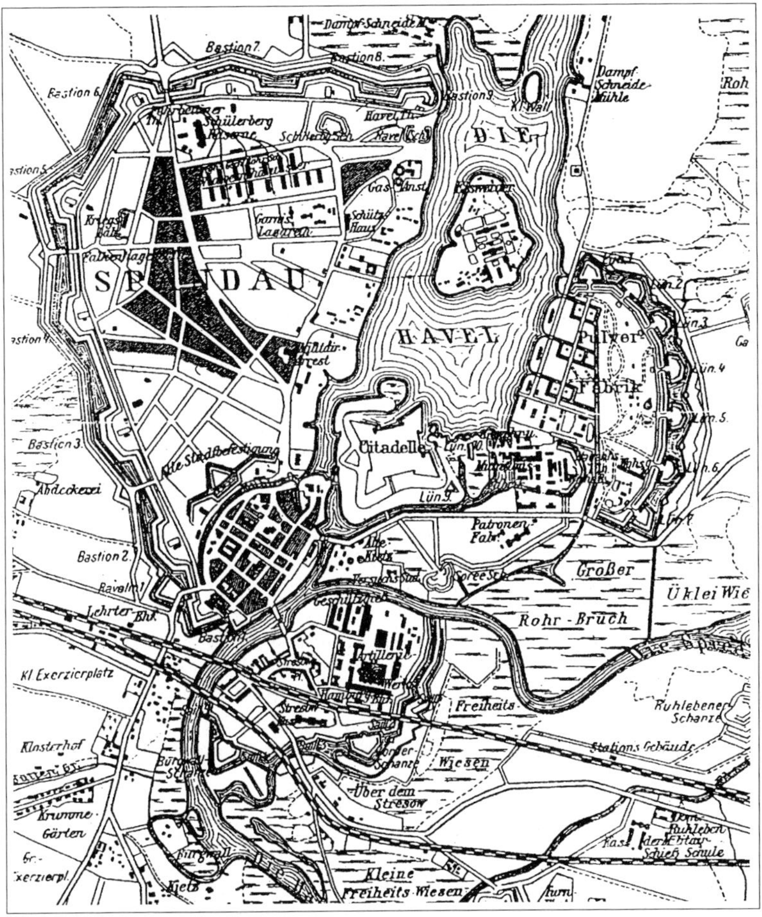

1881 durchqueren Eisenbahn-Trassen die Festung Spandau. Nördlich: Hamburger Bahn seit 1846; südlich: Lehrter Bahn ab 1871. Aus: Spandau. Ein märkisches Stadtbild, 1913

Die Trasse der Lehrter Bahn

Ein Vierteljahrhundert blieb die Hamburger Bahn die einzige Schienenverbindung der Region. Zwar hatte die Magdeburg-Halberstädter Eisenbahngesellschaft 1867 die Konzession für eine neue Eisenbahn von Berlin über Stendal und die Altmark nach Lehrte erhalten, doch bis zu deren Eröffnung vergingen noch vier Jahre.

Das östlich von Hannover gelegene Städtchen Lehrte, an sich von geringer Bedeutung, war zu einem der ersten Eisenbahnknoten Deutschlands geworden, als Mittelpunkt der Hannoverschen „Kreuzbahn" von Hannover nach Braunschweig und von Celle nach Hildesheim. Die neue fast geradlinige Verbindung nach Berlin war erheblich kürzer als die alte über Braunschweig und Magdeburg – und sie führte nicht über Strecken anderer Eisenbahngesellschaften. Sie war von vornherein als „Rennstrecke" angelegt (Schnellzüge fuhren hier mit 90 Kilometer pro Stunde) und zog rasch einen großen Teil des Verkehrs auf sich. Im Juli 1871 wurde das erste Teilstück von Berlin nach Spandau eröffnet, im November war die ganze Strecke fertiggestellt. Der Berliner Endbahnhof lag etwas südwestlich des Hamburger Bahnhofs und wie dieser auf 1861 eingemeindetem Stadtgebiet. Seine Front lag dicht neben der Spree. Dabei zerstörte er die alte Verbindungsbahn, die ohnehin soeben aufgegeben wurde.

Der Güterbahnhof lag ungewöhnlicherweise nicht neben oder (vom Portal aus gesehen) hinter dem Personenbahnhof, sondern noch davor und legte sich lang neben die Spree. Der Außenbahnhof mit den Rangier- und Lok-Behandlungsanlagen bildete schon einen Komplex mit den entsprechenden Anlagen der Hamburger Bahn. Gemeinsam führten beide Bahnen im großen Bogen um den damaligen ausgedehnten Exerzierplatz, das spätere Poststadion, herum und schwenkten auf Westkurs. Die Lehrter Bahn hatte ihre Gleise unmittelbar an der Südseite der Hamburger Gleise. Mit einer Überführung der Hamburger und Lehrter Bahn, genau in deren Kurve, legte sich zusätzlich die Neue Verbindungsbahn südlich daneben. Die Schließung der Ringbahn 1877 verlängerte dieses dritte Gleispaar bis hinter die Spreequerung.

Die Gleise der Lehrter Bahn verliefen nun rund neun Kilometer genau neben den Hamburger Gleisen. Erst in Ruhleben, wo die Hamburger Bahn einen leichten Schwenk macht, führte die Lehrter Bahn weiter geradeaus. Ihre Trasse führte im Verlauf der heutigen Straße Hempelsteig dort vorbei, wo sich heute der U-Bahnhof Ruhleben befindet. An der Havelquerung näherte sie sich wieder der Hamburger Bahn. Die beiden Drehbrücken der Eisenbahnen lagen nur 120 Meter auseinander.

Auch die Lehrter Bahn hatte ihren ersten Halt hier in Spandau, das zu diesem Zeitpunkt 23 000 Einwohner hatte. Ihr Bahnhof lag auf der westlichen Spandauer Havelseite, etwas verkehrsgünstiger als derjenige der Hamburger Bahn. Die Hauptentwicklungsrichtung der Stadt lag allerdings auf der Nordseite mit der Oranienburger Vorstadt oder Neustadt, die auch in die Stadtbefestigung einbezogen worden war. Bahnseitig befanden sich nur etwas südlich, und durch die bahnquerende Klosterstraße (damals Potsdamer Straße) mit der Altstadt verbunden, die Potsdamer Vorstadt oder Wilhelmstadt und einige Streusiedlungen. Lagen am Lehrter Bahnhof beide Bahnen noch einmal unmittelbar nebeneinander, so führte die Lehrter Bahn nun schnurstracks nach Westen und entfernte sich immer weiter von der Hamburger Bahn. Der nächste Halt war Dallgow-Döberitz neun Kilometer westlich von Spandau und auch ein gutes Stück westlich des Dorfes Dallgow, aber dicht an dem riesigen Militärgelände von Döberitz.

Die Geschichte der Lehrter Bahn als Privatbahn währte nur kurz, bereits im Dezember 1879 wurde die Magdeburg-Halberstädter Eisenbahn mit ihrem über 1000 Kilometer langen Streckennetz verstaatlicht. Die Hamburger Bahn mit 450 Streckenkilometern folgte 1884 als eine der letzten Privatbahnen.

Der Lehrter Bahnhof in Berlin um 1928. Postkarte, Sammlung F. Lammers

Damit war auch das Ende des Hamburger Bahnhofs in Berlin gekommen, der noch im gleichen Jahr zugunsten des geräumigeren Lehrter Bahnhofs stillgelegt wurde. Das Bahnhofsgebäude wurde eine Weile für Verwaltungszwecke genutzt und 1906 in ein Verkehrs- und Baumuseum umgewandelt, das später noch neue Anbauten erhielt. Die Reisezüge fuhren nun Berlins Lehrter Bahnhof an, benutzten aber die Gleise der Hamburger Bahn – die beiden Trassen wurden getauscht. Die alten Gleise der Lehrter Bahn dienten fortan dem Güterverkehr. Dafür wurden sie auf die Ostseite des Endbahnhofs geführt, zum Hamburg und Lehrter Güterbahnhof (Kurzbezeichnung HuL). Der alte Lehrter Güterbahnhof, weiterhin mit einem Gleis von Moabit aus angebunden, diente nun vornehmlich Zollzwecken. Später erhielt er den Namen Güterbahnhof Spreeufer.

Bereits zwei Jahre zuvor war eine weitere Fahrmöglichkeit von der Hamburger Bahn zum Lehrter Bahnhof eröffnet worden: die Stadtbahn. Sie wurde erreicht über die gleichzeitig gebaute Hamburger Verbindungsbahn. Diese zweigte östlich des Bahnhofs Spandau von der Stammstrecke ab, überbrückte in Ruhleben die Lehrter Bahn und führte südwärts durch den Grunewald, der damals noch als geschlossenes Waldgebiet bis Ruhleben reichte. Die rasche Entwicklung der Bebauung machte die neue Bahnstrecke allerdings rasch zum Rand des Grunewalds.

An der Stelle, wo später die neuerbaute Döberitzer Heerstraße (heute einfach nur Heerstraße) kreuzte, schwenkte die Bahn nach Südosten, um auf einer heute nicht mehr vorhandenen Trasse nach Überquerung der Ringbahn im Bahnhof Charlottenburg in die Ferngleise der Stadtbahn zu münden. Die Gleise der Stadtbahn führten genau über die Bahnsteige des Lehrter Bahnhofs in Berlin. Dieser war damit in einer einmaligen Situation: als einziger Kopfbahnhof hatte er direkten Anschluß an die Stadtbahn, zwar ohne Gleisverbindung, aber mit nahezu optimaler Umsteigemöglichkeit.

Zugleich war die Stadtbahn auch die erste Schienenverbindung von Spandau nach Charlottenburg (abgesehen von einem äußeren Ringbahn-Anschluß, der nur für den Güterverkehr genutzt wurde). Dies hatte erhebliche Umgestaltungen der Bahnanlagen in Spandau zur Folge.

Alle Reisezüge wurden (anders als in Berlin) zum Hamburger Bahnhof auf dem Stresow geleitet, der je einen Bahnsteig für den Vorort- und den Fernverkehr erhielt. Im Zuge dessen wurde auch die Havel-Drehbrücke der Hamburger Bahn auf zwei Gleise erweitert, die letzte größere Baumaßnahme der Privatbahn. Reisezüge von der Lehrter Bahn wechselten nun bereits drei Kilometer westlich von Spandau über eine knapp einen Kilometer lange neue Verbindung zur Hamburger Bahn. Die Abzweigstelle lag an einem Wurmfortsatz der nordsüdlich verlaufenden Straße Magistratsweg mit dem passenden Namen Kurze Straße. Diese Umbauten zogen sich bis 1890 hin.

1891 wurde auf dem Gelände des Güterbahnhofs Ruhleben (in Höhe der damaligen Trabrennbahn, heute Klärwerk) ein neuer, ganz besonderer Bahnhof in Betrieb genommen: der „Auswandererbahnhof". Groß war die Zahl derer, die jenseits des Großen Teiches ihr Glück suchten, ein Teil aus Deutschland, sehr viele aber aus Osteuropa, die Deutschland nur im Transit zu den Nordseehäfen durchquerten. Neben der Fahrkartenausgabe verfügte der Bahnhof über nach Konfessionen (christlich/jüdisch) getrennte Wartesäle, Räume zur Erledigung der Zollformalitäten, Desinfektionsanstalt und Lazarett. Täglich fuhren zwei Sonderzüge von Ruhleben nach Hamburg und Bremen, bis der Beginn des Ersten Weltkrieges den Auswandererstrom stoppte und der Bahnhof geschlossen wurde.

Der ebenfalls 1891 eingeführte Vororttarif reichte auf der Hamburger Bahn bis Nauen, das schon über 8000 Einwohner hatte, die Lehrter Bahn hingegen war westlich von Spandau nur zum Fernverkehrstarif befahrbar.

Spandau um 1900: Die zweigleisige Havelbrücke der Hamburger Bahn. Foto: Landesarchiv Berlin

Gleisgewirr für den Vorortverkehr

Fast gleichzeitig, in den Jahren 1890 bis 1894, legte sich in Moabit ein viertes Gleispaar neben die Strecke. Von Wedding kommend, führte es auf der Nordseite der bestehenden Anlagen bis hinter die Spreequerung, wo es sich, die anderen Gleise überbrückend, nach Süden wandte. Es nahm den Personenverkehr der Ringbahn auf, so daß die beiden südlichen Gleispaare nun ganz dem Güterverkehr vorbehalten waren. Die bisherige Ringbahnstation Moabit ging ein. Sie wurde durch die neue Ringstation Beusselstraße nahe an der Berliner Stadtgrenze ersetzt. Zusätzlich wurde unmittelbar östlich der Spreequerung eine weitere Station an den neuen Gleisen eingerichtet. Die neue Station erhielt den Namen Jungfernheide nach dem großen Waldstück, das sich, damals noch bis dicht an den Bahnhof reichend, nördlich der Spreeniederung bis zum Tegeler See hinzog. Jenseits der Straße, die heute Heckerdamm heißt (damals Königsdamm), befand sich im wesentlichen Wald, der auch den Plötzensee einschloß und ursprünglich an der Beusselstraße bis fast an die Bahnlinie reichte. Neben dem Ausflugsverkehr in den Wald oder in den benachbarten Schloßpark Charlottenburg brachte nur eine langsam beginnende Bebauung um den Bahnhof Fahrgäste. Entsprechend bescheiden waren zunächst die Einrichtungen, es gab nicht einmal ein Empfangsgebäude.

Trotz der langen Gemeinschaftsstrecke gab es weiterhin keine Umsteigemöglichkeit zwischen Vorort- und Ringbahn. Erst 1897/98 wurde nahe der östlichen Verzweigung beider Linien der mit einem aufwendigen Empfangsgebäude ausgestattete Bahnhof Putlitzstraße errichtet. Er hatte etwas gegeneinander versetzt je einen Bahnsteig für Vorort- und Ringbahn und ermöglichte so das Umsteigen.

Weitere Schienenanschlüsse bot die Straßenbahn, die seit 1892 in Spandau am Hauptbahnhof in Stresow vorfuhr. 1894 kam eine Linie nach Pichelsdorf hinzu, die in der Klosterstraße die Eisenbahngleise (ebenerdig) kreuzte. 1896 wurde die Straßenbahn elektrifiziert. In Berlin erhielten alle drei Moabiter Stationen Straßenbahn-Anschluß. Als letzte Neuerung des ausgehenden Jahrhunderts erhielt auch das Dorf Staaken fünf Kilometer westlich von Spandau im Jahre 1900 einen Haltepunkt, nachdem die Lehrter Bahn drei Jahrzehnte direkt neben dem Dorfanger vorbei gefahren war.

Das neue 20. Jahrhundert sah dann in rascher Folge eine dramatische Umgestaltung der Bahnanlagen und etliche neue Stationen. Den Anfang machte als Teil der Güterumgehungsbahn 1902 die zweigleisige, neun Kilometer lange Bredower Kurve von Nauen über das Dorf Bredow zur Lehrter Bahn, die sie bei Wustermark 18 Kilometer westlich von Spandau traf und wo ein neuer Verzweigungsbahnhof eingerichtet wurde. Östlich daran anschließend wurde ein großer neuer Rangierbahnhof angelegt, der 1909 seinen Betrieb aufnahm. Den Zeitmoden entsprechend trug er wechselnd die Bezeichnung „Rangirbahnhof" (Rangierbahnhof) und „Verschiebebahnhof" (Vbf). Um die zahlreichen Beschäftigten in diese entlegene Gegend zu bringen, erhielt er auch einen Haltepunkt im Personenverkehr. Außerdem wurde mit einem neuen Gleispaar bis zum Abzweig Kurze Straße der Güterverkehr zwischen Wustermark und Berlin völlig vom Personenverkehr getrennt.

Die Bahnanlagen in Spandau werden hochgelegt

Zuvor schon hatte in Spandau die zweite Umgestaltung begonnen. 1903 war endlich die Festung Spandau aufgehoben worden. Sämtliche Stadtmauern und Lünetten wurden abgetragen, nur die auf einer Havelinsel gelegene Zitadelle mit dem berühmten Juliusturm und das Fort Hahneberg blieben bestehen (die Mauern des letzteren wurden nach dem Zweiten Weltkrieg beseitigt). Infolgedessen konnte 1905 mit der Hochlegung der Spandauer Bahnanlagen begonnen werden. Nur das Empfangsgebäude des ehemaligen Hamburger Bahnhofs (heute S-Bf Stresow) blieb erhalten. Dieser neue Spandauer Hauptbahnhof (den Namen führte er offiziell seit 1911) hatte jetzt drei Bahnsteige (von Nord nach Süd): für den Fernverkehr von Charlottenburg und Züge von Berlin, für den Vorortverkehr von und nach Charlottenburg sowie für alle Züge nach Berlin und den Fernverkehr nach Charlottenburg.

Südlich davon lag ein Gütergleispaar. Eine neue Havelbrücke überquerte den Fluß mit sechs Gleisen, die beiden südlichen senkten sich nach Überquerung der Klosterstraße zum weiterhin ebenerdigen Güterbahnhof Spandau ab, die anderen vier führten in den neuen Bahnhof Spandau West etwa in der Lage des ehemaligen Bahnhofs der Lehrter Bahn (heute Bf Berlin-Spandau). Die Ferngleise wurden hier um zwei Inselbahnsteige herumgeführt, die von drei Vorortgleisen angefahren wurden. Das mittlere dieser Gleise war für endende Züge von beiden Seiten erreichbar. Westlich schlossen Kehr- und Aufstellgleise an.

Etwa 300 Meter entfernt von dieser Station ragte das neue stolze Rathaus der Havelstadt auf, deren Einwohnerzahl jetzt an die 100 000 heranreichte – eine Verdoppelung in 20 Jahren. Die Station Spandau West konnte bereits 1910 in Betrieb gehen, die gesamten Arbeiten zogen sich dann aber noch bis ins Jahr 1912 hin.

Mit der neuen Havelbrücke konnten die beiden alten Drehbrücken aufgegeben werden. Bei inzwischen über 200 Zugpaaren täglich stellten sie eine erhebliche Behinderung der Schiffahrt dar. Oft mußten die Schiffe hier tagelang warten, ehe sie ihre Reise fortsetzen konnten.

Komplett aufgegeben wurde auch die alte Trasse der ehemaligen Lehrter Bahn von Ruhleben nach Spandau, zugunsten neuer Gütergleise entlang der alten Hamburger Trasse.

Klein- und Kreisbahnen im Havelland

Weiter verdichtet wurde das Bahnnetz durch eine Reihe von Kleinbahnen, wie die Osthavelländische Kreisbahn (OHKB). In Spandau West legte sich ihre von Bötzow kommende Strecke seit 1909/12 zwischen die Güter- und Personengleise. Nauen entwickelte sich zu einem Bahnknoten, der schließlich aus sieben verschiedenen Richtungen erreichbar war. Hier trafen sich neben der Hamburger Bahn aus Neustadt und Berlin die Umgehungsbahn von Oranienburg, Kremmen (seit 1914/15) und von Potsdam/Wustermark sowie drei Strecken der OHKB aus Bötzow (1904), Ketzin (1893) und Rathenow/Senzke (1904).

Fürstenbrunn wird Siemensstadt-Fürstenbrunn

Auf der Stammstrecke von Spandau nach Berlin kamen zwei neue Halte hinzu. 1905 eröffnete die Station Fürstenbrunn ihre Pforten. Den Namen hatte sie von einer dortigen Mineralquelle, die seit 1857 den umsatzsteigernden edlen Namen führen durfte. Den Verkehr bekam der Bahnhof aber von den sich nördlich der Spree ausbreitenden Werksanlagen der Firma Siemens, weswegen der Haltepunkt ab 1925 den Namen Siemensstadt-Fürstenbrunn erhielt. Im Jahre 1908 schließlich erhielt die Station Jungfernheide neben dem Ringbahn- auch einen Vorortbahnsteig. An beiden Enden der Parallelstrecke der Hamburg/Lehrter Bahn mit der Ringbahn bestand damit eine Umsteigemöglichkeit. Spandau war von Berlin aus jetzt die vierte Station.

Die Olympiabahn (Spandauer Vorortstrecke)

Bedeutender für den S-Bahnverkehr sollte eine völlig neue Bahnstrecke nach Spandau werden, die später als Olympiabahn bezeichnet wurde.

Anlaß für den Bau dieser Strecke war allerdings die weitere Aufsiedelung des nördlichen Grunewalds. Vor allem Sportanlagen waren es, die hier zunächst den Wald ablösten. Darunter in besonderem Maße die Anlage einer große Pferderennbahn, in deren Mitte 1912 nach antikem Vorbild ein großes Stadion erbaut wurde. Es war für die Olympischen Spiele 1916 vorgesehen, die nach Berlin vergeben worden waren, dann aber wegen des Ersten Weltkriegs ausfielen. Die neue Bahn sollte das Publikum zu den Veranstaltungen bringen. Die Idee dieser Bahn fand trotz aufwendiger Trassierung bei der Königlichen Eisenbahnverwaltung offene Ohren, so daß schon 1907 erste Arbeiten beginnen konnten.

Das erste Olympiastadion, die „Mutter aller deutschen Stadionanlagen", Eröffnungsfeier 1913. Foto: Landesarchiv Berlin

Die neue Strecke fädelte an der Heerstraße aus der Hamburger Verbindungsbahn und schwenkte parallel zur (Dallgow-Döberitzer) Heerstraße nach Westen. An der Abzweigstelle wurde – zur Erschließung der geplanten Villenkolonie – ein Haltepunkt Heerstraße eingerichtet. Profiteur der steigenden Grundstückspreise war in diesem Falle die staatliche Forstverwaltung. Anderthalb Kilometer weiter befand sich die Station Rennbahn. Neben einem gewöhnlichen Inselbahnsteig für den durchgehenden Verkehr mit angeschlossener Kehranlage wurde ein Veranstaltungsbahnhof mit acht Bahnsteigkanten angelegt – die dritte derartige Anlage im Berliner Raum nach Hoppegarten und Karlshorst. Angefahren wurde er mit viermal drei Gleisen. Das jeweils mittlere diente als Umfahrungsgleis für die Lokomotiven. Am Bahnhofskopf liefen die Gleise in je einer Dreiwegeweiche zusammen. Bis hierhin konnte die Strecke im Mai 1909 provisorisch in Betrieb gehen. Der Kaiser persönlich reiste zur Eröffnung an – die neue Strecke für die Vorortzüge genoß allerhöchste Protektion.

Das restliche Stück brauchte noch über zwei Jahre bis September 1911 zur Fertigstellung. Es führt zunächst einen Kilometer weiter nach Westen bis zur Station Pichelsberg, die ebenfalls eine Kehranlage erhielt. Von da wendet sie sich, kurz vor der Havel entlangstreichend, nach Norden, um in Stresow zum Spandauer Hbf einzuschwenken. Alle drei Bahnhöfe der neuen Strecke lagen in einem Einschnitt, so daß sie optimal von der querenden Straße erreichbar waren. An anderen Stellen aber mußte die Bahn hoch auf einen Damm, denn sie durchfährt die hügeligsten Teile des Grunewalds. Neben erheblichen Erdbewegungen waren auch mehrere Brücken nötig, so daß die Strecke fast wie eine Gebirgsbahn wirkt.

Größere Umwälzungen fanden nun auf politischem Gebiet statt. Deren Beginn in Spandau war eine große Kundgebung streikender Arbeiter am 11. November 1918, auf der auch Wilhelm Pieck sprach. Die neue republikanische Zeit brachte dann das Ende der kommunalen Selbständigkeit. Spandau, Staaken und weitere Landgemeinden und Gutsbezirke links und rechts der Havel wurden zum Verwaltungsbezirk Spandau von Berlin.

Lehrter und Hamburger Bahn überschritten nun knapp fünf Kilometer westlich von Spandau die Stadtgrenze. Neben dem eigentlichen Spandau (zuletzt 95000 Einwohner) war zu dieser Zeit auch Staaken schon mit seiner Gartenstadt auf über 5000 Einwohner angewachsen, ansonsten hatte der Bezirk ausgesprochen ländlichen Charakter.

Der Vororttarif wurde 1921 auf der Lehrter Bahn bis Wustermark ausgeweitet. Die Siedlungsentwicklung außerhalb der neuen Stadtgrenze blieb bescheiden, nicht zuletzt weil Militärgelände und Rangierbahnhof fast das ganze Gebiet südlich der Bahn bis Wustermark einnahmen. Dort entstand nach dem Ersten Weltkrieg die Eisenbahnersiedlung Elstal. Entlang der Hamburger Bahn wuchs rasch – fast aus dem Nichts heraus und insbesondere westlich von Finkenkrug – die Siedlungstätigkeit. 1920 wurde der Haltepunkt Brieselang eingerichtet. Entgegen den Absichten des Groß-Berlin-Gesetzes wuchs Seegefeld, das mit dem benachbarten Falkenhagen zur neuen Gemeinde Falkensee zusammengeschlossen wurde. Dort wurde der Name des Bahnhofs Seegefeld dementsprechend in Falkensee geändert.

Elektrische S-Bahnzüge nach Spandau

Elektrizität hielt bei der Eisenbahn in Spandau schon 1902 Einstand, aber vorerst nur für die Zugbeleuchtung. Die elektrische Zugförderung kam erst 1928 mit der Großen Elektrisierung im Anschluß an die Stadtbahn. Dabei gab es ein Problem. Von Spandau West bis Heerstraße stand ein eigenes Gleispaar für Vorortzüge zur Verfügung, von da an und auf der Stadtbahn aber mußten diese die Ferngleise benutzen. Nicht nur, daß sie den Fernbahn-Betrieb störten, etliche Stationen konnten nicht angefahren werden.

Die damit ohnehin nötige größere Umgestaltung der Bahnanlagen kam der Stadt gelegen, die ein ausgedehntes Messe- und Ausstellungsgelände anlegen wollte. Stadt Berlin und Reichsbahn einigten sich darauf, südlich der Heerstraße die ganze Bahn neu zu trassieren. Die alte Trasse schneidet genau durch das heutige Messe- und Ausstellungsgelände, das die neue Trasse in einem südlich ausschwenkenden Bogen umfährt. Die neue Strekke wurde durchgehend viergleisig angelegt plus einem Gütergleis zur Belieferung des Messegeländes. Die von Ruhleben kommenden Ferngleise wurden kreuzungsfrei in den Bahnhof Charlottenburg eingeführt, die von Pichelsberg kommenden Vorortgleise in den neuen Kreuzungsbahnhof Ausstellung, später Westkreuz benannt. Dafür mußten sie nördlich der neuen Station Eichkamp mit einer Unterführung von der südwestlichen Seite der Ferngleise auf die nordöstliche wechseln. Diese Station ersetzte eine vorherige Station Eichkamp der Wetzlarer Bahn und sollte auch der Erschließung des Messegeländes dienen, desgleichen ein dann doch nicht

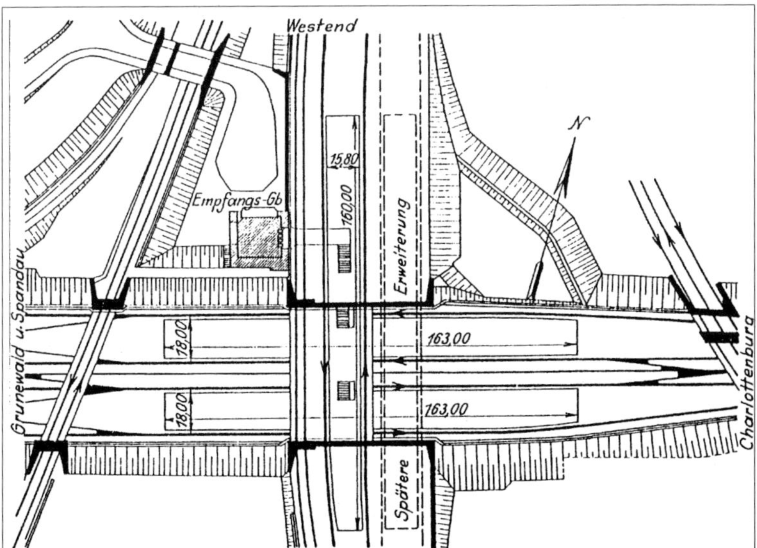

Lageplan des S-Bahnhofs Ausstellung. Aus: Die Bautechnik, 1930

ausgeführter Südzugang des Bahnhofs Heerstraße. Nördlich von Heerstraße, wo sich Fern- und Vorortgleise trennen, wurde unter Weiternutzung der alten Überführung ein zusätzliches Gleispaar ausgefädelt, das die Strekke zur Rennbahn viergleisig fortsetzte, dort in den Veranstaltungsbahnhof mündend, so daß Dampfzüge von den Ferngleisen dorthin fahren konnten, ohne die Vorortgleise zu berühren.

Nach zweijährigen Bauarbeiten konnten im August 1928 die ersten elektrischen Züge über die 9½ Kilometer lange neue Strecke nach Spandau West fahren, der Bahnhof Ausstellung war im Dezember fertig. Der verkehrliche Gewinn war erheblich. Nicht nur, daß jetzt eine ausgezeichnete Umsteigemöglichkeit zur Ringbahn bestand und sämtliche Stadtbahnhöfe angefahren wurden: Statt ein bis zwei Zügen pro Stunde fuhr nun alle fünf oder zehn Minuten einer.

An weiteren elektrisch befahrenen Eisenbahnstrecken im Spandauer Gebiet kamen im Jahre 1929 die Siemensbahn und die Straßenbahnlinie 120 auf der Kleinbahn Richtung Hennigsdorf hinzu. Schon seit 1923 hatte es, zunächst benzolbetrieben, die Direktverbindung aus dem Spandauer Straßenbahnnetz nach Hennigsdorf gegeben, die in ihrem Mittelstück 5½ Kilometer über die Kleinbahnstrecke fuhr und nun einen Fahrdraht erhielt.

Der Verkehrswert der S-Bahn erhöhte sich durch eine Beamtensiedlung am Bahnhof Heerstraße und rasche Bebauung des westlich anschließenden Gebiets „An der Heerstraße". Mit Dampfzügen, die immerhin im Abstand von 20 bis 30 Minuten fuhren, weiter vorlieb nehmen mußten die inzwischen selbständige Gemeinde Brieselang (mit über 3000 Einwohnern) und Falkensee, das seine Bevölkerung in zehn Jahren verdoppelte und bis Ende der 30er Jahre auf 25 000 Einwohner anwuchs. Dallgow fügte weitere 3000 hinzu. Auch in Jungfernheide und Putlitzstraße begegneten weiter Dampfvorortzüge und Ring-S-Bahnen einander. An den Bahnsteigen vorbei fuhren seit Anfang der 30er Jahre die „SVT", Schnelltriebwagen mit Verbrennungsmotor als „Fliegender Hamburger".

Panzer statt Bahnen

Das neue Regime des NS-Staates versprach große Veränderungen, die sich bei der Spandauer S-Bahn zunächst allerdings nur auf Namenswechsel beschränkten. Die Bahnhofsbezeichnung „Rennbahn" verlor ihren Sinn, nachdem diese ab 1933 zugunsten eines vergrößerten Stadions und eines Komplexes umgebender Sportanlagen abgetragen wurde. 1935 erhielt die S-Bahnstation „Stadion-Rennbahn Grunewald" daher den neuen Namen Reichssportfeld. 1936 wurde aus Eichkamp Deutschlandhalle und aus Spandau Hauptbahnhof Berlin-Spandau.

Ihre große Belastungsprobe hatte die Bahn mit den Olympischen Spielen 1936. Wie in den Stadien, so war man auch bei den Verkehrsbetrieben auf Rekordjagd. Am Bahnhof Reichssportfeld stiegen an Spitzentagen über 100 000 Personen aus, in den gut zwei Wochen, die die Spiele dauerten, brachte die S-Bahn rund 1,5 Millionen Besucher dorthin – zusätzlich zu einer halben Million „gewöhnlicher" Fahrgäste der Strecke. Geringeren zusätzlichen Verkehr brachte das bei Elstal nahe Wustermark errichtete Olympische Dorf.

Gleich darauf sollte die „Umgestaltung der Gleisanlagen in Berlin“ für das neue „Germania“ folgen. Die Bahnstrecken im Westen Berlins wären nicht wiederzuerkennen gewesen, die Moabiter Stammstrecke sollte als Fern-S-Bahn (kein Halt in Beusselstraße und Putlitzstraße) im Nordring aufgehen und statt des Lehrter Bahnhofs den neuen Personenbahnhof Nord und einen Innenstadt-Tunnel anfahren.

Von Westkreuz und Heerstraße aus sollten die S-Bahnen wieder auf der Trasse über Ruhleben nach Spandau verkehren, mit Abzweigen nach Fürstenbrunn und einer Querverbindung nach Tegel. Von Reichssportfeld/ Pichelsberg aus sollten die Züge statt nach Spandau auf einer völlig neuen Trasse über Wilhelmstadt und Großglienicke in Richtung Potsdam fahren. Auf der Hamburger Bahn war S-Bahnverkehr bis Nauen, auf der Lehrter Bahn bis Wustermark vorgesehen, auch ein Abzweig in Spandaus Norden war angedacht. An der Lehrter Bahn hätten die S-Bahnen mit einem Schwenk den Verschiebebahnhof Wustermark südlich umfahren, um die Siedlungen Elstal und Rohrbeck anzuschließen.

Angefangen wurde davon wenig, vollendet fast nichts. Eine bescheidenere Maßnahme waren 1939 die neuen Anschlüsse zum Reichssportfeld. Bislang zweigten die S-Bahngleise zum Veranstaltungsbahnhof erst unmittelbar vor dessen Bahnsteigen aus der durchgehenden Strecke ab und vereinigten sich mit den Ferngleisen. Jetzt wurde schon im Bahnhof Heerstraße eine Verbindung zu den Reichssportfeldgleisen der Fernbahn hergestellt und diese mit Stromschienen versehen, so daß sie flexibler nutzbar waren – nutzbar gewesen wären, denn nach Beginn des Zweiten Weltkrieges gab es kaum noch Großveranstaltungen.

1938 war der viergleisige Ausbau der Hamburger Bahn für den S-Bahnverkehr begonnen worden. Dazu war südlich der bestehenden Gleise von Spandau West nach Falkensee ein Damm entstanden, der die Ferngleise aufnehmen sollte. Doch weit kam man damit nicht. Die Arbeiten hier waren mit die ersten, die bei Kriegsbeginn eingestellt wurden. Fertiggestellt wurde bis 1943 nur der 1939 begonnene Bau des Reichsbahn-Ausbesserungswerks Falkensee, das für die Wartung von Triebzügen zuständig hätte sein sollen. Eisenbahnwagen hat dieses Werk aber nie gesehen,

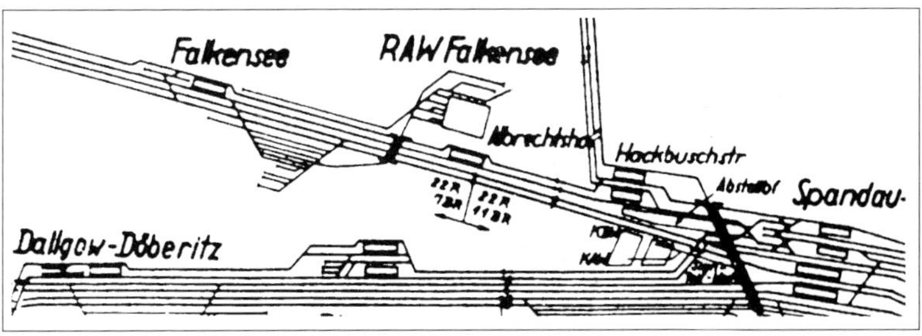

Bei Albrechtshof entstand in den Kriegsjahren ein Ausbesserungswerk der Eisenbahn, das zur Panzerwaffen-Fabrik wurde.
Aus: Netzplan zur Umgestaltung der Berliner Eisenbahnanlagen, 1941

obwohl es jetzt viel auszubessern gab. Stattdessen wurde es als Panzerfabrik zweckentfremdet und nach Kriegsende nahezu vollends demontiert. Nur die kahlen Mauern einiger Nebengebäude blieben übrig. Für die hier eingesetzten Zwangsarbeiter des KZ Sachsenhausen wurde ein Ehrenmal errichtet.

Auf Dauer blieb nur der mit dem Ausbesserungswerk eingerichtete neue Haltepunkt Albrechtshof, gerade noch auf Berliner Stadtgebiet gelegen. Ab 1943 erschloß er die gleichnamige Eigenheimsiedlung, die nordwestlich von Staaken entstanden war.

In den ausgedehnten Gleisanlagen am Bahnhof Putlitzstraße in Berlin wurde etwa 1941 zusätzlich zu den vorhandenen Vorort- und Ringbahnsteigen ein weiterer eröffnet. Von dort fuhren, insoweit ähnlich wie einst in Ruhleben, Sonderzüge für Personen, die das Land ohne Wiederkehr verließen. Doch im Gegensatz zum Ruhlebener Auswandererbahnhof ging die Fahrt hier nicht nach Westen, sondern nach Osten, und sie führte nicht in die Freiheit, sondern nach Treblinka und Maidanek in den Tod.

Die S-Bahn im Dienste der Spaltung Berlins

Wie überall im Berliner Raum war auch im Spandauer Gebiet der Verkehr Mitte April 1945 zum Erliegen gekommen. Bis auf die gesprengte Havelbrücke gab es aber wenig Schäden an den Bahnanlagen, und so konnten schon im Mai die ersten Dampfzüge zwischen Nauen und Spandau West fahren.

Über eine von sowjetischen Pionieren errichtete eingleisige Behelfsbrücke konnten gar schon ab Juni einige Dampfzüge über die Havel nach Berlin Lehrter Bahnhof fahren. Anfang Juni rollten die ersten Züge vom Spandauer Hauptbahnhof (heute S-Bf Stresow) zum Westkreuz. Bis Jahresende war der zweigleisige S-Bahnbetrieb im 20-Minuten-Takt vom damaligen Spandauer Hauptbahnhof zur Stadtbahn wiederhergestellt.

Komplikationen gab es erst mit dem Einzug der britischen Besatzung, in deren Sektor zunächst der gesamte innerstädtische Teil von Hamburger und Lehrter Bahn fiel. Mit dem britisch-sowjetischen Abkommen vom Sommer 1945 aber wurde Staaken entlang des Straßenzuges Finkenkruger Weg –Nennhauser Damm geteilt. Albrechtshof samt Bahnstation lag nun im sowjetischen Gebiet, der Bahnhof Staaken genau auf der Grenze. Spandau war der einzige Bezirk, in dem es zwei Besatzungsmächte gab.

Auch Hamburger und Lehrter Bahn blieben nicht von der Demontage verschont. Statt der geplanten vier Gleise nach Nauen lag nun nur noch eines. Auch stadteinwärts von Spandau verloren die Fernstrecken die Hälfte ihrer Gleise. Ein besonderes Schicksal hatte der unmittelbar an der Grenze zum sowjetischen Bezirk Mitte gelegene Hamburger Bahnhof. Obwohl als Verkehrs- und Baumuseum nicht dem direkten Bahnbetrieb dienend, entging er der Beschlagnahmung durch die Westalliierten. Die Reichsbahn pflegte weiter sorgfältig die Sammlung, für das Publikum geöffnet wurde sie aber nicht wieder.

Im August 1947 war die Havelbrücke wiederhergestellt, so daß die S-Bahnen wieder bis Spandau West fahren konnten. Sobald das bevorstehende Ereignis ruchbar wurde, bemühte sich die Gemeinde Falkensee, doch

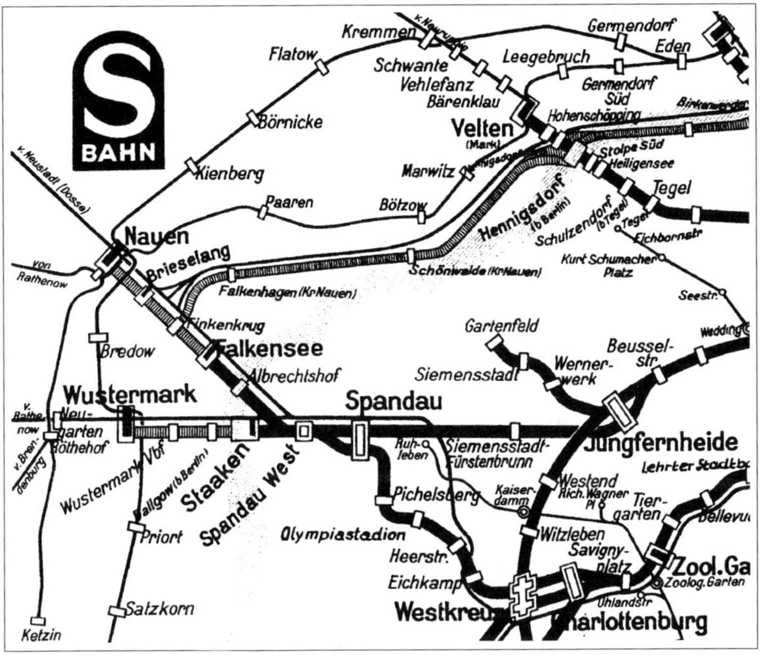

Ausschnitt aus dem S-Bahn-Linienplan von 1960:
1951 entstanden die S-Bahn-Verbindungen Jungfernheide–Spandau, Spandau West–Staaken und Spandau West–Falkensee.

noch einen S-Bahn-Anschluß zu erhalten, zunächst jedoch vergeblich – es blieb bei den Dampfzügen zum Lehrter Bahnhof. Echten Fernverkehr sah dieser nicht mehr. Der Verkehr vom Lehrter Bahnhof auf die Lehrter Bahn war schon seit langem marginal gewesen, jetzt fuhren über Staaken und Wustermark außer den Vorortzügen nur noch Güter- und Militärzüge, und als 1949 der Interzonenverkehr nach Hamburg aufgenommen wurde, nahmen auch diese Züge zur Stadtbahn den Weg am Bahnhof Heerstraße vorbei.

Den Verkehr zwischen dem Havelland und der Berliner Innenstadt sollte nun ausschließlich die S-Bahn übernehmen. Dazu bedurfte es einiger zusätzlicher Strecken-Elektrifizierungen, bevor der August 1951 gravierende Änderungen brachte: Am 3. August 1951 fuhr die S-Bahn elektrisch von Spandau West nach Staaken (3½ Kilometer), am 14. August (nach einigen Verzögerungen) nach Falkensee (7½ Kilometer).

Bis auf Ausweichstellen in jeder der drei Stationen waren diese beiden Strecken rein eingleisig. Von Staaken fuhren die Züge nach Strausberg (Zuggruppe E) und von Falkensee nach Königs Wusterhausen (Zugruppe H).

Am 28. August schließlich konnte sogar die Stammstrecke der Lehrter Bahn elektrischen S-Bahnverkehr aufnehmen. Dafür hatte die Reichsbahn das Vorortgleis von Spandau Hauptbahnhof über Fürstenbrunn nach

Jungfernheide (sechs Kilometer) elektrifiziert und dort an die Ringbahn angebunden. Die neue Zuggruppe N stellte von Spandau West über den Nordring eine zügige Verbindung direkt in die Ost-Berliner Bezirke bis nach Spindlersfeld her.

Der 28. August 1951 ist auch der Tag der Schließung des Lehrter Bahnhofs. Das Gleis östlich von Jungfernheide wurde entfernt. Die Dampfvorortzüge im S-Bahntarif pendelten jetzt nur noch zwischen Wustermark und Staaken sowie zwischen Nauen und Falkensee. Während hier das Umsteigen am gleichen Bahnsteig geschah, war in Staaken ein eigener Vorortbahnsteig westlich des Nennhauser Dammes, d. h. im sowjetischen Teil errichtet worden, wohingegen der S-Bahnsteig östlich der Straße im britischen Teil lag. Damit konnten Reisende beim Übergang von und zur S-Bahn von den „Grenzorganen" der DDR kontolliert werden.

Wenig später wurde der Halt der Schnellzüge nach Hamburg in Spandau gestrichen, Spandau Hbf war reine S-Bahnstation geworden. Dafür wurde merkwürdigerweise für einige Jahre Albrechtshof zum Schnellzughalt.

Der Berliner Außenring (BAR)

Die baldige Verlängerung der S-Bahn nach Nauen und Wustermark wurde zwar öffentlich angekündigt, tatsächlich lief der Ausbau des Bahnnetzes im Havelland aber in eine ganz andere Richtung. Neben der Güterumgehungsbahn Kremmen–Nauen und der Kreisbahnstrecke Velten–Nauen wurde wenige Kilometer weiter östlich eine dritte Bahnstrecke durch die dünnbesiedelte Luchlandschaft gelegt: der Berliner Außenring (BAR). Dieser führte 1953, zunächst von Hennigsdorf Nord kommend, genau am Alten Finkenkrug vorbei bis zu einem Punkt an der Hamburger Bahn zwischen den Stationen Finkenkrug und Brieselang, mit Anschlüssen nach Westen und Osten. 1954 wurde daraus das Falkenhagener Kreuz, indem das Außenringgleis über die Hamburger Bahn bis Wustermark Vbf verlängert und eine zusätzliche südliche Anbindung nach Westen angelegt wurde. Eine vierte, südöstliche, Kurve war geplant, wurde aber nie gebaut, der Verkehrsbedarf war zu gering.

Rein fahrplanmäßig gesehen verbesserten sich die Verkehrsanbindungen. Im Februar 1954 wurde der Personenverkehr von Falkensee über den Außenring in Richtung Hennigsdorf aufgenommen.

Schienen des Kalten Krieges

Von 1953 bis 1958 fuhren von Falkensee sogenannte Durchläuferzüge der S-Bahn. Sie hielten zwischen Albrechtshof und Berlin Friedrichstraße nicht und brauchten bis Ostbahnhof 50 Minuten statt eine Stunde Fahrzeit. Im Ostbahnhof standen sie aber den Fahrzeitgewinn ab, bis sie wieder im allgemeinen S-Bahn-Takt nach Königs Wusterhausen waren. Diese Züge entfielen, als 1958 durchgehende „Sputnik"-Züge von Falkensee nach Ostbahnhof über den Außenring fuhren, mit Fahrzeiten bis zu anderthalb Stunden im Zwei-Stunden-Takt.

Auf der S-Bahnstrecke zwischen Westkreuz und Spandau änderte sich in diesen Jahren wenig. Die Station Deutschlandhalle hieß schon seit 1946 wieder Eichkamp, aber erst 1960 erhielt die Station Reichssportfeld den

Die S-Bahn endete im Bahnhof Staaken am Nennhauser Damm. Auf der anderen Seite dieser Straße lag der Vorortbahnsteig (Bild oben), nach dem Mauerbau weit hinter dem Grenzstreifen. Foto: M. Götze, 1974

neuen Namen Olympiastadion (den das Stadion selber und die Station der U-Bahn schon länger führten). Die Kehranlage im dortigen Durchgangsbahnhof wurde abgebaut, die Stumpfgleise wurden vereinfacht, insbesondere entfielen die nicht mehr benötigten Umfahrungsgleise. Auch das Empfangsgebäude des S-Bahnhofs Heerstraße wurde in vereinfachter Form wiederaufgebaut.

Ab dem 13. August 1961, dem Tag des Mauerbaus, endeten dann wieder alle S-Bahnen in Spandau West – genau zehn Jahre nach Eröffnung der Streckenverlängerungen. Zwei Monate lang pendelte noch etwas nutzlos ein S-Bahnzug zwischen Falkensee und Albrechtshof, dann fuhren die Dampfzüge aus Nauen und vom Außenring wieder bis Albrechtshof. Die elektrischen Anlagen wurden abgebaut und dazu verwendet, die Anbindung der Oranienburger Strecke herzustellen. Der (spärliche) „Fernverkehr von und nach Westberlin über Falkensee ist wie bisher fahrplanmäßig durchzuführen und unterliegt keiner Einschränkung", ordnete das DDR-Verkehrsministerium an. Ende November aber sickerte durch, daß die Interzonenzüge künftig über Griebnitzsee geleitet und damit der Übergang Albrechtshof geschlossen werden sollten. Wenige Tage vor „Toresschluß" nutzte der Lokführer Harry Deterling aus Oranienburg die Gelegenheit zu einer spektakulären Flucht mit einem ganzen Eisenbahnzug, die später – nicht ohne propagandistischen Unterton – verfilmt wurde.

Am Abend des 5. Dezember 1961 war der Zug Oranienburg–Albrechtshof ungewöhnlich gut gefüllt. Ein Ehepaar, das den Zug in Birkenwerder verpaßt hatte, fuhr sogar mit dem Auto hinterher, um in Falkensee noch einzusteigen – dabei sollte der Zug eigentlich nur noch die drei Kilometer bis Albrechtshof fahren. Dort aber brauste er durch und mit Schwung zur nur noch 900 Meter entfernten Grenze. Deterling war es gelungen, die Notbremse lahmzulegen, so daß sein Zug erst auf Ost-Staakener, d. h. West-Berliner Gebiet zum Stehen kam. Nicht alle der so Entführten wähnten sich im gelobten Land. Der Zugführer, ein zufällig mitfahrender Volkspolizist und fast alle der nicht eingeweihten Fahrgäste liefen schimpfend in die DDR zurück.

Gleich nachdem am Abend auch der Zug in die DDR zurückgedrückt worden war, wurden die Gleise an der Grenze unterbrochen. Der damit stillgelegte Streckenabschnitt bis Spandau West verfiel.

Im gleichen Jahr 1961 wurde Falkensee von der DDR-Regierung zur Stadt ernannt, doch das Havelland und der Kreis Nauen lagen jetzt ganz besonders im Windschatten der Frontstadt. Falkensees Einwohnerzahl ging auf 22 000 zurück – und das war immer noch das Doppelte der Kreisstadt Nauen. Der Außenring wurde jetzt komplett in den S-Bahntarif einbezogen. 1963 kam schließlich auch noch die Bredower Kurve hinzu.

Im März 1962 wurde der S-Bahnverkehr von Spandau West nach Staaken wiederaufgenommen, zunächst als Verlängerung der Zuggruppe N nach Gesundbrunnen, ab 1972 dann wieder über die Stadtbahn nach Friedrichstraße. In Staaken erfolgte der Zugang jetzt ebenerdig über das demontierte nördliche Gleis. Der Zugang von der Überführung Nennhauser Damm blieb geschlossen. Nach dem britisch-sowjetischen Abkommen verlief die Grenze hier in der Straßenmitte. Erst mit dem Gebietsaustausch 1988 wurde sie an die Westseite verlegt, so daß die Straße in ganzer Breite zu Berlin gehörte.

Innerhalb wie außerhalb Berlins dämmerten die Strecken nun vor sich hin. Der großzügig angelegte Rangierbahnhof Wustermark hatte nur noch wenig zu rangieren. Spandau West verlor schon im März 1962 seinen Straßenbahn-Anschluß; am Spandauer Hauptbahnhof fuhren am 1. Mai 1967 letztmalig Straßenbahnen vor. Auf der Stammstrecke über Siemensstadt-Fürstenbrunn pendelte zuletzt nur noch ein Viertelzug im unattraktiven 30-Minuten-Takt bis Beusselstraße. Daß die Spandauer S-Bahn trotzdem noch einige Bedeutung hatte, zeigt sich daran, daß von Spandau West zur Stadtbahn im Berufsverkehr bis zuletzt alle zehn Minuten ein Zug fuhr. Immer wieder gute Besetzung konnten die Züge auch verzeichnen, wenn Fußballspiele im Olympiastadion stattfanden, seien es Heimspiele von Hertha BSC, DFB-Pokalendspiele oder die Fußballweltmeisterschaft 1974, oder wenn Konzerte in der Waldbühne nahe der Station Pichelsberg stattfanden. Anläßlich eines legendären Rolling-Stones-Konzerts fiel allerdings auch die Inneneinrichtung der Züge den Fans zum Opfer.

Neues Leben kam in die Bahn, als 1976 die Transitzüge von Hamburg wieder den direkten Weg über Spandau nehmen konnten. Am südlichen Bahnsteig in Spandau hielten nun wieder Fernzüge (der nördliche Fernbahnsteig war schon seit längerem abgetragen). Die Züge kamen nun aber

Außer dem S-Bahnhof und dem Vorortbahnhof gab es einen weiteren Bahnhof Staaken: Einige hundert Meter westlich gelegen, diente er als Kontrollbahnhof im Transitverkehr nach Hamburg. Foto: Th. Billik

nicht mehr über Albrechtshof in die Stadt, sondern über Staaken, wo immer ein Gütergleis betriebsbereit geblieben war. Es störte jetzt aber der DDR-Bahnhof Staaken direkt an der Mauer. Daher wurde er abgerissen und zwei Kilometer weiter westlich ein neuer Bahnhof angelegt. Noch weiter westlich entstand ein weiterer Bahnhof des gleichen Namens, der aber nur für die Kontrollorgane der DDR war. Die gesamte Strecke von der Grenze bis hierhin wurde links und rechts eingemauert und der Bahnübergang Feldstraße mit großen Stahl-Rolltoren („Elefantentore") versehen.

Doch vier Jahre später waren die Handvoll Fernzüge die einzigen, die noch in Spandau hielten. Der September 1980 brachte das Ende allen S-Bahn-Verkehrs nach Spandau. Die Anlagen der Olympiabahn – noch im Mai zum Katholikentag rege benutzt – verfielen rasch.

Das Fürstenbrunner Gleis hingegen wurde von der Reichsbahn 1982 verwendet, um für Güterzüge die direkte Verbindung Ruhleben–Moabit wiederherzustellen, die einige Zeit zuvor wegen des zunehmenden Verfalls der Spreebrücke aufgegeben worden war. Im Personenverkehr war die einzige innerstädtische Fahrmöglichkeit auf der Schiene die teure Fahrt zum Ferntarif von Spandau zum Bahnhof Zoo oder Friedrichstraße.

1983 kamen mit der Außenring-Elektrifizierung auch Oberleitungen über die Strecke zwischen Nauen und Albrechtshof. Auf der Lehrter Bahn hingegen wurden nur die Anschlüsse vom Rangierbahnhof zum Außenring überspannt.

Einen neuen Schnellbahnanschluß erhielt Spandau 1984 mit der U-Bahn. Der Senat hatte damals rund eine Milliarde DM (ca. 500 Mio. €) ausgegeben, um die U-Bahnlinie U7 in Schlangenlinien von Charlottenburg über Siemensstadt nach Spandau zu verlängern. Der U-Bahnhof Rathaus Spandau wurde opulent ausgestattet und auf vier Gleise angelegt, um später sogar noch die U-Bahnlinie U1 von Ruhleben hierher zu führen und beide später in die westlichen Vororte verlängern zu können.

Die S-Bahnstrecke, für die inzwischen auch die Bezeichnung Westbahn aufkam, blieb auch nach der Übernahme durch den Senat außer Betrieb.

Die einzige Wiedereröffnung war die des Verkehrs- und Baumuseums im alten Hamburger Bahnhof, der von der Reichsbahn abgegeben wurde.

Allerdings wurde die Sammlung dann teils an das Dresdener Verkehrsmuseum und teils an das neue Museum für Verkehr und Technik in Berlin abgegeben.

Im November 1984, nachdem die S-Bahn in West-Berliner Regie übernommen wurde, ging das S-Bahngleis Westkreuz–Heerstraße wieder in Betrieb, allerdings nur für Schulungsfahrten des Personals. Weder eine erste Unterschriftensammlung zum Jahreswechsel 1984/85 mit über 4000 Unterzeichnern für die S-Bahn noch das Charlottenburger Bürgerbegehren 1988 vermochten etwas zu ändern. Stattdessen wurden die Eisenbahnbrücken Nauener Straße und die Überführung der S-Bahn über die ehemaligen Hamburger Gleise westlich von Spandau (die Verbindungskurve zur Lehrter Bahn) abgetragen. Schlimmer noch: der Bahnübergang Brandwerderweg wurde 1989 durch eine Unterführung ersetzt, die nur Überbauten für die Fernbahn hatte und eine S-Bahn gar nicht mehr vorsah. Doch dann kam die Wende, und bereits Ende 1989 konnte man von Spandau mit Fernzügen in die DDR (Wittenberge, Warnemünde über Oranienburg) fahren.

Offene Grenzen

Ab dem 13. August 1990 fuhren die ersten Regionalzüge von Rathenow nach Spandau, und zum Winter begann ein regelmäßiger Verkehr von Nauen und Falkenhagen (Außenring) nach Spandau und weiter über die Ferngleise nach Charlottenburg. Als dann die Kapazität des Bahnhofs Charlottenburg ausgeschöpft war, kam vorübergehend sogar Leben auf die alte Stammstrecke. Auf Initiative des Fahrgastverbandes führte die Reichsbahn ab Mai 1992 die jetzt als Linie R5 bezeichneten Züge aus Nauen über das ehemalige S-Bahngleis zum rasch hergerichteten Bahnhof Jungfernheide.

Die neuen Verhältnisse brachten auch den schnellen Abschluß der bereits seit einigen Jahren geführten Verhandlungen über einen Ausbau der Lehrter Bahn zu einer Schnellbahn-Verbindung Berlin–Hannover. Ein Fernbahnsteig in Spandau war darin zunächst nicht vorgesehen. Zwar wurde dieser bald in die Finanzierung aufgenommen, neue Querelen brachte aber der 1993 begonnene Wiederaufbau der Hamburger Bahn. Hier wollten die Planer die S-Bahn höchstens als spätere Option, am liebsten aber gar nicht. Der Bahnbau brachte denn auch zunächst den Totalabriß und die Stillegung des Bahnhofs Albrechtshof.

Auf der Lehrter Bahn dagegen konnten die Regionalbahnzüge ab Mai 1993 an einem provisorischen Holzbahnsteig Berlin–Staaken halten. Der bestehende DDR-Bahnhof an der Feldstraße war als Kopfbahnhof ausgelegt und nur in Richtung Dallgow benutzbar. Ab Mai 1994 fuhren die Züge dann statt nach Jungfernheide über die Ringbahngütergleise zu einem Behelfsbahnsteig am Westkreuz. Eine Wiederinbetriebnahme der S-Bahn aber war immer noch nicht in Sicht.

Ein Bürgerbegehren in Spandau sammelte zur Jahreswende 1992/93 rund 25000 Unterschriften, die Bezirksverordnetenversammlung schloß sich dem Begehren an. 1994 folgte der brandenburgische Landtag mit dem Begehren der Volksinitiative für eine S-Bahn ins Havelland. Ab Juni

1994 fuhren dann tatsächlich wieder Züge über ein provisorisch hergerichtetes Gleis von Eichkamp über Pichelsberg nach Spandau – aber nur Fernzüge ohne Halt, die wegen der zweigleisigen Wiederherstellung der Ferngleise nebst Elektrifizierung während der Bauarbeiten eine Ausweichstrecke brauchten.

Im Mai 1995 konnte auf der Hamburger Bahn zwischen Spandau und Falkensee der Verkehr aufgenommen werden, fürs erste Jahr eingleisig und ohne Oberleitung. Hackbuschstraße und Klosterbuschweg im Spandauer Westen wurden nun zwar kreuzungsfrei von der hochgelegten Bahn überbrückt (auf besonderen Wunsch und auf Kosten des Landes Berlin), aber von den ursprünglich vorgesehenen S-Bahnhaltepunkten Hackbuschstraße und Nauener Straße gibt es keine Spur. Lediglich auf einem Teilstück der Strecke wurde der Bahndamm für vier Gleise vorbereitet. Die Station Albrechtshof wurde ebenfalls in Hochlage wiedererrichtet und eine neue Station Seegefeld Herlitzwerke eingefügt.

Der komplett umgestaltete Bahnhof Nauen wurde während der in Berlin andauernden Bauarbeiten hilfsweise zum IC-Halt. Die noch im August 1992 elektrifizierte Bredower Kurve hingegen verschwand komplett aus der Landschaft.

Im September 1995 wurde dann auf der Lehrter Bahn der Verkehr wegen der weiteren Bauarbeiten eingestellt – für mehr als drei Jahre. Erst nach Fertigstellung der Schnellfahrstrecke wurde Ende 1998 der Nahverkehr auf den Stammgleisen mit ihren neugestalteten Stationen aufgenommen. Staaken erhielt – diesmal direkt unter der Überführung Nennhauser Damm – seinen sechsten Bahnhof; aus Dallgow wurde wieder Dallgow-Döberitz, und aus Wustermark Rangierbahnhof Elstal. Hier fuhren aber zunächst die Züge am Bahnsteig durch, weil es keine Zugangsmöglichkeit zum Bahnsteig gab – die einzige Brücke über die Bahnanlagen in den Ort Elstal war wegen Baufälligkeit gesperrt.

Nach Rückverlegung der Fernbahn auf die Trasse Eichkamp–Ruhleben–Spandau konnte endlich die Wiederherstellung der S-Bahn beginnen. Im Januar 1998 fuhren wieder S-Bahnen von Westkreuz bis Pichelsberg. Die

Der Umbau des Bahnhofs Stresow verdrängte das Bahnhofsgebäude aus dem Jahr 1841 hinter eine Schallschutzwand. Foto: H.-P. Schwarz

Bahnsteige des Veranstaltungsbahnhofs Olympiastadion wurden in den folgenden beiden Jahren nach und nach wiederaufgebaut. Am vorletzten Tag des Jahres 1998 ging dann auch der zweite Abschnitt von Pichelsberg nach Spandau in Betrieb. Als letzter Berliner Bezirk erhielt auch die Havelstadt wieder S-Bahn-Anschluß. Und wieder einmal waren die Spandauer Bahnanlagen komplett umgestaltet worden. Nicht nur, daß fast alle Überführungsbauwerke abgerissen und neugebaut wurden, auch die Havelbrücke ereilte das gleiche Schicksal. Nur für einen zusätzlichen Haltepunkt Tiefwerder an der Charlottenburger Chaussee kurz vor Spandau war kein Geld übrig. Vor allem aber änderten beide Spandauer Bahnhöfe ihr Gesicht und ihren Namen. „Der Zugang zum Bahnhof Berlin-Spandau (wird) von der Grenadierstraße in die Klosterstraße verlegt", hieß es leicht untertreibend im Kursbuch. Tatsächlich wurde nicht nur der Zugang, sondern der gesamte Bahnhof verlegt. Die bisherigen Bahnsteige des ehemaligen Hamburger Bahnhofs östlich der Havel wurden abgerissen, der neue Spandauer Hbf an der Stelle des ebenfalls abgerissenen Bahnhofs Spandau West erbaut. Im Mai 1997 wurde der noch halbfertige Fernbahnhof für den Fahrgastbetrieb eröffnet. Die neue Station erhielt südlich zwei Fernbahnsteige und nördlich einen S-Bahnsteig mit Kehranlage. Der nebenliegende Güterbahnhof wurde kurzerhand beseitigt und später mit einem überdimensionalen Einkaufszentrum (Spandau-Arkaden) bebaut. Der alte Hauptbahnhof wurde zum neuen S-Bahnhaltepunkt Stresow, das Empfangsgebäude verschwand ebenso wie der Blick auf das Rathaus hinter hohen Schallschutzwänden.

Offiziell ist immer noch eine künftige Verlängerung der S-Bahn nach Falkensee geplant. Da aber die Trassen entlang der Hamburger Bahn und zum Brandwerder Weg/Lehrter Bahn jetzt verbaut sind, werden die S-Bahnen auf absehbare Zeit am neuen (Fern-)Bahnhof Berlin-Spandau enden; die einzige S-Bahn in Falkensee blieb ein zur Imbißbude umgebauter Viertelzug. Die Verbindung zum Nordring (Jungfernheide) ist schon gar nicht mehr vorgesehen.

Bahnhof Falkensee: Der ehemalige S-Bahnsteig kurz vor dem Abbruch. Foto (1996): F. Müller

Hamburger und Lehrter Bahn zwischen Jungfernheide und Spandau: *Die Station Siemensstadt-Fürstenbrunn. Fotos (um 1985): Archiv Fahrgastverband IGEB*

Bahnhof Jungfernheide mit einem Zug nach Spandau. Foto (um 1984): N. Dembeck, Archiv S-Bahn-Museum

S-Bahngleise in Siemensstadt. Foto (1994): F. Müller

7.2 Siemensbahn

Richtung Westen

Von Jungfernheide nach Gartenfeld

über Siemensstadt
(außer Betrieb seit 1980)

Bis Ende des 19. Jahrhunderts gab es nördlich der Spree zwischen Charlottenburg und Spandau fast nur Wald und sumpfige Wiesen. Die Namen Jungfernheide, Nonnenwiesen und Nonnendamm erinnerten noch an das Benediktinerinnenkloster St. Marien in Spandau, das bis zur Reformation hier ausgedehnte Besitzungen hatte.

Industriestandort zwischen Charlottenburg und Spandau

Ausgedehnten Besitz erwarb dann um 1900 Werner von Siemens für die rasch expandierenden elektrotechnischen Werke seines Konzerns. 1899 wurde zuerst das Kabelwerk hierhin umgesiedelt, weitere Abteilungen folgten ab 1906. Was fehlte, war eine Verkehrsanbindung.

Dummerweise sperrte sich die Stadt Charlottenburg gegen bessere Anbindungen, da sie nicht die Abwanderung des lukrativen Steuerzahlers fördern wollte, der gerade erst aus Berlin zugezogen war. 1905 aber erreichte Siemens bei der Königlich-Preußischen Eisenbahn-Verwaltung, daß diese einen Haltepunkt für die Hamburg/Lehrter Bahn am Fürstenbrunn einrichtete. Siemens bezahlte nicht nur das Stationsgebäude, die Firma mußte auch eine Brücke über die Spree errichten lassen, über die die Arbeiter zu den Fabriken wanderten. Für den rasch anschwellenden Verkehr, der hauptsächlich vom Lehrter Bahnhof kam, wurde in Fürstenbrunn schon 1908 eine Kehranlage westlich des Bahnhofs gebaut.

Im gleichen Jahr 1908 nahm auch die „Elektrische Straßenbahn Spandau –Nonnendamm" den Betrieb auf, im Frühjahr zunächst mit Güterverkehr, im Herbst auch für Personen. Einige Jahre später ging diese ebenfalls durch die Firma Siemens erbaute Bahn in der Spandauer Straßenbahn auf und wurde nach Charlottenburg und Berlin durchgebunden. Der zunächst auf den gleichen Gleisen durchgeführte Güterverkehr wurde nach dem Ersten Weltkrieg auf separate Gleise verlegt und weiterhin (bis 1988) elektrisch von der Firma Siemens betrieben.

Die Stadt Spandau hatte sich durch geschickte Eingemeindungen den größten Teil des entstehenden Industriegebiets sichern können und gab dem neuen Stadtteil 1905 den Namen Nonnendamm, ab 1914 dann amtlich Siemensstadt.

„Joint Venture“ von Siemens und Reichsbahn

Bis Mitte der 20er Jahre gab es Pläne, im Anschluß an die Ringbahn ein eigenes Vorortgleispaar von Jungfernheide nach Fürstenbrunn zu verlegen. Der dann viergleisige Bahnhof Fürstenbrunn (plus zwei Gütergleise) hätte zwei Bahnsteige erhalten. Für die Erschließung der sich nördlich davon erstreckenden Siemensstadt blieb das weit südlich gelegene Fürstenbrunn aber unbefriedigend. Auch seit 1920 verstärkt errichtete Wohnsiedlungen in der näheren Umgebung konnten nicht die immer weiter anschwellende Zahl von Beschäftigten aufnehmen, zumal auch die Siemens-Hauptverwaltung hierhin verlegt wurde und sich weitere Firmen hier ansiedelten. Daher entschlossen sich 1925 Siemens und Reichsbahn zum gemeinsamen Projekt einer elektrischen Hochbahn durch Siemensstadt.

Die Firma Siemens stellte den Baugrund, errichtete die Anlage auf eigene Kosten und überließ sie der Reichsbahn zum Betrieb mit der Auflage, daß das Gelände bei eventueller Beendigung der Bahnnutzung wieder zurückfiele. Die Kooperation war sicher auch das Ergebnis einer Personalunion: Carl Friedrich von Siemens war Chef des Siemens-Konzerns und zugleich Präsident des Verwaltungsrats der Reichsbahn.

Die Strecke durch die Siemensstadt

Die Strecke beginnt im Bahnhof Jungfernheide, wo neben den bestehenden Bahnsteigen für Vorortbahn und Ringbahn ein weiterer Bahnsteig errichtet wurde. Wegen der beengten Platzverhältnisse wurde er versetzt zum Ringbahnsteig angeordnet. Aus der Platznot wurde eine Tugend: Die von der Siemensbahn ankommenden Züge hielten zuerst am bisherigen Ringbahnsteig B, an dessen anderer Kante weiterhin die Ringzüge in Richtung Gesundbrunnen hielten. Dann konnten die Züge aus Siemensstadt nach Wahl weiter auf dem Ringgleis fahren oder vorziehen zum neuen Bahnsteig C, wo gegenüber die Ringzüge nach Westend hielten. Auf deren Ringgleis fuhren die Züge in Richtung Gartenfeld nach Westen aus dem Bahnhof und über die Spree.

Im westlich anschließenden Gewirr der Gleise, das den alten Spreearm fast gänzlich überdeckte, fädelten beide Siemensgleise aus, um nach Norden schwenkend ein weiteres Mal die Spree zu überqueren. Die weitere Strecke verläuft in einigen Windungen teils auf einem Damm, teils auf einem stählernen Viadukt mit den Stationen Wernerwerk (Straßenbahn-Anschluß) und Berlin-Siemensstadt. Dahinter senken sich die Gleise ab, so daß sie 4½ Kilometer von Jungfernheide im Bahnhof Berlin-Gartenfeld, gleich südlich des Hohenzollernkanals (Berlin-Spandauer Schiffahrtskanal) und gegenüber dem neuen Kabelwerk (dem dritten seit 1911), auf Geländeniveau liegen.

Eine mögliche spätere Verlängerung war bei der Gestaltung des Endbahnhofs bereits berücksichtigt. Rückwärtig besaß die Station eine Kehranlage mit fünf Aufstellgleisen.

Nach gut zweijährigen Bauarbeiten wurde die Strecke im Dezember 1929, eine Woche vor Weihnachten eröffnet und vom ersten Tag an elektrisch betrieben.

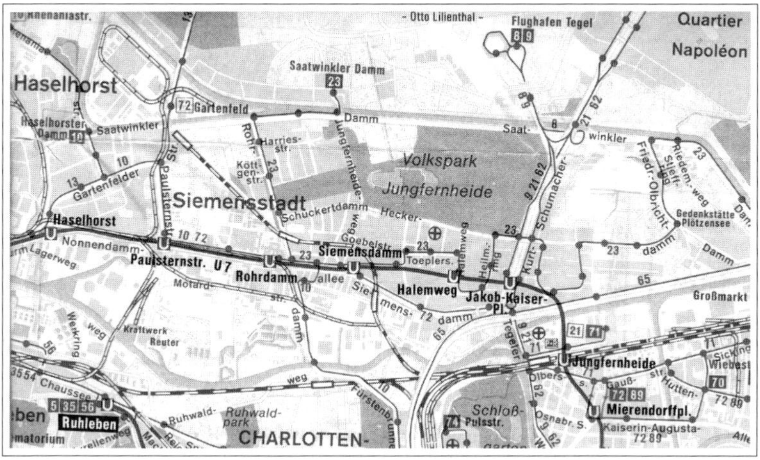

S-Bahn und U-Bahn in Siemensstadt. BVG-Linienplan 1989/90 (Ausschnitt)

Die Zahl der in Siemensstadt Beschäftigten erreichte einen Höhepunkt, nachdem 1928 auch das Schaltgerätewerk hierhin verlagert worden war. Die Zahl der Siemens-Mitarbeiter in Siemensstadt wird für die Zeit Ende der 20er Jahre je nach Quelle mit über 57000 bis 90000 angegeben. Die Siemensbahn übernahm nun einen Teil der täglichen „Völkerwanderung" zu den Arbeitsstätten. Sie diente an Wochenenden aber auch dem Ausflugsverkehr in die Reste der Jungfernheide. Deren Teil südlich des Hohenzollernkanals war zum Volkspark umgestaltet worden.

Von Gartenfeld aus fuhren im Berufsverkehr Züge unter anderem nach Neukölln oder Papestraße, später auch nach Warschauer Straße. Zwischen Gartenfeld und Jungfernheide verkehrten nun bis zu zwölf Züge je Stunde und Richtung.

Behelfsmäßiger Güterverkehr auf S-Bahngleisen

Den Krieg und die Bombenangriffe überstand die mit ihren Viadukten empfindliche Strecke erstaunlicherweise ohne allzu große Schäden, lediglich die Spreebrücke wurde am Ende des Krieges gesprengt. Nachdem eine Behelfsbrücke eingezogen war und auch die Anschlußzüge auf dem Ring wieder fuhren, konnte im September 1945 ein eingleisiger Pendelbetrieb zunächst im Stundentakt aufgenommen werden. Da auch die Spreebrücke der Siemens-Güterbahn nach Ruhleben zerstört war, wurde ein behelfsmäßiger Anschluß zum Bahnhof Gartenfeld eingerichtet. Damit kam die eigentlich nur für den S-Bahnverkehr angelegte Siemensbahn doch noch zu vorübergehendem Güterverkehr. Und bis 1950 wurden auf diesem Wege sogar S-Bahnwagen überführt, um diese in den Siemens-Werken ausbessern zu können. Die Gleisverbindung wurde danach wieder beseitigt.

Auch die Rohrdammbrücke, die für den Weg zum Bahnhof Siemensstadt-Fürstenbrunn wesentlich war, wurde bald wiederhergestellt. Der

Bahnsteig des S-Bahnhofs Wernerwerk. Foto (1994): F. Müller

Bahnhof jedoch verlor seine Kehranlage und war nur noch Ausweichstelle einer eingleisigen Strecke. 1951 wurde das verbliebene Gleis elektrifiziert und östlich des Bahnhofs Jungfernheide an die Ringgleise angeschlossen, so daß verbesserte Direktverbindungen möglich wurden. Unter anderem hatten die Spandauer Züge bislang nicht die Station Beusselstraße anfahren können, die nur einen Bahnsteig an den Ringgleisen hatte.

Zweigleisig ins Abseits

Erst 1956 war die Spreebrücke der Siemensbahn neugebaut. Jetzt konnte das zweite Gleis wiederhergestellt und der volle Verkehr aufgenommen werden. Doch nur fünf Jahre später wurden, in Folge des Mauerbaus, die Zugläufe wieder auf die Relation Gartenfeld–Jungfernheide verkürzt.

Seit Frühjahr 1967 war die durch Siemensstadt fahrende Straßenbahn von Spandau zum Bahnhof Zoologischer Garten, die „55", die letzte Linie in West-Berlin. Im Oktober 1967 waren auch ihre Tage gezählt, als die Omnibuslinie 55 den Verkehr übernahm.

Auf der S-Bahn sorgte nicht nur der Boykott für sinkende Fahrgastzahlen, sondern auch die abnehmende Bedeutung des Industriestandorts Berlin. 1972 wurden immerhin noch 4500 Fahrgäste am Tag gezählt. Vier Jahre später hatte sich ihre Zahl nochmals halbiert; der bis dahin durchgehaltene Zehn-Minuten-Takt wurde auf den Berufsverkehr beschränkt. Auf der Fürstenbrunner Strecke (Lehrter Bahn) entfiel mit der Reduzierung des 20-Minuten-Takts auf einen 30-Minuten-Takt nicht nur ein vernünftiger Anschluß an die Ringbahn, sondern auch die Zugkreuzung in Siemensstadt-Fürstenbrunn. Daraufhin konnte der Bahnhof auf einen eingleisigen Haltepunkt zurückgebaut und der Fußgängertunnel geschlossen werden. Der Zugang zum Bahnsteig erfolgte nun ebenerdig über das abgerissene nördliche Gleis.

Bau der U-Bahnlinie U7

Einen weiteren Rückbau gab es im Zusammenhang mit dem U-Bahnbau Ende der siebziger Jahre. Am Bahnhof Jungfernheide querte die U-Bahn Charlottenburg–Siemensstadt–Spandau (U7) die Eisenbahntrasse, und es wurde tatsächlich ein Umsteigebahnhof vorgesehen. Die Reichsbahn nutzte die Bauarbeiten zu einer Vereinfachung des Bahnhofs. Der kaum 50 Jahre alte Bahnsteig C wurde abgerissen. Die Ringbahn hielt nun wieder auf beiden Seiten des Bahnsteigs B, an den auch die Siemensbahn geführt wurde. Die Züge konnten nun nicht mehr in Jungfernheide wenden und mußten bis Beusselstraße weiterfahren, wo eine Kehranlage zur Verfügung stand. Auch die weiterhin an einem eigenen Bahnsteig haltenden Züge über die Lehrter Bahn (von und nach Spandau über Siemensstadt-Fürstenbrunn) kehrten in Beusselstraße.

Doch der September 1980 brachte dann die völlige Betriebseinstellung aller drei den Bahnhof Jungfernheide anfahrenden S-Bahnlinien, während nur wenige Tage später dort die U-Bahn nach Rohrdamm in Betrieb ging.

Leben in den Bahnhof Jungfernheide kam erst wieder mit der provisorischen Endstation der Regionalzüge nach Nauen (1992/94) und letztlich mit der Wiedereröffnung der Ringbahn (1997). Für die Siemensbahn wie für die Fürstenbrunner Strecke sehen die aktuellen Betriebskonzepte auf absehbare Zeit jedoch keinen S-Bahn-Verkehr vor.

Die Siemensbahn ist bisher weder abgebaut noch an die Siemens AG zurückgegeben. Ein Abriß gilt dennoch als unwahrscheinlich, nachdem die gesamte Anlage seit 1995 als Baudenkmal geschützt ist.

Stellwerk Gartenfeld. Foto (um 1984): Archiv S-Bahn-Museum

S-Bahn-Prellbock in einem Gartenmarkt, der sich im Bahnhof Gartenfeld eingerichtet hat. Foto (2001): D. Kaddoura

Außenring-S-Bahn, 1964 am Grünauer Kreuz. Foto: Dr. M. Braun

8. „J.w.d." – Janz weit draußen „Jottwedee"

8.1 Berliner Außenring

Adlershof – Flughafen Schönefeld
Hohen Neuendorf – Blankenburg
Wartenberg – Springpfuhl

Je mehr die Ringbahn durch den Lokalverkehr in Anspruch genommen wurde und je mehr sie zur Bedienung der an der Trasse gelegenen Ortsgüterbahnhöfe gebraucht wurde, desto weniger konnte sie die schnelle Umfahrung der Stadt gewährleisten, trotz vier-, abschnittsweise sogar fünfgleisigen Ausbaus. Um so mehr kristallisierten sich Pläne heraus, den ursprünglichen Zweck einer Verbindung der Radialstrecken mit einem zweiten Ring weiter außerhalb neu anzugehen. Der erste Abschnitt dieses als Umgehungsbahn bezeichneten Systems ging 1902 weit westlich der Havel in Betrieb, von Nauen an der Hamburger Bahn nach Wustermark (Lehrter Bahn) und weiter in Richtung Potsdam. 1915 wurde sie nördlich über Kremmen nach Oranienburg fortgeführt. Die Strecke war eingleisig als Nebenbahn trassiert und lief jeweils parallel zu den Hauptbahnen in die Verknüpfungsbahnhöfe ein. Verbunden war sie mit neu angelegten Rangierbahnhöfen (Wustermark, Seddin), die eine Sortierung der von und nach Berlin fahrenden Wagen vornahmen. Neben dem Hauptzweck gab es wie seinerzeit üblich auch einen bescheidenen Personenverkehr. In den zwanziger Jahren wurde das Netz noch um weitere Verbindungsstrecken im Süden bis zur Anhalter Bahn ergänzt, weiter kam das Projekt aber nicht.

Vom Güteraußenring zum Berliner Außenring

Die wenig leistungsfähige Strecke mit ihren niveaugleichen Kreuzungen in den Verknüpfungsbahnhöfen erschien nun auch nicht mehr zweckmäßig. In den 30er Jahren wurde daher stattdessen der Güteraußenring (GAR) ersonnen, der nun stadtnäher und zweigleisig sowie kreuzungsfrei gebaut werden sollte, verbunden wiederum mit einer Generation neuer Rangierbahnhöfe. In den gerade begonnenen Bau platzte der große Krieg. Darum wurde in aller Eile ein vorläufiger Güteraußenring fertiggestellt, eingleisig und mit provisorischer vereinfachter Trassierung. Dieser ging 1940/41, an die bestehende Umgehungsbahn anschließend, von Teltow (Anhalter Bahn) bis Karow (Stettiner Bahn) südlich und östlich der Stadt in Betrieb. Wegen der immer größeren Bedeutung der Strecke wurde noch bis zuletzt (Ende 1944 oder Anfang 1945) der zweigleisige Ausbau vorangetrieben, aber nur auf einem kurzen Stück im Süden vollendet.

Zunächst schien dem Außenring nur ein kurzes Dasein beschieden, denn die sowjetische Besatzungsmacht ließ die Gleise zwischen der Frankfurter und der Stettiner Bahn 1947 komplett demontieren. Aber kaum war dies geschehen, begann der Wiederaufbau, und zwar nach einem wiederum neuen Konzept. Der neuen politischen Lage entsprechend diente das jetzt als „Berliner Außenring" (BAR) bezeichnete Projekt einer Umfahrung West-Berlins, d. h. es sollte sämtlicher Fernverkehr von den Radialstrecken abgefangen werden.

Der „alte" Güteraußenring hatte sich um die Groß-Berliner Stadtgrenze wenig gekümmert. Er schnitt diese im Süden mehrmals, so daß der neue Außenring hier komplett neu trassiert wurde. Der 1951/52 mehr oder weniger geschlossene Ring setzte sich schließlich aus dreierlei Stücken zusammen: Aus Teilen der Umgehungsbahn (im Westen), aus Teilen des alten Güteraußenrings mit teils leicht veränderter Trassierung (im Osten) sowie aus gänzlich neu errichteten Strecken (im Norden und im Süden), wobei provisorisch zunächst auch Abschnitte von ehemaligen Privatbahnen (Niederbarnimer und Neukölln-Mittenwalder) benutzt wurden. Der Umfang dieses Ringes beträgt etwa 180 Kilometer, und von Altglienicke im Süden bis Blankenfelde im Norden liegt er etwa 33 Kilometer auf Berliner Stadtgebiet, das hier ausschließlich zum sowjetischen Sektor gehörte.

Personenzüge auf dem Außenring

Dieser Außenring war als zweigleisige Hauptbahn konzipiert (auch wenn die Verlegung des zweiten Gleises sich noch eine ganze Weile hinzog) und über mehrere Kreuze mit den Radialstrecken verbunden. An einen Verkehr mit S-Bahnzügen war hier zunächst nicht gedacht, auch bei den Germania-Plänen entlang des Güteraußenringes war dies nur Option.

Die ersten Personenzüge auf dem Außenring waren (Militärverkehr und Umleitungen für den Fernverkehr nicht gerechnet) Dieseltriebwagen, die

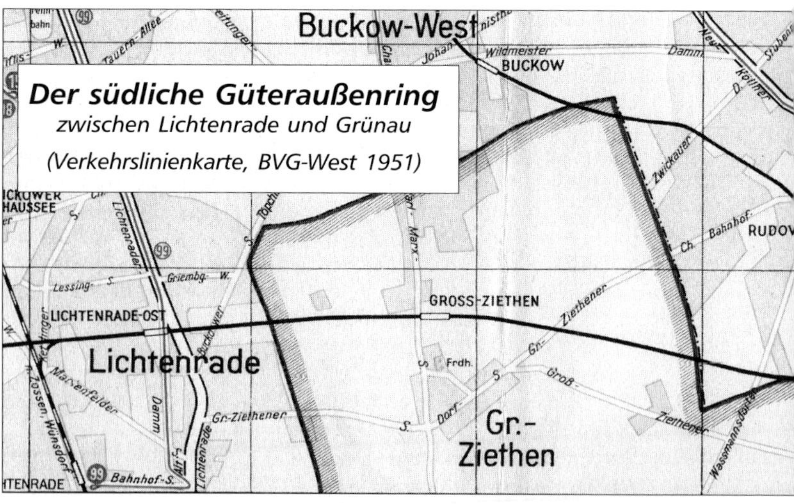

Der südliche Güteraußenring
zwischen Lichtenrade und Grünau
(Verkehrslinienkarte, BVG-West 1951)

ab Juli 1948 von der Reichsbahn eingesetzt wurden, um einen Vorortverkehr von Kaulsdorf nach Grünau und von Grünau nach Lichtenrade aufzubauen. Dieser war zwar nicht in den S-Bahntarif einbezogen, aber es galt ein besonderer Vororttarif. Trotz Blockade fuhren die Züge hier über die Stadtgrenze hinweg. Auf dem 14 Kilometer langen Abschnitt von Kaulsdorf nach Grünau – unter Benutzung der VnK-Strecke („Verbindung nach Küstrin" oder „Verbindung nach Kaulsdorf"; vgl. Kap. Ostbahn), die auch eine Station erhielt – waren vier Zwischenstationen eingerichtet worden, keine davon südlich der Frankfurter Bahn. Zu letzterer gab es eine Umsteigemöglichkeit in Wuhlheide. Obwohl der Außenring auch die Spindlersfelder Strecke kurz vor dem Bahnhof Spindlersfeld überquert und sich dort in gut bebautem Gebiet befindet, war hier nie ein Haltepunkt. Und bald wurde der Verkehr zwischen Kaulsdorf und Grünau wieder eingestellt (1949).

Dauerhafter war der Verkehr zwischen Grünau und Lichtenrade, auch wenn hier die Fahrpläne häufig wechselten. 1949/51 gab es ab Grünau auch Vorortzüge nach Zossen und Töpchin. Auf den 15 Kilometern von Grünau bis Lichtenrade wurden zunächst vier Zwischenstationen eröffnet, davon eine in Ost-Berlin und drei in der sowjetischen Zone. 1949 kamen Grünbergallee (Ost-Berlin) und Lichtenrade Ost (West-Berlin) hinzu.

Die Verbindung nach Lichtenrade wurde dann aber schon 1950 zwecks Bau des neuen Außenrings gekappt und danach nicht wiederhergestellt. Nur auf einem verkürzten Stück von Grünau bis zum östlich von Lichtenrade in der DDR gelegenen Groß-Ziethen wurde der Betrieb wieder aufgenommen. Hier kam sogar 1954 ein zusätzlicher Halt Groß-Ziethen Ost hinzu. Auf verschiedenen Wegen (GAR/BAR) und mit Unterbrechungen fuhren hier Züge bis 1958. Danach verschwanden die Anlagen des alten Außenrings in diesem Bereich fast völlig. Nur zwei in West-Berlin gelegene kurze Abschnitte blieben noch länger erkennbar. Seither ist Groß-Ziethen ohne Bahnanschluß.

Die erste Flughafen-S-Bahn in Deutschland

Auf den weiter östlich gelegenen Außenringabschnitt kam nach vier Jahren Unterbrechung neuer Verkehr, und zwar diesmal als richtige elektrische S-Bahn nach Schönefeld.

Nach dem Mauerbau wurde in nur 150 Tagen eine 5½ Kilometer lange neue Trasse angelegt, die aus dem Grünauer Kreuz ausfädelte und, auf den ersten zwei Kilometern eingleisig, als nunmehr vierte Bahnstrecke westwärts nach Schönefeld führte. Sie lag deutlich südlich des neuen Außenrings und nördlich der ehemaligen Henschelbahn (vgl. Kap. Görlitzer Bahn), die etwas südlich der Trasse des alten Außenrings zum Fluggelände Schönefeld führte. Zwei Zwischenstationen, Altglienicke (weitab des alten Ortskerns, im neueren Siedlungsgebiet am Falkenberg) und Grünbergallee (hart an der Stadtgrenze westlich von Bohnsdorf gelegen und erst drei Monate nach der Strecke in Betrieb), lagen in unmittelbarer Nähe der gleichnamigen ehemals von den Dieseltriebwagen angefahrenen Stationen.

Die Endstation Schönefeld dagegen hatte nichts mit der alten Station Schönefeld Mitte am Güteraußenring zu tun, sondern lag am Berliner Außenring. Dieser hatte hier bereits einen Kontrollbahnhof, auf dem Züge und Fahrgäste vor der Einreise nach Groß-Berlin von den DDR-Grenzorganen kontrolliert wurden. Östlich daran schloß sich nun der neue S-Bahnsteig an. Zugleich mit der S-Bahn-Eröffnung am 26. Februar 1962 wurde der Bahnhof für den allgemeinen Verkehr freigegeben. Hauptzielgruppe war aber nicht die spärliche Einwohnerschaft des Dorfes Schönefeld, sondern die Werktätigen und die Fluggäste des beginnenden zivilen Flugverkehrs auf dem Flughafen Schönefeld. Die erste elektrische S-Bahn auf dem Außenring allerdings war schon einige Monate vorher an der entgegengesetzten Berliner Stadtgrenze gefahren, und Vorläufer gab es dort ebenfalls.

Fotos: Zentrales Bildarchiv der Deutschen Reichsbahn (ZBDR)

Schönefeld, 1971: Ein „Sputnik" aus Potsdam ist eingetroffen.

Zwischen Hohen Neuendorf und Blankenburg: Die erste Außenring-S-Bahn

Mit der zunehmenden Abgrenzung zu West-Berlin richtete die Reichsbahn auf dem nördlichen und südlichen Außenring einen dampfbetriebenen Vorortverkehr nach Berlin Ostbahnhof (teils auch nach Lichtenberg oder Schöneweide/Karlshorst) ein. Dafür wurde die Bahnstrecke des Berliner Außenrings (BAR) im Norden bis zur Hamburger Bahn und im Süden bis zur Potsdam-Magdeburger Bahn (Werder) in den S-Bahn-Tarif einbezogen, das Reststück fern westlich von West-Berliner Gebiet sollte erst nach dem Mauerbau folgen.

1957/58 wurde dieser Verkehr in größerem Stil aufgezogen, und zeitgemäß erhielten die außen um West-Berlin herumfahrenden Züge die Bezeichnung „Sputnik-Verkehr".

Zwischen Stettiner Bahn und Nordbahn war der Mauerbau Anlaß für hektische Aktivität. Verlegt wurden zunächst kaum neue Gleise, sondern fast nur Stromschienen an dem vorhandenen Ferngleispaar. Zweck der fast ausschließlich über Ackerland führenden S-Bahn war die Anbindung des Inselbetriebs der Nordbahn zwischen Oranienburg und Hohen Neuendorf an das Schnellbahnnetz Ost-Berlins.

Vom Bahnhof Blankenburg an der Stettiner Bahn kommend, wurde die S-Bahn über das Karower Kreuz auf den Außenring geführt. Dieser war bislang nur mit „kurzen Kurven" auswärts nach Birkenwerder an die Nordbahn angebunden. Jetzt kam für die S-Bahn die „Lange Kurve", auch „Kramerkurve" (benannt nach dem DDR-Verkehrsminister Erwin Kramer) hinzu. Diese holte, von Osten kommend, weit nach Süden, fast bis zur West-Berliner Grenze, aus und konnte so schon bei Hohen Neuendorf an die alte Nordbahntrasse anbinden, die dort vier Gleise, getrennt für Fern- und S-Bahnbetrieb erhielt.

Schönefeld, Weltfestspiele der Jugend 1973: Ansturm auf die S-Bahn.

Der längste Stationsabstand im Berliner S-Bahn-Netz

Am 19. November 1961 begann, noch etwas provisorisch, der elektrische S-Bahnbetrieb zwischen Hohen Neuendorf und Blankenburg, womit die Oranienburger Züge – außen herum – wieder nach Berlin fahren konnten.

Östlich des Abzweigs Bergfelde, wo die kurze und die lange Kurve zur Nordbahn mündeten, gab es bereits eine Station mit dem etwas unpassenden Namen Schönfließ (der Ort liegt fast zwei Kilometer südöstlich). Er war wie Schönefeld als Kontrollbahnhof eingerichtet worden. Seit einiger Zeit hielten hier auch einige Fernzüge auf der Fahrt von Oranienburg nach Lichtenberg (und umgekehrt), die zum S-Bahntarif benutzt werden konnten. Nun wurde das separate S-Bahngleispaar um 1½ Kilometer entlang des Außenringes verlängert, so daß am Ende der Strecke die neue Station Schönfließ entstand: mit zwei Mittelbahnsteigen, getrennt für Fernbahn und S-Bahn, und mit kreuzungsfreier Ausfädelung der beiden Strecken. Westlich davon kam für die S-Bahn der Haltepunkt Bergfelde hinzu. Beide Stationen gingen im Mai 1962 in Betrieb.

Von den insgesamt 17½ neuen S-Bahnkilometern waren damit noch zehn Kilometer Gemeinschaftsstrecke mit der Fernbahn. Von Blankenburg bis Schönfließ fuhren die S-Bahnen fast 13 Kilometer ohne Halt – einsamer Rekord bei den Stationsabständen der Berliner S-Bahn!

Nach Beseitigung der innerstädtischen Engpässe und Neuordnung des Verkehrs fuhren die Oranienburger Züge als Zuggruppe K auch auf den anderen Außenringabschnitt nach Schönefeld (58 Kilometer in gut 80 Minuten Fahrzeit von Endstation zu Endstation).

Neue Siedlungen – neue Schnellbahnstrecken

Etwas anders erklärt sich die Entstehung der dritten S-Bahn-Teilstrecke auf dem Berliner Außenring. Sie wurde erst im Zusammenhang mit den großen Neubaugebieten im Nordosten interessant und zunächst auch nur für die Anbindung der Wriezener Bahn. 1976 wurde mit deren neuer Einfädelung in das Biesdorfer Kreuz auch die S-Bahnstrecke über Marzahn nach Ahrensfelde ein kurzes Stück über den Außenring geführt. Sie erhielt dort zunächst die Station Springpfuhl, benannt nach einer nahen Quelle, die in einem kleinen See entspringt. Als S-Bahnstrecke auf dem Berliner Außenring entstand die Verbindung von Springpfuhl nach Wartenberg erst, als das Wohnungsbauprogramm in dieses westlichere Gebiet vorstieß.

Im Februar 1984 legte Erich Honecker feierlich den Grundstein für das Neubaugebiet Hohenschönhausen, und schon am 20. Dezember fuhr die erste S-Bahn dorthin, zunächst nur eingleisig und vielfach noch unfertig. Die 4,7 Kilometer lange Strecke folgte von Springpfuhl dem Außenring nach Norden. Nördlich der Leninallee (heute Landsberger Allee) wurde ein Haltepunkt Bürknersfelde (Name eines alten Vorwerks) vorbereitet, dann aber doch nicht eröffnet, da nur von Industriegebiet umgeben. Damit war der erste Halt eine Station, die zuerst Gartenstadt heißen sollte. Namensgebend wäre die Gartenstadt Hohenschönhausen gewesen, die seit 1910 entstanden war und zur Einwohnerzahl des Ortsteils immerhin etwa 20000 beitrug. Schließlich erhielt die Station aber den Namen Gehrenseestraße. Kurz hinter der Überführung der Falkenberger Chaussee lag die vorläufige

Schnellbahn-Linienplan Ost-Berlin (Ausschnitt):
Die Außenring-Verbindungen sind 1988 hervorgehoben dargestellt.

Endstation Hohenschönhausen, weitab des alten Ortskerns, aber günstig im Neubaugebiet.

Genau ein Jahr später wurde der zweigleisige Betrieb aufgenommen und die Strecke gleichzeitig um rund einen Kilometer verlängert. Die neue Endstation erhielt den Namen Wartenberg nach dem östlich der Strecke gelegenen Bauerndorf, das bis dato von städtischer Bebauung noch fast völlig unberührt geblieben war. Inzwischen war im September 1984 aus diesen bisher zu Weißensee gehörenden Gebieten der neue Stadtbezirk Hohenschönhausen gebildet worden, der nun 74 000 Einwohner zählte.

Ausbau der S-Bahnstrecken auf dem Außenring

Zur gleichen Zeit wurden auch die beiden anderen S-Bahnabschnitte auf dem Außenring ausgebaut. Im Norden war schon länger eine Trennung von Fern- und S-Bahnverkehr vorgesehen, doch erst mit Elektrifizierung

Nördlicher Außenring bei Schönfließ. Foto (2001): F. Müller

der Fernbahn wurde 1984/85 die Trennung von Gleich- und Wechselstromtechnik akut. Daher wurde nun zwischen Schönfließ und dem Abzweig Karower Kreuz West (Akw – bis auf Elektrosmog garantiert strahlenfrei!) eine eigene S-Bahnstrecke auf der Innenseite verlegt, die am 2. September 1984 in Betrieb genommen wurde. Entsprechend dem mäßig dichten Verkehr (20-Minuten-Takt) wurde ein großer Teil zunächst nur eingleisig hergerichtet. Auch die Verbindungskurve zur Stettiner Bahn blieb eingleisig wie sie war. Der noch innerhalb der Stadtgrenze gelegene Teil des Außenrings erhielt eine zweigleisige S-Bahn. Zudem wurden bereits zwei neue Haltepunkte vorbereitet. Einer nördlich von Buchholz und ein zweiter etwa zwei Kilometer weiter, kurz vor der Stadtgrenze nahe der bis 70 Meter aufragenden Erhebungen, die Arkenberge heißen. Sie wurden als Stationsname erwogen, nachdem der Arbeitstitel „Blankenfelde" mit dem Zusatz Ost zu den Akten gelegt war, weil es eine zweite Station Blankenfelde südlich von Berlin an der Dresdener Bahn gab.

Fertiggestellt wurden beide Stationen nicht, da sie noch auf freiem Felde lagen, wo erst in einer späteren Phase weitere Neubaugebiete vorgesehen waren. In Betrieb genommen wurde dagegen im eingleisigen Abschnitt unmittelbar vor der Überführung über die Heidekrautbahn eine Station Mühlenbeck-Mönchmühle mit einem einfach ausgerüsteten Bahnsteig. Neben den Bewohnern der beiden im Namen genannten Orte sorgten hier auch Ausflügler für einigen Verkehr, da gleich neben den Schienen ein Badesee entstanden war.

Westlich der Heidekrautbahn wurde erst nach Betriebseröffnung das zweite Gleis fertiggestellt, das betrieblich nicht unbedingt nötig war, aber Verspätungen reduzieren konnte. Der Bahnhof Schönfließ erhielt einen neuen S-Bahnsteig südlich der Fernbahnsteige. Die Überführung des alten S-Bahngleises Schönfließ–Bergfelde über die Ferngleise konnte somit aufgegeben werden.

1984 wurde im Süden der komplett umgestaltete Bahnhof Flughafen Schönefeld fertiggestellt. Der neue S-Bahnsteig lag nun Seite an Seite mit den Fernbahnsteigen.

Im Jahr darauf begannen die Bauarbeiten für ein zweites Gleis vom Grünauer Kreuz nach Altglienicke, die im Juni 1987 beendet waren, so daß nur noch unter der Waltersdorfer Chaussee die Ausfahrt aus dem

S-Bahnhof Schönefeld ein eingleisiger Engpaß blieb, der erst im Jahr 1991 beseitigt wurde. Inzwischen rächte sich jedoch der doch recht improvisierte Bau auf teils sumpfigen Untergrund. Langsamfahr- und Baustellen blieben ein steter Anblick auf der Strecke, bis sich die S-Bahn Berlin GmbH entschloß, während einer Vollsperrung von Juli bis September 1995 die Strecke komplett zu erneuern und ihr mit großen Kiesschüttungen einen soliden Unterbau zu verpassen.

Geänderte Perspektiven nach der Wende

Perspektivisch war vorgesehen, die verschiedenen S-Bahnabschnitte des Außenrings zu einer großen Tangenten-S-Bahn zu verbinden. Im Süden wurde dies nicht weiter verfolgt, im Norden aber konkret angegangen. Von Wartenberg aus sollte mit dem weiteren Wohnungsbauprogramm die Strecke bis zum Karower Kreuz und bis zur Oranienburger Strecke vorgetrieben werden, was im Laufe der 90er Jahre verwirklicht werden sollte. Dem machte das Ende der DDR einen Strich durch die Rechnung.

Als erste Etappe wurde noch damit begonnen, von Wartenberg etwa drei Kilometer weit bis in den Bereich Blankenfelde zu bauen mit einer Station Sellheimbrücke, dort wo der Straßenzug Karower Damm/Blankenburger Chaussee die Bahn überquert. Diese Streckenverlängerung wurde noch weiter vorbereitet, ehe etwa 1993 das Projekt ganz aufgegeben wurde. Seither geistert es noch hin und wieder durch die Planung, aber eine Verwirklichung ist in absehbarer Zeit nicht zu erwarten.

Auch die Außenringverbindung über Schönfließ verlor an Bedeutung, als die Nordbahn wieder durchgebunden war und Züge von Oranienburg nach Berlin Friedrichstraße wieder direkt über Frohnau fahren konnten. Der Verkehr der Außenring-Zuggruppe blieb aber bestehen, wenn auch bis Birkenwerder zurückgenommen.

Aufgegeben hingegen wurde im Mai 1995 der Regionalbahn-Halt in Schönfließ. Zudem änderte der Fernbahnhalt in Hohenschönhausen seine Funktion. Hielten dort früher „Sputnik"-Züge aus Falkenhagen, so entfiel dieser Schnellverkehr mit der Wiederherstellung der Bahnstrecken von Spandau in das westliche Umland. Deshalb halten an den Fernbahnsteigen in Hohenschönhausen (jetzt Berlin-Hohenschönhausen) nur noch die Züge des Regionalverkehrs in Richtung Oranienburg und Bernau.

Die Station Gehrenseestraße, Blick nach Hohenschönhausen. Foto (1998): M. Heller

Regionalbahn im Bahnhof Basdorf. Foto (2002): D. Kaddoura

8.2 Heidekrautbahn „Jottwedee"

Von Karow nach Wandlitzsee
über Basdorf
(Regionalbahn-Verkehr)

Vorbemerkung
Es gibt Schienenwege im Dunstkreis der Berliner S-Bahn, wo einstmals ein S-Bahn-ähnlicher Verkehr stattfand oder ein elektrischer S-Bahnbetrieb sogar geplant war, mit dichten Zugfolgen und mit einem günstigeren Tarif als im Fernverkehr.

Nicht selten waren es dann die „politischen Zufälle", die maßgeblich die Dinge beeinflussen sollten. Sie lösten Entwicklungen aus, die ausschlaggebend waren, ob die Stromschienen-Klassiker der Berliner S-Bahn auf der einen oder anderen Strecke tatsächlich „heimisch werden konnten" oder (leider) auch nicht.

Die Heidekrautbahn ist das deutlichste Beispiel einer Bahnstrecke im Umland Berlins, die es zu einer „echten" S-Bahn fast hätte bringen können. Sie erschließt das Wandlitz-Biesenthal-Prendener Seengebiet, das mit dem Mauerbau 1961 für Einwohner der Berliner Bezirke Prenzlauer Berg, Pankow und Weißensee zum nächstgelegenen Wald- und Seengebiet geworden war. Die gute Erreichbarkeit dieser ausgedehnten Waldlandschaft sollte später um so mehr ins Blickfeld der Verkehrsentwicklung rücken, je näher sich der neue Hochhausgürtel der Hauptstadt der DDR zum Karower Kreuz hin bewegte.

Es fährt kein Zug nach Liebenwalde
Am Abend des 30. November 1997 erreichte zum (vorläufig) letzten Male eine „Ferkeltaxe" den Bahnhof der kleinen Stadt Liebenwalde unweit der Havel und fuhr von dort zurück nach Basdorf. Eine „abgängige" Brücke über den Finowkanal, kurz vor dem Endbahnhof auf dieser eingleisigen Nebenbahnstrecke, gab den Grund für die Betriebseinstellung auf dem zwölf Kilometer langen Abschnitt Liebenwalde–Wensickendorf, auf dem einige Jahre zuvor noch im Durchschnitt fast 2300 tägliche Reisende gezählt worden waren. Daß die nahe Straßenbrücke über den Kanal umgehend mit Geldern aus dem Bundeshaushalt instandgesetzt wurde, die Bahnbrücke aber nicht erneuert werden sollte, war eine nicht nachvollziehbare politische Entscheidung, zumal in die Basdorfer Gegend beinahe einmal eine S-Bahn oder gar eine städtische U-Bahn hätte fahren sollen.

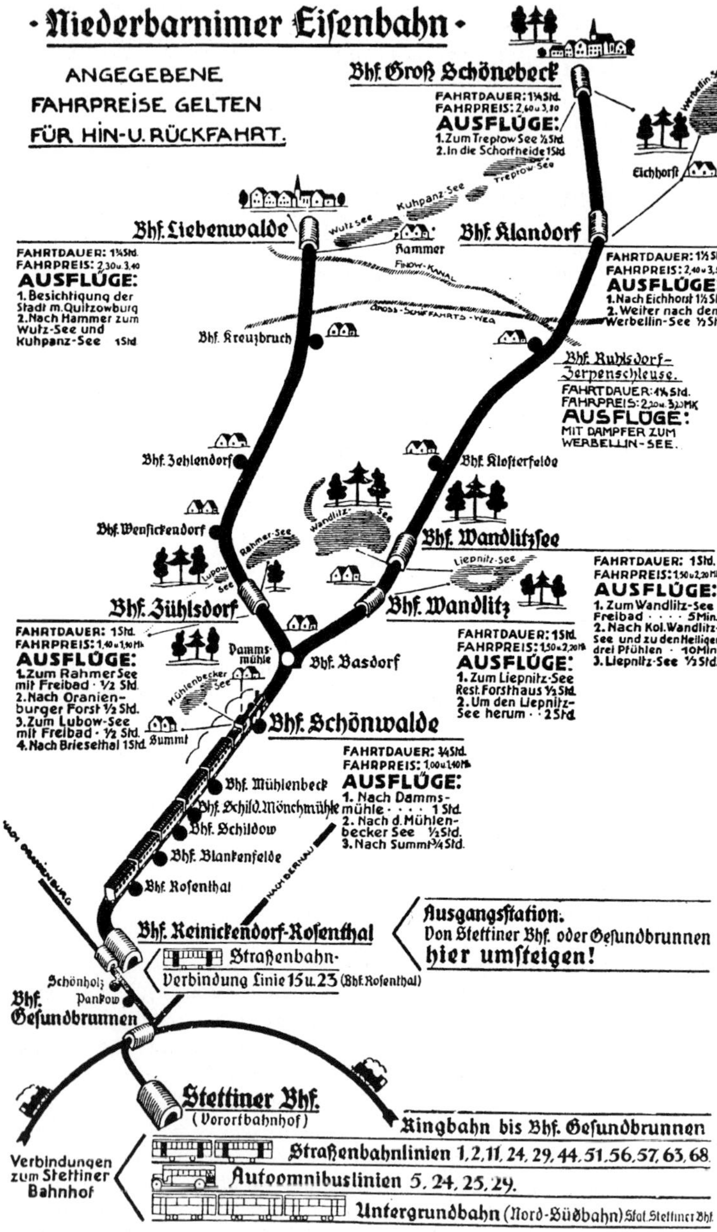

Streckenbild der Niederbarnimer Eisenbahn
Aus: Fahrplanheft von 1930

Die (vorerst) letzte Fahrt einer „Ferkeltaxe" nach Liebenwalde.
Foto: Th. Kabisch, 30. November 1997

S-Bahntarif bis Basdorf

Weil bis Basdorf schon lange Zeit der S-Bahntarif galt, liegt der Ort auch heutzutage in der Berliner Tarifzone C – mit einem Berliner ABC-Fahrschein kann auch anno 2002 bis nach Wandlitzsee gefahren werden.

Stets ging die Gültigkeit des S-Bahn-Tarifs über den Bereich der Gleichstrom-S-Bahn hinaus. In den Übersichtsplänen der Kursbücher wurden dementsprechend „mit Dampf betriebene S-Bahnstrecken" im Gegensatz zu den „elektrisch betriebenen S-Bahnstrecken" annonciert. Nach dem Traktionswandel, hin zu Diesel- und Elektrolokomotiven, wurden daraus „in den S-Bahntarif einbezogene Strecken" gegenüber den nur noch als „S-Bahn" bezeichneten Strecken. In den meisten Fällen handelt es sich bei den betroffenen Strecken um die Fortsetzungen der Radialen jenseits der Gleichstrom-S-Bahn oder um Streckenabschnitte auf dem Außenring (die in den Kapiteln zuvor zum Teil erwähnt und beschrieben sind), und erst in jüngster Zeit hat die Einführung des Regionalverkehrs der Deutschen Bahn (DB) und des Verkehrsverbunds Berlin-Brandenburg die alte Unterscheidung aufgehoben.

Heidekrautbahn ab Wilhelmsruh

Die Geschichte der „Heidekrautbahn" beginnt unter dem etwas umständlichen Namen „Reinickendorf-Liebenwalde-Groß Schönebecker Eisenbahn". Ihre zusammen gut 60 Kilometer langen Strecken gingen im Mai 1901 in Betrieb. Drei etwa gleich lange Äste trafen bei dem Dorf Basdorf zusammen, zwei davon führten nahezu parallel nach Norden zur damals knapp 3000 Einwohner zählenden Stadt Liebenwalde und nach Groß

Schönebeck (1800 Einwohner) in die Schorfheide, der dritte in südlicher bis südwestlicher Richtung nach Wilhelmsruh, wo er auf die Nordbahn traf. Dort wurde neben der Nordbahnstation Reinickendorf–Rosenthal ein eigener kleiner Bahnhof errichtet und mit einem Verbindungsgleis nach Schönholz der zunächst einzige Anschluß an das allgemeine Schienennetz hergestellt. 1907 kam noch eine Verbindung bei Rosenthal zur Industriebahn Tegel–Friedrichsfelde hinzu, die von der gleichen Gesellschaft betrieben wurde. Bei dieser handelte es sich um eine reine Güterbahn, die tangential den Nordosten des Großraums Berlin erschloß.

Die eigentliche Strecke war zunächst eine ganz im ländlichen Kreis Niederbarnim verlaufende Nebenbahn. Doch durch das Groß-Berlin-Gesetz kamen etwa sechs Kilometer mit der Endstation und den Bahnhöfen Rosenthal und Blankenfelde auf Berliner Stadtgebiet, desgleichen die gesamte Industriebahn. Einige Jahre später nahm die Gesellschaft den griffigeren Namen „Niederbarnimer Eisenbahn" an, mehr und mehr fand aber der liebevolle Spitzname „Heidekrautbahn" halboffizielle Verwendung.

Die Stadt Berlin wurde auch finanzieller Teilhaber der Bahn. Um 1930 gab es vage Pläne, die Gesundbrunnen-Neuköllner U-Bahn im Norden bis Wilhelmsruh und im Süden bis zur Neukölln-Mittenwalder Eisenbahn zu

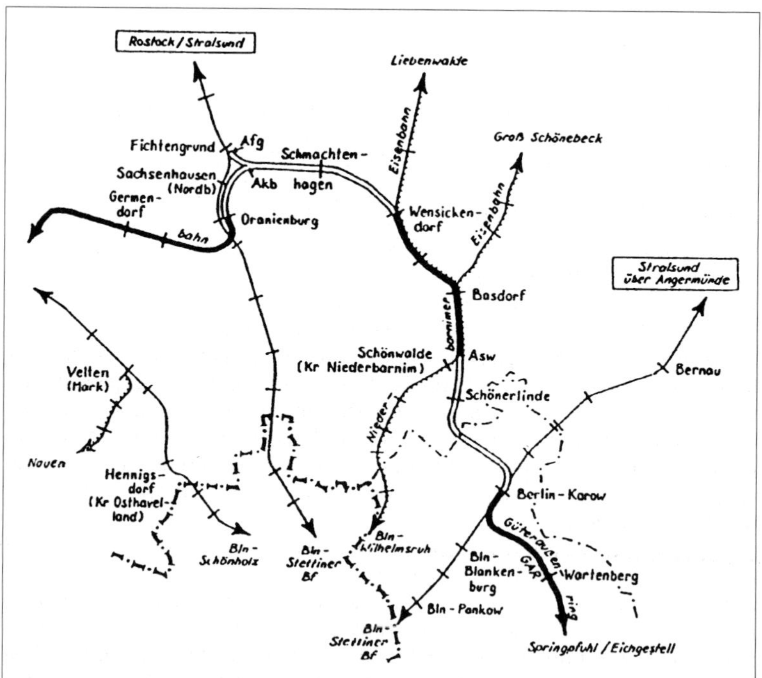

1950: Die nördliche Umfahrung West-Berlins.
Zeichnung: R. Ebert, aus: Auf der Heidekrautbahn, GVE 1998

verlängern. In der zweiten Hälfte der 30er Jahre rivalisierten die Deutsche Reichsbahn und der Berliner Verkehrsbetrieb (BVG) miteinander, die Strecke (jeweils mit ihrem technischen System) elektrifizieren zu dürfen. Ernsthafte Maßnahmen zur Verwirklichung gab es aber nicht. Auch weiterhin schaukelten die Dampfzüge in fünf bis sechs Viertelstunden über die 36 Kilometer lange Strecke von Wilhelmsruh bis Liebenwalde (die auch durchgehend kilometriert war). Regelmäßige Anschlußzüge fuhren von Basdorf nach Groß Schönebeck. Einzelne Züge fuhren auch von Wilhelmsruh direkt nach Wandlitzsee und Groß Schönebeck.

Ganz andere Maßnahmen gab es einige Jahre später, die der Heidekrautbahn auch eine neue Station „Bramo" nördlich von Basdorf (Richtung Zühlsdorf) einbrachten. Der Name stand für „Brandenburgische Motorenwerke". Er sollte Anfang 1945 ebenso verschwinden wie die zugehörige Fabrik und vorübergehend auch der Zugverkehr.

Mitte Juni 1945 konnte die Bahn wieder den Betrieb von Wilhelmsruh in Richtung Basdorf aufnehmen. Die gesamten Strecken entgingen der Demontage wie auch der Verstaatlichung, die 1946/47 die Privatbahnen überzog. Und das, obwohl sie im Gegensatz zu den beiden anderen Berliner Privatbahnen, der Neukölln-Mittenwalder und der Osthavelländischen Eisenbahn, komplett auf sowjetischem Gebiet lag (abgesehen vom Endstück der Tegeler Industriebahn). Erst zum Juli 1950 übergab die Gesellschaft „Verwaltung und Nutznießung" die Niederbarnimer Eisenbahn einschließlich der Industriebahn an die Generaldirektion der Deutschen Reichsbahn. Umgehend wurde daraufhin der Vororttarif auf dem Abschnitt zwischen Wilhelmsruh und Basdorf eingeführt. Bis dahin war aber auch anderes geschehen ...

„Störfreimachung" mit der Heidekrautbahn

Nach rund zweijährigen Bauarbeiten waren im Mai 1950 zwei bemerkenswerte Anschlüsse an das Bahnnetz fertiggestellt worden: Knapp zehn Kilometer von der Stettiner Bahn bei Karow bis hinter den Bahnhof Schönwalde sowie gut zwölf Kilometer vom Bahnhof Wensickendorf auf dem Liebenwalder Ast zur Nordbahn nördlich von Oranienburg. Diese bildeten nunmehr zusammen mit dem neun Kilometer langen Mittelabschnitt der Niederbarnimer Eisenbahn eine „störfreie" Außenverbindung nordöstlich um West-Berlin herum. Über diese Art „provisorischer Außenring-Verbindung" konnten nun Güterzüge von Ost-Berlin zur Nordbahn und damit in den „Norden der Republik" geleitet werden. Der Bahnhof in Basdorf wurde dafür zu fast überdimensioniert wirkender Größe ausgebaut. Er behielt für den Güterverkehr weiterhin Bedeutung, auch nachdem zwei Jahre später der eigentliche nördliche Außenring fertiggestellt war.

Indessen lag der südlichste Streckenteil der Heidekrautbahn auf etwa zwei Kilometer Länge genau im Grenzstreifen der Bezirke Pankow und Reinickendorf und damit zwar im sowjetischen, aber genau an der Grenze zum französischen Sektor. Die Grenze in Wilhelmsruh verlief zwischen dem Bahnsteig der S-Bahn und dem der Heidekrautbahn. Dennoch fuhren – wie vor dem Zweiten Weltkrieg – zwischen Wilhelmsruh und Basdorf von frühmorgens bis spätabends fast stündlich Züge. Von Friedrichstraße aus

In Karow an der gleichen Bahnsteigkante: Züge der Heidekrautbahn ...

konnte man noch um Mitternacht die letzten Züge nach Basdorf, Groß Schönebeck und am Wochenende auch nach Liebenwalde erreichen.

Die Anbindung war von so hohem Verkehrswert, daß dicht an der Grenze zu West-Berliner Gebiet 1953 sogar eine neue Station „Werkbahnhof Bergmann-Borsig" eingerichtet wurde, wo allerdings nur Betriebsangehörige ein- und aussteigen durften.

Mit dem Mauerbau war diese Stammstrecke der Heidekrautbahn dann ganz von der Nordbahn abgeschnitten und auch der Industriebahn-Abschnitt von Tegel nach Lübars wurde separat betrieben. Zunächst wurde noch versucht, Fahrgäste bis zum von Stacheldraht umgebenen Bahnhof Wilhelmsruh zu befördern, ehe nach einigem Schwanken im November 1961 der Verkehr von Norden zum Bahnhof Blankenfelde (bei Blankenburg) zurückgezogen wurde, der in sicherem Abstand zur Grenze lag.

Die Heidekrautbahn sollte mit der S-Bahn noch einmal in besonderer Weise in Berührung kommen: An der Kreuzung der Stammstrecke von Wilhelmsruh nach Basdorf mit dem Außenring wurde vorübergehend ein fahrbares Unterwerk stationiert, das die Außenring-S-Bahnzüge nach Oranienburg mit Gleichstrom versorgte.

Um die Strecken nach Liebenwalde und Groß Schönebeck aber auch weiterhin an die Ost-Berliner Innenstadt anzubinden, bezog die Reichsbahn nun die Strecke zwischen Karow und dem Abzweig Schönwalde mit in den S-Bahntarif ein. Sie nahm dort den Personenverkehr auf und richtete auch zwei Zwischenhalte ein. Nun fuhren die von Basdorf kommenden Züge bei Karow über das Ferngleis der Stettiner Bahn zu einem Behelfsbahnsteig im Bahnhof Blankenburg. Die Direktzüge waren jetzt über Basdorf hinaus in der Regel auf dem Ast nach Groß Schönebeck unterwegs (einige nur bis Klosterfelde).

... und der Berliner S-Bahn. Fotos (2002): Archiv GVE

(K)eine S-Bahn nach Wandlitzsee

Mitte der siebziger Jahre verkündete die Reichsbahn die Absicht, die Strecke über Basdorf hinaus bis Wandlitzsee zur elektrischen S-Bahn auszubauen. Keineswegs ging es dabei um eine bessere Verkehrsverbindung für die Bewohner der Waldsiedlung Wandlitz, des Ghettos der DDR-Regierenden. Vielmehr suchte man nach Wegen, allgemein die Infrastruktur zu entwikkeln, zum einen für die „gewöhnlichen" Einwohner in Wandlitz und Basdorf, zum anderen zur Bewältigung des sich hier immer stärker entwickelnden Ausflugsverkehrs. Dieser hatte nicht zuletzt deshalb deutlich zugelegt, weil für Menschen in den nördlichen Teilen der DDR-Hauptstadt der Tegeler See unerreichbar geworden war.

Weshalb es rasch still um diese Pläne wurde, ist nicht bekannt. Die einzig sichtbare Neuerung war eine geänderte Anbindung der Strecke nach Basdorf an die Stettiner Bahn im Februar 1976. Die Züge fuhren nun den S-Bahnsteig in Karow an, und der Behelfsbahnsteig in Blankenburg konnte aufgegeben werden. Dafür wurde in Karow das S-Bahngleis auf der äußeren (nördlichen) Seite des Bahnsteigs wiederhergestellt. Die Basdorfer Strecke erhielt eine Verbindung zur bisher von der S-Bahn angefahrenen Kante des S-Bahnsteigs und ein Aufstellgleis.

Auf dem Ast der Heidkrautbahn in Richtung Wilhelmsruh entfiel bald auch die Endstation Blankenfelde. Diese ist im nichtelektrischen S-Bahnbetrieb letztmals im Mai 1983 angefahren worden; nur nach stadtauswärts angebunden, war sie zwar wenig ergiebig, aber immerhin gingen dem S-Bahnverkehr damit gut neun Kilometer Strecke und fünf Stationen verloren. Etwas Güterverkehr verblieb bis Blankenfelde, und südlich davon wurde das Gleis nur für gelegentliche Übergabefahrten zum Bergmann-Borsig-Werk erhalten.

Frischer Wind für die Niederbarnimer Eisenbahn

Nach der Wende begann eine langwierige, sich von 1990 bis in das Jahr 1998 hinziehende Restitution der Bahnanlagen an die formal nie aufgelöste, in West-Berlin ansässige Aktiengesellschaft. Der Karower Abzweig blieb allerdings bei der Deutschen Bahn AG (DB), die zunächst auch (bis auf weiteres) Züge und Personal stellt und mit modernen Triebwagen stündlich zwischen Karow und Groß Schönebeck (Schorfheide) fährt. Auf dem Liebenwalder Abzweig ist allerdings nicht nur in Richtung Liebenwalde bereits in Wensickendorf Schluß. Auch das Gleis Richtung Oranienburg ist (seit 1995) ohne Zugverkehr. Doch gibt es hier seit 2001 einen Lichtblick: An Wochenenden fahren Züge über Wensickendorf hinaus wieder ein kurzes Stück bis nach Schmachtenhagen, als Zubringer zu einem Bauernmarkt.

Berlin als Anteilseigner der Niederbarnimer Eisenbahn zeigte nach 1989 zuerst stärkeres Interesse an den unverhofft wieder in den Schoß gefallenen Grundstücken. Die Niederbarnimer Eisenbahngesellschaft präsentiert sich heute durchaus als Eisenbahn. Sie betreibt aktiv die Wiederherstellung ihrer Stammstrecke nach Wilhelmsruh, will dort wieder den Personenverkehr aufnehmen und bis Gesundbrunnen durchfahren.

Seit dem Fall der Berliner Mauer ist auch das nahe Märkische Viertel nicht mehr von dem Streckenast Wilhelmsruh–Basdorf getrennt. Für zigtausende Menschen in der Großsiedlung könnte die alte Heidekrautbahn direkten Anschluß zumindest an „S-Bahn-ähnliche" Regionalbahnen bieten. Und es gibt sie bereits: Eisenbahnzüge, die während der Sommermonate an einzelnen Wochenenden – nach 1989 zuerst von Fahrgastinitiativen organisiert, heutzutage als Sonderfahrten der Berliner Eisenbahnfreunde e.V. (BEF) – von einem provisorischen Haltepunkt „Berlin Märkisches Viertel" nach Basdorf unterwegs sind.

Blick vom Strandbad-Eingang zum Bahnhof Wandlitzsee. Foto: Archiv GVE

Literatur

● Gesamtdarstellungen

Behrens / Noth: Berliner Stadtbahn – Bilder und Geschichten, 1995
Berliner Fahrgastverband IGEB: 150 Jahre Eisenbahnstadt Berlin, 1988
Berliner S-Bahn-Museum: 70 Jahre elektrisch. Zur Entwicklung der Berliner S-Bahn, 1994
Berliner S-Bahn-Museum: (Hrsg.) Vorsicht Hochspannung, 1999
Peter Bley: Berliner S-Bahn, 1985, 1989
Deutsche Bahn: Berliner S-Bahn, Ausstellung „70 Jahre S-Bahn Berlin" in Bernau, 1994
Deutsche Reichsbahn: 50 Jahre Berliner S-Bahn 1924-1974
Bernd Kuhlmann: Bahnknoten Berlin, 2000
NGBK:
Die Berliner S-Bahn – Gesellschaftsgeschichte eines industriellen Verkehrsmittels, 1984
Verkehrsgeschichtliche Blätter: Strom statt Dampf! (vb-extra), 1999

● Einzeldarstellungen

Bäzold / Rampp / Tietze: Elektrische Triebwagen deutscher Eisenbahnen, 1997
Berliner Fahrgastverband IGEB: Auch westwärts liegen Gleise, 1984
Berliner Fahrgastverband IGEB: S-Bahnhof Frohnau, Gartenstadt und Nordbahn, 1985
Berliner Fahrgastverband IGEB: S-Bahn nach Teltow, 1995
Berliner S-Bahn-Museum: Die Stadtbahn – Ein Viadukt mitten durch Berlin, 1996
Berliner S-Bahn-Museum: Nord-Süd-Bahn – Vom Geistertunnel zur City-S-Bahn,1999
Berliner S-Bahn-Museum: Strecke ohne Ende – Die Berliner Ringbahn, 1993
Berliner Schienenverkehrs-Verband: Fernbahnhof Zoologischer Garten, 1985
BI Spandauer Verkehrsbelange: S-Bahn ist am besten, 1986
Peter Bley: 150 Jahre Berlin-Anhaltische Eisenbahn, 1990
Peter Bley: 150 Jahre Eisenbahn Berlin – Potsdam, 1988
Denkmalpflege-Verein Nahverkehr Berlin: 100 Jahre Strausberger Eisenbahn, 1993
Denkmalpflege-Verein Nahverkehr Berlin: Woltersdorfer Straßenbahn, 1992
Denkmalpflege-Verein Nahverkehr Berlin:
Tram-Geschichte(n) Schienenwege nach Schöneiche und Rüdersdorf, 1997
Der Schönower Bote, Band 2: Geschichte der Zehlendorfer Eisenbahn, 1988
Deutscher Bahnkunden-Verband: 125 Jahre Bahnhof am Griebnitzsee, 1999
Deutsche Reichsbahn: Leichtverbrennungstriebwagen LVT 772, 1991
Deutsche Reichsbahn: 100 Jahre Kremmener Bahn, 1993
Festschrift: 80 Jahre Straßenbahn Schöneiche, 1990
Freundeskreis der Chronik Pankow:
100 Jahre Elektrische im Bezirk Pankow von Berlin, 1995
Stefan Handke: Die Eisenbahn Berlin–Potsdam. Die Wannseebahn, 1988
Heimatverein für den Bezirk Zehlendorf: 150 Jahre erste Preußische Eisenbahn, 1988
Hoyer / Schönrock: Mahlow und die S-Bahn, 1992
Bernd Kuhlmann: Schönefeld bei Berlin. Ein Amt, ein Flughafen und elf Bahnhöfe, 1996
Bernd Kuhlmann: Züge durch Mauer und Stacheldraht, 1998
Bernd Kuhlmann:
Eisenbahn-Größenwahn in Berlin – Die Planungen von 1933 bis 1945 (...), 1996
Wolf-Ekkehart Matthaeus:
Der Ring schließt sich – Die Berliner S-Bahn, in: Die Deutsche Bahn 8/1992
Horst Niemsch:
Gründungsprobleme auf dem Bahnhof Westkreuz, in: Signal und Schiene 17 (1973)
PBDE: Der Lückenschluss – VDE Nr. 2 Abschnitt Spandau – Falkensee, 1995
PBDE: Projekt 2 Berlin – Hamburg, Abschnitt Spandau – Nauen, 1993
PBDE: Projekt 5 Berlin – Magdeburg – Helmstedt, Abschnitt Griebnitzsee – Werder, 1994
Pro Bahn: Berlin Hauptbahnhof – Die bewegten 150 Jahre, 1992

Pro Bahn: Stadtverkehr Potsdam, 1994
Pro Bahn: (Hrsg.) S-Bahn ins Havelland, 1993
Reiner Schipporeit: Berlin-Potsdamer Eisenbahn – Bau, Technik, Betrieb, 1988
SenBauWohn: Berlin baut, Band 3 – S- und U-Bahnanlagen, 1987
Verkehrsgeschichtliche Blätter:
vb-kompress 2 – Ausgewählte Beiträge zur Verkehrsgeschichte, 1984
Volker Wangemann:
Nahverkehrsentwicklung und Nahverkehrsplanung in Berlin (West) seit 1945, 1984
Zehlendorfer Ansichten Nr. 2: Eisenbahngeschichte in Zehlendorf, 1992

● Nachschlagewerke

Berliner S-Bahn-Museum: Berliner S-Bahn. Chronik, 1999
Brockhaus Konversations-Lexikon,
(14. Aufl.) 1894, (rev. Jub.-Ausg.) 1901, (17. Aufl.) 1967
Meyers Neues Lexikon, 1978
Horst J. Obermayer: Dampflokomotiven, 1990
Horst J. Obermayer: Triebwagen, 1990
Statistisches Amt der Stadt Berlin: Berlin in Zahlen 1945
Zentrales Forschungsinstitut des Verkehrswesens der DDR:
Vom Knüppeldamm zum Hauptbahnhof – Daten und Fakten zur Verkehrsgeschichte der Stadt Berlin (report Nr. 30), 1987

● Kartenwerke und Gleispläne

ADFC: Berlin und Umgebung, 1990
Argon-Verlag: Berlin in Plänen, 1990
Bären-Plan, ca.1960
Bayerischer Schulbuchverlag: Großer historischer Weltatlas, 1981
Berliner Morgenpost: (Hrsg.) Berlin in der Tasche, ca. 1958
Bezirksamt Steglitz: Historische Karten von Steglitz und Umgebung, 1987
Deutscher Planungsatlas – Atlas von Berlin, ca. 1962
Diercke Weltatlas, 1973
Falk-Verlag: Groß-Berlin, (6. Aufl.), ca. 1950; Stadtplan Berlin (47. Aufl.), 1985
Fischer Verlag: Karte der Umgegend von Berlin, ca. 1895
Kartographischer Dienst Potsdam:
Karte von der Eisenbahn zwischen Potsdam und Berlin (Nachdruck), 1990
Putzger Historischer Weltatlas, (50. Aufl.) 1931, (99. Aufl.) 1978
RV: Großer Stadtplan Berlin, 1985
Schaffmann & Kluge Landkartenverlag: Berlin Stadtplan, ca. 1970
Wolfgang Scharfe, Historische Kommission zu Berlin:
Historisch-topographische Karte von Brandenburg um 1800, 1984
SenBauWohn: Übersichtskarte von Berlin (West), 1988
Städte-Verlag: Stadtplan Hennigsdorf, 1995
VEB Landkartenverlag: Umgebung von Berlin, 1955
VEB Tourist Verlag: Stadtplan Berlin, 1987
Zentralinstitut für Geschichte der Akademie der Wissenschaften der DDR:
Atlas zur Geschichte, 1982
Deutsche Reichsbahn: Gleisplanbuch Berlin (West), o. J.
Deutsche Reichsbahn: Berliner Außenring, 1993
Deutsche Reichsbahn: Betriebsstreckenplan des Direktionsbezirks Berlin, 1983
Deutsche Reichsbahn:
Verkehrsübersicht Bezirk Potsdam, Berlin, Hauptstadt der DDR und Berlin (West), 1989
Motorbuch-Verlag: Die Berliner Gleisanlagen im Jahre 1910
Pro Bahn:
Umgestaltung der Berliner Bahnanlagen, Netzplan 1941 (Nachdruck), 1991
Quail Map Company: S-Bahn-Gleisplan, 1985
Quail Map Company: Gleispläne Berlin, 1994

● Periodika

Berliner Morgenpost;
Berliner Verkehrsblätter;
Berliner Zeitung;
Der Nord-Berliner;
Der Tagesspiegel;
Deutsche Bahn: Kursbuch;
Deutsche Reichsbahn: Kursbuch;
die tageszeitung;
Drehscheibe;
Jahrbuch Schienenverkehr;
Signal;
Spandauer Volksblatt;
Steglitzer Lokalanzeiger;
Verkehrsgeschichtliche Blätter (vb);
div. Fahrpläne und Dienstfahrpläne.

Foto: M. Heller

● Sonstiges

Bahnsen / O'Donnell: Die Katakombe – Das Ende der Reichskanzlei, 1975
Bundesministerium für Gesamtdeutsche Fragen:
Ulbrichts Mauer – Zahlen, Fakten, Daten, 1962
Gesamtdeutsches Institut: 13. August 1961, 1981
Informationen zur politischen Bildung Nr. 181: Berlin, 1979
Presse- und Informationsamt des Landes Berlin:
Die Vereinbarungen (...) und das Abkommen (...), 1971
Presse- und Informationsamt des Landes Berlin: Berlin kurzgefaßt (div. Ausg.)
Presse- und Informationsamt des Landes Berlin: Mein Berlin-Tagebuch, 1966
Rat der Stadt Potsdam:
Städtebaulich-architektonische Entwicklung der Bezirksstadt Potsdam, 1989
SenStadtUm: Landschaftsprogramm – Artenschutzprogramm, 1986
Andreas Splanemann: Wie vor 70 Jahren Groß-Berlin entstand (Berliner Forum 3/90)
H. R. Trevor-Roper: Hitlers letzte Tage, 1965
Arbeitskreis Historisches Lankwitz:
„Vorabdruck" Nr. 5/6: Chronik Lankwitz 1239 – 1989
Bezirksamt Charlottenburg: Berlin-Charlottenburg, Ausgabe 1991/92
Bezirksamt Charlottenburg: 250 Jahre Charlottenburg
Bezirksamt Steglitz: 750 Jahre Berlin, Ortsteilausstellungen Berlin-Steglitz, 1987
Bezirksamt Wilmersdorf: 750 Jahre Schmargendorf, 1955
Heimatverein für den Bezirk Steglitz: Steglitzer Heimat 1/1995
Adrian von Müller: Museumsdorf Düppel, 1991
Schropps Reiseführer Berlin, 1955
Arbeitsgemeinschaft Berliner U-Bahn:
60 Jahre U-Bahnlinie E Alexanderplatz – Friedrichsfelde, 1990
BVG: 50 Jahre BVG, 1979
BVG: Typisch Berlin – Ein BVG-Portrait,1987
Denkmalpflege-Verein Nahverkehr Berlin:
U8 – Geschichte(n) aus dem Untergrund, 1994
Eisenbahnjahr Ausstellungsgesellschaft: Zug der Zeit – Zeit der Züge, 1985
Artur Fürst: Das Weltreich der Technik
Hans-Henning Gerlach: Atlas zur Eisenbahngeschichte, 1986
Hilkenbach / Kramer: 125 Jahre Straßenbahnen in Berlin, 1990
Lemke / Poppel: Berliner U-Bahn, 1985
Rammelt / Fiebig / Preuß: Geschichte der Klein- und Privatbahnen, 1995
Ralf Roman Rossberg: Grenze über deutschen Schienen 1945 – 1990, 1991
Schulz/Krolop: Die Privat- und Werkbahnen in Berlin (West), 1989
Informationsblätter der Verkehrsbetriebe, BVG, Deutsche Reichsbahn, Deutsche Bahn